权威·前沿·原创

皮书系列为
"十二五""十三五""十四五"时期国家重点出版物出版专项规划项目

BLUE BOOK

智库成果出版与传播平台

航天育种蓝皮书

BLUE BOOK OF SPACE BREEDING

中国航天育种发展报告（1987~2021）

REPORT ON THE DEVELOPMENT OF CHINA'S SPACE BREEDING(1987-2021)

主　编／刘纪原
副主编／谢华安　李闽榕　梁小虹　刘录祥

社会科学文献出版社
SOCIAL SCIENCES ACADEMIC PRESS（CHINA）

图书在版编目（CIP）数据

中国航天育种发展报告：1987－2021 / 刘纪原主编
. －－北京：社会科学文献出版社，2023.3
（航天育种蓝皮书）
ISBN 978－7－5228－0696－9

Ⅰ.①中…　Ⅱ.①刘…　Ⅲ.①航天育种－发展－研究
报告－中国－1987－2021　Ⅳ.①S335.2

中国版本图书馆 CIP 数据核字（2022）第 170858 号

航天育种蓝皮书
中国航天育种发展报告（1987~2021）

主　　编 / 刘纪原
副 主 编 / 谢华安　李闽榕　梁小虹　刘录祥

出 版 人 / 王利民
责任编辑 / 张建中
文稿编辑 / 公靖靖
责任印制 / 王京美

出　　版 / 社会科学文献出版社·政法传媒分社 （010）59367126
　　　　　　地址：北京市北三环中路甲 29 号院华龙大厦　邮编：100029
　　　　　　网址：www.ssap.com.cn
发　　行 / 社会科学文献出版社 （010）59367028
印　　装 / 三河市东方印刷有限公司

规　　格 / 开　本：787mm × 1092mm　1/16
　　　　　　印　张：29.75　字　数：446 千字
版　　次 / 2023 年 3 月第 1 版　2023 年 3 月第 1 次印刷
书　　号 / ISBN 978－7－5228－0696－9
定　　价 / 258.00 元

读者服务电话：4008918866

《中国航天育种发展报告（1987～2021）》
编写、审稿人员

主编、副主编及执行主编简介

刘纪原 主编

1933 年 8 月生，现任中国高科技产业化研究会战略咨询委员会主任，航天育种产业创新联盟专家委员会主任，国际宇航科学院院士，原中国航天工业总公司总经理，国家航天局首任局长。

中国运载火箭与战略导弹控制技术专家、航天系统工程管理专家，国际航天领域最高奖项冯·卡门奖获得者。历任中国运载火箭技术研究院副院长、航天工业部副部长、航天工业总公司总经理兼国家航天局局长。长期从事中国航天的领导和管理工作，2017 年获得第十二届航空航天月桂奖——"终身奉献奖"。

1991 年提出航天效益工程，通过航天育种、卫星减灾、利用航天技术改造传统产业为国民经济服务，是航天育种最早的倡导者和发起人之一。多年来，他始终是航天育种的积极推动者，是团队的组织者和领导者。目前主要从事航天育种的发展战略、规划和政策研究，积极推动航天育种成果的推广应用。

谢华安 副主编

1941 年 8 月生，植物遗传学家，中国科学院院士，福建省农科院研究员。现任农业农村部科技委常委，中国高科技产业化研究会专家委员会委员，航天育种产业创新联盟专家委员会委员。长期从事中国杂交水稻的研究与推广应用，做出突出贡献，曾获国家科学技术进步一等奖。他主持的航天水稻研究走在世界的前列。

李闻榕　副主编

1955 年 6 月生，经济学博士。现任中智科学技术评价研究中心理事长、主任，福建师范大学兼职教授、博士生导师，中国区域经济学会副理事长，中国科学院海西研究院产业发展咨询委员会副主任。主要从事宏观经济学、区域经济竞争力、现代物流等研究。

梁小虹　副主编

1955 年 4 月生，研究员。现任中国高科技产业化研究会党委书记、常务副理事长，航天育种产业创新联盟理事长。曾任中国运载火箭技术研究院党委书记、副院长。长期在航天领域从事企业管理工作和航天科技成果的转化应用工作。

刘录祥　副主编

1965 年 2 月生，研究员。现任中国农业科学院作物科学研究所党委书记、副所长，国家航天育种工程首席科学家，实践八号育种卫星地面育种技术总负责人。长期从事作物诱变新因素的开发与生物育种研究，建立了作物航天诱变、核辐射诱变及离体诱变细胞育种技术体系和地面模拟航天诱变新途径。

赵　辉　执行主编

1958 年 11 月生，高级工程师。现任中国高科技产业化研究会副理事长、现代农业与航天育种工作委员会主任、航天育种产业创新联盟秘书长。曾任中国空间技术研究院航天生物总工程师，神舟绿鹏公司、天水神舟绿鹏公司、张掖神舟绿鹏公司董事长和海南航天育种研发中心主任。曾担任多项国家航天育种项目负责人和国际合作项目中方负责人。长期从事航天育种事业，是多项国内、国际专利发明人之一。

前　言

　　航天科技是人类最伟大的科技成就之一。我国航天事业在中国共产党的领导下取得了举世瞩目的辉煌成就。在航天技术成果的应用方面，我国航天育种独具特色，无论是试验品种的种类、审定品种的数量、推广品种的面积、创造的产值及经济效益，还是空间诱变机理的研究等诸多方面，均处于世界先进行列。回顾、总结、评价航天育种事业发展历程及其成绩和面临的挑战，展望航天育种事业发展前景并提出对策，对于落实中央提出的实现种业科技自立自强、种源自主可控，立志打赢一场种业翻身仗的战略要求具有重要意义，将有助于我国空间科学与空间技术创新研究的发展，有利于拓展航天技术应用领域，更好地发挥航天育种对我国未来农业发展和生态文明建设的助力作用。

　　1987 年 8 月，我国发射第 9 颗返回式卫星，搭载主要农作物的种子，开展空间诱变实验研究及其新品种创制研究，中国航天育种事业随之起步。航天育种是利用空间诱变因素（微重力、宇宙高能射线、高真空和复杂的电磁环境）诱导生物材料发生突变以提高遗传多样性的技术，人们通过把这些生物材料进行地面种植和筛选，构建突变体库，获得种质资源，从而为国家粮食安全、现代农业发展和生态环境建设贡献了力量。

　　三十多年来的实践证明，航天育种具有三个独特的优势：其一，能够快速培育出优质、高产、抗病优良新品种；其二，能够创制罕见的具有突破性的优异新种质；其三，能够提供原创、安全、具有自主知识产权的基因源。迄今为止，从返回式卫星、神舟飞船，到天宫实验室和新一代飞船实验室，

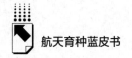
包括探月工程嫦娥系列空间飞行器，已经开展了超过 30 次的航天搭载空间诱变实验，先后在千余种植物中创制出上万份新种质、筛选出上千份新品系、培育出上百个国审省审新品种。航天育种主粮作物推广面积超过千万亩，创造直接经济效益超过 3600 亿元。通过航天育种培育出的蔬菜等新品种，在丰富我国居民菜篮子、推动地方经济发展、改变农业农村面貌过程中产生了重要的影响，在国家扶贫攻坚、解决"三农"问题过程中起到了良好的助力作用。

2020 年 12 月召开的中央经济工作会议强调，保障粮食安全，加强种质资源保护和利用，加强种子库建设，开展种源"卡脖子"技术攻关，立志打一场种业翻身仗。2021 年 7 月，中央全面深化改革委员会第二十次会议审议并通过了《种业振兴行动方案》。种源安全现已被提升到关系国家安全的战略高度，实现种业科技自立自强、种源自主可控是两项主要目标。航天育种处于育种过程的前端，从事的是种源创制的工作，具有十分重大的意义。国家重大需求对我国的航天育种工作提出了新的要求和挑战。

我国航天育种工作者在基础科学研究、种质资源创制、新品种培育和推广应用方面取得了重要进展和成绩，为全面记录我国航天育种事业 34 年发展轨迹和历程、准确反映取得的成果与成就、客观总结和分析经验与不足、深入研究并探讨与航天育种相关的科学技术与产业发展问题，我们组织专家学者、相关领域科学家和工程技术人员编写了航天育种蓝皮书《中国航天育种发展报告（1987~2021）》。

全书由总报告、技术篇、区域篇、专题篇、国际篇、评价篇和附录组成。总报告包括航天育种概述，我国航天育种发展概况、科研概况和应用概况，以及对主要成就和问题的总结。技术篇收录了与航天育种空间搭载相关的技术装备、航天育种技术特点、辐射育种、搭载技术等研究领域的报告和"实践八号"育种卫星应用成果综述。区域篇介绍了航天育种技术在各省（区、市）发展应用的重点领域。专题篇涵盖涉及航天育种空间诱变基础研究成果的科研报告，以及航天育种技术在各主粮作物、瓜果蔬菜、林草花卉、中草药等领域的研究现状和应用成果。国际篇以美国和俄罗斯等航天大国为主，介绍了与国际航天育种相关的空间生物学等学科开展的概况和中国在相关领域内进行的国际交流与合作。评价篇提出了建设中国航天育种发展评价指标体系，为今后对我国航天育种发展水平进行科学系统、权威可信的评估量化奠定了基础。编委会向中国科学院、中国农业科学院、中国农业大学、北京林业大学、四川农业大学、北京中医药大学、国家植物航天育种工程技术研究中心、黑龙江省农业科学院、福建省农业科学院、大连海事大学、中国航天科技集团、深圳市农科集团等单位的专家学者约稿，各份报告在来稿基础上完成，经编委会审查，通过后收录。附录由航天育种产业创新联盟负责汇总编制，包括航天育种大事年表，航天育种新品种目录，授权的发明专利和行业标准名录，国家级、省级航天育种搭载项目目录等。

蓝皮书的编辑和出版具有重要的现实意义和深远的历史意义。本书力求以行业视角跨越 34 年时间维度，从农林牧渔、微生物诱变育种多品类的广度和从基础科研、技术应用到市场推广的深度，总结航天育种经验，更好地推动航天育种事业发展，全面展示航天育种技术在我国粮食安全、基础科研和产业应用领域的影响，在促进相关科技进步和人才培养等方面发挥重要作用，最终为解决我国种源"卡脖子"问题、助力农业打赢种业翻身仗、落实践行国家乡村振兴战略提供新的思路和经验，同时也探索性提出航天育种促进农业生产力发展、推动农村产业结构调整的积极作用。蓝皮书尝试通过对一些科学问题的分析和解释，澄清并解答公众对航天育种技术的一些疑问，继而起到普及航天育种知识的作用。

航天技术的应用和推广可以推动和引领我国农业科技的现代化发展，改变农业生产的面貌。与遥感卫星技术、空间植物栽培种植技术一样，航天育种技术也是发展农业的先进生产力。在农业产业体系现代化的大视角、乡村振兴的大框架和产业振兴的大格局下，航天育种就不仅仅是一项先进的、高效的、解决种源问题的高科技技术，还可以作为生产力要素进行配置，与其他先进生产力相互配套促进形成新的产业和产业链，发展新型的生产关系，迸发出新的活力。本书的编辑和出版，希望能够引起各方面的重视与思考，激发和触动产生新的思路和洞见，更好地推动和促进航天育种事业稳定健康

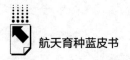

持续发展，为我国的农业农村现代化贡献力量。

　　蓝皮书在编撰过程中，得到了有关部门的关心和支持，有关领导和专家也给予了热情的指导和帮助，在此表示衷心的感谢。由于经验不足和水平有限，报告中难免有疏漏和不当之处，恳请读者批评指正。

刘纪原

2021 年 9 月

摘　要

在中国航天进入空间站时代这一重要历史时刻，不难发现，每一次的载人航天飞行任务中，都有航天育种的身影。我国农业工作者、遗传育种学家和航天工作者携手在此领域已经耕耘了34年，航天育种在我国农业生产和粮食安全方面发挥了重要作用，成绩斐然。

国家提出加强农业种质资源建设、打赢中国种业翻身仗和实施乡村振兴战略，体现出亟待解决的种源"卡脖子"难题对我国粮食安全乃至国家安全和社会发展的紧迫性和重要性。值此契机，回顾和梳理航天育种这一具有中国特色的航天技术在我国农业种业领域中的发展和应用，具有特殊的意义。

中国是全球发展和利用航天诱变育种技术较为成熟的国家，航天育种产业即将进入一个新的发展时期。三十多年来，我国利用航天诱变技术进行育种应用已取得了大量突破性的成果和令人瞩目的成就。我国科研工作者对航天育种理论和机理机制的研究取得了突破性进展，总结提出了涉及细胞遗传学、分子遗传学、基因组学和表观遗传学等相关学科的突变假设和理论。航天科研工作者与育种工作者一道构建了突变体筛选技术，发展出了多代混系连续选择与定向跟踪筛选技术、空间环境模拟及高效筛选技术、航天诱变高通量自动化基因组分型技术、植物全生育期工程化技术等空间诱变育种、分子精准育种和传统育种技术相结合的航天育种技术体系。在通过航天育种创制出的上万份种质资源新材料和育种新品系的基础上，培育出了上百种满足国家重大需求、适合地方产业发展、带动农民脱贫致富的农林牧渔新品种，

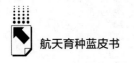

为我国的国计民生和经济建设贡献了力量。

本书是对我国航天育种34年的发展总结，多位从事航天育种一线工作的资深专家分别从航天育种机理机制、遗传科研、技术装备、区域发展、育成品种、国外趋势和国际合作等方面进行了全面回顾。全书借助航天育种在主粮作物、蔬菜牧草、林木花卉、模式动物等众多实例中的生动应用和统计数据，对航天搭载空间诱变种质资源创新进行了阐述和说明，有助于读者对航天育种有一个较为全面和客观的了解。书中部分涉及航天育种基础研究的专业数据和实验结果是首次公开发表，对专业技术人员理解和掌握航天育种的科学知识与研究方法有着一定的启迪和帮助。报告就我国航天育种现状和发展趋势进行了分析与展望，对多年来行业发展存在的问题和同时展现出的机遇进行了剖析，尤其是我国将粮食安全和乡村振兴维系构筑在打赢种业翻身仗和农业农村现代化的基础上，凸显了种质资源创新和自主知识产权保护的重要性，更加明确和肯定了航天育种的价值与作用。

尽管一些主粮作物新品种通过航天育种获得了突破，提升了粮食自给自足的能力和水平，但国内长期所需的大豆和关系到国计民生的优质蔬菜种子仍需要大量进口。这些都亟待在自主种源上形成突破。随着航天育种受到广泛的重视和关注，希望通过空间诱变获得突变资源的需求也在日益增长。但航天育种的搭载资源属于稀缺资源，长期紧张且难以满足国内各育种单位的需求。也正是因此，产生了一些矛盾，亟须归口管理和统筹安排。

报告提出，要和平利用空间技术为全人类造福，而航天育种是其中一支重要的技术力量。在全球气候变暖、极端气候频现、世界粮食产量的增幅与人口增长速度失衡的今天，总结航天育种经验有助于迎接全球重大挑战，并在一定程度上缓解世界粮食危机，同时发展和促进航天育种国际间的技术交流与合作，有助于中国国际形象的树立。

为科学准确地评价中国航天育种发展水平，报告提出了发展评价指标体系的初步构想和雏形，这些构想和雏形将在今后的调研统计过程中根据实际情况因地制宜地加以完善。在量化数据的基础上，应通过政策措施积极引导和有效规范航天育种的发展，促进其有序健康、平稳持续地发展。

关键词： 航天育种　空间诱变　航天搭载　太空辐射育种　空间生物学

目 录 ↘

Ⅰ 总报告

Ⅱ 技术篇

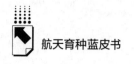

Ⅲ 区域篇

Ⅳ 专题篇

Ⅴ 国际篇

Ⅵ 评价篇

Ⅶ 附 录

皮书数据库阅读**使用指南**

表目录 ↘

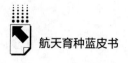

图目录 ↖

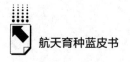

总 报 告

General Report

B.1
航天育种发展报告

于福同[*]

摘 要： 航天育种是人类利用太空环境进行的遗传育种实践活动，是将空间环境信息整合进地球生命演化史的革命性事件。本报告综述了航天育种的发展历史、目前状况和未来发展趋势，着重回顾了我国航天育种的发展历程，详细阐述了航天育种所涉及的从搭载、筛选优良变异、新种质培育到航天育种产业发展等多方面内容，系统总结了我国航天育种到目前为止在理论研究和育种实践过程中取得的进展和成就，最后对我国航天育种的发展趋势进行了简要评述。

关键词： 航天育种 空间诱变 太空辐射育种

---

* 于福同，中国农业大学资源与环境学院植物营养系，副教授。

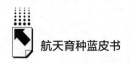

生命通过汲取能量增添信息对抗宇宙演化的熵增趋势，浩瀚无垠的宇宙正是因为地球生命的存在而充满了生机与活力。然而，生命的演化从来没有离开过地球，因而地球生命世代遗传终究反映的是生命不断适应地球环境的信息。我国航天育种历经三十多年的实践，给国家带来了巨大的经济和社会效益。更为伟大的是，我国育种学家将生命与太空环境互作的信息固定到了新的生命中，使得这些信息随着生命的进一步繁衍而得以持续传递，从而开启了地球生命演化和人类开展遗传育种实践协同发展的新篇章。

生命经历了从无到有、单细胞到多细胞、厌氧到好氧、低级到高级、水生到陆生等一系列漫长的演化过程，造就了千奇百怪、多彩多姿的地球生命大家庭。尽管生命的起源很可能受到了来自外太空的有机分子的馈赠，但从地球生命诞生的那一刻起，生命就开启了在地球上的独立演化之旅。由于地球环境自身的复杂多变以及生命给地球环境带来的剧烈的变化，生命至今仍然没有停止继续演化的脚步。人类，特别是现代智人，在地球上出现，开始了对生命的认知，认识到了生命的可塑性并不断地利用生命的可塑性，从而有意识地改变了生命独立演化的过程，不断地提出新理论，发展新技术改良并繁育新种质，其中包括现在的航天育种理论与技术，以造福全人类。

一　航天育种概述

"航天育种"，也被称为"航天工程育种""空间（辐射）诱变育种""太空（辐射）诱变育种"等，简而言之，就是利用太空环境创制变异，进而筛选并固定变异的育种实践活动。航天育种具体是指将待遗传改良的含有自然遗传物质的生物材料，即本身固有遗传物质（主要为 Deoxyribonucleic Acid，即 DNA，能够被人类利用或者用于科研的 Ribonucleic Acid，即 RNA）的真核生物材料（如植物种子）或者原核生物材料（如菌液），装载到返回式航天器上，生物材料在搭载过程中会经历在地球自然环境条件下从来没有经历过的宇宙空间辐射，特别是重离子辐射、微重力、弱磁场以及航天器起降所带来的重力和速度改变等一系列多种因素的综合作用，迫使生物材料在搭载过程中直接产生或者在回到地面后继发产生遗传物质改变所引起的可遗传变异，如 DNA 序列的经典遗传学改变，或者 DNA 序列修饰所引发的可遗传的表观遗传学变异。材料返回地面后，纳入传统的常规育种技术程序或者现代分子育种技术程序，进行严格的地面选育，从而获得优良种质。这是近四十年来相关科研人员综合利用航天、生物和遗传育种等技术发展起来的育种新技术。航天育种在学科分类上归属于辐射育种，但与人们所熟知的辐射育种主要辐射源为钴－60 所不同的是，航天育种目前确定的主要辐射源是太空中的高能重离子。

我国是传统农业大国，人口众多，粮食增产的需求促使科学家们不断探索更为有效的育种途径。1987 年 8 月 5 日发射的第 9 颗返回式卫星首次搭载了水稻、小麦、青椒等一批种子，我国科学家利用这批种子开始了航天育种的有益尝试。经过三十多年的努力，在航天育种机理、新品种培育以及开发应用等方面进行了广泛而深入的研究。目前，已经为我国农业生产培育出经过国家和省级审定的新品种 200 余个，产生了巨大的经济效益和社会效益。与此同时，我国的航天育种在国际上也产生了巨大的影响，从而奠定了我国航天育种的大国地位，探索出了一条具有中国特色的航天育种之路。

实践证明，航天育种技术可以创造自然界中罕见的或从未出现过的新变异、新性状，特别是对一些重要农艺性状具有突破性影响，利用这些新种质必将培育出能够应用于农业生产的优良种质，从而造福我国人民，乃至全人类。我国航天事业飞速发展，空间站即将建成，这标志着我国从短期的飞行任务向长期的太空驻留迈出了坚实的一步。这不仅为我国航天育种提供了更多的搭载机会，而且为我国的科学家提供了长期开展航天育种研究和工作的平台，同时，也为我国的航天育种引领世界创造了绝佳的条件和前所未有的机遇。

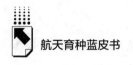

二 航天育种在育种领域的地位与作用

育种技术主要包括人工驯化、人工选育、诱变育种、杂交育种、远缘杂交、多倍体育种、单倍体育种、细胞工程育种（组织培养育种）、分子标记辅助育种和基因工程育种（转基因育种）等，农业和生物技术发展过程是一个不断提高育种效率、缩短育种周期的过程，二者都是通过基因的改变获得优良有利的性状，从而得到表现稳定的新品种。无论是对农业主粮作物和蔬菜水果，还是对林草花卉和微生物进行选育，传统育种技术都是依靠品种间的杂交来实现基因的重组，从而获得新的品种特性。对于难以进行杂交的物种而言，一般通过诱变育种来获得新的特性。诱变育种技术所创制出的新材料也可以成为杂交育种的种质资源，还有的诱变新品系，不经过杂交就直接成为新的品种。

诱变育种技术已有近百年的历史，是指在人为条件作用下利用物理或化学方法诱使生物体发生基因组或染色体水平上的突变，从而获得具有新基因型的突变体。1898 年 X 射线的放射性被居里夫人发现之后过了三十年，就被应用于植物材料的照射上，从而获得了具有不同表现的燕麦和小麦植株，这是一种物理诱变方法。物理诱变育种的技术途径还有 γ 射线、紫外线、中子、等离子体、激光和电离辐射等，都是通过一定时间和强度的照射，来获得新的突变。除了物理诱变育种外，还有采用化学诱变剂进行诱变育种的技术，化学方法则包括使用碱基类似物、硫酸二乙酯、亚硝酸、秋水仙素等对植物种子和组织等材料进行处理后获得新的特性，主要是将种子或生物样本在一定浓度的诱变剂中浸泡不同的时长。这些新的突变材料一般会根据其自身特性再配以其他育种方法进行新品种的选育。

诱变育种具有变异类型多、育种时间短、育性改变等特点，它扩大了生物体的突变谱，提高了突变率，比自然变异的突变率高 100~1000 倍。诱发的变异易稳定，可以大大缩短育种年限，而且，诱发的变异常常集中在单个主基因或者少数几个主效基因内，经过 3~4 代可以基本稳定，育种进程较快。但通常诱变育种的变异具有随机性，不能确定诱变的变异方向，需要增加生物材料的数量，才有可能筛选获得有益的变异材料。但其所产生的优良性状一般是其他方法难以替代和获得的。

根据联合国粮食及农业组织、国际原子能机构的界定，航天育种所利用的宇宙空间的诱变因素如宇宙射线、微重力环境，均属于物理诱变育种技术的范畴，所以可以认为航天育种技术是物理诱变育种技术中的一种。通过航天搭载空间诱变得到的突变材料经过地面多代种植筛选确定其变异获得了稳定遗传后，便作为亲本材料通过杂交育种技术将其新的特性传播推广出去。如果诱变的是无性繁殖的物种，就通过细胞工程育种植物组织培养技术将其种群植株材料扩繁。对于那些已经确定与突变基因或分子标记紧密连锁的新特性，则可以利用分子标记辅助育种，对其后代植株在实验室进行鉴定筛选，而不必在温室或露地田间实际种植后再进行筛选，从而节省了时间和成本，且免于受环境影响降低选择的准确度，最终提高了育种效率。

18 世纪以来，人类社会经历了三次技术革命。每次技术革命都是由于某一项或者两项具有根本性和普遍性的重大技术突破，进而引发了一个新技术体系的建立，从而推动产生一次新的产业革命。人类历史上农业发展经历了三次重要的科技革命。第一次是以人力、畜力、手工工具、农家肥为特征的传统农业，是以家庭为单位的男耕女织、自给自足。第二次是以机械、良种、化肥、农药为特征的近现代农业，是以农场为主的集约化种植，推动增产增收。当前进行的第三次农业科技革命则是以生物育种、智能机器、植物生长调节剂为特征的新绿色农业，以植物工厂为主，智慧精准与绿色农业方兴未艾，良种和良法使得科技在其中的份额越来越大。育种技术在农业中始终占有重要位置，20 世纪初建立的常规育种技术主要利用有限的种内杂交优势，经过百年来的充分利用，对于扩展新种质资源的需求愈加迫切，航天育种技术将起到添砖加瓦的作用。

总体而言，航天育种处于育种过程中的前端，从事的是种源创制的工作，具有十分重大的意义。我国国土广阔，生物多样性丰富。但近现代以来，随着主要农作物单一品种的大规模种植推广和许多地方野生品种的人工驯化以及大量国外种子的进入，我国的许多地方品种被利用杂交、转基因等技术生成的产品所淘汰。这不仅严重削弱了我国生物遗传多样性的丰富程度，更直接导致我国农业种质资源的日益匮乏和遗传背景的狭窄，成为极大限制我国种业发展的重要瓶颈。没有了育种种源所要求的基础材料，育种也就成了无源之水、无本之木，只能囿于原先的窠臼中，难以形成突破和创新。因此，2020年12月中央提出立志打赢种业翻身仗的重点工作之一就是解决种源"卡脖子"的技术难题。发展航天育种技术，利用宇宙空间环境资源创制出罕见的具有突破性的优异新种质，与其他育种技术相配合便可以加快培育出优质、高产、抗病的优良新品种。空间诱变获得的这些原创、安全、具有自主知识产权的基因源将为我国粮食安全和种业发展注入新的动能，成为未来农业生产中的宝贵资源，航天育种也将在整个育种体系中占有更重要的地位，在更大的空间发挥作用。

三　世界航天育种发展概况

开展航天育种的前提是具备航天器的回收技术，因而航天大国美国和俄罗斯是世界航天育种发展的典型。总体状况是：这两个国家开展了大量的空间生物学研究，发现空间环境可以诱发遗传变异，为开展航天育种奠定了理论基础。经过数十年的发展，两国积累了大量的育种材料，培育出了具有代表性的新品种。其他国家，如德国、英国、日本、法国、加拿大、澳大利亚等发达国家，因为受到航天技术和航天搭载机会的限制，仅有零星的航天育种工作报道。总而言之，因为种种原因，航天育种在国外没有受到足够的重视。

四　我国航天育种发展现状

（一）我国航天育种发展历程概述

1. 起步阶段（1987～1995）

1986年3月，邓小平同志批准了国家高技术研究发展计划（"863"

计划）。在"863"计划中有关航天领域的内容的支持下，中国林业科学研究院林兰英院士和中国科学院蒋兴村研究员向时任航天工业部副部长的刘纪原提出了在中国返回式卫星上搭载植物种子，开展空间诱变实验的建议，得到了刘纪原等领导的大力支持，并组织有关专家探讨植物在空间环境诱导下产生突变的可能及其应用前景，设立了"空间条件下植物突变类型研究"专项课题。1987 年，利用我国发射的两颗返回式卫星搭载了 30 多种植物种子、无性繁殖材料等。科学家们对返回地面的生物样品进行机理研究、选择和种植观察，发现了一些常规育种方法很难得到的有益变异，认为其可能为农业育种提供有价值的变异材料，并丰富育种手段和加快育种周期。考虑到国家对农业新技术特别是育种新技术的重大需求，以及航天技术对解决农业发展问题的重要作用，1987 年，闵桂荣院士等专家提出了"航天工程育种"的概念。1991 年航空航天部强调航天技术为国民经济建设服务，刘纪原副部长提出"航天效益工程"，将航天育种列为其中的一项重要内容。

中国空间技术研究院利用空间飞行器的载荷余量和空间搭载技术，在 1987 年开始后的近十年时间里，先后为全国 20 多个省、市、自治区的 50 余家农业相关的科研单位和大专院校搭载了农作物和植物种子、试管苗、生物菌种等近 70 个物种，1000 多份材料用于航天育种相关的科学试验，从而获得了一批对产量和品质等性状产生了影响的突变材料。通过对这些材料的研究和应用，我国科研工作者和育种技术人员逐步发现了这些材料对科学研究和新品种选育的促进作用，意识到航天搭载空间诱变的潜在利用价值和深入开展相关工作的可能性。我国航天育种里程碑性事件见表 1。

表 1　我国航天育种里程碑性事件

时间	事件
1986 年 12 月	北京西山会议决定应用卫星搭载生物材料进行空间生物学研究
1987 年 8 月 5 日至 10 日	通过第 9 颗返回式卫星，首次搭载植物材料
1996 年 1 月	中国航天工业总公司、中国科学院和农业部联合召开第一次全国航天育种技术交流研讨会

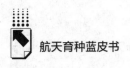
续表

时间	事件
1996 年 11 月	农业部正式将"作物空间诱变育种"列入"九五"部级重点课题
1998 年 2 月	我国首个水稻品种"航育 1 号"通过浙江省品种审定
1999 年 12 月	国务院批准"航天育种工程"立项
2002 年 7 月	科技部"十五"863 计划首次将农作物航天育种技术正式立项
2003 年 4 月	国家发改委、财政部、国防科工委批复"航天育种工程"立项实施
2005 年 3 月	国防科工委批复"航天育种系统工程研制总要求"
2006 年 7 月	农业部批准建设"国家农作物航天诱变技术改良中心"
2006 年 9 月 9 日至 24 日	我国第一颗,也是迄今为止世界上唯一一个专门用于航天育种的卫星"种子星"——"实践八号"成功发射
2010 年 10 月	戚发轫、谢华安、吴明珠等 6 位院士向国务院建议促进航天育种产业化发展,获得国务院副总理李克强的批复
2011 年 1 月	"航天育种"被国务院列入《"十二五"国家战略性新兴产业发展规划》
2015 年	空间诱变育种被列为"十三五"国家重点研发计划,"七大农作物育种"试点专项立项
2018 年 7 月	由 14 家单位发起成立了航天育种产业创新联盟

2. 初期阶段（1996 ~ 2005）

为充分掌握和了解航天育种的第一手资料及其技术成果的应用价值和潜力, 20 世纪 90 年代中期中国航天工业总公司邀请中国科学院遗传与发育生物学研究所的相关专家组成调研组实地考察。前期搭载所形成的实验结果经农业、生物和航天领域的专家评审后获得肯定, 于 1996 年 1 月召开的第一次全国航天育种技术交流研讨会上进行了进一步的交流和总结。同年, 中国航天工业总公司向国家计委上报了《关于实施国家航天效益工程的请示》, 把航天育种定为"九五"期间的主要工作内容之一, 得到了中央领导同志的高度重视, 并予以了明确的指示。

从 20 世纪 90 年代中后期到 21 世纪初期, 中国航天工业总公司及其所属机构开始与中国科学院、中国农科院、中国林科院、中国农业大学和一些地方科研院所建立长期技术推广协作关系, 通过技术合作参与相关方的地面育种技术研究和成果共享, 先后共同完成搭载水稻、玉米、花卉、蔬菜等几十种作物, 成功选育出早熟大粒优质水稻, 太空花卉近 20 个品种, 蔬菜八大类 30 多个品种，通过国家或省级审定①的农作物新品种或新组合有 26 个。在航天育种研究和产业化试点工作中，2001 年建设的中国西部航天育种基地，成功选育航天搭载的益变育种材料 32000 多份，涵盖农作物 9 大类 999 个品系，建成了当时国内最大的航天育种种质资源库。自 2003 年起，浙江、江西、福建、湖南、广东、江苏、辽宁、陕西、山西、甘肃、新疆、内蒙古和天津等省（区、市）都相继建设了航天育种基地，开展航天育种技术研究和品种选育、推广应用工作。2005 年建设的中国南方航天育种研究中心，利用航天育种诱变技术培育出金针菇"航金 1 号"和"航金 2 号"并通过鉴定，这是我国首个经过鉴定的航天食用菌新品种。

3. 全面推广（2006~2009）

2006 年 9 月，我国发射了首颗航天育种专星"实践八号"，这也是迄今为止世界上唯一一颗航天育种专星，搭载了 9 大类 152 个品种 2020 份不同物种，合计 208.8 公斤生物材料，实现了我国航天育种研究的跨越式发展，奠定了我国作为航天育种大国的地位。来自全国 28 个省（区、市）超过 130 家的科研院所、大专院校及企业的 200 多个课题组参与了此次航天搭载空间诱变实验和后续航天育种地面育种工作，先后创制了不同作物的优良突变体，育成了生产上得到应用的 50 余个新品种。

2007 年，甘肃省航天育种工程技术研究中心成立；2009 年，中国空间技术研究院下属神舟天辰科技实业公司投资兼并天水绿鹏农业科技有限公司，将其更名为天水神舟绿鹏农业科技有限公司，开始了从提供技术手段和处理措施的航天搭载服务，到建立"育繁推"一体化的航天工程育种产业化发展的战略转型；2009 年 9 月，《国务院办公厅关于应对国际金融危机保持西部地区经济平稳较快发展的意见》提出，支持甘肃天水航天育种示范区建设。2009 年，国家科技部批准建设的国家植物航天育种工程技术研究中心和中国农业科学院设立的航天育种研究中心，在航天诱变机理，航天诱变新种质资源创建、

① 通过国家品种审定委员会审定，以下简称"通过国审"或"通过国家品种审定"；通过省级品种审定委员会审定，以下简称"通过省审"或"通过省级品种审定"。

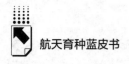

评价和利用，新品质及配套工程化技术和产业化等领域开展深入研究，对整合我国航天育种研究力量，提高航天育种技术，更好地服务国家农业科技，推动农业可持续发展发挥了重要作用，成为这一领域的核心技术平台。

4. 向产业化发展（2010至今）

2010年10月，闵桂荣、吴明珠、戚发轫、叶培建、谢华安、颜龙安6位两院院士向国务院提出加快推进航天育种产业化发展的建议，获得时任国务院领导同志的批复。2011年1月，国务院正式将"航天育种"纳入《"十二五"国家战略性新兴产业发展规划》，要求加快关键技术突破，加快新品种开发和研制，加快育种基地建设，推进新品种产业化发展。21世纪以来，中国的航天育种开始向自主产业化、规模化迈进。

从1994年到2016年，江西省广昌县先后5次搭载白莲材料，不仅育成了高产、抗病、优质的太空莲系列新品种，大举提高了当地白莲种植产量、面积和品质，而且随着新品种的推广和应用，形成了技术标准，发展出了以太空莲为核心的10余类近20个深加工产量，包括通心白莲、莲藕粉、莲心茶、莲子汁饮料、荷叶茶、莲蓉食品等，年综合产值超过10亿元。当地与太空莲系列产品相关的企业达20多家，农业产业化龙头企业4家，白莲生产专业合作社80家，拥有自主品牌注册商标30余个，形成了产业化网络集群。太空莲新品种还走出了江西广昌，在湖北、湖南、福建等地成为了当地白莲的主栽品种，创造了可观的经济效益。

为推动航天育种产业化发展，2018年由中国航天科技集团有限公司、中国农业大学、中国科学院上海植物生理生态研究所、中国农业科学院兰州畜牧与兽药研究所、中国热带农业科学院、北京中医药大学、北京市农林科学院、黑龙江省农业科学院园艺分院、国家植物航天育种工程技术研究中心、林木育种国家工程实验室、中粮营养健康研究院、北京大北农科技集团股份有限公司、中国遥感应用智慧产业创新联盟和神舟绿鹏农业科技有限公司等单位成立了航天育种产业创新联盟。截至2020年底，联盟成员已近70家，部分成员单位成为了"航天育种核心示范基地"等，为规范航天育种产业有序发展奠定了基础和条件。在联盟搭建的合作创新平台上，各个与航天育种相关的技术资源优势单位和种业企业建立了广泛且密切的联系与合作关系，共享了技术和资源，推动了航天育种的稳步发展。

1987年8月，我国第9颗返回式科学试验卫星成功将第一批生物材料送入太空，从而开启了我国航天育种研究与发展的新征程。截至2021年底，通过返回式卫星和神舟飞船等，我国共计搭载生物种质材料36次，直接助力并推动了我国航天育种的研究、发展与产业化。富有独创性地利用返回式卫星搭载植物、农作物种子，进行诱变/突变育种研究，拉开了我国航天育种的序幕，也逐渐成为快速培育农作物优良品种的有效途径之一。

（二）我国航天育种科研概况

与国际上其他国家偏重于研究航天育种机理不同，我国科学家在航天育种机理和航天育种产业化两方面双管齐下，研究与推广并重，而且不断取得创新性成果，从而得到了国际同行的认可。

1. 我国航天诱变条件研究

常见航天诱变的空间条件处理参数为，近地点约200公里到远地点约350公里的范围内，轨道倾角63°，温度15～26℃，微重力 $1 \times 10^{-5} \sim 1 \times 10^{-3}$g，压力 $1 \times 10^{-5} \sim 1 \times 10^{-3}$Pa。空间辐射剂量为1.92毫戈瑞，剂量不算高，但包括离子、X粒子等多种高能粒子，以及X射线和γ射线等多种宇宙射线，足以对植物有机体造成损伤。微重力 $10^{-5} \sim 10^{-3}$g，它能提高生物对诱变因素（空间辐射）的敏感性并抑制DNA损伤的修复，也即是说，微重力可以加强（深）空间辐射的诱变作用。空间处理产生的突变体与原种的遗传物质DNA发生明显的变化，突变株系的细胞结构、碳水化合物、蛋白质代谢、光合特性、基因表达方式，也发生明显的变化。

2. 我国航天诱变机制研究

对于航天工程育种过程中特殊的空间条件如何产生变异，即航天诱变机制的研究，是现阶段最难攻克的科研领域之一。由于以往我国空间站尚未建成以及国际空间站可利用空间的局限性，我国科学家还不能够在太空中实现长期连续的科学研究，因而该领域的进展均是通过在地面模拟部分空间条件

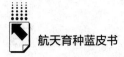

来完成的，即使如此，我国科学家在该领域内也取得了相当的进展。中国科学院等离子体物理研究所离子束生物工程重点实验室吴李君课题组的研究结果表明：正辐射引起的细胞旁效应广泛存在于生物体的各种细胞中，并可被不同的辐射射线所引发。关于旁效应生物学终点，如基因突变、微核、染色体畸变等的研究，主要集中在辐射后的几小时或几天后的时间段内。而该课题组已经开展了有关辐射旁效应产生的原初过程研究并取得了相当的进展，这对于利用辐射旁效应建立辐射防护模型和构建损伤信号传导途径以及解析航天诱变机制有着重要的意义。

3. 我国航天育种机理研究

我国科学家 2009 年在国际权威杂志 *Mutation Research* 上发表的研究结果表明：水稻经过航天育种诱变之后，其基因组的 DNA 受到甲基化修饰，从而对基因表达产生了影响，由此在稳定遗传的变异和基因瞬时表达上导致了水稻性状的改变。中国科学院遗传与发育生物学研究所研究发现，航天育种得到的番茄之所以能够产生高于对照一倍以上的番茄红素，是因为航天育种获得的番茄合成番茄红素的生化途径中相关基因表达水平、酶活性得到了提高，而分解代谢途径中相关基因表达水平、酶活性大大降低。这是我国科学家首次在分子层面上解析航天育种机理，该结果在 2005 年发表于本领域最权威的国际刊物 *Advances in Space Research*。近年来，我国航天育种机理方面的研究登上国际学术刊物的越来越多，已经成为该领域研究的主力军，相信随着我国航天育种的不断发展，国际学术影响力会越来越大。

航天育种的安全性。航天育种所产生的变异是在某种环境条件下自身的变异，和其他引入的变异不同。而且实践证明，到目前为止，其对人体是无害的。

由于望文生义和缺乏对航天育种科学机理的深入了解，公众对于航天育种产品的安全认识存在误区，进而存在误解和疑问。尤其是当听到或读到"诱变"、"变异"或"突变"这类术语的时候，往往会产生负面联想，加重疑虑的程度。

（1）突变与进化

航天育种机理研究成果表明，空间环境会诱导生物材料发生基因组和染色体以及表观遗传学（基因组甲基化修饰等）水平上的变化。这些变化在本质上与生物体在地球表面发生的基因突变无异，只是突变发生的频率提高了、变异的幅度扩大了。千姿百态的自然界正是得益于这些突变的积累和进化过程中的选择，无论人为干涉与否，这些变异在自然界中的生物体内是时时刻刻都在发生着的。所以航天育种的食品同样是安全的，它与传统育种方法育成的品种在本质上是相同的。

（2）实践与时间的检验

航天育种是通过物理因素（宇宙射线、微重力环境等）诱导生物体产生变异获得新的表型的，低能量长时间的辐射所产生的放射性剂量远远低于诱变育种家们在地面进行的作物或植物物理辐照诱变实验所产生的放射性。后者的辐射剂量往往更强，对基因组的破坏性也更强。但是世界上有 3300 多种通过地面辐射育种获得商业性释放（推广种植）的作物或植物，满足了全球的粮食安全和食品需求（FAO/IEAE），具有 94 年经验的辐射育种实践也证明了这些辐射育种品种的安全性。因此，航天育种通过空间辐射获得的产品通过了时间和实践检验，是安全可靠的。

（3）太空中种植

早在 20 世纪五六十年代，美国空军和国家航空航天局就开始研究太空种植植物的种类和方式，以满足宇航员的需要。波音公司为此专门开列了一份作为太空任务中膳食补充剂的农作物清单，入选标准为在相对较低的光照强度下生长能力强、体积小、生产力高等。这份清单包括：莴苣、大白菜、卷心菜、花椰菜、羽衣甘蓝、萝卜、瑞士甜菜、菊苣、蒲公英、萝卜、新西兰菠菜和甘薯。同时期，俄罗斯也在西伯利亚克拉斯诺亚尔斯克开展了相同目的的试验，并在和平号空间站上种植了小麦等作物，这些都为太空农业奠定了技术和材料基础。美国则在航天飞机上生产马铃薯，在国际空间站种植小麦和生菜。2015 年其在国际空间站开展了食用植物种植试验，种植品种包括红色长叶莴苣、中国白菜、芥末、俄罗斯红色羽衣甘蓝、龙袍生菜和小白菜。2018 年宇航员们直接食用了种植收获的羽衣甘蓝和生菜，没有人质疑这些空间生长的蔬菜是否能够食用。

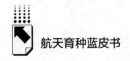

综上所述，无论是通过空间诱变培育的植物还是在太空种植的植物，都不存在食用安全问题，与传统育种技术育成的品种无异，因此与通过遗传工程育种育成的品种不同，其不需要进行严格的食品安全和环境安全的评估。

（三）我国航天育种应用概况

我国是一个农业大国，在育种技术方面不仅有着深厚的积累，而且我国对育种的重视程度也是其他国家不可比拟的，因而我国航天育种自诞生以来，就有国内众多育种科学工作者的参与，并得到国家发改委、科技部、农业农村部、国家自然科学基金委员会的支持，起点很高。我国先后进行了30余次航天搭载，特别是2006年9月9日，我国成功发射了第一颗专门用于航天育种的科学实验卫星——"实践八号"，搭载了大量的生物材料，极大地推动了航天育种的发展。迄今为止，我国是世界上航天搭载生物材料范围最广、数量最多、成果最为突出的国家。据不完全统计，我国自第一个太空品种在1998年通过省级品种审定后，至今已有200多个航天育种新品种通过了国家和省级品种审定（见表2），极大地推动了我国的农业生产。以下是部分在粮食作物、经济作物方面通过航天育种培育成功并已经产生较大影响的优秀成果介绍。

1. 粮食作物

（1）水稻

以福建省农业科学院原院长、原农业部科技委常委谢华安院士为首的福建专家组自1998年起开始进行中国超级稻项目协作攻关，培育出"特优航1号"① 杂交稻新组合，集优质、超高产于一体，是我国利用航天育种育成并通过国家品种审定的杂交水稻新品种。利用航天育种育成的超级稻"Ⅱ优明86""Ⅱ优航1号""Ⅱ优1273""Ⅱ优航2号"，头季产量高、再生能力强，再生季成熟只需60天。亩产一般在1000公斤以上，最高亩产可达

---

① 前人文献对于品种名中的数字既有采用汉字数字者，也有采用阿拉伯数字者，为方便阅读，本书统一采用阿拉伯数字。

1300 公斤，屡创再生稻世界纪录，是目前世界上利用航天科技育成的表现最为突出的作物新品种之一，在全国已累计推广 15 亿亩。

华南农业大学培育的优质高产水稻新品种"华航 1 号"于 2003 年通过国家品种审定，这是我国开展作物航天育种以来，第一个通过国家品种审定的航天育种水稻新品种，对我国，特别是广东、广西等地区的水稻生产产生了很大的影响。

（2）小麦

河南省农业科学院小麦研究所选育的"太空 5 号"是我国第一个利用航天技术育成并通过审定的达到国际优质弱筋标准的小麦新品种，已经得到大面积推广。

此外，我国通过航天育种技术培育出并通过品种审定的还有"培杂泰丰"、"培杂航七"、"胜巴丝苗"、"金航丝苗"、"华航丝苗"、"粤航 1 号"、"浙 101"、"中早 21"、"中浙优 1 号"和"航天 36"等水稻，"太空 6 号"、"龙辐麦 15"、"龙辐麦 17"和"航麦 96"等小麦。这些优良新品种的推广应用对提高作物产品质量做出了积极贡献。

表 2　通过审定具有代表性的航天育种品种

单位：个

种类	数量	品种名称
水稻	92	赣早籼 47 号、航育 1 号、华航 1 号、华航 31 号、航 1 号、航 2 号、宇航 2 号、II优航 1 号、特优航 1 号、谷优航 1 号、毅优航 1 号、粤航 1 号、粤航 2 号、II优航 2 号、特优航 2 号、两优航 2 号、广优 772、宜优 673、川优 673、II优航 148、谷优航 148、内优航 148、野香优航 148、II优 936、泰优 202、II优 270、两优 667、民优 667、天优 2075、泰优 2165、博优 721、赣晚籼 33 号、浙 101、航天 36、中浙优 1 号、胜巴丝苗、华航丝苗、金航丝苗、早籼新品系 V5025、VR 系列恢复系、特青 2 号 SP、特三矮 SP、航香 10 号、长丝占 SP、特青 2 号 SP、莲粳 4 号、华航 48 号、华航 51 号、软华优 1179、宁优 1179、华航 52 号、华航 56 号、华航 57 号、华航 58 号、五优 1179、Y 两优 1173、培杂泰丰、航 17S、培杂航七、培杂 88、培杂航香、红荔丝苗、天优航七、天优 173、培杂 191、华航 32 号、华航 33 号、金航油占、Y 两优 191、天优 1179、华航 36 号、天优 1179、华航 38 号、五优 1173、丰田优 1179、恒丰优 1179、华航 53 号、深两优 1173、华航 59 号、华航 61 号、华航 62 号、深两优 1378、深两优 1578、深两优 1978、金红丝苗、Y 两优 2018、Y 两优 1378、航 5 优 1978、航恢 1173、航恢 1179、航 93S、航 57S

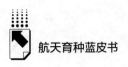
续表

种类	数量	品种名称
小麦	34	SP－B44、航麦 2 号、航麦 3 号、航麦 6 号、航麦 2566、航麦 287、航天 1 号、太空 5 号、太空 6 号、龙辐麦 15 号、龙辐麦 17 号、龙辐麦 18 号、郑麦 3596、郑麦 314、烟航选 1 号、烟航选 2 号、烟航选 3 号、申植 1 号、沈太 1 号、航麦 96、航麦 247、龙辐 02－0958、航麦 901、烟农 5158、兰航选 01、鲁原 301、鲁原 502、富麦 2008、陕农 138、烟农 5158、烟农 836、烟农 999、烟农 377、烟农 215
玉米	24	航玉 35、航天 2 号、川单 23、川单 418、川单 828、荣玉 33、川单 428、川单 30、川单 189、荣玉 188、荣玉 1210、荣玉 168、金荣 1 号、中单 901、靖玉 2 号、陕单 22、鲁单 2016、鲁单 256、鲁单 258、航玉 30、航玉 35、生科甜 2 号、广甜 7 号、航玉糯 8 号
大豆	5	克山 1 号、合农 61、合农 65、合农 73、金源 55
谷子	3	晋谷 47 号、太空白露黄、农大 8 号
棉花	6	航丰 1 号、中棉所 16 毛子、中棉所 19 毛子、中棉所 20 毛子、中棉所 12 光子、中棉所 19 光子
芝麻	2	航芝 1 号、金芝 8 号
番茄	10	航遗 2 号、南航 1 号 A、宇航 1 号、宇航 3 号、宇航 4 号、太空绿钻石、太空黑钻石、太空红钻石、宇番 1 号、宇番 2 号
辣椒	28	航椒红龙、航椒 1 号、航椒 2 号、航椒 3 号、航椒 4 号、航椒 5 号、航椒 6 号、航椒 7 号、航椒 8 号、航椒 9 号、航椒 10 号、航椒 11 号、航椒 20 号、航椒 22 号、航椒金桥、太空金铃椒、太空鸡爪椒、航椒红宝、太空 18、航椒 18 号 F1、宇椒 1 号、太空 11 号、宇椒 2 号、宇椒 3 号、宇椒 4 号、宇椒 5 号、宇椒 6 号、宇椒 7 号
茄子	11	航茄 1 号、航茄 2 号、航茄 3 号、航茄 4 号、航茄 5 号、航茄 6 号、航茄 7 号、航茄 8 号、航茄 9 号、太空南瓜茄、太空蛋茄
瓜类	19	航兴 1 号西瓜、航兴 2 号西瓜、金龙哈密瓜、新红心脆哈密瓜、特色甜瓜风味 1 号、甜瓜加工品种小脆、航丰 1 号小青瓜、太空黄瓜 96－1、航遗 1 号黄瓜、深青 102、太空金瓜南瓜、太空福瓜南瓜、太空玩偶南瓜、太空长南瓜、太空丝瓜、太空葫芦 1 号、太空葫芦 2 号、太空葫芦 3 号、烟葫 4 号西葫芦
豇豆	3	航豇 1 号、航豇 2 号、太空 1 号
白莲	12	太空莲 1 号、太空莲 2 号、太空莲 3 号、太空莲 7 号、太空莲 9 号、太空莲 36 号、风卷红旗、建选 17 号、满天星、金芙蓉 1 号、星空牡丹、太空娇容
香蕉	2	航蕉 1 号、航蕉 2 号
甘蔗	1	中辐 1 号
林木	1	航刺 4 号
牧草	5	国家品种:中天 1 号紫花苜蓿、中首 6 号紫花苜蓿。省级品种:农菁 14 号紫花苜蓿、农菁 11 号羊草、农菁 12 号无芒雀麦

种类	数量	品种名称
花卉	5	太红 1 号孔雀草、航选 1 号醉蝶花(红花系)、航选 2 号醉蝶花(紫花系)、航蝴 1 号蝴蝶兰、航蝴 2 号蝴蝶兰
螺旋藻	2	太空钝顶螺旋藻、太空极大螺旋藻
鱼类	1	神七太空鳉鱼
中草药	1	鲁原丹参 1 号丹参
红小豆	1	宝航红红小豆
合计	268	

（3）玉米

我国于 1987 年开始进行玉米航天育种研究，经过三十多年的发展，目前已有多家单位采用不同材料作为诱变的基础材料，利用不同批次的诱变处理方法，从不同方面开展了多种多样的研究工作，并取得了丰硕的成果。有些是从诱变发生的机理、诱变的生物效应方面开展工作，有些则主要是从育种利用方面开展材料的选育，也有些单位是兼顾育种利用和突变体的筛选及利用等基础研究。选送诱变处理的基础材料有些是杂交种，也有些是综合种或人工合成基础群体，还有些选送优良自交系或不育系进行搭载处理。从育种目标上看，有些单位选送搭载的基础材料是普通玉米，有些单位选送搭载的基础材料是甜玉米或糯玉米。据不完全统计，相关研究发表科研论文 48 篇，通过省级及以上品种审定的有 18 个（其中通过国审品种 5 个），科研立项 14 项，2 个新选优良自交系和 1 个杂交种均获得国家植物新品种授权保护，1 份玉米雄性不育突变体 ms39 获国家发明专利授权，培养毕业研究生 20 人，相关研究获省级科技奖励 2 项。玉米航天诱变育种工作的不断推进不仅为玉米育种及其利用创制了多样的优异材料，也为基因功能研究创制了丰富的突变体材料，这些研究既促进了相关学科的发展，也为社会培养了人才。

2. 经济作物

（1）牧草

立足北方，针对优质、抗逆牧草品种稀缺现状，我国科学家通过航天诱变

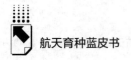

育种技术开展种质资源的创新与利用，极大丰富了牧草育种种质新材料，拓展了牧草育种新技术的应用领域。在种质资源搭载方面，最早是1992年第14颗返回式卫星搭载了中国科学院植物研究所提供的紫花苜蓿和无芒雀麦，之后分别在第16、17、18颗返回式卫星，神舟三号、八号、十号、十一号飞船，实践八号、十号卫星，天宫一号等飞行器上搭载了近100种草种子，主要包括紫花苜蓿、燕麦、中间偃麦草、冰草、沙拐枣、猫尾草、红三叶、白三叶、黄花补血草、红豆草和沙打旺等，其中中国农业科学院兰州畜牧与兽药研究所先后通过7次返回式航天器搭载了9类39种草类植物种子和1株紫花苜蓿组培苗，搭载数量和类型均居第一。在品种培育方面，搭载材料共培育牧草新品种5个。其中，国家品种2个，分别是由中国农业科学院兰州畜牧与兽药研究所、天水市农业科学研究所、甘肃省航天育种工程技术研究中心三家单位联合培育的"中天1号"紫花苜蓿和中国农业科学院北京畜牧兽医研究所培育的"中苜6号"紫花苜蓿；省级品种3个，分别是由黑龙江省农业科学院草业研究所培育的"农菁14号"紫花苜蓿、"农菁11号"羊草和"农菁12号"无芒雀麦。在品种推广方面，以上品种分别在甘肃、内蒙古、黑龙江、山东等省（区、市）推广种植约20万亩，主要用于人工草地种植和退化草地补播。在基础研究方面，对牧草的航天育种机理进行了探索，开展了有关表型变异、品种、染色体、生理生化、分子生物学、蛋白组学和DNA甲基化等的研究。中国农业科学院兰州畜牧与兽药研究所就相关研究授权发明专利2项、中国农业大学授权发明专利1项。

（2）中草药

我国中草药航天育种已有三十多年经验，具体包括丹参、板蓝根、黄芩、桔梗、欧李等中草药搭载后相关的育种研究工作。存在的主要问题有：①缺少中药学研究，如药效物质基础研究、毒理学和药效学系统评价；②农艺性状研究不够，如产量、性状稳定性、抗性等；③缺少空间诱变的分子水平的机制研究；④中草药新品种保护与品种审定有待加强；⑤实现产业化应用的案例少。展望如下：其一，明确研究方向。①安全性评价，开展毒理学研究，评价其安全性；②药效学研究，明确药效变化及其关键药效成分构成的作用机制；③药性变化研究，从药效物质基础角度明确药性变化机理；④功能性有效成的生物合成和遗传调控机理研究，以及空间诱变的分子机制研究，其对提高中药产品质量和临床疗效起关键作用；⑤变异后代稳定性研究，包括农艺性状和中药学性状，进行多代培育及系统评价，直到考核的性状稳定；⑥抗性育种，特别是抗病虫害以及连作障碍，这是解决中草药农残及重茬问题的关键；⑦早期变异筛选，通过高通量分子标记技术进行早期变异筛选，加速育种进程。其二，加强中草药新品种保护与品种审定。其三，建立我国航天育种的协同创新平台。其四，创新"航天科技＋中药农业＋文旅创意"产业融合新模式。

（3）林木

我国航天育种在农作物、蔬菜等方面取得了可喜的成果，但在林木遗传育种工作中的应用尚处于起步阶段。从 2002 年首次尝试林木航天搭载诱变到 2020 年，据对发表文章和各类报道的不完全统计，有中国科学院、北京林业大学、东北林业大学等 62 个单位，臧世臣、刘桂丰、李云等 95 位研究人员参与了林木航天育种工作，陆续搭载了大青杨、红松、落叶松、红皮云杉、红毛柳、刺槐、白皮松、华山松、侧柏、沙棘、柠条、苏铁、金花茶、龙血树、袖珍椰子、白桦、桑树、珙桐、鹅掌楸、杉木、翅荚木、小桐子、杂交构树、尾叶桉、巨桉、韦塔桉、细叶桉、红豆杉、文冠果、五角枫、麻风树、银杏、黄连木等几十种林木的种子，以及杨树、红栌、福橘、橄榄等多个树种的组培苗。研究人员对返回地面的材料进行了种子活力、发芽率等萌发性状，苗高、地径等生长性状，叶绿素含量、抗氧化酶等生理指标，简单重复序列（Simple Sequence Repeats，SSR）等分子标记遗传多样性分析中的一项或多项研究，筛选出了与对照相比变异丰富的新种质，但林木生长周期长，鲜有新品种育成。黑龙江省朗乡林业局从搭载的大青杨中选育出 3 个生长性状优良的无性系实现了规模化生产，于 2008 年获省科技进步三等奖，实现了林木航天育种产业化的突破。此后要注重林木无性繁殖和航天育种极端逆境诱变的结合，解析航天育种的诱变发生机理，培育满足我国不同生态环境的高抗、速生、优质的林木新品种，为我国生态环境保护和林业发展做出重要贡献。

（4）棉花

中国科学院遗传与发育生物学研究所与陕西中科航天农业发展股份有限

公司合作育成的"航丰1号"棉花于2009年获得了陕西省农作物审定证书，该棉花生育期短，产量高于对照15%，棉绒长，品质好，耐盐碱耐瘠薄，深受农民的欢迎。江西农业大学采用航天育种技术育成了"赣棉12号"和"红鹤1号"棉花新品种，其中"赣棉12号"为通过国审的陆地长绒棉新品种。"赣棉12号"的纤维品质居国内领先水平，达到国际同类品种的先进水平，填补了国内纺高支纱陆地棉品种的空白。"红鹤1号"是进一步改良"赣棉12号"培育出来的新品种。

（5）蔬菜

中国空间技术研究院、中国科学院遗传与发育生物学研究所和天水神舟绿鹏农业科技有限公司育成的航天蔬菜新品种以抗病、高产、抗逆、优质的特性受到广大种植户的欢迎和消费者的青睐。主要特点是：确定了遗传稳定性，加快了选育速度；育成品种早熟性突出，成熟期早10.5天；有效成分显著提高，最高增加2.35倍；耐储运，果实常温下1个月不腐烂；产量明显提高，在北京、深圳、甘肃、海南、陕西种植，平均亩产提高1000余公斤。2005年以来，以航天辣椒系列为主的航天蔬菜新品种已在全国25个省（区、市）建立了试验示范点（基地）145个，推广航天蔬菜新品种116万亩、航天辣椒系列品种80万亩。其中"航遗2号"番茄番茄红素的含量是普通品种的2.6倍，"航椒4号"辣椒维生素C的含量比对照增加了20%。

（6）大豆

中国科学院遗传与发育生物学研究所搭载的大豆，已选育出一个高产、高蛋白质含量、高抗花叶病毒的新品系——"科航豆-1号"，参加北京市大豆区试，排名第一，有望获得品种审定。

（7）芝麻

"中芝11号"（航天芝麻1号）是集高产、高含油量、抗病、抗倒伏等多个优良性状于一体的突破性芝麻新品种，在全国区试中产量比对照品种"豫芝4号"增产12.7%，平均含油量为57.7%，已分别通过湖北省和国家农作物品种审定（鉴定）。

（8）甜瓜

新疆农业科学院吴明珠院士自 1996 年以来，先后 3 次对航天飞行器搭载的哈密瓜进行了育种研究，培育出哈密瓜新品种（系）5 个，通过省级审定新品种 1 个，选育出优质抗病稳定自交系 13 个，为选育新品种奠定了基础。

（9）太空莲

1994 年，江西广昌县开展了白莲航天诱变工程育种研究，精心培育出航天白莲新品种，使白莲产量翻了好几番。经过航天育种的白莲，莲种的藕、花、叶、莲、籽粒都产生了广谱变异。莲子采收期比常规品种长 30 ～ 40 天；莲蓬大，颗粒均匀，结实率达 90%，产量高，亩平单产高达 120 多公斤。目前，太空莲在广昌县的推广种植率达 98%，白莲一级品率提高到 45%。自 2000 年以来，每年向湖南、湖北、浙江、广西等 10 多个省（区、市）供应"太空莲"种藕 500 多万株，累计推广面积 200 多万亩，最高亩产增幅达 1.5 倍；亩增纯收入 800 多元，累计带动农民增收 20 多亿元。同时，选育出的 10 多个观赏莲花被引种到北京莲花池公园和北海公园、广东三水荷花大世界、杭州西湖等全国各大景点。

（10）花卉

中国空间技术研究院与中国科学院遗传与发育生物学研究所合作选育的太空一串红、万寿菊等多次获得全国花卉博览会科技一等奖，中国空间技术研究院与天水神舟绿鹏农业科技有限公司共同选育的太空仙客来花朵艳丽、花型优美，深受大众欢迎。深圳市农科集团不仅培育出了花朵直径达 15 厘米的太空蝴蝶兰，还培育出了芳香美丽的蝴蝶兰，给企业带来巨大利润。

（11）微生物

1997 年，通过太空诱变获得的双歧杆菌（肠道的"清道夫"）因成活率较高得到了广泛的应用。1999 年通过神舟飞船搭载了另外一种生物活性菌株——莫能霉素（Monaseus）。经过在太空遨游了 108 圈的航天诱变筛选出的菌株，不但在生长速度方面产生了变异，而且可以产生对心脑血管疾病具有很好疗效的有机复合体。在经过卫星搭载的莫能霉素菌种中，还成功筛选到了 2 株特大抑制菌圈的株系，其效价得到明显提高，超出了对照的 2

倍。通过航天搭载，NIKKO 霉素产生菌突变株，抗生素效价提高了 13% ~ 18%，其 X 组分得到了提高。抗生素庆大霉素产生菌棘孢小单孢菌是很难通过其他育种技术诱变得到的菌系，利用卫星搭载，筛选到的菌株效价提高了 18%。2002 年，利用"神舟三号"飞船搭载了红曲霉菌 0708，筛选到了 8 株耐硒又高产洛伐他汀的菌株。红曲霉菌的他汀类发酵产物是降血脂的首选药物，广泛应用于心脑血管疾病的防治。中国食品发酵工业研究院在"神舟四号"飞船上进行了微生物谷氨酰胺转氨酶（MTG）生产菌株空间诱变育种研究。选育出的 6 株突变株，酶生产能力提高了 40%。在取得突破性进展的基础上，我国科研人员将不同菌株进行搭载，筛选到了很多性状更为优良的菌株，持续地推动着工业微生物菌种的航天育种进程。

（12）酿酒

陕西中科航天农业发展股份有限公司通过空间搭载的酒曲，经地面选育，酿出的酒风味极佳，且可以节约 20% 的粮食。给企业带来良好的经济效益的同时，也为国家节省了粮食。

（13）螺旋藻

深圳市农科集团经太空搭载后选育的太空螺旋藻已形成大规模生产，2006 ~ 2009 年创造了 4 亿元的经济效益。

此外，通过航天育种技术还培育出了"宇椒 1 号""宇椒 2 号"青椒、"龙椒九号"辣椒、"宇番 1 号""宇番 2 号"番茄、"中芝 13 号"芝麻、"中棉所 42""中棉所 50"棉花等多个新品种，分别通过国家或省级品种审定。这些优良新品种的育成，对优化我国农业产业及产品结构，提高农民收益以及社会主义新农村建设做出了积极贡献。

（四）我国航天育种产业化概况

2010 年开始，航天育种相关公司相继成立，标志着我国航天育种开始产业化发展。2010 年 9 月，张掖神舟绿鹏农业科技有限公司挂牌成立，主要进行航天玉米、番茄和辣椒等多种蔬菜的筛选、培育、繁种、制种等。2010 年 12 月，海南航天工程育种研发中心成立，主要目的是加速选育、创制航天育种新材料，完成育种南繁加代等工作。2011 年 9 月，神舟绿鹏农业科技有限公司在北京通州国际种业科技园区成立，打造了航天育种成果展示培育基地，建成了研发中心、全智能温室、植物组培工场、育苗工场和能够满足选育、栽培试验、示范种植的各类大棚设施。这一系列的工作，初步完成了研发、育种、制种、示范推广、销售各个环节的资源整合，搭建了"育繁推"一体化的航天育种产业发展的架构。2012 年 10 月，航天育种及其产业化发展成为中国航天科技集团有限公司航天技术应用产业"十二五"规划的六大产业领域之一。20 世纪 80 年代以来，我国先后 30 余次利用返回式卫星和神舟飞船搭载植物种子，科学工作者（包括航天科学工作者和农业科学工作者）经过多年地面种植筛选，培育出通过省级以上审定的优异种质新品种 200 多个，累计推广种植面积超过 260 万公顷，增产粮食约 16 亿公斤，创造直接经济效益产值 3600 多亿元。航天育种技术及其成果在生物医药等领域也有一定规模的推广应用。在三十多年航天育种的探索实践过程中，航天专家、农业专家及科研工作者通力合作，积累了许多极有价值的研究资料，取得了众多科研成果，对我国作物育种技术进步和相关产业发展发挥了积极作用，为航天育种助力我国农业发展打下了比较坚实的基础。在梁思礼、张履谦、龙乐豪、戚发轫等院士的积极倡议和大力支持下，2016～2017 年中国航天科技集团有限公司科学技术委员会依托航天神舟生物科技集团有限公司设计了"我国航天育种未来发展战略研究"的课题，在国外航天育种研究进展、我国航天育种发展现状、我国航天育种对相关产业的带动作用、形成航天技术新兴产业的可行性研究、我国航天育种发展存在的问题，以及我国航天育种发展战略路径与政策建议等方面展开了深入研究，对我国航天育种未来发展战略进行了系统分析和翔实论述。2018 年 7 月，在刘纪原同志的积极倡导下，由中国航天科技集团有限公司、中国农业大学与中国科学院、中国农业科学院所属分院、研究所、中国热带农业科学院、北京林业大学、北京中医药大学、北京市农林科学院、黑龙江省农科院、国家植物航天育种工程技术研究中心、林木育种国家工程实验室、中粮研究院和神舟绿鹏农业科技有限公司等 14 家单位发起成立了航天育种产业创新联盟，旨在提升航天育种科技创新，促进航天育种技术成果转化，推动其产业化发展，得到了中国航天科技集团有限公司科学技术委员会的有力支持和参与。

（五）我国航天育种区域发展概况

航天育种的主要成果体现在各类粮食作物和经济作物等的育成品种数量上。2001~2021年，通过国审和省审的航天育种品种超过240个，从年度分布上看，呈现2005~2006年和2014~2018年两个高峰时间段（见图1）。此外，我国航天育种在各个区域的发展也有不同的态势。

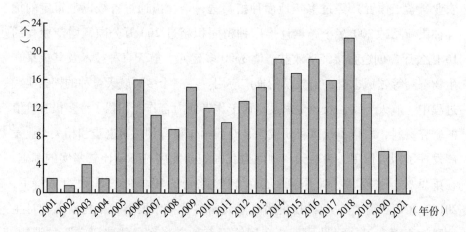

图1　2001~2021年通过国审和省审的航天育种品种数量年度分布

资料来源：中国种业大数据平台，202.127.42.145/bigdataNew/。

我国区划种类较多，其划分方法也不尽一致。航天育种的主要应用场景为农业领域，因此采用全国农业区划委员会编制的《中国综合农业区划》的划分方法，根据农业生产条件、特征和发展方向、重大问题和关键措施及行政单位的完整性等原则，将全国划分为九个农业区，即：

北方干旱半干旱区（甘肃、宁夏、新疆、内蒙古）；

东北平原区（黑龙江、吉林、辽宁）；

云贵高原区（云南、贵州、广西）；

华南区（广东、福建、海南、香港、澳门、台湾）；

四川盆地及周边地区（四川、重庆）；

长江中下游地区（湖北、湖南、上海、江苏、浙江、安徽、江西）；

青藏高原区（青海、西藏）；

黄土高原区（陕西、山西）；

黄淮海平原区（北京、天津、河北、山东、河南）。

根据从农业农村部种业管理司中国种业大数据平台检索得到的信息，各省（区、市）通过省审的航天育种品种超过200个（207个）。其中，华南区以航天水稻为主，通过省审的品种数量居于首位，占比达43%。长江中下游地区、四川盆地及周边地区和黄淮海平原区通过省审的品种数量占比接近，均达10%及以上（见图2），但其品种构成有所不同。其中，长江中下游地区以航天水稻为主，黄淮海平原区以航天小麦为主，四川盆地及周边地区以航天玉米为主。

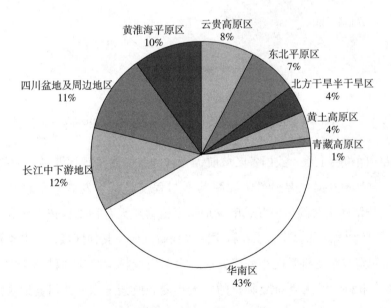

图2 通过省审的航天育种品种区域分布

资料来源：中国种业大数据平台，202.127.42.145/bigdataNew/。

华南区育成的通过国审的品种全部为航天水稻，黄淮海平原区则以航天小麦为主。东北平原区和四川盆地及周边地区通过国审的品种数量占比均超过10%（见图3），东北平原区通过国审的品种分别为航天大豆、航天小麦和航天水稻，四川盆地及周边地区则以航天玉米为主。长江中下游地区以航天棉花为主。

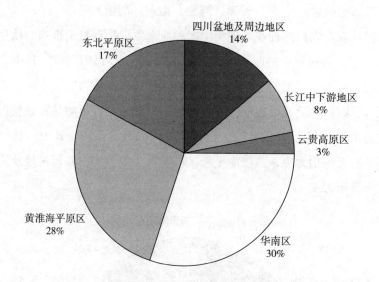

图3　通过国审的航天育种品种区域分布

资料来源：中国种业大数据平台，202.127.42.145/bigdataNew/。

从时间跨度上看，我国各区域航天育种的参与度呈现逐渐增强的趋势，其中，华南区占据主要份额，说明其参与程度较深、发展水平较高（见图4）。华南区主要的品种育成单位是国家植物航天育种工程技术研究中心（华南农业大学）和福建省农业科学院水稻研究所。其他区域，如黄淮海平原区（河南省农业科学院小麦研究所、中国农业科学院作物科学研究所和山东省农业科学院玉米研究所）的航天小麦和航天玉米、四川盆地及周边地区（四川农业大学玉米研究所和四川省农业科学院生物技术核技术研究所）的航天玉米和航天水稻、云贵高原区（福建省农业科学院水稻研究所和四川省农业科学院生物技术核技术研究所）的航天水稻、长江中下游地区的航天水稻和航天棉花等品种的育成，都与该区域的骨干育种单位的贡献紧密相关。

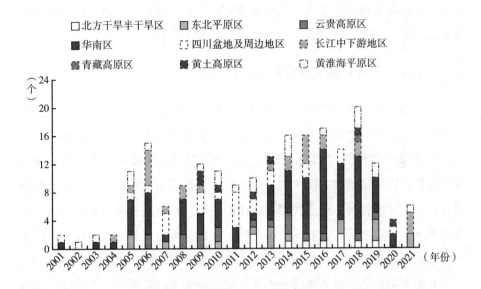

图4　2001～2021年各区域年度通过省审的航天育种品种数量

资料来源：中国种业大数据平台，202. 127. 42. 145/bigdataNew/。

除通过国审和省审的品种外，我国各区域内的育种单位和基地还利用航天育种育成了大量的瓜果蔬菜和重要的经济作物等，取得了良好的经济效益。如黑龙江省的宇椒、太空番茄和太空甜瓜，甘肃省的航椒和太空茄，新疆维吾尔自治区的太空甜瓜，江西省的太空莲，广东省的太空花卉和太空螺旋藻，山西省的太空谷子，陕西省的太空白酒，山东省的太空西葫芦，等等。

我国一些区域，如云贵高原区和黄土高原区也实施了相当数量的航天育种空间搭载项目，但由于种种原因，获得的育成品种并不突出，这也对航天育种的均衡发展提出了新的要求。

（六）航天育种技术国际交流与合作

我国的航天育种整体上来讲在世界上拥有较大的学科优势，始终坚持

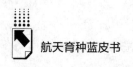

"强强合作"国际交流与合作原则。目前已经和俄罗斯、德国、澳大利亚等开展了较为广泛的合作。我国应该通过这些合作积极参与国际规则的制定，主动营造能够实现高水平人才对外交流的环境，提高科研队伍与国际学术界对话的能力，加强对国际合作与交流项目的规范管理。

（七）航天育种发展评价指标体系

采集和分析农业数据的重要性不言而喻，它可以实现对农产品价格走势的预测、对市场资金流动方向的引导，乃至分析预示未来粮食缺口的大小和国家粮食安全的水平。无论在历史上还是在现实中，数据在各个产业发展进程中发挥作用的潜力都是巨大的。未来借助大数据集成，将催生并带动包括智慧农业、精准育种、遥感预测等在内的一系列具备高科技形态的新型农业生态系统。但相对而言，航天育种领域数据的系统采集和统计应用是落后于其形成和发展的。

航天育种产业发展主要涉及农业技术研发和农产品生产，属于完全竞争的行业领域。因此，从宏观政策管理和微观经济分析角度出发，逐步建立一套科学合理的航天育种评价指标体系，可以更加准确、完整、系统地评价航天育种产业的发展现状，及时找出产业发展中存在的问题，并由此进一步改进宏观管理、促进产业发展。

航天育种是传统农业、现代生物技术、空间诱变航天高科技等多个技术领域的集成，从种源创制到品种研发，再到技术应用和产品推广，涵盖了漫长的产业链，对从业者的意识、知识、技能和资金，乃至从业者所处环境的科技氛围、当地的投资水平、政策的扶持力度都有着一定的要求。整个链条各个环节中所产生的大量可供分析处理的经济和统计数据，可以作为产业发展的科学评价指标。一套行之有效的航天育种发展评价指标体系的建立将对航天育种产业的发展、管理和引导起到有力的推动作用，并为产业的进入者、行业的参与者、农业的投资者和政策的制定者提供可靠的具有参考意义的数据，包括向产业下游及终端市场和消费者提供有价值的产经信息。

建设航天育种发展评价指标体系，要设计、研发与经营主体紧密相关的评价目标、可量化的评价指标、可操作的评价手段，从而将产业发展纳入一套完整科学的评价体系中，为产业发展和政策支持提供可参考和借鉴的数据与趋势分析。评价指标体系的构建将促进和引导航天育种产业的健康发展，为制定科学合理的航天育种产业政策提供依据，进一步丰富航天育种产业政策的管理和调控手段。

五 我国航天育种发展的主要成就、经验、机遇和挑战

（一）主要成就和经验

1. 坚持航天育种实践，实现种质升级，开辟国民经济主战场

经过三十多年的育种实践，我国航天育种工作者已经培育了从微生物到高等生命，从粮食作物到经济作物，从农田生态系统到林业、水产等生态系统的众多种质，已经并正在我国国民经济主战场上发挥着应有的作用。

我国作为世界上人口最多的国家，粮食安全关系到我们国家的命脉，因此粮食作物的育种和生产长期得到国家的高度重视，相对来讲，目前除了大豆依赖进口之外，水稻、小麦、玉米等粮食作物的育种和生产已经具有相当雄厚的基础。面对如此激烈的竞争和如此高的要求，航天育种经过多年的坚持和努力，已经为我们国家培育出了水稻、小麦、玉米等粮食作物的航天品种，在整个作物育种领域争得了一席之地，为我国的粮食安全做出了贡献。已经建成的国家植物航天育种工程技术研究中心，标志着航天育种已经成为作物育种领域十分重要的一员。

如前所述，除了粮食作物外，航天育种在蔬菜、花卉、微生物等种源创新领域做出了更大的贡献。特别是在我国全面推进乡村振兴这个时代伟业的特殊历史阶段，种源创新是影响我国农业经济持续发展"卡脖子"的问题，因而，坚持在国民经济主战场上开疆拓土必将成为航天育种事业继续奋斗的目标与方向。同时，在国民经济主战场上发挥作用是航天育种不可推卸的历史使命和动力源泉。

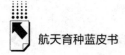

2. 加强航天育种机理研究，引领原创性攻关，拓展航天育种认知新边界

宇宙空间环境资源无限，但只有发展航天技术，人类才能够拥有利用这些资源的些许机会。到目前为止，只有我国发射过专门用于航天育种的卫星。由于宇宙空间环境的时空异质性，每次航天搭载都是种质和新环境之间的互作，因而从理论上讲每次发射任务之间完全不具有可比性，这就导致科学研究所要求的重复性难以达成，从而给研究航天育种机理带来了极大的困难。尽管如此，科学家们还是尽可能测量、收集并分析导致种质遗传变异的环境因子，取得了一系列原创成果。随着我国空间站的建成，完全重复的空间环境仍然不可能，但由于空间站位置的相对稳定性和研究时间的可控性，这种状况会得到大大改善。加强航天育种机理研究，有望进一步解析航天育种机理，拓展人类对航天育种认知的新边界。

3. 注重航天诱变机制解析，综合育种理论创新，开辟航天育种认知新疆域

航天诱变机制的解析是明确航天育种所创制的新的优良性状如何形成的机制问题，相关研究的积累可以进一步指导航天育种，提高育种效率。从理论上讲，人们只有筛选到新的性状后才能解析新性状的形成机制，研究相对滞后是正常的。航天诱变机制解析的滞后尽管在目前阶段对航天育种进程的影响并不显著，但轻视或者忽略航天诱变机制解析会严重影响航天育种学科的发展。经过航天搭载后，生命体已经和宇宙空间环境产生了互作，新性状是空间环境诱变的结果。通过大量分析优良性状，可以明确优良性状的形成机制，提高育种效率，开辟航天育种认知新疆域。

4. 充实种质突变体资源库，丰富地球生命遗传多样性，增添生命与太空互作的遗传信息

地球生命因为人类航天技术的发展和人类对于新种质的需求，得以跟随人类和宇宙空间环境产生互作，并得到遗传信息上的改变，以突变体的形式储存到遗传信息库中，从而得以开始承载宇宙环境信息，这对于地球生命来说，也是重大的历史转折点。

5. 结合我国的特殊国情，坚持天为地用，保证我国航天育种的世界地位

我国人口众多，人均耕地少，粮食安全始终是我们国家必须重视的问题，因而作物育种得到了足够的重视。同时，由于我国航天技术的特殊优势和坚持天为地用的具体实践，航天育种有机会在我国茁壮成长，经过三十多年的积累，目前已经在世界上处于领先地位。

（二）主要机遇和挑战

当今整个世界正处于一个人类主导的大变局时代，生命科学、信息技术、航天工程等飞速发展。我国作为世界大家庭的一员，在农业、航天、工业、科技、服务业等各个领域持续强劲发展，特别是农业方面，我国刚刚夺取了脱贫攻坚战的胜利，正在全面推进乡村振兴的伟业，这给我国航天育种事业带来了前所未有的机遇和挑战。

1. 生命科学是当今世界发展最为迅速的学科，航天育种进程亟待借助前沿分子生物技术

当今世界，生命科学的发展日新月异，新理论、新技术层出不穷，呈现爆炸性增长态势。生命科学的进步给育种学带来了革命性的改变，例如全基因组分子设计育种，可以同时整合目前已知的所有优良性状遗传信息，培育全新种质，极大地提高了育种效率。航天育种技术需要借用生命科学发展的新成果，在更高的平台和起点上发挥自己学科的优势，推动新时期的育种革命。

2. 信息技术即将全面应用于农业，航天育种产业需要现代信息技术加持并突出自己的特色

信息技术的发展正给世界各行各业带来革命性的改变，农业也不例外，数字农业、智慧农业等新概念、新技术正在生根发芽，相信不久的将来就会遍地开花。航天育种需要积极融入信息技术革命的世界潮流中，借助信息技术的优势，大力推进航天育种产业的升级换代。

3. 我国空间站建设即将完成，应保证航天育种机理（理论制高点）和航天育种技术（实践压舱石）的协同研发，实现理论和技术双突破

航天育种机理的研究长期受到无限的宇宙空间资源和人类可以重复利用

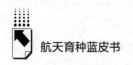

的极其有限的稳定空间资源之间的矛盾的限制，因而研究相对滞后，特别是对于我国科学家来讲，由于国际空间站资源的稀缺性，相对更加难以取得突破性进展。可喜的是，我国空间站即将建设完毕，这给我国航天育种家们研究航天育种机理带来了极大的机遇。同时，由于国际空间站即将退役，这意味着我国空间站将会成为世界上唯一可以用来在太空中开展航天育种机理研究的长期稳定平台，这有利于未来我们国家占据航天育种机理研究的制高点，从而率先取得重大理论突破。

4. 中国实施乡村振兴战略，航天育种需要抓住机遇，发挥产业优势

我国正处于实施乡村振兴战略的历史新阶段，航天育种在提升作物抗逆性、产量、品质等诸多方面的优势应在乡村振兴中发挥应有作用。经过长期的实践，航天育种利用独特的优势已经为我国乡村打造了富饶的"莲子县"、出口创汇的"锦鲤卵"国际企业、改良盐碱地的优质大豆等。随着航天育种成果的不断应用，相信航天育种在乡村振兴的过程中会发挥更大的作用。

5. 突破天花板和地板双重效应，延长航天育种产业链，发挥航天育种的产业优势

农业发展一直以来经受着天花板和地板双重效应的困扰，以生产农产品为主的航天育种也不例外。通过对农产品的深加工可以大大提升经济效益，同时通过正反馈效应可以进一步为航天育种助力，形成良性循环，进而充分发挥航天育种的产业优势。

六 我国航天育种发展趋势与展望

航天育种作为一个遗传育种与航天科技相结合的新兴交叉学科，经过三十多年的发展和积累，结合当今世界科学与技术发展的潮流和我国发展的特殊历史阶段，正呈现以下几种趋势。

（一）航天育种将在广度和深度上双向快速发展，逐渐形成高度专业化的发展态势

航天育种在很大程度上受到航天搭载资源有限的影响，随着航天科技的

发展，这一状况有望得到极大改善。鉴于太空资源的无限性和人类对太空的不断探索，航天育种将迎来前所未有的机遇：一方面可以利用空间站加强航天诱变机制的研究，以期取得重大突破；另一方面可以利用人类进行深空探索的机会推进种质创新进程，以期培育更多具有我国独立知识产权的种质资源。同时，生命科学发展的突飞猛进，必将为航天育种的未来发展奠定更加专业化的基础，从而使航天育种在广度和深度上双向快速发展。

（二）航天育种产业将整合现代生命科学和信息科学的发展成果，越来越规模化、现代化、系统化和智能化

航天育种的发展为航天育种产业的发展奠定了坚实的基础。可以想象，在生命科学快速发展助力航天育种发展的基础上，未来航天育种产业的发展也必将整合现代生命科学和信息科学的发展成果，在产业规模不断升级的同时，越来越规模化、现代化、系统化和智能化。

（三）我国的航天育种研究将随着我国世界地位的提升而实现快速发展，逐步积累并巩固优势地位，引领世界航天育种向纵深拓展，造福全世界

在发达国家不太重视航天育种和欠发达国家没有能力开展的前提下，我国航天育种的发展一骑绝尘，目前已经奠定了良好的基础。随着我国经济实力的提升和"一带一路"倡议等政策的推行，我国航天育种的国际合作前景必将越来越广阔，特别是在非洲的发展中国家和农业相对比较落后的国家，我国的航天育种将会发挥独特的优势，推动航天育种国际化的进程，从而引领航天育种的纵深发展，造福全人类。

总而言之，航天育种作为遗传育种学的一个分支，在我国科学家的不断努力和坚持下，目前已经呈现在世界上遥遥领先的趋势。我们相信，随着航天育种不断吸收、接纳并整合世界科技飞速发展的成果，航天育种产业将迎来一片新的广阔天地。航天育种未来可期。

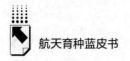

参考文献

［1］ F. Anqi, "China's First 'Space Rice' that Made Round Trip to Moon Yields Grain," *Global Times* (2021), https：//www. globaltimes. cn/page/202107/1228365. shtml.

［2］ S. Chen, "Countdown Starts for China's Big Mutant Crop Space Mission in Race for Food Security," *South China Morning Post* (2019), https：// www. scmp. com/ news/china/science/article/3035967/countdown － starts － chinas － big － mutant － crop － space － mission － race － food.

［3］ G. Costa-Neto et al., "EnvRtype：A Software to Interplay Enviromics and Quantitative Genomics in Agriculture," *G3* (*Genes | Genomes | Genetics*) 4 (2021)：jkab040. doi：10. 1093/g3journal/jkab040.

［4］ Y. Y. Dong et al., "Quantification of Four Active Ingredients and Fingerprint Analysis of Licorice (*Glycyrrhiza Uralensis Fisch.*) after Spaceflight by HPLC-DAD," *Research on Chemical Intermediates* 38 (2012)：1719 – 1731.

［5］ X. M. Fang, Z. J. Zhao, H. K. Gu, "A Study on Space Mutation of Streptomyces Fradiae," *Space Medicine & Medical Engineering* 18 (2005)：121 – 125.

［6］ R. Ferl et al., "Plants in Space," *Current Opinion in Plant Biology* 5 (2002)：258 – 263.

［7］ W. Gao et al., "Effects of Space Flight on DNA Mutation and Secondary Metabolites of Licorice (*Glycyrrhiza Uralensis Fisch.*)," *Science in China. Series C, Life Sciences* 52 (2009)：977 – 981.

［8］ P. Ghosh, "What is Space rice? China Harvests 1st Batch of Seeds that Travelled around Moon," *Hindustan Times* (2021), https：//www. hindustantimes. com/india － news/what － is － space － rice － china － harvests － 1st － batch － of － seeds － that － travelled － around － moon － 101626229101405. html.

［9］ T. W. Halstead, F. R. Dutcher, "Plants in Space," *Annual Review of Plant Biology* 38 (1987)：317 – 345.

［10］ X. He et al., "Space Mutation Breeding：A Brief Introduction of Screening New Floricultural, Vegetable and Medicinal Varieties from Earth-grown Plants Returned from China's Satellites and Spaceships," In Teixeira da Silva JA eds., *Floriculture, Ornamental and Plant Biotechnology：Advances and Topical Issues*, 1st Edn. (Isleworth：Global Science Books, 2016), pp. 266 – 271.

［11］ A. D. Krikorian, F. C. Steward, "Morphogenetic Responses of Cultured Totipotent Cells of Carrot (*Daucus Carota* var. *Carota*) at Zero Gravity," *Science* 200 (1978)：67 – 68.

［12］ J. Kumagai et al., "Strong Resistance of *Arabidopsis Thaliana* and *Raphanus Sativus* Seeds for Ionizing Radiation as Studied by ESR, ENDOR, ESE Spectroscopy and

Germination Measurement: Effect of Long-lived and Super-long-lived Radicals," *Radiation Physics and Chemistry* 57 (2000): 75 – 83.

[13] J. Li et al. , "Effect of Space Flight Factors on the Peroxidase Polymorphism and its Activity of Alfalfa," *Seed* 4 (2012) .

[14] L. Liu et al. , "Achievements and Perspective of Crop Space Breeding in China," in Q. Y. Shu, eds. , *Induced Plant Mutation in the Genomics Era* (Food and Agriculture Organization of the United Nations, Rome, 2014), pp. 213 – 215.

[15] L. Liu, Q. Zheng, "Space-induced Mutation for Crop Improvement," *China Nuclear Science and Technology Report* (1997) .

[16] Y. Luo et al. , "Genomic Polymorphism in Consecutive Generation Rice Plants From Seeds on Board a Spaceship and their Relationship with Space HZE Particles," *Frontiers of Biology in China* 2 (2007): 297 – 302.

[17] T. K. Mohanta et al. , "Space Breeding: The Next-Generation Crops," *Front Plant Science* 12 (2021): 771985. doi: 10. 3389/fpls. 2021. 771985.

[18] G. S. Nechitailo et al. , "Influence of Long Term Exposure to Space Flight on Tomato Seeds," *Advances in Space Research* 36 (2005): 1329 – 1333.

[19] X. Ou et al. , "Space Flight Induced Genetic and Epigenetic Changes in the Rice (Oryza Sativa L.) Genome are Independent of Each Other," *Genome* 53 (2010): 524 – 532.

[20] G. Parfenov, V. Abramova, "Flowering and Maturing of Arabidopsis Seeds in Weightles Sness: Experiment on the Biosatellite ' Kosmos – 1129 '," *Doklady Akademii Nauk SSSR* 256 (1981): 254 – 256.

[21] B. Prasad et al. , "How the Space Environment Influences Organisms: An Astro Biological Perspective and Review," *International Journal of Astrobiology* 2 (2021): 159 – 177.

[22] J. Shi, "Induction of Apoptosis by Tomato Using Space Mutation Breeding in Human Colon Cancer SW480 and HT – 29 Cells," *Journal of the Science of Food and Agriculture* 90 (2010): 615 – 621.

[23] Y. Sun et al. , "Assessment of Genetic Diversity and Variation of Acer Mono Max Seedlings after Spaceflight," *Pakistan Journal of Botany* 47 (2015): 197 – 202.

[24] D. Wu et al. , "Variation of Restoring Ability and Analysis of Genetic Polymorphism in Posterity of Restorer Lines by Space Mutagenesis," *Journal of South China Agicultural University* 32 (2011): 1 – 5.

[25] H. Wu et al. , "Mutations in Cauliflower and Sprout Broccoli Grown from Seeds Flown in Space," *Advances in Space Research* 46 (2010): 1245 – 1248.

[26] L. Wu, Z. Yu, "Radio Biological Effects of a Low-Energy Ion Beam on Wheat,"

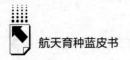
Radiation and Environmental Biophysics 40 (2001): 53 – 57.

[27] X. F. Wen et al., "Study of Space Mutation Breeding in China," *Applied Life Sciences* 18 (2004): 241 – 246.

[28] Y. Xiao et al., "Simulated Microgravity Alters Growth and Microcystin Production in *Microcystis Aeruginosa* (*Cyanophyta*)" *Toxicon* 56 (2010): 1 – 7.

[29] B. Xu et al., "Simulated Microgravity Affects Ciprofloxacin Susceptibility and Expression of *Acrab-Tolc* Genes in *E. Coli* Atcc25922," *International Journal of Clinical and Experimental Pathology* 8 (2015): 7945 – 7952.

[30] P. Xu et al., "Single-Base Resolution Methylome Analysis Shows Epigenetic Changes in Arabidopsis Seedlings Exposed to Microgravity Spaceflight Conditions on Board the Sj – 10 Recoverable Satellite," *Npj Microgravity* 4 (2018): 12.

[31] X. Yu et al., "Characteristics of Phenotype and Genetic Mutations in Rice after Spaceflight," *Advances in Space Research* 40 (2007): 528 – 534.

[32] C. Q. Yuan et al., "Assessment of Genetic Diversity and Variation of Robinia Pseudoacacia Seeds Induced by Short-Term Spaceflight Based on Two Molecular Marker Systems and Morphological Traits," *Genetics and Molecular Research* 11 (2012): 4268 – 4277.

[33] L. Zhang et al., "Amplified Fragment Length Polymorphism (Aflp) Analysis of Male Sterile Mutant Induced by Space Flight in Maize," *Journal of Maize Sciences* 20 (2012): 50 – 53.

[34] S. N. Zhang et al., "The High Energy Cosmic-Radiation Detection (Herd) Facility Onboard China's Space Station," *Proceedings of the SPIE* 2014 91440X, https://doi.org/10.1117/12.2055280.

[35] Z. H. Zhang, "Crops Bred in Space Produce Heavenly Results," *China Daily* 2020, https://www.chinadaily.com.cn/a/202011/13/WS5faddbf8a31024ad0ba93d27_2.html.

技术篇

Application of Technology

B.2
"实践八号"育种卫星的立项和成果

刘录祥　郭会君*

摘　要： "实践八号"是我国首颗育种专用卫星，于2006年9月发射，搭载9大类2020份生物材料。卫星返回后立即启动搭载种子的地面育种工作，目前已在航天诱变机制研究、作物突变新材料创制、突变新品种培育等方面取得一系列成果。据不完全统计，截至2020年，经过全国航天育种协作组协作攻关，建立了作物空间诱变定向筛选新方法，创制出小麦、水稻、玉米等不同作物优良突变体，育成50余个作物新品种，并在生产上应用；在国内外期刊发表相关研究论文160余篇，培养硕博士研究生100余人次。预计未来其将继续在作物空间诱变机制研究和新品种培育方法研究等方面发挥重要作用。

---

* 刘录祥，中国农业科学院作物研究所研究员，副所长，国家航天育种工程首席科学家，国家小麦产业技术体系首席科学家，中国原子能农学会理事长，亚太国际植物突变育种协作网首任主席；郭会君，中国农业科学院作物研究所副研究员，《核农学报》副主编，中国原子能农学会理事，北京核学会常务理事。

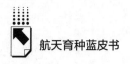
关键词： "实践八号" 育种卫星 空间诱变 作物突变育种

为加快推动航天育种研究，1995 年农业部与中国航天工业总公司就合作开展农作物航天育种工作达成共识，2003 年航天育种工程项目正式立项，2006 年发射回收"实践八号"育种卫星。本报告详细介绍了"实践八号"育种卫星的立项过程、载荷情况、运行回收以及地面育种和遗传变异机制研究进展。

一 "实践八号"育种卫星立项过程

"实践八号"育种卫星任务从最初讨论到最终立项实施经历了漫长的过程。1995 年 1 月 5 日，农业部与中国航天工业总公司就合作开展农作物航天育种工作进行了专门会谈，并达成共识。会后农业部委托中国农业科学院，会同中国航天工业总公司中国空间技术研究院和中国科学院等单位的专家、学者对我国自 1987 年以来航天育种的现状进行了全国性的联合实地考察和调研。1996 年 6 月，由中国航天工业总公司、农业部和中国科学院共同研究，委托中国农业科学院正式起草了"利用返回式卫星开展农作物空间技术育种工程项目建议书"。1996 年 6 月 31 日，为了更有效地开展航天育种的整体工作，并为工程项目的组织实施奠定基础，经中国农业科学院批准，成立了中国农业科学院原子能利用研究所空间技术育种研究中心，专门从事农作物航天育种研究。1999 年 8 月，在国防科工委的关心和支持下，经过反复论证修改的航天育种工程项目建议书由国家计委正式上报国务院。

1999 年 12 月 28 日，经国务院第 56 次办公会议研究通过，正式批准航天育种工程立项。2000 年 2 月 17 日，国家计委批复了由中国航天科技集团有限公司、农业部和中国科学院联合上报的航天育种工程项目建议书（计高技〔2000〕155 号）。2003 年 4 月 22 日，国务院批准了

《关于审批航天育种工程项目可行性报告的请示》，同年 5 月，国家发改委、财政部、国防科工委下达了《印发关于审批航天育种工程项目可行性研究报告的请示通知》（发改高技〔2003〕138 号），育种卫星项目正式立项。2005 年 7 月 26 日，国防科工委下达《关于航天育种系统工程研制总要求批复的函》，明确了用户研制技术要求，并将卫星正式定名为"实践八号"育种卫星。2006 年 3 月 14 日，农业部、国防科工委联合发布了《实践八号育种卫星装载育种材料征集指南》，面向全社会在网上公开免费征集育种卫星装载材料。

二 "实践八号"育种卫星载荷

《实践八号育种卫星装载育种材料征集指南》中对不同物种或材料类型的遗传特性、纯度、材料搭载数量均有明确规定。以水稻、小麦、玉米、棉花、大豆和油菜等农作物种子为主，同时兼顾蔬菜作物、林果花卉作物、小杂粮作物、牧草和微生物菌种等。

种子类材料要求选择综合性状优良，有重要育种价值，欲通过航天诱变进一步改良的纯系品种的种子作为搭载材料。纯系品种可以是遗传上纯一、稳定的常规品种、不育系、保持系、恢复系和高代品系等。搭载用种子在纯度、净度、发芽率上须符合国家作物种子质量标准，种子的相对含水量应控制在 13% ~ 14%。种子数量一般应在 3000 粒以上，同时备有相同数量的同批种子作为对照。林果花卉应为新鲜、健康、活力高的干种子或枝条等，搭载包装须保持枝条的湿度。微生物菌种应是生物学和遗传学特性清楚，具有科学意义和（或）重要应用价值的，对人、动物、植物非致病的纯培养的活体微生物菌种，以及已知基因序列的分子生物学样品等。

"实践八号"育种卫星搭载了 9 大类 2020 份生物材料，包括水稻、麦类、玉米、棉麻、油料、蔬菜、林果花卉、微生物菌种以及小杂粮等 152 个物种，总重量 208.816 公斤。其中植物 133 种、动物 3 种（线虫、蜜蜂和家

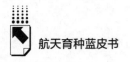

蚕）、微生物 16 种。地面育种工作涉及全国 28 个省（区、市）的 138 个科研院所、大学及企业单位共 224 个课题组。

为了配合空间育种开展机理研究工作，卫星上装载了 7 项用于空间机理研究的空间环境探测实验设备（简称"空间环境探测设备"），以研究各种空间环境因素（重离子辐射、微重力、弱磁场等）的生物学效应，探索航天育种技术的作用机理。空间环境探测设备的组成及基本功能如图 1 所示。

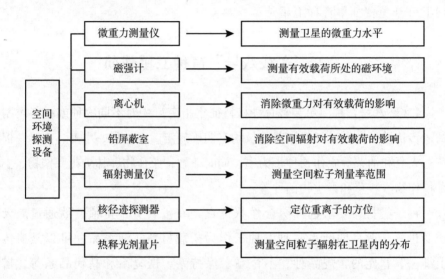

图 1　空间环境探测设备的组成及基本功能

三　"实践八号"育种卫星在轨运行与回收

"实践八号"育种卫星于 2006 年 9 月 9 日 15 时整在酒泉卫星发射中心发射，由长征二号丙运载火箭送入预定轨道；在轨运行 15 天，于 9 月 24 日 10 时 43 分，卫星回收舱降落在四川省中部地区。2006 年 9 月 25 日，农业部在北京组织专家，对随返回舱返回地面的育种有效载荷材料进行了开舱审验。审验结果表明，育种有效载荷材料包装完好、无损，数量与卫星飞行计划清单吻合。

育种卫星轨道为椭圆形倾斜轨道，卫星运行在近地点高度为 180 公里、远地点高度为 460 公里的轨道上，轨道倾角为 63°，近地点位置在北纬 35°附近。卫星在轨运行期间，回收舱种子附近的温度在 7.21 ~ 20.72℃；卫星轨道高纬度地区的整星磁场强度接近 50000nT，低纬度地区的整星磁场强度接近 20000nT，东经 150°附近磁场强度较大（接近 60000nT），西经 320°附近磁场强度较小（约 30000nT）；微重力平均值为 1.3×10^{-3} g；卫星飞行期间空间辐射剂量最大为 5.893 毫戈瑞，最小为 2.484 毫戈瑞，平均日剂量在 0.169 毫戈瑞到 0.401 毫戈瑞之间。

四 "实践八号"育种卫星核径迹探测器探测空间辐射剂量

育种卫星使用 CR-39 固体核径迹探测器作为重离子探测元件，同时用 LiF 热释光剂量片测量种子所受的较低 LET 空间辐射的剂量。由于地面极少有重离子，所以在地面贮存期间 CR-39 上不会出现除 α 粒子外的其他重离子造成的径迹。虽然 α 粒子可以在 CR-39 上造成一定的径迹，但地面 α 粒子能量较低，不足以穿过种子使 CR-39 出现径迹。如果 α 粒子直接打在 CR-39 上，其造成的径迹与空间重离子造成的径迹形态差异很大，在进行后续分析时完全可以区分空间重离子径迹与地面 α 粒子径迹，从而确认种子是否被空间重离子击中。地面对照产品的 CR-39 上未出现可判读的重离子径迹，这可以保证判读结果的准确性。

分析表明，重离子径迹通量在 50 ~ 75 粒/厘米^2。由于玉米籽粒较大，所有玉米种子均被重离子击中两次以上，并且胚芽部位被击中的也较多。而拟南芥由于籽粒很小，被击中的概率较低，约为 14%。而籽粒大小中等的水稻和小麦，有 78% 的水稻被重离子击中，43% 的小麦被击中；其中 16% 的小麦胚芽被重离子击中（见表1）。

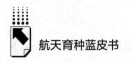

表1　不同植物种子被空间重离子击中情况[7]

CR－39 片编号	搭载材料	径迹通量（粒/厘米²）	粘贴总数（粒）	击中总数（次）	一次击中（粒）	两次以上（粒）	击中胚芽（粒）
1	玉米1号	72	17	17	0	17	14
	玉米2号		19	19	0	19	16
2	拟南芥	50	215	31			
	水稻1号		72	20	12	8	
	小麦1号		78	34	17	17	10
3	水稻2号	75	67	24	12	12	
	小麦2号		60	22	9	13	8
4	水稻1号	65	40	31	18	13	
	小麦2号		99	43	27	15	16
5	水稻2号	60	66	29	17	12	
	小麦2号		77	33	14	19	16

五　航天诱变效应与遗传变异机制研究

（一）空间环境不同因素具有累加的诱变效应

"实践八号"育种卫星上分别搭载了 $1 \times g$ 离心机和铅屏蔽室两套装置（见图2）以模拟地面重力和屏蔽空间宇宙射线，分别用以解析空间宇宙射线和微重力的诱变效应。实验以这两套装置和卫星舱内分别搭载的小麦品种为材料。结果显示，空间综合因素即卫星舱搭载处理抑制了小麦品种"轮选987"和"新麦18"当代（SP_1代）的幼苗生长，而对另一个品种"周麦18"则没有产生显著影响；空间宇宙射线即 $1 \times g$ 离心机处理只对"轮选987"有显著的抑制作用，而微重力即铅屏蔽室处理对3个品种的抑制作用都不显著。3种处理条件下3个品种 SP_1 代主要农艺性状都没有发生显著变化，而3个小麦品种的 SP_2 代均观察到株高、穗长、千粒重等多种表型性状突变。综合两个世代的数据，空间宇宙射线是产生变异的主要因素，且与微重力具有累加诱变效应。[4]

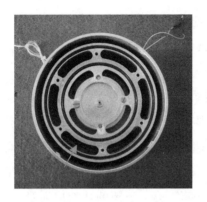

图2　1×g 离心机和铅屏蔽室

注：左图，1×g 离心机；右图，铅屏蔽室。箭头所指为放置种子处。

（二）空间环境诱导产生细胞学水平突变

"实践八号"育种卫星搭载对羊草根尖细胞有明显的诱变效应。空间诱变后羊草当代根尖细胞产生了微核、染色体断片、染色体粘连、落后染色体、游离染色体等畸变类型，其中以单微核和染色体断片为主，有丝分裂指数较对照增加20％以上[9]；对 SP₁ 生育期、株高和叶片长度影响不大，而导致结实率、穗长和千粒重显著增加。后代筛选到株高、熟期、结实率、发芽率、粗蛋白含量等多种性状遗传变异，为育种应用提供了优良的突变材料[8]。

卫星搭载对苜蓿种子根尖细胞有显著的诱变效应。苜蓿干种子搭载"实践八号"育种卫星后，细胞的正常有丝分裂表现为促进或抑制两种类型。搭载种子根尖细胞染色体出现了微核、染色体桥、断片、落后等畸变类型，畸变频率因搭载材料的诱变敏感性差异而不同。[10]

（三）空间诱导产生分子水平突变

玉米自交系"齐319"经"实践八号"育种卫星搭载后，两个籽粒突变体 SP₁ 和 SP₂ 与其野生型"齐319"的遗传相似系数分别为0.715 和0.682，存在明显的遗传差异。其中 SP₁ 与"齐319"之间检测到40个 SSR

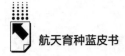

变异位点，变异频率为 10.93%；SP$_2$ 与 "齐 319" 之间检测到 55 个 SSR 变异位点，变异频率为 15.03%。不同染色体上位点变异频率差异较大，变异位点表现出成簇分布的特点。[13]

空间环境诱导小麦突变体基因转录组水平发生明显变异。"实践八号"育种卫星搭载诱导产生耐盐小麦突变体 st1，对盐处理 st1 和野生型间差异表达基因（Different Expression Genes，DEGs）的富集分析表明，与钠离子转运相关的基因突变可能直接影响 st1 的耐盐性。氧化还原过程的动态平衡对 st1 的耐盐性具有重要意义，"丁酸代谢" 是一条新的盐响应途径。此外，盐处理的 st1 不仅盐诱导表达了一些关键的耐盐基因，如精氨酸脱羧酶、多胺氧化酶、激素相关基因，而且这些基因在盐处理的 st1 中也有较高的表达，说明这些基因在 *st*1 的耐盐性中可能起着重要的作用。[3]

（四）空间环境诱导产生小麦突变体的遗传机制存在差异

空间环境诱导产生细胞质遗传突变体。在 "新麦 18" 空间综合因素处理的群体中，还发现了叶片条纹状白化突变体。该突变体表现为对温度敏感的绿—白—绿的变化过程，能够正常成穗结实，但其株高、有效株穗数、穗长、株粒数、株粒重、千粒重都显著低于原始亲本，是一个细胞质遗传控制的突变材料。[15]

空间环境诱导产生核质互作突变体。小麦叶绿素缺失突变体 "Mt135" 的叶色表现为完全白化、条纹和绿 3 种类型，其中完全白化株叶片完全白化，于苗期死亡；条纹株叶片呈绿白相间的条纹，能够正常成穗结实，但其株高、穗长、株粒数、株粒重、千粒重都显著低于原始亲本，生育期比原始亲本延长 5 ~ 7 天；绿株与原始亲本没有显著差异。"Mt135" 是一个由核质基因共同作用的突变材料。突变体的叶绿素荧光动力学参数与野生型存在显著差异，条纹株白色组织和完全白化株完全失去光合能力，且条纹株光合特性的改变与其株高、穗长和产量相关性状显著降低的结果相互印证。[16] 参与光反应相关蛋白的编码基因、叶绿体内能量代谢相关酶的编码基因、核糖体合成相关基因以及 tRNA 合成相关基因表达量发生显著改变。[12]

空间环境诱导产生以核遗传为主的突变体。小麦叶绿素缺失突变体"Mt6172"的叶片形态和遗传特性与其他已报道的小麦突变体不同，其遗传受核基因和细胞质基因控制。其自交后代的叶色为白色、具有狭窄的白色或绿色条纹。在白化植株和白色狭长条纹植株的白色切片中，仅观察到少数叶绿体异常的细胞。在不同的光合有效辐射条件下，电子传递速率、光化学耗散和有效量子产率的变化不同，电子传递速率受影响较大。[1]光合作用主要蛋白复合体的缺失、叶绿体抗氧化能力的下降和叶绿体 RNA 转录后编辑途径受阻等可能是"Mt6172"白化致死的重要原因[11]；大量的转录蛋白质参与光合作用并发挥叶绿体相关基团的功能，突变体中编码光合蛋白的基因表达水平显著降低[2]。

六 航天诱变新材料创制与新品种培育

为了规范后续地面育种工作，农业部和中国农业科学院于 2006 年 3 月组织有关专家，按种子繁殖植物和无性繁殖植物两大类，编写完成了《航天育种试验研究程序》。2006 年 10 月 13 日，农业部在北京中国农业科学院组织召开了全国航天育种卫星返回种子地面育种工作启动会，来自全国 25 个省（区、市）132 个科研单位、大专院校及企业的 210 多名科技工作者参加了会议。本次会议是航天育种工程项目正式转入第二阶段即地面育种工作的标志。会后由中国农业科学院牵头成立全国航天育种协作组，按照统一的育种试验规范，全面展开地面育种研究工作。

"实践八号"育种卫星搭载种子为"十一五"国家科技支撑计划项目"空间环境农业应用关键技术研究与示范"、"十二五"863 课题"小麦等作物航天工程育种技术及新品种选育研究"、"十三五"国家重点研发计划项目"主要农作物诱变育种"等研究任务提供了丰富的材料支撑。

育成小麦优良新种质。高培养力优异小麦新种质"SPLM2"，花药培养力高，综合农艺性状优良。以此为亲本育成"航麦2566""航麦287"等多个通过国审或省审的小麦新品种。矮秆抗病小麦新种质"SP801"和

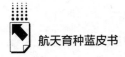
"SP135"，株高 65 厘米到 70 厘米，高抗倒伏，综合抗病性好，落黄好。

育成水稻抗虫新材料。利用"实践八号"育种卫星搭载水稻"玉香油占"干种子，在 SP$_2$ 代鉴定到综合农艺性状优良的抗褐飞虱水稻突变体"PR955"。该突变体的褐飞虱抗性受一对显性基因控制，且米质达二等优质米水平，出糙率、精米率、整精米率均达国家一等优质米标准。[14]

育成水稻优良不育系。水稻品种"培矮 64"经"实践八号"育种卫星搭载后，育成了花药培养力显著提高的 4 个突变新品系，其中部分品系的白苗分化率也得到了有效降低，且综合性状表现较好，为开展籼稻材料的花药培养和选育新的不育系研究打下基础。[5]同时还育成了具有低直链淀粉含量、低不育起点温度的新型"双低"不育系"航 17S"。其主要农艺性状表现与野生型"培矮 64S"基本一致，而且保留了"培矮 64S"异交特性好、配合力强等优良特点。[6]

育成高配合力玉米新材料。利用"实践八号"育种卫星搭载玉米自交系的 SP$_4$ 代选出多个诱变系，各性状的配合力发生不同程度的变化，同组诱变系材料在不同环境条件下的配合力表现存在较大差异，且表现配合力差异的性状不同。其中诱变系"C03"的穗长、穗行数、行粒数和单株产量 4 个性状一般配合力显著提高，具有较大育种潜势；诱变系"C01"和"C04"部分产量构成性状的一般配合力显著高于对照，可在育种中加以改良利用。[17]

育成多个作物优良新品种。据不完全统计，通过"实践八号"育种卫星搭载直接或间接在小麦、水稻、玉米等主粮作物以及大麦、燕麦等杂粮作物中育成了 50 余个突变新品种，改良了产量、品质、耐旱以及抗病等特性，并已经在生产中应用，为保障国家粮食安全做出了重要贡献。

七　未来展望

作物育种与诱变机制研究是一个长期持续的过程，从最初的材料创制到最后品种审定、推广利用和机理解析往往需要几十年的时间。由"实践八号"育种卫星搭载材料所创制的综合农艺性状优良的新种质、特色突变新材料等已经并将继续作为优异亲本和基础研究材料在育种与基础研究中应用，为保障国家粮食安全、全面推进乡村振兴提供关键技术材料支撑。

建议未来相关领域的重点工作着眼于以下三个方面。

（一）重视基础研究，深入解析空间环境诱变机制

生命科学和分子生物学研究技术的发展，使得在分子层面深入解析空间环境诱变机制成为可能。未来应继续利用"实践八号"育种卫星搭载产生的突变材料等研究空间环境诱导产生突变的特点，为航天育种长期健康发展提供理论基础。

（二）精准鉴定表型，挖掘特色突变体材料利用潜力

诱变是一个随机的过程，除目标基因或目标性状外，往往同时携带多个性状的突变，因此应综合利用多种技术平台和设施，通过多年多点试验，精准鉴定特色突变体综合表现，为育种利用提供可靠支撑。

（三）协同攻关创新，培育突破性作物新品种

发挥航天育种产业创新联盟的作用和优势，充分尊重各方知识产权，开展突变种质材料交换利用研究，挖掘和利用优异新材料的育种潜力，培育突破性作物优良新品种。发挥优良品种在促进农业产业发展中的主渠道作用，全面推进乡村振兴。

参考文献

［1］ H. J. Guo et al., "Characterization of a Novel Chlorophyll-Deficient Mutant Mt6172 in Wheat," *Journal of Integrative Agriculture* 11 (2012): 888.

［2］ K. Shi et al., "Transcriptome and Proteomic Analyses Reveal Multiple Differences Associated with Chloroplast Development in the Spaceflight-Induced Wheat Albino Mutant Mta," *PLoS One* 12 (2017): e0177992.

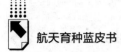

［3］ H. Xiong et al., "RNAseq Analysis Reveals Pathways and Candidate Genes Associated with Salinity Tolerance in a Spaceflight-Induced Wheat Mutant," *Scientific Reports* 7（2017）：2731.

［4］ 郭会君等：《实践八号卫星飞行环境中不同因素对小麦的诱变效应》，《作物学报》2010 年第 5 期，第 764 ~ 770 页。

［5］ 黄翠红等：《水稻培矮 64S 空间诱变突变株系的花培效应研究》，《核农学报》2014 年第 3 期，第 386 ~ 392 页。

［6］ 黄明等：《水稻不育系"培矮 64S"空间搭载的"双低"选育与应用》，《华南农业大学学报》2018 年第 2 期，第 34 ~ 39 页。

［7］ 吕兑财等：《实践八号育种卫星搭载植物种子的空间辐射剂量分析》，《核农学报》2008 年第 1 期，第 5 ~ 8 页。

［8］ 潘多锋等：《"实践八号"卫星搭载羊草的诱变效应及变异研究》，《核农学报》2015 年第 7 期，第 1233 ~ 1238 页。

［9］ 潘多锋等：《卫星搭载对羊草种子萌发及细胞学效应的研究》，《草原与草坪》2012 年第 5 期，第 17 ~ 21 页。

［10］ 任卫波等：《紫花苜蓿种子卫星搭载后其根尖细胞的生物学效应》，《核农学报》2008 年第 5 期，第 566 ~ 568 页。

［11］ 宋素洁等：《小麦叶绿素缺失突变体 Mt6172 及其野生型叶片蛋白质组学双向差异凝胶电泳分析》，《作物学报》2012 年第 9 期，第 1592 ~ 1606 页。

［12］ 夏家平等：《小麦叶绿素缺失突变体 Mt135 的叶绿体基因差异表达分析》，《作物学报》2012 年第 11 期，第 2122 ~ 2130 页。

［13］ 于立伟等：《空间诱变玉米自交系齐 319 的 SSR 标记变异分析》，《核农学报》2014 年第 8 期，第 1345 ~ 1352 页。

［14］ 杨震等：《航天诱变水稻抗褐飞虱新种质的培育、遗传分析与生物学特性》，《激光生物学报》2012 年第 3 期，第 219 ~ 223 页。

［15］ 赵洪兵等：《一个空间诱变的温度敏感型冬小麦叶绿素突变体的初步研究》，《核农学报》2010 年第 6 期，第 1110 ~ 1116 页。

［16］ 赵洪兵等：《空间环境诱变小麦叶绿素缺失突变体的主要农艺性状和光合特性》，《作物学报》2011 年第 1 期，第 119 ~ 126 页。

［17］ 张采波等：《玉米空间诱变后代 SP_4 选系配合力效应分析》，《遗传》2013 年第 7 期，第 903 ~ 912 页。

B.3
航天育种技术的发展和装备的研制

李晶炤　张 萌*

摘　要： 我国的航天育种技术和装备是逐步发展起来的，一些最基本和最简单的搭载方法被沿用至今，在今天仍然发挥着重要作用。例如植物种子材料的搭载，除了部分包装和封装材料的设计和材质还需进行因地制宜的更新外，基本的技术和流程已经逐渐标准化。而涉及植物活性材料、微生物菌株和动物的空间培养装置，仍难以定型，需要根据不同的飞行任务不断地进行调整设计和研制，以满足不同的在轨条件、时间和重量载荷等的要求。三十多年来，我国已经研制出一批空间动植物培养实验装置和技术模块，并积累了相对丰富的经验，为今后的空间生物实验装置研发奠定了基础。与此同时，为了研究空间各种类型的辐射方式和剂量、微重力水平等诱变因素，科研工作者也研制了一批与飞行器相配套的检测仪器，用于量化各个诱变因素对搭载材料的作用和影响，在实际研究中发挥了重要的作用，这是航天育种和空间生物学研究中不可或缺的环节。

关键词： 航天育种技术　搭载技术　空间诱变实验装置

　　航天育种技术和装备的研发是随着我国空间生命科学的发展而逐渐起步

---

* 李晶炤，神舟绿鹏农业科技有限公司，航天育种产业创新联盟，博士，技术协作部部长，主要从事分子遗传学和空间诱变遗传育种研究；张萌，大连海事大学环境科学与工程学院副教授，硕士研究生导师，博士，辽宁神舟天宫农业科技发展有限公司总经理，主要从事空间辐射生物学效应分子机制研究。

和发展完善的，涉及植物种子的搭载、动植物和微生物材料的空间培养和观测、地面突变体筛选鉴定、动植物和微生物的种质资源创制、航天育种新品种的选育和示范推广等各个环节。作为一门科学前沿交叉学科，其研究范畴涵盖空间辐射生物学、重力生理学、空间—时间生物学（节律）、空间植物学、空间动物学、空间微生物学、空间发育生物学、空间细胞生物学等诸多学科方向。尤其近十年来，随着生命科学理论和技术手段的快速发展，航天育种的技术装备也不断升级完善，并逐步向纵深发展。借助空间代谢组学、空间基因组学、空间蛋白组学等研究手段，可以比以往更为准确地捕捉和掌握空间环境下动植物和微生物的生理生化及遗传物质变化的相关数据，从而拓展了我们对空间诱变机理机制的认识，提高了研究水平。与此同时，借助这些技术装备，强有力地证明了航天育种所具有的创新能力和独特优势，为今后更好地利用和更高水平地发挥其潜在优势奠定了坚实的基础。

一 空间诱变实验技术装备

（一）植物种子等生物样本的包装

1987 年，我国首次完成了植物种子和动物虫卵等生物样本的空间诱变实验。植物种子的搭载包装物采用的是布制包装袋，干燥的卤虫虫卵则是包装在扁圆形塑料壳中，称为"微型生物包"。[1]之后，随着空间诱变实验的逐渐开展，根据空间飞行安全性的要求，生物样本的包装物实现了精细划分，并逐步规范，不仅根据植物材料、动物样本和微生物材料等多种材料、多种形态划分包装，还会考虑到不同飞行时间长度对生物有效载荷包装的需要。

常规植物种子的航天搭载空间诱变实验采用标注清晰的布制或防静电塑料包装袋进行封装，主要满足保证飞行器飞行安全，生物样本含有标准含水量，无病原菌，无毒、无害、无霉变、无泄漏、无辐射，不会对舱内环境造成污染和不良影响的要求。因空间诱变实验需要，对所搭载的种子品种材料的纯度和净度有一定的要求。优化种子的搭载数量和状态，可以提高变异频率和幅度，达到创制优良种质的目标。

（二）细胞培养物、植物愈伤组织、植株等的搭载容器

对于没有种子，或难以利用种子繁育后代等的无性繁殖植物，其植物细胞具有全能性，因此可以使用诱导产生的植物愈伤组织或完整的植物植株进行航天育种。图1是用于航天育种空间诱变实验的不同植物植株。在凝胶植物培养基上培养植物细胞或植株，将密封良好的培养皿或试管随飞行器进入空间环境，也可以获得有益的优异突变体。经筛选鉴定后，再对符合育种选育目标的材料采用植物组织培养技术进行扩繁。与通常可满足植物种子搭载需求的无源搭载环境不同，组培苗植株需要维持一定的温度和光照条件，有时还需要进行一定的光周期调控。所以，组培苗植株搭载环境是有源搭载。

植物的生长发育和生理受到其生长环境中光谱的强烈影响，通过研究不同种类光源对植物生长发育的影响，适当选择和优化光源、光谱、光强，对降低能耗，保证植物生存、生长，获得最大生物量有着重要意义。随着相关研究的开展，光源的使用从美国航天飞机使用日光灯连续光照到国际空间站采用冷光源日光灯和发光二极管（LED）按比例提供光照有一个发展过程。我国为此也开展了与荧光灯和 LED 光源等相关的多项实验，比如"实践八号"育种卫星上红光和白光两种 LED 组合光照的实验，以及"实践十号"返回式卫星、"天宫二号"空间实验室和未来空间站中光照系统的设计研制验证实验。[2]

图1　用于航天育种空间诱变实验的不同植物植株

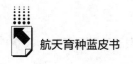
（三）微生物等液态生物材料的搭载容器

微生物是地球上种类最丰富的生命形式，具有结构简单、生长周期短、繁殖快和便于搭载等特点。作为搭载重要对象之一的微生物菌种、菌株，无论是处理后的干粉、凝胶斜面或液态材料，一般采用2ml冻存管或5ml冻存管的包装方式。为了保证在真空微重力环境下不发生泄漏，这些冻存管还需要被封装在我国特别研发的结构稳定、气密性好的套管中，以保证飞行器和飞行环境的安全。系列返回式卫星和神舟系列飞船、新一代载人飞船试验船等都开展了微生物搭载实验，既证明了空间飞行对微生物生物学功能的影响，也验证了相关搭载技术的安全性和稳定性。

（四）动物生物样本的简易搭载装置

航天育种的生物样本是多种多样的，对一些动物材料需要设计和研制特殊的包装容器，既保证飞行器的安全，也为动物样本提供一个安全适宜的生存环境。由于飞行器内空间和载荷重量的限制，而高等哺乳动物需要更大的空间和更严格的生命保障系统，因此以往的搭载资源只允许使用耐受性好、需求低的动物样本开展空间试验。其中，获得搭载机会较多的是生物学研究模式动物秀丽隐杆线虫等。为此，大连海事大学环境系统生物学研究所等单位研制了各种装置，保证航天搭载和空间诱变实验的成功。

（五）航天育种空间诱变实验仪器设备

为了更好地分析和研究空间诱变环境中不同诱变因素的强度和相互作用及其对生物样本的影响，在进行空间诱变实验的同时也需要对生物材料所处环境的磁、电、辐射和微重力水平等进行测量，以获得系统科学可靠的实验数据。因此，在空间飞行器有限的空间和载荷中，还会应实验要求安排必要的空间环境探测设备，如微重力测量仪、磁强计、辐射测量仪、核径迹探测器、热释光剂量片等。

2002年"神舟三号"飞船搭载了中国科学院近代物理研究所和华南农

业大学设计的"三明治"式实验系统，采用 CR-39 固体核径迹探测器（使用 10 片，每片厚度 600μm）来探测空间离子，并利用实验系统中空间离子径迹与水稻种子的相对位置，来确定被离子击中的种子和部位（见图2）。[3]

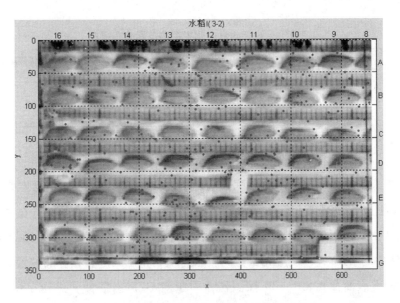

图2　用于空间环境诱变变异机制研究的实验数据，黑点代表高能带电离子击中部位

在飞行任务允许的情况下，还曾搭载离心机以模拟地表重力水平、使用铅屏蔽室消除辐射对搭载样本的影响，与飞行舱内实验样本形成对照。根据实验需要，在地面也设计研制了三维回转仪以模拟消除地表的重力水平，开展对照实验。

2015 年由大连海事大学和中国科学院国家空间科学中心联合研制的用于"实践十号"返回式卫星的载荷硬件包括三台单机，分别为生物辐射盒 A、生物辐射盒 B 和生物辐射盒 C，生物辐射盒机壳由铝材料制成，平均厚度为 2.5 毫米。生物辐射盒内均包含辐射探测单元和模式生物单元。

生物辐射盒中辐射探测单元分布情况如表 1 所示。生物辐射盒 A 的辐射探测单元包括主动测量的慢中子剂量当量（SNDE）探测器和硅望远镜（SITEL）探测器、被动测量的热释光（TLD）探测器和固体径迹（CR-

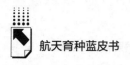

39）探测器。生物辐射盒 B 的辐射探测单元包括主动测量的 SITEL 探测器和被动测量的 TLD 探测器和 CR－39 探测器。生物辐射盒 C 无主动测量的探测器，只有被动测量的 TLD 探测器和 CR－39 探测器。

表1　生物辐射盒中辐射探测单元分布情况

	被动探测器（TLD＋CR－39）	硅望远镜探测器	慢中子剂量当量探测器
生物辐射盒 A	√	√	√
生物辐射盒 B	√	√	／
生物辐射盒 C	√	／	／

注："√"表示该辐射盒内放置该探测单元，"／"表示该辐射盒内未放置该探测单元。

模式生物单元包括用于辐射定位测量的"三明治"结构生物堆叠（见图 3a 和 b）、种子袋和线虫培养基（见图 3c 和 d）。生物堆叠放置在生物辐射盒 A、生物辐射盒 B 和生物辐射盒 C 的最上层，在有机材料中预留出安放植物种子的位置，使用无毒性的胶水将植物种子固定在相应的位置上。在种子的上表面覆盖 CR－39 探测器，用于对 HZE 击中种子进行定位测量。在生物堆叠的边缘同样放置了 TLD 探测器，包括 TLD－600 和 TLD－700 两种。项目中用于定位的不同品种水稻种子共 576 粒，不同突变体的拟南芥种子共 4800 粒。每个种子袋内放置不同品种的水稻种子，还有测量辐射的 CR－39 探测器和 TLD 探测器。生物辐射盒 C 内部除了生物堆叠和种子袋外，还在仪器的底部放置了线虫培养基，并在培养基上覆盖测量辐射的 CR－39 探测器。

经过严格的质控匹配实验，将上述模式生物材料置于生物辐射盒 A/B/C 内的模式生物单元。将生物辐射盒 A、生物辐射盒 B 和生物辐射盒 C 安装在"实践十号"返回式卫星的返回舱内，紧贴卫星舱壁，分别朝向卫星的－Y轴、－Z轴和＋X轴方向。"实践十号"返回式卫星在轨道高度为 252 千米，倾角为 43°的圆形轨道上飞行 12.5 天。返回后，主要分析空间辐射品质的关键参数（通量、LET 谱、剂量以及剂量当量）、不同种类粒子（质子、重离子和中子等）和不同 LET 谱粒子对总辐射品质的贡献，以及对不

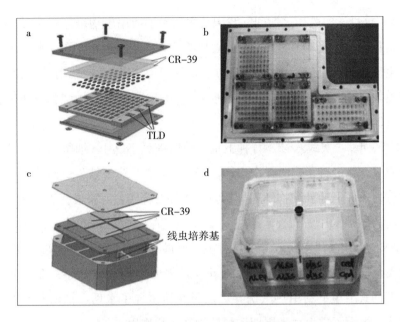

图3　生物堆叠（a、b）和线虫培养基（c、d）

同模式生物的生物学表型、功能基因组和基因组甲基化及蛋白质组学等方面的影响。

二　空间动植物培养实验装置

1988年，中国科学院生物物理研究所利用我国研制的空间蛋白质晶体生长装置首次成功完成了空间条件下蛋白质的生长。1990年，北京航天医学工程研究所研制了我国第一台高等动物空间搭载实验装置。1994年，中国科学院动物研究所与上海技术物理研究所研制了动态细胞培养系统，完成了卫星搭载试验。1992年中国载人航天工程启动后，在"神舟"载人飞船、"天舟"货运飞船和"天宫二号"空间实验室上，完成了空间植物细胞和动物细胞电融合（2002）、心肌细胞培养（2005）、植物细胞骨架分子生物学基础研究（2006）、高等植物的空间发育与遗传学研究（2006，2011）、干细胞分化（2006）、哺乳动物胚胎发育（2016）、植物"种子到种子"

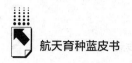

（2016）等科学实验。这期间，我国自主研制了通用生物培养模块（1996）、通用生物培养箱（2001）、高等植物培养模块/动物胚胎培养模块（2006）、失重生理效应实验装置I/II（2012）、生物辐射实验模块/辐射基因盒/家蚕培养模块/植物培养模块/高等植物模块（2016）、哺乳动物细胞空间生物反应器（2017）。[4]

2006年，"实践八号"育种卫星留轨舱搭载小鼠4-细胞胚胎空间培养实验完成，并进行了实时显微摄影。2016年，"实践十号"返回式卫星完成了微重力条件下哺乳动物细胞早期胚胎体外发育实验，获得胚胎动态发育的实时高清显微图片。

2006年，在"实践八号"育种卫星上搭载的实验装置，实现了于21天在轨飞行过程中完成青菜抽薹、开花、授粉的实验。2016年，在"实践十号"返回式卫星上利用热激诱导启动子在轨诱导了水稻和拟南芥开花基因的表达，揭示了重力对光周期诱导植物开花的作用。

空间高等植物培养装置主要用于中国"天宫二号"空间实验室开展微重力条件下高等植物生长机理研究。该装置由高等植物培养模块、生命保障模块、实时在线检测模块和返回单元等功能单元组成，可实现高等植物空间长周期培养、在轨启动生物实验、实时在线观察和荧光监测、水分循环利用及营养供给、模拟太阳长短日照周期控制与检测、环境温度测量与控制、CO_2浓度调节、有害气体去除及航天员回收部分样品等功能。

早期的微生物空间培养以简单无源培养为主，之后国际上开发了商业通用生物加工装置等，可以通过有源控制精确进行温度调节。作为通用空间实验平台，装置保留了定制实验硬件的接口，供进行微生物的空间动态灌流培养和化学试剂的加注及培养完成后利用固定剂固定保存等。微流控芯片的应用，克服了传统空间微生物培养实验载荷大、耗时长、成本高的缺陷，开发出集培养和检测于一体的微生物培养装置。[5]

随着我国空间站建设和深空探索活动的顺利开展，今后会有更多的动植物和微生物被送入太空。航天育种的技术装备也会与时俱进，不断更新，以满足新的需要。其中，设计在轨运营10年以上的中国载人空间站，其核心舱、实验舱Ⅰ和实验舱Ⅱ内部含有的 16 个科学实验柜中就有生物技术实验柜，这无疑将为航天育种空间实验和应用提供宝贵的机会和长期的资源。

21 世纪，人类必将重返月球、探访火星，进而实现星际空间的长期驻留。在我国月球实验站等项目实施过程中，解决地外生存问题，首先要做到的是生命保障资源的持续供给。长期载人深空探测所需资源的数量庞大，受控生态技术环境中的能量和营养提供是对地面发射运输的有效补给。因此，在空间环境下满足航天员对粮食和蔬菜的需求是航天育种的重要课题和方向之一。生物再生生命保障地基综合实验系统所试验实践的完整链条就包括"人—植物—动物—微生物"。国家重大科学仪器设备开发专项"空间多指标生物分析仪器开发与应用"等项目的开展，在确保空间生命生物培养、在轨在线分析、数据处理系统等方面也实现了关键技术装备的突破，为充分发挥航天育种的潜力和作用奠定了基础、起到了支撑。

参考文献

［1］ 何建等：《"8785"返地卫星搭载对卤虫卵发育影响的研究》，《空间科学学报》1988 年第 3 期，第 209～214 页。

［2］ 张岳等：《LED 光谱对模拟空间培养箱中植物生长发育的影响》，《空间科学学报》2015 年第 4 期，第 473～485 页。

［3］ 颉红梅等：《搭载水稻种子被空间重离子击中的定位研究》，《核技术》2005 年第 9 期，第 671～674 页。

［4］ 李莹辉等：《中国空间生命科学 40 年回顾与展望》，《空间科学学报》2021 年第 1 期，第 46～67 页。

［5］ 袁俊霞等：《空间微生物实验技术研究进展》，《空间科学学报》2021 年第 2 期，第 286～292 页。

B.4
航天育种与种子遗传工程研究

郭 涛 高 英 谢立波 周利斌 孙 乔 李 云

摘 要： 随着现代分子生物学遗传工程技术的发展，尤其是基因组测序技术
等的突破和迅猛发展，育种学家对农业育种遗传原理的理解达到了
前所未有的深度，从而极大地提升了现代农业育种技术的水平。这
些技术的应用也丰富了航天育种的研究手段，使科研工作者对航天
诱变育种原理的了解较以往更为透彻，他们分析和总结出共性和独
特性，从而能够更好地利用航天育种技术。在研究和应用过程中，
利用模式生物开展植物、动物和微生物航天诱变育种研究，构建起
各种遗传模型和育种技术体系，建造高能重离子辐射装置进行地面
模拟。与基因遗传工程技术相结合，可以快速准确地鉴定诱变创制
出的新基因，充分发挥航天育种种质资源的利用价值。航天育种产
生的突变体库为遗传工程技术的研究提供了新材料。两者相辅相成，
共同对航天育种技术的推广和产业化发挥作用。

关键词： 航天育种技术 遗传工程技术 突变体库构建

一 航天育种技术及其特点

郭 涛[*]

航天育种又称"航天诱变育种"或"空间诱变育种"，是指通过航天

---

* 郭涛，国家植物航天育种工程技术研究中心教授，副主任，航天育种产业创新联盟副秘书
长，博士，主要从事水稻的空间诱变机理和育种研究。

器（如返回式卫星、宇宙飞船、航天飞机等）将农作物种子带到其所能到达的太空环境，对种子进行诱导使其产生有益的变异，并在地面选育新种质、新材料，培育新品种的作物育种新方法。[1]我国航天育种研究始于1987年8月，这一年我国第9颗返回式卫星成功搭载了水稻、青椒等作物种子。[2]三十多年的研究实践反复证明，航天搭载的空间诱变技术是创造农作物优异新种质、诱导新的基因资源突变和培育农作物新品种的有效技术途径。[3-14]

自1987年首次进行农作物种子空间搭载试验以来，中国已先后开展30多次农作物种子空间搭载试验，并在2006年发射了世界首颗专门用于航天育种的卫星"实践八号"；国家通过"863"计划、国家重点研发计划等对植物航天育种进行长期持续资助，有力支撑了我国航天育种研究。水稻是我国航天育种研究开展最早、空间搭载材料最多、研究方向最广、研究成果最显著的作物，在全国作物航天育种研究中起着标杆的作用。[15]

（一）空间环境致突主要因素

空间环境具有微重力、高真空、弱磁场及复杂辐射等特点，能引起生物的基因突变，甚至直接影响生物的生长发育、生存以及衰老。[16]空间辐射主要来源有银河宇宙射线、太阳高能粒子事件以及被地球磁场俘获的太阳风粒子带。不同辐射源的高能量的质子、氦核以及高能重离子（High charge Z and energy E nuclei，HZE）能够进入航天器舱内，激发大量的次级粒子。[17,18]相比于地面辐射实验常用的剂量，尽管空间辐射剂量率和总剂量较低，但其中HZE的能量峰值可达103 MeV数量级，具有很强的穿透性和电离能力。因此，长期持续暴露于空间环境下低剂量率、低剂量和不同辐射源的HZE照射，可能产生相当显著的诱变效应。易继财等分别运用随机扩增多态性DNA（RAPD）和扩增片段长度多态性（AFLP）对水稻种子"特籼占13"的空间诱变突变体进行了多态性分析，结果均显示，空间诱变突变体与原种之间存在不同程度的分子多态性差异，从分子水平说明了空间环境

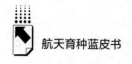
对植物种子的诱变作用。[19] Ou 等对 460 个基因座位上的变异进行 AFLP 标记分析，发现在随机选择的 11 个航天搭载当代单株中，变异频率在 0.7% 到 6.7% 之间，平均每个单株的变异频率为 3.5%。[20] 罗文龙等利用 24 个 SSR 标记分析"神舟八号"飞船搭载当代 300 个水稻单株混合形成的 100 个样品，发现空间诱变的平均突变频率为 0.014%。[21]

颉红梅等和骆艺等利用固体核径迹探测器 CR－39 与水稻种子组成"三明治"式的空间辐射探测系统，通过"神舟三号"飞船搭载（飞行高度为 198 公里到 338 公里，倾角 42.40°，飞行时间 7 天），返回地面后，进行了 RAPD 分析和单核苷酸多态性（Single Nucleotide Polymorphism，SNP）分析以及种子被空间重离子击中的定位检测分析。[22,23] 研究结果表明，空间辐射中的 HZE 是有效的致突因子，而这些 HZE 直接轰击到胚是产生可遗传突变的重要因素，该结果首次揭示出空间 HZE 的辐射是植物种子后代产生突变的主因。

（二）空间诱变育种技术体系

传统诱变育种后代选择工作量大、育种效率低、随机性强，基于多年的水稻空间诱变机理研究，陈志强等提出了空间诱变"多代混系连续选择与定向跟踪筛选技术"（见图 1）。[24,25] 该技术针对空间诱变生理损伤轻、变异世代多的特点，将传统选择与现代生物技术有机结合，在连续多个世代对诱变群体进行鉴定和定向筛选，鉴定出的突变新种质可直接培育成新品种或作为重要亲本间接培育新品种，实现了同时从三条途径育成新品种，提升了水稻空间诱变特异新种质的选择效率和育种效果。该技术体系对于其他有性繁殖作物具有重要参考价值。

此外，针对水稻育种资源匮乏和辐射诱变因子单一、突变体选择效率低的技术难题，王平提出了"以搭载材料为基础，田间选育、评价为核心，分子标记筛选为辅助，基因鉴定作补充"的航天诱变育种技术新思路，并利用这一技术思路育成系列航天育种水稻新品种。[26]

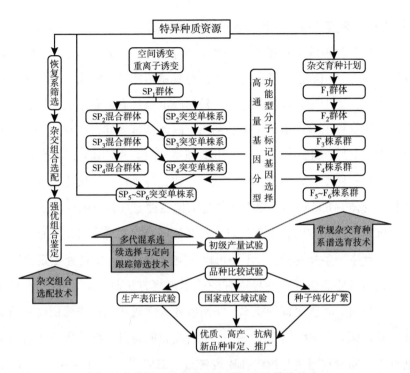

图 1　多代混系连续选择与定向跟踪筛选技术

（三）空间诱变种质（基因）的创制

航天诱变育种的最大优势在于它可以创造出地面其他育种方法难以获得的罕见种质材料，诱导新的基因资源，是农作物遗传改良的有效技术途径。

1. 空间诱变技术在特异种质创新上的应用特点

王慧等利用我国返回式卫星搭载水稻品种"特籼占13"种子，回收后经多代的种植选择，多个突变品系表现出谷粒长宽比变大（变得更细长），千粒重变小，但产量提高。[27]其中表现突出的新品系"H11"通过进一步的筛选评价，育成了我国第一个通过国审的航天诱变新品种"华航1号"。[28]除此之外，还在诱变后代中筛选鉴定出穗粒数达500～600粒且结实率正常的特大穗型突变体。徐建龙等对粳稻"农垦58"经空间诱变产生的大粒型突变体进行遗传分析和育种应用研究，结果表明，大粒型突变体的籽粒大小

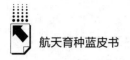

（籽粒体积）表现为受多基因控制的数量性状。[9]

水稻矮化育种的成功掀起了我国水稻育种史上的第一次"绿色革命"，发掘对育种有利用价值的矮秆突变体，对其遗传特性、矮生基因的定位与克隆展开研究，无论是在理论还是在育种实践上都具有重要意义。这些年来国家植物航天育种工程技术研究中心利用空间诱变直接选育出非 sd-1 矮秆新种质 CHA-1[4]、CHA-2[6,29-31]、hfa-1[32-35] 等并应用于育种实践中，对促进华南籼稻株型育种做出重要贡献。徐建龙等进行空间诱变处理产生的多蘖矮秆突变体"R955"，在培育多穗型水稻品种上具有应用价值。[36]

在抗病性研究方面，多年的研究实践证明，空间诱变可使水稻品种的稻瘟病抗性产生一系列变异，[37]不单可以在空间诱变后代中选择鉴定出新的抗病种质，而且还能获得自然界稀有的或用常规方法较难获得的抗病基因资源。[38-40]利用空间诱变育种技术，华南农业大学成功地在普感稻瘟病的品种丽江"新团黑谷"和"中二软占"[5]中诱变和创制出一批抗病乃至达到免疫的新种质。同时利用这些抗病种质资源（"H4"[41-43]"H-61""H-31""H-32""H-136""H-161"），培育出更为优质丰产高抗稻瘟病的新品种。[44-48]严文潮等将早籼品种"浙9248"进行返回式卫星搭载空间诱变处理，经病区多代筛选培育成抗稻瘟病和白叶枯病的突变体"浙101"。[10]

直链淀粉含量是影响稻米食味品质及米饭质地的重要因素，[49]也是稻米品质改良的主要指标。郭涛等的研究表明，籼稻品种"籼小占"和"胜巴丝苗"经空间诱变后，SP$_2$代单株出现了丰富的品质变异，总体趋势是直链淀粉含量降低、胶稠度级别提高，并发现了一批低直链淀粉突变体。[50]黄明等成功地在"培矮64S"空间诱变后代中定向选择出双低（低直链淀粉含量和低不育起点温度）两系不育系"航17S"，显著改善了原种"培矮64S"米质较硬的缺点。[51]张丽丽等对粳稻品种"盐粳188"航天诱变后代株系的稻米品质性状进行分析，[52]选择得到 5 个食味值较高的株系，表明航天诱变育种可以成为稻米品质育种及改良的有效途径。[53,54]

2.空间诱变技术在杂种优势利用上的应用特点

华南农业大学科学家利用空间诱变以及多年创建的育种技术体系，育成一批三系和两系杂交稻不育系。包括两系不育系"航10S"、"航93S"[55]和"双低"不育系"航17S"[51]，以及三系不育系"宁A"[54]"航A""航5A"。张志雄等利用航天诱变与花药培养技术选育而成不育系"花香A"等。[56]进而通过这些不育系育成一批杂交稻新组合，特别是利用"宁A"育成"宁优1179"新组合，这是广东省第一个达到国家优质一级米标准的三系杂交稻，受到农民和市场的欢迎。

在恢复系选育方面，王慧等多年来利用空间诱变育种技术，先后选育出"航恢七号"[57]"航恢1173"[58]"航恢1179"[59]"航恢1378""航恢1508"等多个优良恢复系，育成"培杂航七"[60]"Y两优1173"[61]"五优1179"[62]"顺两优1179""天优1179""软华优1179""宁优1179"等一批抗病高产的杂交稻组合并广泛应用于生产。谢华安等利用航天育种技术，也育成了多个优良恢复系，其中利用"航1号"[63]培育出了"特优航1号"[64]"谷优航1号""Ⅱ优航1号"等优良杂交稻品种，"特优航1号"和"Ⅱ优航1号"还通过了国审和农业部超级稻品种认定。江西省超级水稻研究发展中心也利用航天诱变选育出了"跃恢航0799""跃恢航1698""跃恢航1573"等优良恢复系。

（四）航天育种技术流程

1987年至今，我国已经利用返回式卫星先后进行了100多种农作物数千个品种的空间搭载试验，特别是国家"863"计划实施以来，我国航天育种关键技术研究取得显著进展，在主要粮油作物（水稻、小麦、玉米、大豆等）、蔬菜作物（青椒、南瓜等）、花卉作物（兰花）、棉花及烟草等方面诱变培育出一系列高产、优质、多抗的农作物新品种、新品系和新种质。此外，航天育种技术也应用到一些优异生物菌种的筛选鉴定中。航天育种技术是传统育种技术、现代生物学技术与航天诱变的有机融合，不同类型作物航天育种技术流程各有特点。下面从航天育种通用技术流程和各类作物的航天

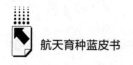

育种技术概况角度进行阐述。

1. 航天育种通用技术流程

（1）搭载材料的选择

通常根据作物自身繁殖特点选用不同的搭载材料，如粮油作物多采用种子搭载，而一些以无性繁殖为主的作物如花卉和林木等一般采用试管苗等搭载。无论哪种类型的搭载材料都需要进行严格的筛选，选用遗传稳定、综合性状好的材料进行搭载，并确定需要改良的目标性状。此外，还要依据有益基因的突变率来确定搭载量，搭载量过大会增加搭载成本并导致卫星搭载负荷资源的浪费，过少则很难获得具有预期性状的突变体以满足航天育种的需求。

依据已有的文献报道，二倍体作物水稻经过航天搭载后，全基因组变异频率为 10^{-7} 至 10^{-5} 数量级，表型变异频率为 10^{-4} 至 10^{-3} 数量级，因此水稻种子搭载数量在 1000～10000 粒较为合适，可以获得一定数量的突变体。多倍体作物小麦或基因组较为复杂的其他类型作物，搭载数量应参照水稻适当增加。

对于无性繁殖作物类型，每一个体细胞都有可能产生变异，并通过组织培养等无性繁殖方式固定下来。因此，无性繁殖作物的搭载应重点考虑愈伤组织或外植体，并依据愈伤组织或外植体组织培养的难易程度确定诱变数量。依据已有的研究数据，应尽可能选择生活力旺盛的新鲜小块愈伤组织或外植体，按单个愈伤组织进行单独培养，并及时观察体细胞变异，如有变异尽快进行分离并单独培养，加快变异的纯合进程。

（2）空间搭载

空间环境是显著区别于地面环境的极端类型，空间辐射、微重力、真空等一系列因素均可能诱发生物体产生变异，特别是空间辐射和微重力的综合作用是诱发可遗传变异的重要因素。空间辐射是一种包含伽马射线、高能质子和宇宙射线的特殊混合体，受到近地磁场的影响以及空间搭载器舱壁的屏障，实际上仅有可穿透屏障的高线性能量传递（Linear Energy Transfer, LET）离子辐射及由其引发的次级辐射能影响舱内生物材料。高 LET 离子辐射具有很强的生物学效应和累积效应，在空间微重力的复合作用下，低剂量的辐射即可诱发变异。因此，空间搭载时应高度重视材料在轨时间及轨道高度，在生物材料可承受范围内尽量延长在轨时间和增加轨道高度，以提高诱变频率。已有文献报道，"神舟三号"飞船在轨运行 15 天，重离子（LET > 12kev/μm）的辐射等效剂量为 359μSv，所搭载的水稻种子后代表型变异频率约为 10^{-3}。水稻的数据可为其他生物材料搭载提供一定参考。

（3）地面选育

空间诱变的效应发生在基因水平，因此突变性状的鉴定要从诱变一代开始，至少持续至诱变四代，在不同世代可以依据育种目标采用不同筛选技术，如利用逆境筛选抗逆境突变体，利用形态学、细胞学等方法筛选突变单株，并结合分子标记辅助选择及多组学联合分析，直至获得遗传稳定的优良突变系。作物的主要农艺性状分质量性状和数量性状，质量性状如植株的高度、部分病害抗性等，由少数基因控制，其后代的遗传分离符合经典的孟德尔遗传律，其分离容易选择和稳定；数量性状如产量性状、品质性状等，通常由多个基因共同控制，并且容易受到环境影响，需要多个环境和多个世代的连续观察及选择。对于空间诱变育种而言，应该依据育种目标确定后代选择方法及育种的世代。

对于质量性状，应从分离的早期世代进行连续选择，选择群体要达到 10000 个个体或更多数量。对于自花授粉作物如水稻，重要基因的突变会在诱变二代（SP_2 或 M_2）表现出分离或纯合，因此诱变二代是非常重要的选择世代。应综合利用多种技术手段在诱变二代进行筛选，如病菌接种、逆境胁迫处理、农艺性状的测量、基因的测序等，鉴定出的候选突变体应继续按单株种植及观察，连续观察两个世代以上，保留突变性状或基因无分离的个体，即可确定为突变体。对于异花授粉作物，应严格套袋自交，促使其突变尽快稳定，同时要充分考虑自交衰退的问题，在合适的世代定型突变体。

对于数量性状，应从分离的高世代进行连续选择，每个世代都要进行选择，至少选择四个世代，每个世代选择群体要达到 10000 个个体或更多数量。自花授粉作物如水稻，诱变二代是重要的选择世代，选择出的目标单株

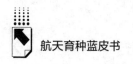

繁衍成家系后，要继续从中选择目标个体，通过连续多个世代的选择，不断累积优良的微效多基因。与质量性状类似，应综合利用多种技术手段再进行筛选，如病菌接种、逆境胁迫处理、农艺性状的测量、基因的测序等。对于异花授粉作物，应充分促进不同单株间的交配，对后代进行目标性状群体选择，促使突变基因在群体中不断积累，在合适的世代选择优良个体套袋自交，形成携带多个突变基因的自交系或中间材料应用于育种。

对于无性繁殖作物，实际上并不存在突变的有性传递过程，而在于突变细胞的发现及无性繁殖。据张志胜等分析，在施加外部选择压力的情况下进行突变基因的选择是有效的技术手段。[65] 如在兰花茎腐病突变体的选择过程中，通过在培养基中施加有毒病原物，选择出抗茎腐病的突变细胞系，然后通过扩繁形成新品系或新品种。无性繁殖作物后代选择的重点在于突变生长点的及时发现和分离，分离的时间越早对于突变的固定及纯化越有利，因此选择的手段及作物的无性繁殖能力是关键。

2. 各类作物的航天育种技术概况

（1）主要粮油作物

对水稻、小麦、玉米、大豆等进行航天搭载试验主要是用来培育株型适中、优质、高产、抗病抗逆等的优良新种质，并进一步应用于生产实践中。由于航天育种诱变效应的不定向性，很难同时兼得高产、抗病、优质等性状，因此这类作物必须寻求特定的育种目标。这类作物主要是在种子搭载、空间诱变完成之后进行地面突变体筛选，筛选时依据所期望的目标性状进行鉴定，并辅以分子标记技术，对后代进行多代混合连续选择，以期获得具有目标性状的突变材料。目前通过航天诱变获得了大量的农作物新品种：水稻（"华航1号""华航31号""内优航148""两优航2号"等）、小麦（"太空1号""太空5号""太空6号""郑麦3596"等）、玉米（"航玉35"）、大豆（"金源55号""合农65""合农73""航天109"等）。

（2）蔬菜作物

空间诱变育种具有育种期缩短、有益变异增多、变异幅度增大等特点，是培育蔬菜新品种和创造特色蔬菜种质资源的有效途径。至今已利用卫星搭载处理了黄瓜、西瓜、甜瓜、丝瓜等多种瓜类作物，经过地面种植选育，已获得了一大批可利用的突变类型，有的已经育出品种在生产中推广应用。目前，空间诱变育种在瓜类上的应用主要集中在改良现有品种、选育新品种、创造特色种质资源等方面。与粮油作物一样，蔬菜种子的空间搭载也要有明确的育种目标。但蔬菜基因组较为复杂，部分蔬菜依靠无性繁殖，其后代的选择难度要高于水稻等模式作物。通常而言，蔬菜作物空间搭载后，其后代的选择以表型选择为主，特别是与收获目标高度相关的性状，如果实的大小等。通过这种表型的连续选择，已从多个茄果类作物诱变后代获得果实增大的新品系及新品种。此外，借助化学成分分析技术，在高含量活性成分、高含量营养成分蔬菜品种选育方面也取得了较好成效。随着航天育种理论技术的深入研究和实践的广泛开展、生物技术的不断发展，以及蔬菜作物遗传图谱的逐渐饱和、分子标记辅助选择的广泛应用，蔬菜空间诱变育种的效率将会极大提高，育种的进程也将随之加快。

（3）花卉作物

随着生活水平的提升，人们对美化环境、绿化生活的需求日益增加，空间诱变可以在观赏植物品种培育中发挥重要作用。人们对植物的观赏部位和欣赏情趣有多种角度，花、叶、果、枝等皆为人们的观赏目标。航天育种所产生的正、反向变异及多性状变异都可能成为观赏植物选育的目标，这是航天育种的独到之处，如花瓣瓣型的改变、花姿的改变、花色的改变、叶片形态的改变、叶片颜色的改变等都可能成为花卉育种的优良性状或有价值的变异。因此观赏植物航天育种只要相对保持其优良性状，发生的变异几乎都有利用价值。此外，花卉不同于其他以种子繁殖为主的作物，航天诱变变异幅度大、变异频率高、变异类型丰富，诱变当代就可以以嵌合体形式表现性状，因此诱变当代就可以选择，将有利性状通过嫁接或者其他无性繁殖的方式保存下来。花卉种子普遍具有重量轻、体积小、包装简单、便于搭载等特点，这些特点使得花卉育种工作可以顺利开展，令我国花卉获得大量丰富的种质资源。个别难以获得种子的花卉可以利用一些试管苗搭载，这类材料更易变异，形成嵌合体，对于突变生长点的分离可有效固定变异，创制新品

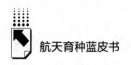

种。因此航天诱变、常规育种、分子育种等方法相结合将极大加快观赏植物培育进程，促进我国观赏及绿化产业的迅猛发展。

（4）其他作物

我国作物类型广泛，除主要粮油作物、蔬菜作物和花卉作物外，我国还种植其他具有重大价值的作物，如棉花、烟草、牧草等，这些作物的空间诱变育种目标具有独特性。烟草种子具有体积小、重量轻、包装方便和便于携带等特点，这些特点有利于烟草空间诱变育种的顺利进行。烟草种质资源缺乏限制了烟草育种的进程。空间诱变无疑将为改善烟草抗病、株型、品质和产量发挥重要推动作用。此外，航天诱变可使棉花果枝数增加，出现早熟类型与纤维品质提高，基于棉花与其他作物选育目标的差异，通常应适当延长选择周期，尤其是优良棉纤维品质的突变。

综上所述，利用空间诱变手段，需要首先明确作物繁殖方式，然后明确需改良性状性质，进而决定空间搭载材料类型及数量；在地面选择过程中，要充分重视形态学、细胞学、遗传学等学科及分子标记辅助选择等技术的广泛应用，从不同的世代进行连续选择，充分挖掘突变体和新基因，并尽快应用到新品种的选育中。

二　航天育种空间诱变

（一）模式生物秀丽隐杆线虫航天搭载空间诱变研究

高　英[*]

1. 为什么用秀丽隐杆线虫

空间环境明显区别于地表环境，而空间辐射，特别是质子和重离子，是公认的有效的诱变因子，能够诱使动植物细胞发生基因变异。同时，微重力等环境因素也能够独立或协同辐射影响生物体，因此研究人员通过天基或地

　＊ 高英，中国科学院合肥物质科学研究院助理研究员，博士。

基实验试图明确各个因素在太空诱变中的作用。在空间生命科学研究资源中，机会少、限制条件多，选择适宜的生物学材料尤为重要。高等哺乳动物需要复杂的生命保障装置，而细胞材料的生命保障系统则以主动态装置（加电、支持信号输入输出及内部环境可控等需求）为中心。因此，在资源和空间受限的实验条件下，耐受性好、需求低的生物样品有利于研究的开展。

秀丽隐杆线虫（*C. elegans*，以下简称"线虫"）是生物学研究中的经典模式生物之一，其生物学特性使之在资源受限的空间飞行研究中具有更多的优势。线虫成虫长约 1 毫米，身体为半透明，显微镜下可直接观察；以大肠杆菌为食，易于实验室培养，饲养成本低廉；雌雄同体，可以自体或异体繁殖，每个个体可产生约 300 个后代，易于保留损伤印记；生命周期短，从一个受精卵发育成可以产卵的成虫，只需要 3.5 天；遗传背景清晰，细胞发育路径和全基因组测序均已完成；环境耐受性好，抗逆性强，能在高剂量辐射下存活和发育繁殖，并且能在禁食等恶劣条件下进入多尔（Dauer）休眠期存活数月。

2. 搭载试验

线虫具有环境耐受性好、生保需求少、样品收集简单等特点，在空间研究中拥有优势，因此被多次送入太空开展实验。表 1 列出了到目前为止应用线虫的空间生物学研究。从这些研究可以看出，研究人员集中关注空间辐射和微重力这两个主要的空间诱变因素对线虫的生殖发育、寿命、代谢及运动等方面的影响。

表 1 应用线虫的空间生物学研究

单位：天

任务代号	年份	暴露时长	空间生物学实验目的
STS – 42	1992	8	空间辐射及微重力对线虫突变率的作用[66,67]
STS – 76	1996	9	近地轨道中空间辐射对线虫基因突变率的影响[68]
STS – 95	1998	—	缺氧或生物相容性问题可能导致线虫样品死亡[69]
STS – 107	2003	—	验证空间环境对线虫突变的影响，但航天器爆炸，线虫存活[70]
DELTA	2004	11	短期空间飞行环境诱导的生物学效应[71]

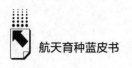
续表

任务代号	年份	暴露时长	空间生物学实验目的
STS－116	2006	255	长期空间飞行中微重力对线虫的影响[72]
实践八号	2006	14	微重力对线虫运动相关基因和蛋白表达的影响[73]
STS－129	2009	97	空间环境中线虫 RNAi 效率[74]、转录组变化，以及微重力对线虫运动和肌肉变化的机制[75]
STS－134	2011	16	短期在轨微重力生物学效应[76]
神舟八号	2011	16	空间辐射与微重力环境在繁殖、运动和基因组变化等方面的生物学效应[77,78]
实践十号	2016	12	空间辐射与微重力诱导的生物学效应

3. 线虫空间诱变研究结果

（1）辐射诱导的生物学效应

早期研究主要集中在对线虫受空间辐射诱发的特定突变的分析，以及在细胞水平观测染色体的畸变现象。线虫具有较强的辐射抗性，甚至能在几百戈瑞的伽马射线下存活。[79]在短期空间辐射暴露的诱变效果研究中，利用肌肉痉挛相关编码基因 unc－22 突变率及端粒酶长度等方法均未发现线虫在飞行后发生变异（突变）。但在另一些研究中，空间辐射能够诱导突变发生，且相比地面辐射具有更为明显的生物学诱变效应。在空间生物学研究IML－1飞行任务中，航天器内的空间辐射剂量为 0.8 ~ 1.1 毫戈瑞，线虫经空间飞行后其基因 unc－22 的突变率比地面对照组高 8 倍。[66,67]在 Hartman 的研究中，线虫性别决定相关基因 fem－3 突变株受空间辐射诱导的突变率比地面自发突变率高 3.3 倍，而空间飞行实验中的辐射剂量率仅为 0.20 ~ 0.23 微戈瑞/分钟（累计剂量为 2.68 ~ 3.06 毫戈瑞，暴露时间为 219.5 小时），其诱变效果却与地面 9.0 ~ 10.1 戈瑞/分钟的 $^{56}Fe^{26+}$ 离子的辐射剂量率相当。[68]由于空间搭载的生物样品所处环境的重力、磁场和真空条件基本一致，只有空间辐射是随机的，因此空间辐射可能是产生不同研究结果的主要因素。

近年来，分子生物学的发展及芯片和测序技术的逐渐成熟为在全基因组水平分析航天诱变的特征与频谱提供了可能。已有的研究结果显示线虫经空间辐射暴露后，其转录组发生明显波动，启动了 DNA 损伤响应、能量代谢和压力应激等功能应答空间辐射。[77,78,81]空间高能重离子辐射是生物体产生突变和损伤的主要诱因，能够引发致密的电离事件，诱发 DNA 损伤。一般情况下，当 DNA 受损后，细胞"识别""传导"损伤信号，通过细胞周期阻滞、DNA 修复"执行"修复，或通过细胞凋亡去除损伤细胞，然后通过细胞周期检验点并返回正常细胞状态；相反，修复异常或缺失则会导致细胞死亡或基因突变。以往的研究中，线虫生殖细胞的生理性凋亡或检验点诱导的凋亡均未受短期空间辐射环境影响，[82]提示了短期空间辐射效应有限。但在利用芯片的研究中发现，野生型线虫中细胞凋亡关键基因虽未受短期空间辐射环境影响，但凋亡调控因子表达发生变化，并且 DNA 损伤响应其他功能组基因发生表达改变。[83]尤其当吞噬受体识别基因 ced－1 功能缺失突变后，整个细胞凋亡过程相关基因发生更为明显变化，如细胞凋亡执行基因 ced－4、ced－9，DNA 降解基因 crn－2 以及其程序性 D 细胞死亡蛋白编码基因 pdcd－2 表达均发生改变，并且在 DNA 修复上也可能启动了同源重组、非同源末端连接等多种修复通路。[12]利用 X 射线辐照线虫成虫后发现，线虫体细胞启动了 DNA 损伤修复过程，而包括细胞凋亡在内的其他 DNA 损伤响应过程没有被激活，提示可能与线虫在逆境（辐射）生存策略上选择修复损伤细胞而非通过凋亡移除细胞有关。[83]此外，在个体水平上，DNA 损伤响应的关键信号通路也诱发了"转录组波动"以维持细胞存活。在 International C. elegans First Experiment（ICE－FIRST）任务研究中，研究者发现线虫转录组在肌肉运动功能、胰岛素代谢等方面发生了显著变化。[81]"神舟八号"飞船搭载的线虫则发生了更为明显的转录组变化，尤其在乙酰辅酶 A 代谢过程中，硫酯代谢和脂类代谢改变，并且过氧化物酶体信号通路和脂肪酸延长信号通路改变，提示空间辐射环境可能调控了线虫能量代谢改变以应对空间飞行逆境。

（2）微重力诱导的生物学效应

①微重力能够导致线虫运动功能变化

空间微重力环境诱导线虫运动功能和肌肉组织发生变化。运动功能受限和肌萎缩是宇航员面临的一个重要问题，线虫经空间微重力暴露后也表现出运动功能障碍，包括运动形态变化[8]和运动频率下降[19]。在肌肉的组织结构上，研究发现微重力抑制了线虫肌源性转录因子（hlh－1、egl－19等）、肌肉蛋白组分基因（myo－3、unc－54、unc－87等）的表达，影响了肌细胞骨架形态和肌节稳定性，从而造成肌纤维面积减少，发生肌肉萎缩。[73,84,85]此外，与人类肌营养不良发病相关的抗肌萎缩蛋白也参与应答微重力环境胁迫。线虫抗肌萎缩蛋白（Dystrophin Related 1）与人类高度同源，该蛋白具有机械敏感性，能够在肌肉收缩活动中稳定肌节，并识别细胞信号传导。编码基因 dys－1 在微重力条件下表达增加，[8]并且可能通过影响线虫的肌源性转录因子表达，进一步调控线虫运动及肌肉组织应答微重力胁迫，[86]提示空间微重力环境还通过重力信号传导及运动神经方面诱发运动障碍。除结构上的变化，微重力还通过降低细胞能量代谢影响运动功能。三羧酸（Tricarboxylic Acid，TCA）循环是细胞能量的重要来源，线虫中 TCA 循环的部分酶（GPD－3、ACO－2、CTS－1）的编码基因受微重力影响表达减少，电子传递链基因（sdha－1）表达下调；与动物线粒体能量转换相关的去乙酰化蛋白 SIRT－1 编码基因 sir－2.1 及其下游转录因子 abu－6、abu－7、pqn－5 表达均发生改变，[84]能量代谢整体过程减慢。根据这些结果，研究人员认为肌肉组织可能进入"能量节约"模式应答微重力环境胁迫，进而导致线虫在微重力条件下的运动功能受限。

②微重力能够影响线虫寿命

空间微重力环境还能够影响线虫寿命。我们知道，能量代谢效率影响机体寿命和衰老进程，其中转录因子 DAF－16（Dauer Formation－16）通过胰岛素信号通路在寿命延长和衰老过程中起重要作用。[87]如前文所述，微重力环境抑制了 TCA 循环过程中酶基因的表达，降低了线虫能量代谢速率；调控代谢的生长转化因子 TGF－β（Transforming growth factor－β）和胰岛素信号通路基因在微重力条件下也发生表达变化，其上游转录因子 daf－16 表达发生明显改变。[72,81]这些结果表明微重力环境抑制了线虫能量代谢速率，可能延长线虫的寿命。Yoko Honda 等人则证实了线虫经空间飞行后衰老信号因子多聚谷氨酰胺（polyQ）集体减少，同时有 7 个寿命相关基因表达下调。[87]这些基因通过包括"饮食限制"等信号途径影响线虫寿命，其表达量与寿命呈负相关。这些结果提示微重力减缓了线虫衰老进程，改变了决定线虫寿命的潜在分子机制。

（二）航天诱变对茄果类蔬菜遗传发育的细胞学及分子生物学影响研究

谢立波*

1. 辣椒突变体的细胞学观察

供试材料：搭载材料 LH_1SP_1 和对照 LH_1CK。①

研究的目的：电镜下观察突变体的线粒体、叶绿体及过氧物酶体与对照的差异性，研究航天环境因素对搭载的材料在新陈代谢、光合能力与呼吸强度方面的影响。

结果表明：电镜下突变体的线粒体、叶绿体及过氧物酶体与对照均有明显差异，数量较多，基质中有丰富的核糖体，质粒饱满，偶见有少量的双核仁细胞核，而对照的线粒体多呈空泡状，过氧物酶体也较少。这说明空间环境因素对搭载的材料在新陈代谢、光合能力与呼吸强度方面有一定的影响，突变体叶绿体中积累的碳水化合物运输加快，从而必然导致果实增大、产量提高的有益变异。

2. 航天诱变对辣椒叶片超微结构变化影响研究

（1）搭载辣椒的叶细胞结构及形态观察

供试材料：搭载材料 LH_1SP_1 和对照 LH_1CK。

研究的目的：对搭载辣椒幼叶细胞进行电镜观察，观察叶细胞结构和形态，进行变异检测。

结果表明：搭载材料与地面对照存在差异，搭载材料无论是上表皮还是下表皮气孔数目都偏多，且其角质膜呈很规则的脊状凸起，而对照则不规则。

---

* 谢立波，黑龙江省农业科学院园艺分院研究员。
① 试材编码中含 SP 者为航天诱变材料，含 CK 者为对照材料。

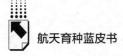

（2）叶片叶绿体超微结构的电镜观察

供试材料：经空间诱变的甜椒突变体 SP_{06} - 31 及对照 L_{06} - 30 植株叶片。

研究的目的：研究空间诱变叶片细胞叶绿体超微结构的变化特点，为探索空间条件对植物的诱变机理提供理论依据。

结果表明：由图 2 可以看出，经空间诱变的甜椒与未经空间诱变的甜椒相比，叶片细胞具有细胞间隙大、叶绿体内含有较多淀粉粒的特点。

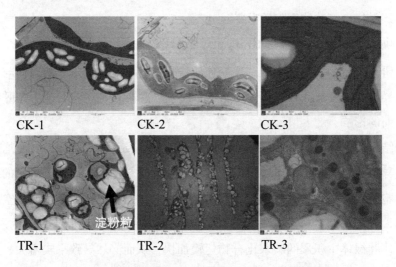

图 2   未经空间诱变及经空间诱变的甜椒叶片超微结构

注：L_{06} -30 3 株对照植株 CK – 1、CK – 2、CK – 3 均为未经空间诱变的甜椒，SP_{06} -31 3 株突变体植株 TR – 1、TR – 2、TR – 3 均为经空间诱变的甜椒。

甜椒的叶绿体超微结构变化如下。

由图 2 可以看出，对于未经空间诱变的甜椒，叶片细胞叶绿体主要分布在细胞的边缘，同时与细胞壁相连紧密，其结构表现完整，主要表现为梭形，基粒具有清晰的片层，以平行的方式排列且整齐，而且具有清晰的双层膜。空间诱变后甜椒的叶片出现了细胞破裂的现象，同时细胞的间隙增大明显，叶绿体及其他细胞的基质有大量外渗现象，而且叶绿体的内部淀粉粒数量增加，还有大部分叶绿体表现正常，且保持完整的结构形态，但是出现片层模糊的基粒，且类囊体片层融合现象出现。

辣椒的叶绿体超微结构变化如下。

未经空间诱变的辣椒叶片细胞叶绿体的结构完整，呈梭形，主要分布在细胞壁边缘，紧贴细胞壁。双层膜清晰，基粒片层排列整齐，呈平行状，大部分叶绿体不含有淀粉粒，而且脂质球含量较少或没有。空间诱变后叶片的细胞间隙出现增大现象，叶绿体和细胞基质出现外渗，同时部分叶绿体出现变形和破碎现象，不具有完整性，并且形状拉长，出现了断裂的现象，性状完整的叶绿体的内部淀粉粒的数量增多，并具有较多数量的脂质球，而部分叶绿体的基粒片层出现排列紊乱现象，同时片层模糊，在叶绿体的间质内嵌有溶酶体颗粒。

（3）辣椒突变系"B10"的叶肉细胞观察

供试材料：航天诱变突变体"B10"及其对照。

研究的目的：进行细胞学检测，取其嫩叶做超薄切片，电镜观察叶肉细胞结构，研究航天环境因素诱发辣椒产生突变的作用。

结果表明：突变体气孔明显大于对照，角质膜脊状清晰度也高于对照。

3.航天诱变辣（甜）椒雄配子花粉扫描电镜观察研究

供试材料：航天诱变材料（1~4号）、地面模拟材料（5~11号）。

研究的目的：对11份辣椒材料运用电镜观察其花粉粒结构变化，并进行对比分析，研究航天环境因素对搭载的材料花粉结构的影响。

结果表明：从图3中可以看出，辣椒的花粉呈单粒、等极、辐射对称形态。花粉外形为球形；赤道面观呈三角形；极面观呈两裂圆形。对花粉结构进行分析可以发现：与对照11号相比，除5号、7号、9号外，其余均出现不同程度的变异。花粉粒大多数呈三角形，而其中4号、8号、11号出现四角形的花粉粒。从纹饰角度，可以看出花粉粒表面出现粒状突起，但是1号、6号、10号出现部分中空现象，其余表现为粒状突起。从极面的形状来看，可以发现：多数的极面突起呈现圆球状或长圆球状。变异：2号出现大面积突起，6号极面之间出现凹陷。

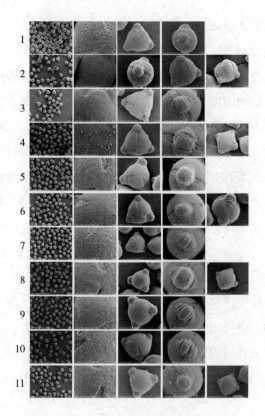

图3　花粉的扫描电镜观察

注：从左至右分别为花粉形态、纹饰、赤道面观、极面观、变异部分。

4. 航天诱变辣椒、番茄生理生化检测

供试材料：辣椒材料（HL_2SP_{0-1}、HL_1CK、HL_8SP_{0-2}、HL_8CK、HL_1SP_1、HL_2SP_1）、番茄材料（HF_2SP_{0-2}、HF_2CK、HF_4SP_{0-2}、HF_4CK、HF_8SP_{1-2}、HF_8CK、HF_2SP_1）。

研究的目的：对4份辣椒材料、2份番茄材料进行生理生化（营养成分分析、叶片叶绿素含量分析、过氧化酶分析、酯酶同工酶分析）检测，研究航天环境因素对搭载材料的生理生化指标的影响。

结果表明：对辣椒、番茄的营养成分、叶片叶绿素含量、过氧化酶及酯酶同工酶进行检测，各项指标与对照相比，均发生明显变异（见表2至表5）。

表2 辣椒、番茄营养成分分析

试材	Vc 含量 （毫克/100 克）	与对照比（%）	可溶性固形物（%）	与对照比（%）
辣椒 HL_2SP_{0-1}	42.10	+16.4	3.83	+63.7
辣椒 HL_1CK	36.16		2.34	
辣椒 HL_8SP_{0-2}	45.57	+31.4	3.11	+40.1
辣椒 HL_8CK	34.67		2.22	
番茄 HF_2SP_{0-2}	17.84	+33.4	2.90	+70.6
番茄 HF_2CK	13.37		1.70	

表3 辣椒、番茄叶片叶绿素含量分析

单位：mg/l

试材	叶绿素含量	叶绿素 a 含量	叶绿素 b 含量
辣椒 HL_2SP_{0-1}	16.732	12.756	3.779
辣椒 HL_2CK	13.430	9.756	3.665
番茄 HF_4SP_{0-2}	14.856	11.076	3.976
番茄 HF_4CK	13.430	9.756	3.665
番茄 HF_8SP_{1-2}	16.583	12.620	3.963
番茄 HF_8CK	14.211	10.576	3.635

表4 空间条件下辣椒、番茄的过氧化酶分析

部位	作物	试材	1	2	3	4	5	6	7	8	9	10
叶片	辣椒	CK	—	0.281	0.320	0.335	0.367	0.392	0.408	0.430	—	—
		HL_1SP_1	0.092	0.281	0.320	—	0.367	0.392	—	0.430	—	—
		CK	—	0.281	—	0.320	0.335	0.367	0.392	—	0.408	0.430
		HL_2SP_1	—	0.281	0.304	0.320	0.335	0.367	—	0.396	—	—
	番茄	CK	0.041	0.203	0.294	0.313	0.326	0.361	0.389	0.411	0.443	0.456
		HF_2SP_1	0.041	0.203	0.294	0.313	0.326	0.361	0.389	0.411	0.443	0.456
果实	辣椒	CK	0.316	—	0.332	—	—	—	—	0.52	—	—
		HL_1SP_1	—	0.322	—	0.355	0.372	0.388	0.408	0.52	—	—
		CK	—	0.322	0.349	0.368	0.398	0.500	0.520	—	—	—
		HL_2SP_1	0.260	0.322	0.349	0.368	0.398	0.500	0.520	—	—	—
	番茄	CK	—	0.247	0.276	0.332	0.385	0.420	0.490	—	—	—
		HF_2SP_1	0.092	0.247	—	0.332	0.385	0.420	0.490	—	—	—

注："—"代表未检出。

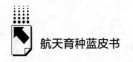

表5 空间条件下辣椒、番茄的酯酶同工酶分析

部位	处理		酶谱序号			
	作物	试材	1	2	3	4
叶片	辣椒	CK	0.934	0.946	0.965	—
		HL_1SP_1	—	0.946	0.965	
		CK	0.938	—	0.965	
		HL_2SP_1	—	0.942	0.965	
	番茄	CK	0.078	0.942	0.965	—
		HF_2SP_1	0.078	0.942	0.965	
果实	辣椒	CK	0.084	0.682	0.958	0.977
		HL_1SP_1	0.084	0.682	0.958	0.977
		CK	0.958	0.977	—	
		HL_2SP_1	—	0.977		
	番茄	CK	0.954	0.926	—	
		HF_2SP_1	—	0.926		

注："—"代表未检出。

5. 生理生化分析

（1）同工酶分析

供试材料：航天诱变突变体"B10"及其对照。

研究的目的：进行同工酶分析，研究航天环境因素诱发辣椒产生突变的作用。

结果表明：同工酶是植物基因表达的产物，因此同工酶的变异与性状遗传有密切关系，对突变体"B10"进行过氧化酶及酯酶同工酶分析，发现经空间条件处理的辣椒其遗传性发生了变异。

（2）对搭载材料 $L_{06}-30$ 进行光合测定分析

供试材料：经空间诱变的甜椒突变体 $SP_{06}-31$ 及对照 $L_{06}-30$ 植株叶片。

研究的目的：以空间诱变的甜椒突变体 $SP_{06}-31$ 及对照 $L_{06}-30$ 植株叶片为主要试验材料，研究其光合参数的变化特点，为探索空间条件对植物的诱变机理提供理论依据。

结果表明：在从7：00至17：00的时间段内，$L_{06}-30$和$SP_{06}-31$光合速率表现为先上升后下降，即"单峰形"趋势。胞间二氧化碳浓度表现为先下降后上升，即"漏斗形"趋势。而蒸腾速率表现为"单峰形"趋势。气孔导度变化与光合速率变化趋势一致。在经过航天诱变处理后，光合速率、蒸腾速率、气孔导度和胞间二氧化碳浓度与对照相比均有所升高，这说明在航天诱变的条件下已经改善了品种的光合性能，这在其他经过航天诱变的植物中也有相似发现。

6. 分子检测

（1）搭载辣椒分子标记多态性检测

供试材料：辣椒SP_4代及对照。

研究的目的：进行搭载番茄、辣椒的RAPD检测分析研究航天环境因素诱发番茄、辣椒产生变异的作用。

结果表明：采用RAPD方法，利用6条引物对空间诱变的辣椒SP_4代及对照进行了基因组DNA检测，结果显示，6条引物共扩增出30个位点，其中8个为多态性位点。在扩增的30个位点中，其中S22扩增出2个位点，S35扩增出3个位点，S152扩增出4个位点，S119扩增出6个位点，S29扩增出7个位点，S33扩增出8个位点。在扩增的8个多态性位点中，对照扩增出4个位点，变异体扩增出4个位点。这样的扩增结果也证实了经空间诱变后辣椒SP_4代的基因组DNA发生了变异（见图4、表6）。

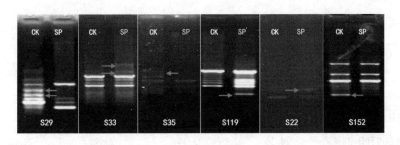

图4 分子检测图谱

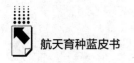

表 6　辣椒突变体 SP_4 代多态性扩增结果

单位：个，%

引物	序列	总的位点数	多态性位点数	多态性位点百分率
S22	TGCCGAGCTG	2	1	50
S29	GGGTAACGCC	7	2	29
S33	CAGCACCCAC	8	2	25
S35	TGAGCGGACA	3	1	33
S119	CTGACCAGCC	6	1	17
S152	TTATCGCCCC	4	1	25
总位点数		30	8	
平均位点数		5.00	1.3	

（2）搭载番茄、辣椒的检测分析

供试材料：4 份番茄（HF_1SP_0、HF_1CK、HF_2SP_0、HF_2CK）、4 份辣椒（HL_1SP_0、HL_1CK、HL_2SP_0、HL_2CK）。

研究的目的：进行搭载番茄、辣椒的 RAPD 检测，分析研究航天环境因素诱发番茄、辣椒产生变异的作用。

结果表明：空间条件能引起辣椒、番茄产生变异，不同种类、不同品种变异率不同，本试验辣椒比番茄对空间条件更敏感，辣椒的变幅分别为 4.08 个百分点、1.46 个百分点，番茄的变幅分别为 2.92 个百分点、1.76 个百分点（见表 7、表 8）。

表 7　番茄不同个体多态位点百分率

品种	HF₁		HF₂	
	HF_1SP_0	HF_1CK	HF_2SP_0	HF_2CK
位点总数（个）	342	342	342	342
多态性位点数（个）	97	87	82	76
多态性位点百分率（%）	28.36	25.44	23.98	22.22
变幅（个百分点）	2.92		1.76	

表8　辣椒不同个体多态位点百分率

品种	HL$_1$		HL$_2$	
	HL$_1$SP$_0$	HL$_1$CK	HL$_2$SP$_0$	HL$_2$CK
位点总数(个)	343	343	343	343
多态性位点数(个)	85	71	96	91
多态性位点百分率(%)	24.78	20.70	27.99	26.53
变幅(个百分点)	4.08		1.46	

（2）蛋白质检测

供试材料："宇椒1号""宇椒2号""龙椒2号"；"宇椒3号""龙椒5号"；"18SP""18CK"。

研究的目的：蛋白质组与基因组相比，其组成更为复杂，功能更为活跃，更接近生命活动的本质。进行搭载辣椒的蛋白质检测，分析研究航天环境因素诱发辣椒产生变异的作用。

结果表明："宇椒1号"与其对照比较分析后得到差异点91个，其中具有显著差异的共22个，表达量上调的18个、下调的4个；"宇椒2号"与其对照比较分析后得到差异点74个，其中具有显著差异的共12个，表达量上调的11个、下调的1个；"宇椒3号"与其对照比较分析后得到差异点90个，其中具有显著差异的共36个，表达量上调的30个、下调的6个。

在航天诱变条件下，有一些压力相关蛋白出现，例如：蛋白点1734。此外，还有一些酶的变化，例如：蛋白点1936和2017等。所以在一定程度上可能由于航天诱变提高了植物的抗性。

表9　主要差异蛋白的测序分析

编号	Gi代码	Mass	Score	Expect	功能描述
1357	40287518	24374	349	1.5×10^{-28}	葡萄茎顶端蛋白(Induced Stolon Tip Protein NAP1Ps)
1734	298201206	24780	606	3.0×10^{-54}	压力相关蛋白(Stress-related Protein 1)
1813	40287530	20379	444	4.7×10^{-38}	水晶蛋白(Cristal-Glass1 Protein)
1816	90656516	32491	365	3.8×10^{-30}	木葡聚糖内葡聚糖酰化酶XET1(Xyloglucan Endotransglucosylase XET1)

编号	Gi 代码	Mass	Score	Expect	功能描述
1837	804973	27371	115	3.8×10^{-05}	L - 型抗坏血酸(L-ascorbate Peroxidase)
1747	14518447	28651	334	1.9×10^{-53}	MADS 盒蛋白(MADS Box Protein)
1903	17865469	56444	526	3.0×10^{-46}	过氧化氢酶(Catalase)
1936	90656520	32515	184	4.7×10^{-12}	木葡聚糖内葡聚糖酰化酶 XET3 (Xyloglucan Endotransglucosylase XET3)
2017	157087398	44298	714	4.7×10^{-65}	脂肪酸去饱和酶(Fatty Acid Desaturase)

综上所述，黑龙江省农科院园艺分院利用航天诱变育种技术处理种子，通过对诱变后作物种子损伤、成苗率、致畸率，作物的产量、品质、抗病性等一系列指标，结合田间表型变异鉴定评价，再结合细胞学观察、生理生化分析和分子标记检测技术确定变异的存在，探讨了航天环境诱变的变异机理。并且最早在国内提出航天环境可以增加茄果类蔬菜作物的变异概率，且正向有益变异多，为茄果蔬菜航天诱变育种提供了理论依据。航天搭载处理种子方式可以作为改良蔬菜作物品种的一条重要途径。

三　高能重离子束育种

周利斌*

农业是国民经济基础，选育优良品种是促进农业发展的必由之路。良种在提高作物产量、改进产品品质、增强作物对不良条件的抵抗能力、扩大作物栽培区域、调整种植结构等多方面起着十分显著的作用。特别是近年来农产品市场需求向优质化方向发展，人们对农作物良种有迫切的需求。

辐射诱变育种始于 20 世纪 20 年代，早期辐射育种主要以 X 射线为诱变

---

* 周利斌，中国科学院近代物理研究所研究员，生物物理室主任，中国高科技产业化研究会现代农业与航天育种工作委员会副主任，中国原子能农学会辐射与航天育种专业委员会副主任，中国核学会射线束技术分会理事，中国生物物理学会辐射与环境生物物理学分会理事，中国辐射防护学会放射生态分会青年委员会委员。

源，后来逐渐发展到 γ 射线、紫外线、激光、β 射线、中子、电子束、太空射线等各种物理诱变因素，而 γ 射线（源于 ^{60}Co 或 ^{137}Cs）仍是目前最常用的物理诱变源。辐射诱变育种成功运用以后，国内外研究者们在农作物、经济植物、观赏植物以及林木中陆续育成了大量新品种。随着辐射诱变技术在育种领域占据越来越重要的位置，辐射育种存在的不足也显现出来，诸如 M_1 代存活率低、M_2 代突变谱窄等。因此，开发新的诱变源，提高突变率，扩大突变谱，已成为育种工作者要解决的重要问题。

从 1987 年 8 月 5 日发射第 9 颗返回式卫星开始，历经三十余年的发展，航天育种作为一种重要的育种技术，逐渐在植物及微生物诱变上取得了大量成果。太空环境的主要特点是高真空、微重力、交变磁场及持续辐射等。其中，辐射和微重力是植物空间生物学研究重点关注的两大因素。空间辐射与生物体的遗传变异关系尤为密切，大多数的载人航天飞行都发生在近地轨道（Low-Earth Orbit，LEO），LEO 空间辐射源主要由银河宇宙射线（Galactic Cosmic Ray，GCR）、地磁场俘获带（Geomagnetic Trapped Belt，GTB）、太阳高能粒子（Solar Energetic Particle，SEP）三部分组成。空间辐射离子包含元素周期表中的所有元素，质子（约占 90%）、α 粒子（约占 9%），以及各种重离子（铁离子丰度最高）（约占 1%）。这些高能离子能够轻易地穿透飞行器外壁，作用于舱内的生命有机体和装置。其中，质子和重离子贡献了 80% 的空间辐射剂量，是主要的生物损伤源。空间粒子穿过舱壁时，能激发大量次级辐射（X 射线、γ 射线等），增强对生物系统的辐射损伤。[88-91] GCR 中的重离子具有高能量、高传能线密度的特点，可对 DNA 等生物大分子造成损伤，并形成错误修复，从而诱使植物及微生物发生遗传变异。正是由于这些特点，高能重离子束在生物诱变上具有重要价值，是空间诱变地面模拟的重要手段之一。

（一）高能重离子束辐射诱变平台装置

目前，高能重离子加速器装置主要分布在中国、日本、德国、美国等，仅日本就有 4 套加速器可以提供中高能重离子束进行诱变育种研究。包括量子科学技术研究开发机构（National Institutes for Quantum and Radiological Science and Technology，QST）下属的两个研究所的两套加速器：高崎量子应用研究所（Takasaki Advanced Radiation Research Institute，TARRI）的高崎先进辐射应用离子加速器（Takasaki Ion Accelerators for Advanced Radiation Application，TIARA），以及量子医学研究所（Institute for Quantum Medical Science，IQMS）的千叶重离子医用加速器（Heavy Ion Medical Accelerator in Chiba，HIMAC）。另外两套分别为：日本理化所（Institute of Physical and Chemical Research）仁科加速器科学中心（Nishina Center for Accelerator-Based Science）的放射性同位素束工厂（Radioactive Isotope Beam Factory，RIBF）和若狭湾能量研究中心（Wakasa Wan Energy Research Center，WERC）的多用途同步和串列加速器（Multi-purpose Accelerator with Synchrotron and Tandem，MAST）。

在日本，离子束育种学会（Ion Beam Breeding Society，IBBS）大大推动了各科研单位共同开展高能重离子束诱变技术在生物育种基础及应用方面的研究，获得了大量花卉等植物新品种以及酵母等微生物新菌种。

中国科学院近代物理研究所（Institute of Modern Physics，Chinese Academy of Sciences，IMP-CAS）的大科学装置——兰州重离子研究装置（Heavy Ion Research Facility in Lanzhou，HIRFL），是我国规模最大，可以把从氢到铀的全离子加速到高能的重离子研究装置。它由电子回旋共振（Electron Cyclotron Resonance，ECR）离子源、扇聚焦回旋加速器（Sector Focusing Cyclotron，SFC）、分离扇回旋加速器（Separated Sector Cyclotron，SSC）、冷却储存环（Cooler Storage Ring，CSR）主环和实验环、放射性束流线、实验终端等主要设施组成，用以开展重离子物理及其交叉学科研究。浅层生物辐照终端（Terminal 4，TR4）具有照射精准、换样效率高的特点，可以进行高能重离子辐射诱变育种（植物、微生物）、辐射生物效应、辐射化学分子改性等研究。高能重离子束育种常采用 SSC 提供的 960MeV 的碳离子束辐射植物材料，样品类型涵盖种子、枝条、叶片、根、块茎、组培苗、愈伤组织、悬浮细胞和花粉等。2018 年，IMP－CAS 建成了第三代诱变育种平台，该平台具有换样效率高、可实时监测束流等特点，属国际先进水平。

截至 2020 年，第三代新装置已为全国 50 余家科研单位提供了约 1000 小时的束流时间开展生物辐射实验。

（二）高能重离子束育种成果

1. 小麦

我国首个应用高能重离子束诱变技术获得的作物新品种是春小麦"陇辐 2 号"，2003 年由 IMP-CAS 与甘肃省张掖市农业科学研究所合作育成，具有高产、广适、质优等优良特性，推广了 800 万亩以上。目前，IMP-CAS 正与中国农业科学院作物科学研究所等国内知名研究机构加强合作，力求在小麦的高能重离子束诱变基础及应用研究上寻求突破。

2. 水稻

IMP-CAS 与中国科学院东北地理与农业生态研究所合作，2020 年获得我国首个高能重离子束诱变东北粳稻新品种"东稻 122"，具有丰产性好、抗逆性强、米质优良等特点，已在吉林省中早熟稻作区示范推广 11.5 万亩，是吉林省 2021 年农业主导品种之一。此外，IMP-CAS 还与华南农业大学、中国科学院合肥物质科学研究院、浙江大学、国家杂交水稻工程技术研究中心、湖南省核农学与航天育种研究所等多家国内科研单位合作，通过直接或间接方式获得了大量籼稻新品种或突变体资源。

3. 油用向日葵（油葵）

利用高能重离子束诱变技术筛选出油葵优良亲本，结合杂交育种技术，获得"三系"杂交优势组合，对杂交组合进行育性、丰产性、品质、稳定性、一致性、抗病性鉴定分析，2019 年选育出增产、增油、抗病的油葵新品种"近葵 1 号"并获得品种登记证书。"近葵 1 号"较对照平均增产 7%，高抗盘腐型菌核病、根腐型菌核病和黄萎病，中抗黑斑病、褐斑病和霜霉病。

4. 甜高粱

采用高能重离子束诱变技术，经过多年田间筛选与系统选育，2013 年获得了早熟、高糖、抗倒伏、抗病、抗旱的甜高粱新品种"近甜 1 号"，其与对照相比生育期缩短 20 天。

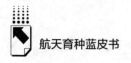

5. 花卉

采用高能重离子束诱变处理白花紫露草枝条，经多个无性繁殖遗传世代，筛选得到叶色随温度变化的、突变稳定的彩叶植株，其特征是枝条紫色、叶片在冬季呈现粉色且在春夏季又变为绿色。借助这一特性，可通过调节环境温度进而实现叶片颜色人为控制，故将其称为"冬花夏草"，2012 年获得品种认定登记证书。

6. 中药材

IMP-CAS 与定西市旱作农业科研推广中心、岷县中药材生产技术指导站、岷县农业技术推广站合作，2009 年培育出我国首个应用高能重离子束诱变技术获得的中药材新品种——当归"岷归 3 号"，该品种适宜在当归主产区栽培，性状稳定、特征显著，具有抗逆性强、抗病虫性广、提前抽薹率低、丰产性好的特点。随后还培育出党参新品种"渭党 2 号"及"渭党 3 号"、黄芪新品种"陇芪 2 号"及"陇芪 3 号"，具有高产、抗病、综合农艺性状优良的特点。此外，2016 年，IMP-CAS 自主培育出大青叶新品种"中青 1 号"；2018 ~ 2019 年，联合企业及其他科研单位，培育出青蒿新品种"科蒿 1 号"、"科蒿 2 号"和"科蒿 3 号"。

（三）展望

面对全球粮食、能源与环境安全以及循环经济发展等诸多问题，从物质基础、经济变化及综合优势的角度考虑，我们国家有必要更加积极与广泛地投资于基础科学，其中包括以核科学技术为代表的交叉科学，以保持其全球竞争力和科学领导地位，并积极与地方企业开展更为广泛的合作，为区域经济发展做出贡献。展望未来，我们相信，对于高能重离子束辐射诱变生物的研究将在多学科交叉领域中扮演一个重要的角色，相关的研究结果必定会在核技术应用、农学、植物学、生物化学与分子生物学、基因组学、应用微生物学、细胞生理学与生化工程等多学科研究领域中发挥关键性的作用。

近年来，在应用高能重离子束诱变技术获得越来越多作物新品种的同时，各单位也加强了基础研究，例如从重离子束物理特性、与物质作用的规律、生物效应等方面探索重离子束辐射诱变机理，但重离子束诱发突变的很多细节和诱变规律仍未被阐明和解决。因此，为推进高能重离子束辐射诱变育种工作，必须进一步加强作物辐射诱变机理及应用研究，实现离子育种理论和关键技术的新突破。

四 航天诱变新材料创制与新品种培育

（一）药用植物丹参的航天育种

孙 乔[*]

药用植物是我国传统医学的宝贵财富。利用空间诱变育种，提高人工栽培中草药的有效成分，提高药效，选育出药效高、产量高的中草药品种，对我国的中草药发展起到了良好的促进作用，有着良好的社会效益和经济效益。可以选择有重大开发价值、遗传背景较为清楚的中草药种子作为重点研究开发材料，通过空间搭载、地面种植选育，进行药效作用、化学成分分析，筛选出药效高、品质好、产量高的中草药新品种，对其化学成分进行研究，开发成新药。

1. 国内药用植物主要搭载研究情况

药用植物搭载情况和研究进展见表10。

表10 药用植物搭载情况和研究进展

发射时间	卫星名称	搭载单位	搭载名称	备注
1990.10.05～10.13	摄影定位卫星	中国科学院微生物研究所	灵芝	仍能产生正常的食药兼用子实体
1996.10.20～11.04	国土普查卫星	黑龙江中医学院	黄芩种子2克	
1996.10.20～11.04	国土普查卫星	中国农业科学院特产研究所	人参种子3.2克	育种目标:缩短育种年限,选育高产、优质的新品系

---

* 孙乔,航天神舟生物科技集团有限公司高级工程师,博士,空间生物实验研究室副主任。

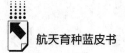

续表

发射时间	卫星名称	搭载单位	搭载名称	备注
1996.10.20 ~ 11.04	国土普查卫星	辽宁省微生物研究所、中国科学院空间科学与应用研究中心	药用菌:灵芝、冬虫夏草、桑树花菌丝	目前已筛选出优质高产新菌株卫星灵芝2号,菌株子实体产量提高75.3%
1990.10.05 ~ 10.13	摄影定位卫星	中国科学院昆明植物研究所	药用植物种子:露水草、三分散、香茶菜	通过空间诱变,提高产量,并研究其药效有无变化。进行发芽比对,未发现明显变异;对药用部分进行化学成分分析,未发现明显变化
1996.10.20 ~ 11.04	国土普查卫星	中国科技大学生命科学学院	中药材种子:茯苓、杜仲、贝母、石斛、人参	通过搭载具有安徽产地特色又有重要应用和经济价值的珍稀名贵中药材,并结合生物工程技术,进行培育和筛选,以期获得生长周期缩短、优良品质稳固、产量提高、退化减少、抗性(抗病、抗虫等)增强的新品系。SP_1代茯苓菌丝体呈现较好的优良性状。其他未发现明显差异
2003	第18颗返回式卫星	山东天星航天育种技术开发有限公司	丹参	培育的航天丹参,于2009年12月28日获山东省科技厅"丹参航天育种与高产栽培关键技术研究及产品开发"科学技术成果鉴定。填补了国内空白,达到了国内领先水平。航天丹参与传统丹参相比,产量翻了一倍。有效成分丹参酮IIA含量比对照提高25%,丹酚酸B比对照提高16%。木羊乳航天丹参茶利用"航天1号"丹参的叶片精制而成
2004	第20颗返回式卫星	—	丹参	对丹参航天诱变的生物学效应进行研究探索,取得一些初步成果,但研究大多仅限于种子活力、出苗率、开花期、地上部形态特征、根部性状、结实性状等基于表观性状的影响

发射时间	卫星名称	搭载单位	搭载名称	备注
2006	"实践八号"育种卫星	—	丹参	我国科研工作者利用 SRAP 技术分析了"实践八号"育种卫星搭载 15 天的丹参种子的 SP_2 代,发现航天处理能够使丹参种子在分子水平上产生变异,但分子变异与表型性状和中药成分变化的相应机制和机理尚未阐明
2006	"实践八号"育种卫星	河南师范大学生命科学学院	怀地黄	利用"实践八号"育种卫星进行了 15 天的航天诱变处理,通过航天诱变和大田选育,选育出部分变异的高产品系,为进一步选育高产怀地黄新品种奠定了基础
2008	"神舟七号"飞船	天士力集团	丹参	培育出"天丹 1 号"丹参,经搭载的 SP_1 代变异材料筛选而来,其最大单株重量为普通对照的 3 倍,达 1000 克以上,且有效成分含量显著高于对照,通过省级品种审定

2. 航天神舟生物科技集团有限公司的药用植物搭载和研究进展

(1)"神舟八号"飞船搭载的药用植物(见表11)

表11 "神舟八号"飞船搭载的药用植物

中药名称	拉丁名
藿香	*Agastacherugosa(Fisch. et Mey.)O. Ktze.*
葫芦巴(印度)	*Trigonellafoenum-graecum L.*
葫芦巴(临河)	*Trigonellafoenum-graecum L.*
党参(底固)	*Codonopsispilosula(Franch.)Nannf.*
党参(方家山)	*Codonopsispilosula(Franch.)Nannf.*
紫苏	*Perillafrutescens(L.)Britt.*
荆芥	*Nepetacataria L.*
牛膝	*Achyranthesbidentata Blume.*

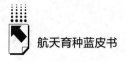
（2）"神舟十号"飞船搭载的药用植物（见表12）

表12 "神舟十号"飞船搭载的药用植物及其特性

中药名称	拉丁名	功效	主要化学成分
铁皮石斛（组培苗）	*Dendrobium officinale Kimura et Migo*	养阴清热，益胃生津。用于热病伤津或胃阴不足的舌干口燥，舌红少苔，口渴咽干，食少呕逆，胃部隐痛或灼痛	主要化学成分为石斛多糖、石斛碱和总氨基酸
人参	*Panax ginseng C. A. Mey*	具有中枢神经兴奋、强心、补血、降血糖、抗肿瘤、抗辐射等药理作用。可用于治疗贫血、糖尿病、肝病、高血压和动脉粥样硬化症、神经衰弱等	含30多种人参皂苷，还有人参多糖、多肽、麦芽醇等重要活性物质，含有40多种挥发性成分、17种氨基酸、30多种微量元素等

（3）"嫦娥五号 T1"再入返回飞行试验器搭载的药用植物（见表13）

表13 "嫦娥五号 T1"再入返回飞行试验器搭载的药用植物及其特性

中药名称	拉丁名	功效	主要化学成分
丹参	*Salvia miltiorrhiza Bunge*	该种根入药，含丹参酮，为强壮性通经剂，有祛瘀、生新、活血、调经等效用，妇科要药。对治疗冠心病有良好效果	根主含脂溶性的二萜类成分和水溶性的酚酸成分，还含黄酮类、三萜类、甾醇等其他成分
党参	*Codonopsispilosula（Franch.）Nannf.*	补中益气、健脾益肺、抗癌、降压、抗缺氧、抗衰老，增强免疫力，提高超氧化物歧化酶的活性，增强消除自由基的能力	主要含皂苷、菊糖、甾醇、糖甙类、微量生物碱、挥发性成分、三萜及其他成分
黄芪	*Astragalusmembranaceus（Fisch.）Bunge.*	黄芪有增强机体免疫功能、保肝、利尿、抗衰老、抗应激、降压和较广泛的抗菌作用	含黄酮类成分毛蕊异黄酮、3－羟基－9、10－二甲氧基紫檀烷，还含黄芪皂苷Ⅰ、Ⅴ、Ⅷ
柴胡	*Bupleurumchinense*	柴胡是常用解表药。味苦，性微寒。归肝、胆经。有和解表里、疏肝、升阳之功效	柴胡皂苷，其次是植物甾醇，以及少量挥发油、多糖；地上部分主要含有黄酮类成分，以及少量皂苷类、木质素类、香豆素类等成分

续表

中药名称	拉丁名	功效	主要化学成分
迷迭香	*Rosmarinusofficinalis*	迷迭香具有镇静安神、醒脑作用。外用可治疗外伤和关节炎。天然香料植物	迷迭香酚、鼠尾草酚和鼠尾草酸
洋甘菊	*Matricariarecutita*	味微苦、甘香,明目、退肝火,治疗失眠,降低血压,降低胆固醇。祛痰止咳,可有效缓解支气管炎及气喘	松萜或蒎烯、莰烯、桧烯、月桂烯、桉树脑、松油精萜品烯、石竹(萜)烯
板蓝根	*Isatistinctoria*	苦,寒。具有清热解毒、凉血利咽之功效。常用于瘟疫时毒、发热咽痛、温毒发斑、痄腮、烂喉丹痧、大头瘟疫、丹毒、痈肿	有机酸及其酯类、芥子苷类、甾醇类、生物碱类、黄酮类、蒽醌类、氨基酸类、含硫类等化合物
松果菊(紫锥菊)	*Echinacea purpurea* (*Linn.*) *Moench*	含有多种活性成分,可以刺激人体内的白细胞等免疫细胞的活力,具有增强免疫力的功效	含多糖、多种烷基酰胺类化合物、咖啡酸类衍生物、黄酮类、挥发油等成分
荆芥	*Nepetacataria L.*	味辛,性温,可以用于止血,还能治疗透疹,用于祛风,治疗风寒感冒	含挥发油1.8%,油中主成分为右旋薄荷酮、消旋薄荷酮,以及少量右旋柠檬烯
葫芦巴	*Trigonellafoenum-graecum L.*	种子入药,可补肾壮阳、祛痰除湿	含生物碱、赖氨酸、L-色氨酸、甾体皂苷和黏液质纤维。含有丰富的硒,抗辐射
藿香	*Agastacherugosa* (*Fisch. et Mey.*) *O. Ktze.*	味辛,性微温,归脾、胃、肺经,具有祛暑解表、化湿脾、理气和胃的功效	含挥发油,主要成分甲基胡椒酚,占80%以上。含有茴香脑、茴香醛、柠檬烯、对甲氧基桂皮醛等
牛膝	*Achyranthesbidentata Blume.*	常用于治疗寒湿、腰膝骨疼、腰膝酸软、四肢拘挛、经血不调、产后瘀血腹疼、血淋、跌打损伤及屈膝碍等症,是中药方剂常用通络活血药物之一	根含三萜皂苷类,又含多种多糖类,如具抗肿瘤活性的多糖,增强免疫功能的水溶性寡糖及肽多糖等

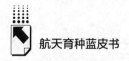

（4）药用植物丹参研究进展（"嫦娥五号 T1"再入返回飞行试验器搭载药用植物）

①空间环境对丹参生长发育的影响

空间搭载的丹参种子萌发率明显提升，开花结实时间提前，搭载后代种子的千粒重、单株籽粒重增加，地上的分支数和主果穗长度显著增加，地下鲜根重增加，太空丹参产量较对照增加了 14%。

②空间环境对丹参生理生化的影响

空间环境对药用植物的影响表现为光合色素含量、活性氧清除酶等的变化。太空丹参叶片中的类胡萝卜素、叶绿素含量均高于对照。太空丹参过氧化物酶（POD）和超氧化物歧化酶（SOD）、过氧化氢酶（CAT）、超氧化物歧化酶同工酶的条带的数量也有差异，并且太空丹参同工酶的多条谱带的表达强于对照。过氧化氢酶同工酶活性比对照强。

③空间环境对丹参表型结构变化的影响

太空丹参植株较矮小，但植株的叶片肥厚且较大。在"嫦娥五号"T5 试验舱搭载的丹参种子返回地面种植后有叶片面积比对照增大 4~5 倍的变异株，还有叶片变深绿、变浅绿的变异株（见图 5、图 6）。

④空间环境对丹参有效成分变化的影响

药用植物有效成分是评价中药品质的重要指标。在"嫦娥五号 T1"再入返回飞行试验器搭载的丹参种子返地种植后，利用高效液相色谱测定，筛选出的优质变异株隐丹参酮、丹参酮 I 和丹参酮 IIA 含量分别是对照的 5 倍、3 倍和 2 倍，而劣质的变异株是对照的 1/10、1/3 和 1/5。航天搭载对中草药中的矿质元素种类及含量也有显著影响。

参考 2020 年版《中华人民共和国药典》中对丹参中隐丹参酮、丹参酮 I 和丹参酮 IIA 的总量不得少于 2.50mg/g 的规定，通过高效液相色谱分析测定对照丹参和 9 批太空丹参中隐丹参酮、丹参酮 I 和丹参酮 IIA 的含量，3 个批次的太空丹参的隐丹参酮、丹参酮 I 和丹参酮 IIA 的总量超过规定值的 2 倍，可成为新的丹参候选品种。

图5 丹参叶片突变体（左）与对照（右）的表型差异

图6 丹参叶片突变体类型

注：1号，大叶变异；2号，株型矮小变异；3号，叶片深色变异；
4号，叶片浅色变异。

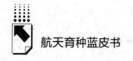
（二）航天搭载刺槐性状遗传变异及新品种选育

李　云[*]

刺槐（*Robinia pseudoacacia*）是重要的生态、用材、饲料、燃料和蜜源树种，在全世界速生阔叶树种中栽培面积仅次于桉树，居第二位，在我国27个省（区、市）均有栽植，面积达1000万公顷以上。我国航天事业的发展以及农作物航天诱变育种的成功，为通过航天搭载空间诱变进行刺槐品种改良提供了新的契机和选择。

1. 种质资源空间诱变

从河南林场选取200克刺槐种子，随机分成两份，每份100克，刺槐树种子千粒重约为20克，每份约5000粒种子。一份利用"实践八号"育种卫星进行搭载，另一份留作地面对照。"实践八号"育种卫星于2006年9月9日升空，在太空遨游15天，绕地球236圈后于2006年9月24日返回地面。

首先对空间诱变后的种子连同地面对照于2007年3月在北京市延庆县风沙源林场苗圃进行催芽处理，均重复4次，每次重复随机选择250粒种子。2007年4月统计发芽率。随后将种子播种于5厘米×5厘米的育种袋中，在温室中育苗，15天后统计种子成苗率。2007年6月将育出的苗按30厘米×30厘米的株行距定植到苗圃地育苗，2008年5月对苗木的存活率进行统计。2009年4月对刺槐进行大田定植，株距2米，行距2米，田间试验采用完全随机设计，3个区组，每区组包含空间诱变与地面对照刺槐植株各35株。

2. 空间诱变对刺槐生物学性状的影响研究

（1）空间环境对刺槐早期生长的影响

对空间诱变的刺槐种子发芽率、成苗率、存活率的观测结果显示（见

* 李云，北京林业大学教授，教研室主任，中国原子能农学会第十届理事会副理事长，第七届树木引种驯化专业委员会副主任委员，中国农业生物技术学会第五届理事会常务理事，中国林学会林木遗传育种分会理事，中国林学会栎类分会理事，林木基因组与基因工程国家创新联盟理事会理事，航天育种产业创新联盟专家委员会专家，国家林业与草原局第一届林木品种审定委员会专业委员会委员。

表 14）：诱变种子发芽率比地面对照组高 4.50 个百分点，成苗率高 3.81 个百分点，而存活率之间无明显差异。

表 14　刺槐诱变种子和对照种子发芽率、成苗率、存活率对比

单位：%，个百分点

	发芽率	成苗率	存活率
诱变种子	52.50	43.81	80.98
对照种子	48.00	40.00	80.71
变幅	4.50	3.81	0.27

对 1 年生、2 年生和 3 年生刺槐实生苗的株高、地径进行比较，结果显示（见表 15）：诱变群体株高和地径均值均低于对照群体。方差分析结果显示，株高、地径的差异在 1 年生、2 年生、3 年生诱变群体中均达到极显著水平。

综合 3 年的生长情况，经航天诱变的刺槐群体诱变后初期的生长受到抑制，表现出植株矮化的趋势，但是随着生长，在株高生长上的抑制作用逐渐削弱，表现为 2 年生刺槐诱变群体株高较地面对照低 22.1% 左右，3 年生刺槐诱变群体株高仅较地面对照低 10.1% 左右。从变异系数来看，2 年生刺槐诱变群体的株高和地径变异系数分别是对照群体的 2.3 倍和 2.8 倍，3 年生刺槐诱变群体的株高和地径变异系数分别是对照群体的 1.8 倍和 3.2 倍。

表 15　刺槐诱变群体和对照群体生长量均值变化对比

		株高（cm）	地径（mm）
1 年生	诱变群体	34.5 ± 1.96 *	3.5 ± 0.15 *
	对照群体	42.7 ± 2.57	4.1 ± 0.18
2 年生	诱变群体	140.5 ± 8.26 *	11.2 ± 0.60 *
	对照群体	180.3 ± 10.30	14.8 ± 1.00
3 年生	诱变群体	234.7 ± 11.35 *	20.4 ± 1.16 *
	对照群体	261.0 ± 10.81	26.3 ± 1.36

注：* 表示差异极显著（$P < 0.01$）。

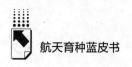

（2）空间诱变对刺槐群体叶绿素含量的影响

对刺槐单位叶重叶绿素含量测定分析结果显示（见表16）：与对照群体相比，1年生诱变群体幼苗叶片的叶绿素含量和类胡萝卜素含量均显著低于对照群体。2年生诱变群体的叶绿素a含量几乎没有变化，但叶绿素b含量和叶绿素总量较对照群体降低，降低幅度分别为18.7%和9.7%，方差分析显示差异达到显著水平。叶绿素a含量/叶绿素b含量增加，方差分析显示差异未达显著水平。从变异系数来看，刺槐诱变群体的叶绿素a含量/叶绿素b含量、叶绿素b含量、叶绿素总量、叶绿素a含量的变异系数分别是对照群体的1.4倍、1.3倍、1.3倍和1.2倍。

表16　刺槐诱变群体和对照群体叶绿素含量变化对比

单位：mg/g FW，%

			叶绿素a含量	叶绿素b含量	叶绿素总量	叶绿素a含量/叶绿素b含量	类胡萝卜素含量
1年生	诱变群体	均值	1.1571 ± 0.1377 *	0.2600 ± 0.0439 *	1.4171 *		0.3510 ± 0.0289 *
	对照群体	均值	1.9898 ± 0.1660	0.4484 ± 0.0721	2.4382		0.5885 ± 0.1162
2年生	诱变群体	均值	1.4797 ± 0.0397	1.1386 ± 0.1905 *	2.6183 ± 0.2180 *	1.5184 ± 0.2732	
		CV	2.7	16.7	8.3	18.0	
	对照群体	均值	1.4987 ± 0.0328	1.4001 ± 0.1824	2.8988 ± 0.1783	1.2085 ± 0.1630	
		CV	2.2	13.0	6.2	13.3	

注：CV表示变异系数。*表示差异显著（$P < 0.05$）。叶绿素a含量/叶绿素b含量为90组样本的平均值（3组重复，每组10个样品，每组测3次），非简单使用前两栏的数据相除所得。

（3）空间诱变对刺槐形态学性状的影响

对分枝数（Number of Branches，NB）、节间距、托叶刺长度（Branch Stipular Thorn Length，BSTL）等22个形态学性状进行比较分析：结果显示，分枝数、树干刺长度（Trunk Prickles Length，TPL）、树干刺中部宽（Trunk

Prickles Middle Width，TPMW）、托叶刺长度、托叶刺基部宽（Branch Stipular Thorn Base Width，BSTBW）、托叶刺中部宽（Branch Stipular Thorn Middle Width，BSTMW）、小叶叶柄长（Leaflet Petiole Length，LPL）、小叶顶角（Leaflet Vertex Angle，LVA）、顶叶叶柄长（Tippy Leaf Petiole Length，TLPL）和顶叶顶角（Tippy Leaf Vertex Angle，TLVA）等 10 个性状的变异系数值在诱变群体和对照群体中均表现出较高的变异水平（变异系数 > 30%）。比较 22 个性状，分枝数变异程度最高（诱变群体变异系数为50.82%，对照群体变异系数为 49.67%），羽状复叶小叶数变异程度最低（诱变群体变异系数为 15.61%，对照群体变异系数为 15.24%；见表 17）。总体来看，诱变群体的变异系数值高于对照群体。方差分析结果显示，株高（Plant Height，PH，$P = 0.038$）、基部直径（Basal Diameter，BD，$P = 0.000$）、分枝数（$P = 0.004$）、托叶刺长度（$P = 0.001$）、托叶刺中部宽（$P = 0.014$）、小叶顶角（$P = 0.000$）和顶叶顶角（$P = 0.037$）等性状的差异在诱变群体和对照群体之间达到显著水平。

表 17　刺槐诱变群体和对照群体 22 个形态学性状对比

性状	性状缩写	诱变群体					对照群体				
		均值	最大值	最小值	SD	CV（%）	均值	最大值	最小值	SD	CV（%）
株高(cm) *	PH	354.50	568.00	161.00	81.70	23.05	379.70	587.00	192.00	92.11	24.26
基部直径（mm）**	BD	40.23	71.12	15.05	12.00	29.83	47.36	90.00	12.95	13.07	27.60
分枝数(个)**	NB	8.54	25.00	1.00	4.34	50.82	10.45	27.00	2.00	5.19	49.67
节间距(cm)	KS	3.06	4.70	1.50	0.64	20.92	3.06	5.55	0.83	0.76	24.84
树干刺长度（mm）	TPL	11.21	30.59	3.18	4.99	44.51	12.70	22.95	3.96	4.04	31.81
树干刺基部宽（mm）	TPBW	6.87	13.23	2.48	1.77	25.76	7.16	10.59	2.55	1.84	25.70
树干刺中部宽（mm）	TPMW	2.31	8.54	0.72	0.89	38.53	2.40	6.70	0.99	0.77	32.08

续表

性状	性状缩写	诱变群体					对照群体				
		均值	最大值	最小值	SD	CV（%）	均值	最大值	最小值	SD	CV（%）
托叶刺长度（mm）**	BSTL	10.46	22.97	1.98	4.69	44.84	12.08	24.19	2.73	4.64	38.41
托叶刺基部宽（mm）	BSTBW	4.19	9.65	1.05	1.66	39.62	4.85	10.36	1.89	1.96	40.41
托叶刺中部宽（mm）*	BSTMW	1.88	5.54	0.44	0.72	38.30	2.08	4.33	0.67	0.80	38.46
羽状复叶小叶数（个）	NLPF	17.74	25.00	11.00	2.77	15.61	17.65	24.00	13.00	2.69	15.24
羽状复叶叶柄长（mm）	PFPL	17.47	51.06	7.60	6.26	35.83	18.59	31.28	7.63	5.32	28.62
小叶长（mm）	LL	27.73	61.67	6.65	10.60	38.23	31.15	49.49	10.22	8.46	27.16
小叶宽（mm）	LW	13.20	34.99	4.27	4.53	34.32	14.46	38.68	6.44	3.66	25.31
小叶叶柄长（mm）	LPL	2.22	5.98	0.81	0.77	34.68	2.59	5.54	0.64	0.87	33.59
小叶顶角（°）**	LVA	136.07	303.09	54.98	43.70	32.12	113.47	245.56	49.96	39.67	34.96
小叶基部角（°）	LBA	124.44	186.60	60.83	19.30	15.51	114.11	176.31	61.89	23.51	20.60
顶叶长（mm）	TLL	28.91	62.49	5.58	10.30	35.63	31.05	53.32	14.35	8.20	26.41
顶叶宽（mm）	TLW	16.53	37.67	7.24	5.42	32.79	16.59	27.48	7.32	4.36	26.28
顶叶叶柄长（mm）	TLPL	9.17	22.55	3.14	3.61	39.37	9.28	15.92	2.60	2.83	30.50
顶叶顶角（°）*	TLVA	176.46	300.96	59.53	67.20	38.08	144.27	288.25	58.69	57.97	40.18
顶叶基部角（°）	TLBA	99.47	141.57	68.22	15.70	15.78	93.59	137.75	52.86	18.15	19.39

注：* 表示差异显著（$P < 0.05$），** 表示差异极显著（$P < 0.01$）。

（4）刺槐空间诱变群体遗传变异研究

利用 SSR 和 SRAP 分子标记对诱变群体和对照群体的遗传变异情况进行分析，结果显示（见表18、表19）：与对照群体相比，诱变群体表现出较高的多样性水平。应用 12 对 SRAP 引物组合对 120 个个体进行扩增，共扩增出 126 条带，其中 116 条具有多态性，诱变群体多态性位点数和多态性位点百分率分别为 115 个、91.27%，对照群体为 98 个、77.78%；诱变群体观测等位基因数 N_o（1.9127 ± 0.2834）显著高于对照群体（1.7778 ± 0.4174）。诱变群体 N_E、h、I 均高于对照群体，表明诱变群体具有更高的多样性水平。SSR 分析结果显示，诱变群体多态性位点数和多态性位点百分率均高于对照群体；诱变群体 h、I 同样高于对照群体，表明诱变群体具有更高的多样性水平。

表 18　SRAP 分子标记遗传参数

	样本数	N_o	N_E	h	I	PL（个）	PPL（%）
诱变群体	60	1.9127 ± 0.2834 *	1.4887 ± 0.3302	0.2930 ± 0.1631	0.4452 ± 0.2177	115	91.27
对照群体	60	1.7778 ± 0.4174	1.4570 ± 0.3597	0.2688 ± 0.1862	0.4031 ± 0.2596	98	77.78

注：N_o 指观测等位基因数；N_E 指有效等位基因数；h 指 Nei's 基因多样性指数；I 指 Shannon 多态性信息指数；PL 指多态性位点数；PPL 指多态性位点百分率，余同。

表 19　SSR 分子标记遗传参数

	样本数	h	I	PL（个）	PPL（%）
诱变群体	60	0.2534 ± 0.1533	0.3980 ± 0.2069	51	89.47
对照群体	60	0.2240 ± 0.1743	0.3501 ± 0.2412	46	80.70

3. 刺槐新品种选育

在对株高、地径、分枝数、节间距、干形通直度、树干刺长、树干刺基部宽、树干刺中部宽、托叶刺长度、托叶刺基部宽、托叶刺中部宽、叶色、羽状复叶小叶数、羽状复叶叶柄长、小叶长、小叶宽、小叶顶角、小叶基部角等形态指标及叶绿素含量等生理指标进行调查、研究的基础上，从诱变群体中选育出干形通直、分枝数少、节间距大且主干和侧枝托叶刺退化，近于无刺或刺极小而软的优良单株，采用根繁和嫁接相结合的方式进行扩繁，2009～2013 年对扩繁后植株性状特异性、稳定性、一致性进

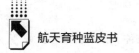

行调查测定，选育出性状稳定一致的品种，命名为"航刺4号"，2013年获得植物新品种权授权（品种权号20130118），适合园林绿化、水土保持等应用。由于其突出的特点是树干通直、侧枝少、生长快、托叶刺退化，在推广中深受园林绿化、用材林营建、农田林网和防风林建设、庭院美化等方面的欢迎。

4. "航刺4号"新品种的优势和特异性及其市场前景

"航刺4号"新品种与刺槐树相比，具有树干通直、分枝数少、枝条斜展、节间距大等特点，其幼树树皮灰绿色，复叶中长，小叶中等大小，小叶长卵形，叶尖微凹，叶片深绿色，显著特征表现为主干和侧枝托叶刺退化，近于无刺或刺极短。其优势表现为树干通直，具有用材和观赏价值；侧枝少而弱，能够减少修剪用工；生长迅速，成林和成材快；刺退化变小，便宜栽培管理（见图7、图8）。因其以上优点，再加上刺槐根插容易繁殖，育苗成本低，容易推广，以及刺槐花美味香，槐花蜜举世闻名，刺槐是虫媒花，不飞絮也不飞散花粉，其根瘤菌改良土壤，是典型的环保树种之一，市场前景非常广阔。

图7 "航刺4号"植株

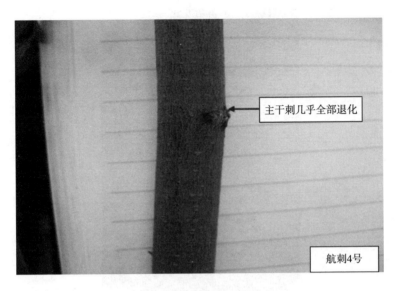

主干刺几乎全部退化

航刺4号

图8 "航刺4号"植株主干

5. 刺槐航天育种存在的问题与发展建议

通过航天育种已经培育了许多农作物新品种。刺槐种子空间诱变结果显示，发芽率、成苗率、株高等生长及形态指标，叶绿素含量等生理指标以及群体遗传多样性等指标较对照发生显著变化，并筛选出优良变异单株，显示出空间诱变在刺槐种质资源创新方面的潜力（见图9、图10）。但由于诱变处理的材料为刺槐种子，且获得的诱变群体数量有限，因此，难以准确鉴定所观察到的变异来源于种子自身的遗传差异还是空间诱变产生的效应，也进一步限制了后续关于空间诱变机理的研究。因此，在未来的航天搭载研究中，建议优先选择无性繁殖材料进行诱变研究，同时结合体细胞胚培养、原生质体培养、植株再生等细胞学技术及基因组学技术进行后续变异筛选及变异机理研究。

随着我国空间技术的不断发展，在种源"卡脖子"技术攻关和立志打一场种业翻身仗的大背景下，航天育种在林木优良种质资源创制方面也将逐渐显现出其诱人的魅力。

图 9 　刺槐原种对照植株

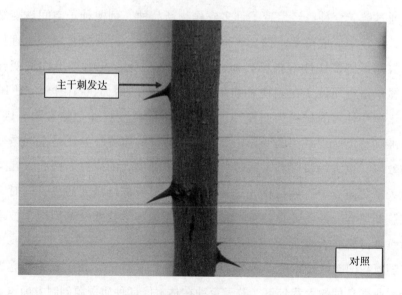

图 10 　刺槐原种植株主干对照

参考文献

[1] 王乃彦：《开展航天育种的科学研究工作，为我国农业科学技术的发展做贡献》，《核农学报》2002 年第 5 期，第 257～260 页。

[2] 温贤芳等：《天地结合开展我国空间诱变育种研究》，《核农学报》2004 年第 4 期，第 241～246 页。

[3] 陈志强、王慧：《培杂泰丰与华航 1 号》，《作物研究》2004 年第 4 期，第 283 页。

[4] 刘永柱等：《水稻空间诱变特异矮秆突变体 CHA－1 变异特性研究》，《华南农业大学学报》2005 年第 4 期，第 1～4 页。

[5] 洪彦彬等：《水稻空间诱变稻瘟病抗性变异研究及抗性变异基因的分子标记》，《西北农林科技大学学报》（自然科学版）2006 年第 4 期，第 96～100 页。

[6] 王慧等：《籼型矮秆突变体 CHA－2 的矮生性状遗传分析及基因初步定位》，《分子植物育种》2006 年第 A2 期，第 1～6 页。

[7] 杜周和等：《航天诱变创制矮秆多蘗高丹草新材料》，《中国草地学报》2016 年第 6 期，第 8～14 页。

[8] 张勇等：《利用空间诱变技术选育大豆新品种克山 1 号》，《核农学报》2013 年第 9 期，第 1241～1246 页。

[9] 徐建龙等：《空间诱变水稻大粒型突变体的遗传育种研究》，《遗传》2002 年第 4 期，第 431～433 页。

[10] 严文潮等：《空间诱变育成抗稻瘟病和白叶枯病水稻突变体浙 101》，《中国水稻科学》2004 年第 5 期，第 415～419 页。

[11] 王雪等：《利用空间诱变技术选育辣椒新品种"宇椒 7 号"》，《北方园艺》2017 年第 11 期，第 162～165 页。

[12] 曹墨菊、荣廷昭、潘光堂：《首例航天诱变玉米雄性不育突变体的遗传分析》，《遗传学报》2003 年第 9 期，第 817～822 页。

[13] 刘自华等：《空间诱变创造高粱新种质研究》，《植物遗传资源学报》2005 年第 3 期，第 280～285 页。

[14] 赵洪兵等：《一个空间诱变的温度敏感型冬小麦叶绿素突变体的初步研究》，《核农学报》2010 年第 6 期，第 1110～1116 页。

[15] 陈志强等：《水稻航天育种研究进展与展望》，《华南农业大学学报》2009 年第 1 期，第 1～5 页。

[16] 刘敏主编《植物空间诱变》，中国农业出版社，2008。

[17] E. R. Benton, E. Benton, "Space Radiation Dosimetry in Low-Earth Orbit and

Beyond," *Nuclear Instruments and Methods in Physics Research Section B* 184 (2001): 255 – 294.

[18] N. Ding et al., "Cancer Risk of Highcharge and Energy Ions and the Biological Effects of the Induced Secondary Particles in Space," *Rendiconti Lincei-Scienze Fisiche E Naturali* 25 (2014): 59 – 63.

[19] 易继财等:《空间搭载诱导水稻种子突变的分子标记多态性分析》,《生物物理学报》2002 年第 4 期,第 478 ~ 483 页。

[20] X. Ou et al., "Spaceflight-induced Genetic and Epigenetic Changes in the Rice (*Oryza sativa* L.) Genome are Independent of Each Other," *Genome* 7 (2010): 524 – 532.

[21] 罗文龙等:《"神舟八号"搭载"航恢 173"种子的当代生物效应及 SSR 分析》,《中国农学通报》2014 年第 15 期,第 11 ~ 16 页。

[22] 颉红梅等:《搭载水稻种子被空间重离子击中的定位研究》,《核技术》2005 年第 9 期,第 671 ~ 674 页。

[23] 骆艺等:《空间搭载水稻种子后代基因组多态性及其与空间重离子辐射关系的探讨》,《生物物理学报》2006 年第 2 期,第 131 ~ 138 页。

[24] 陈志强等:《一种水稻空间诱变后代的育种方法》,CN103329798A,专利 2013 – 10 – 02。

[25] 陈志强等:《一种水稻空间诱变后代的种植及收获方法》,CN103329769A,专利 2013 – 10 – 02。

[26] 王平:《水稻航天育种成果通过鉴定》,《植物医生》2016 年第 6 期,第 27 页。

[27] 王慧、陈志强、张建国:《水稻卫星搭载突变性状考察和品系选育》,《华南农业大学学报》(自然科学版)2003 年第 4 期,第 5 ~ 8 页。

[28] 王慧、张建国、陈志强:《航天育种优良水稻品种华航一号》,《中国稻米》2003 年第 6 期,第 18 页。

[29] 陈立凯等:《水稻矮秆基因 *iga* – 1 的序列变异和表达分析》,《西北植物学报》2016 年第 1 期,第 1 ~ 7 页。

[30] 郭涛等:《水稻半矮秆基因 *iga* – 1 的鉴定及精细定位》,《作物学报》2011 年第 6 期,第 955 ~ 964 页。

[31] 饶得花:《籼稻半矮秆新突变体的遗传分析及对外源赤霉素的反应》,《华南农业大学学报》2009 年第 1 期,第 19 ~ 22 页。

[32] 郭涛等:《水稻叶色白化转绿及多分蘖矮秆突变体 *hfa* – 1 的基因表达谱分析》,《作物学报》2013 年第 12 期,第 2123 ~ 2134 页。

[33] 刘永柱等:《水稻花色素苷合成调节基因 *hrd*1(*t*)的鉴定》,《中国农业科学》2013 年第 19 期,第 3955 ~ 3964 页。

[34] 郭涛等:《一份水稻半矮秆非整倍突变体 $hya-1$ 的鉴定与研究》,《中国水稻科学》2012 年第 4 期,第 401～408 页。

[35] 郭涛等:《水稻叶色白化转绿及多分蘖矮秆基因 $hw-1$(t)的图位克隆》,《作物学报》2012 年第 8 期,第 1397～1406 页。

[36] 徐建龙等:《空间环境诱发水稻多蘖矮秆突变体的筛选与鉴定》,《核农学报》2003 年第 2 期,第 90～94 页。

[37] 肖武名等:《水稻空间诱变育种抗稻瘟病研究进展》,《仲恺农业技术学院学报》2005 年第 4 期,第 70～74 页。

[38] 洪彦彬等:《高空气球搭载空间诱变品系稻瘟病抗性变异基因遗传分析及分子标记研究》,《分子植物育种》2006 年第 6 期,第 825～828 页。

[39] 张国民等:《航天诱变水稻对叶瘟和穗瘟的抗性鉴定》,《植物保护》2003 年第 2 期,第 36～39 页。

[40] 肖武名:《空间诱变水稻 H4 抗稻瘟病基因的鉴定及抗病种质创新》,博士学位论文,华南农业大学,2010。

[41] 张景欣:《高抗稻瘟病水稻 H4 的 microRNA 表达分析及功能研究》,博士学位论文,华南农业大学,2012。

[42] 孙大元:《广谱抗源 H4 抗稻瘟病的分子机制研究》,博士学位论文,华南农业大学,2014。

[43] W. Xiao et al., "Identification and Fine Mapping of a Resistance Gene to *Magnaporthe Oryzae* in a Space-Induced Rice Mutant," *Molecular Breeding* 28 (2011): 303－312.

[44] W. Xiao et al., "Identification and Fine Mapping of a Major *R* Gene to *Magnaporthe Oryzae* in a Broad-Spectrum Resistant Germplasm in Rice," *Molecular Breeding* 30 (2012): 1715－1726.

[45] W. Xiao et al., "Identification of Three Major *R* Genes Responsible for Broad-Spectrum Blast Resistance in an *Indica* Rice Accession," *Molecular Breeding* 35 (2015). doi: 10.1007/s11032－015－0226－4.

[46] W. Xiao et al., "Pyramiding of *Pi46* and *Pita* to Improve Blast Resistance and to Evaluate the Resistance Effect of the Two *R* Genes," *Journal of Integrative Agriculture* 15 (2016): 2290－2298.

[47] 孙大元等:《空间诱变水稻品系 T2 的稻瘟病抗性分析及抗病基因定位》,《华北农学报》2016 年第 2 期,第 7～11 页。

[48] 张景欣等:《空间诱变泰航 68 突变体稻瘟病抗性研究》,《核农学报》2012 年第 5 期,第 734～739 页。

[49] J. Jantaboonet et al., "Ideotype Breeding for Submergence to Lerance and Cooking Quality by Marker-Assisted Selection in Rice," *Field Crops Research* 123 (2011):

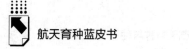

206－213.

［50］郭涛等：《水稻空间诱变 SP_2 代品质性状变异分析》，《华南农业大学学报》2007 年第 1 期，第 6～9 页。

［51］黄明等：《水稻不育系"培矮 64S"空间搭载的"双低"选育与应用》，《华南农业大学学报》2018 年第 2 期，第 34～39 页。

［52］张丽丽等：《60 份盐粳 188 空间诱变育成株系的稻米品质性状比较》，《福建农林大学学报》（自然科学版）2018 年第 1 期，第 8～14 页。

［53］鲍正发等：《空间诱变引起水稻9311 的品质变异》，《核农学报》2004 年第 4 期，第 272～275 页。

［54］毛艇、李旭：《北方粳稻区利用航天诱变进行水稻新品种选育研究》，《江苏农业科学》2015 年第 4 期，第 77～79 页。

［55］黄明等：《水稻光温敏核不育系航 93S 的选育》，《杂交水稻》2018 年第 4 期，第 9～12 页。

［56］张志雄等：《具橙红色颖壳标记性状的优质香稻不育系花香 A 的选育与利用》，《杂交水稻》2009 年第 6 期，第 15～16 页。

［57］刘永柱：《空间诱变水稻广谱恢复系航恢七号的选育及利用》，《核农学报》2008 年第 4 期，第 439～442 页。

［58］孙大元等：《利用 MAS 技术培育高抗稻瘟病的杂交水稻恢复系航恢 1173》，《华北农学报》2014 年第 6 期，第 121～125 页。

［59］肖武名等：《抗稻瘟病水稻恢复系航恢 1179 的选育及应用》，《杂交水稻》2017 年第 4 期，第 18～22 页。

［60］张建国等：《两系高产杂交稻新组合培杂航七的选育》，《作物研究》2007 年第 3 期，第 186～187 页。

［61］刘永柱等：《两系超级杂交稻新组合 Y 两优 1173 的选育与应用》，《杂交水稻》2018 年第 1 期，第 17～19 页。

［62］刘永柱等：《超级杂交稻"五优 1179"的选育及高产栽培技术》，《作物研究》2018 年第 4 期，第 280～282 页。

［63］谢华安等：《超级杂交稻恢复系"航 1 号"的选育与应用》，《中国农业科学》2004 年第 11 期，第 1688～1692 页。

［64］黄庭旭等：《超级杂交稻特优航 1 号的选育与应用》，《江西农业学报》2010 年第 8 期，第 16～18 页。

［65］张志胜等：《红掌四倍体的离体诱导及其鉴定》，《园艺学报》2007 年第 3 期，第 729～734 页。

［66］G. A. Nelson et al. , "Radiation Effects in Nematodes: Results from IML－1 Experiments," *Advances in Space Research* 14 (1994): 87－91.

［67］G. A. Nelson et al. , "Development and Chromosome Mechanics in Nematodes:

Results from IML – 1 , " *Advances in Space Research* 14 （1994）: 209 – 214.

[68] P. S. Hartman et al. , " A comparison of Mutations Induced by Accelerated Iron Particles Versus those Induced by Low Earth Orbit Space Radiation in the FEM – 3 Gene of Caenorhabditis Elegans, " *Mutation Research* 474 （2001）: 47 – 55.

[69] N. J. Szewczyk et al. , " Description of International Caenorhabditis Elegans Experiment First Flight （ICE-FIRST）, " *Advances in Space Research* 42 （2008）: 1072 – 1079.

[70] N. J. Szewczyk et al. , " Caenorhabditis Elegans Survives Atmospheric Breakup of STS – 107 , Space Shuttle Columbia, " *Astrobiology* 5 （2005）: 690 – 705.

[71] A. Higashibata et al. , " Biochemical and Molecular Biological Analyses of Space-flown Nematodes in Japan, the First International Caenorhabditis Elegans Experiment （ICE-First）, " *Microgravity Science and Technology* 19 （2007）: 159 – 163.

[72] R. Jamal et al. , " Gene Expression Changes in Space Flown Caenorhabditis Elegans Exposed to a Long Period of Microgravity, " *Gravitational and Space Biology Bulletin* 23 （2010）: 85 – 86.

[73] Wang Chil et al. , " Changes of Muscle-related Genes and Proteins After Spaceflight in *Caenorhabditis Elegans*, " *Progress in Biochemistry and Biophysics* 35 （2008）: 1195 – 1201.

[74] T. Etheridge et al. , " The Effectiveness of RNAi in Caenorhabditis Elegans is Maintained During Spaceflight, " *PLoS One* 6 （2011）: p. e20459.

[75] S. Harada et al. , " Fluid Dynamics alter Caenorhabditis Elegans Body Length via TGF-beta/DBL-1 Neuromuscular Signaling, " *NPJ Microgravity* 2 （2016）: 16006.

[76] R. S. Debojyoti Dutta, " Contribution of Caenorhabditis Elegans in Cell Cycle Research: Research Needs and Research Leads, " *North Bengal University Journal of Animal Sciences* 10 （2016）: 39 – 47.

[77] Y. Gao et al. , " The DNA Damage Response of C. Elegans Affected by Gravity Sensing and Radiosensitivity during the Shenzhou – 8 Spaceflight, " *Mutation Research* 795 （2017）: 15 – 26.

[78] Y. Gao et al. , " Effects of Microgravity on DNA Damage Response in Caenorhabditis Elegans during Shenzhou – 8 Spaceflight, " *International Journal of Radiation Biology* 91 （2015）: 531 – 539.

[79] J. B. Weidhaas et al. , " A Caenorhabditis Elegans Tissue Model of Radiation-induced Reproductive Cell Death, " *Proceedings of the National Academy of Sciences of the United States of America* 103 （2006）: 9946 – 9951.

[80] Y. Zhao et al. , " A Mutational Analysis of Caenorhabditis Elegans in Space, " *Mutation Research* 601 （2006）: 19 – 29.

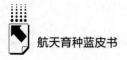
[81] F. Selch et al. , "Genomic Response of the Nematode Caenorhabditis Elegans to Space flight," *Advances in Space Research* 41 (2008): 807 – 815.

[82] A. Higashitani et al. , "Checkpoint and Physiological Apoptosis in Germ Cells Proceeds Normally in Spaceflown Caenorhabditis Elegans," *Apoptosis* 10 (2005): 949 – 954.

[83] J. Vermezovic et al. , "Differential Regulation of DNA Damage Response Activation between Somatic and Germline Cells in Caenorhabditis Elegans," *Cell Death & Differentiation* 19 (2012): 1847 – 1855.

[84] A. Higashibata et al. , "Microgravity Elicits Reproducible Alterations in Cytoskeletal and Metabolic Gene and Protein Expression in Space-flown Caenorhabditis Elegans," *NPJ Microgravity* 2 (2016): 15022.

[85] A. Higashibata et al. , "Decreased Expression of Myogenic Transcription Factors and Myosin Heavy Chains in Caenorhabditis Elegans Muscles Developed during Spaceflight," *Journal of Experimental Biology* 209 (2006): 3209 – 3218.

[86] D. Xu et al. , "Effect of dys – 1 Mutation on Gene Expression Profile in Space-flown Caenorhabditis Elegans," *Muscle & Nerve* (2018), doi: 10. 1002/mus. 26076.

[87] Y. Honda et al. , "Genes Down-regulated in Spaceflight are Involved in the Control of Longevity in Caenorhabditis Elegans," *Scientific Reports* 2 (2012): 487.

[88] K. Ohnishi, T. Ohnishi, "The Biological Effects of Space Radiation during Long Stays in Space," *Biological Sciences in Space* 18 (2004): 201 – 205.

[89] E. A. Lebel et al. , "Analyses of the Secondary Particle Radiation and the DNA Damage It Causes to Human Keratinocytes," *Journal of Radiation Research* 52 (2011): 685 – 693.

[90] J. C. Chancellor, G. B. I. Scott, J. P. Sutton. , "Space Radiation: The Number One Risk to Astronaut Health beyond Low Earth Orbit," *Life* 4 (2014): 491 – 510.

[91] L. Campajola, F. Di Capua. , "Applications of Accelerators and Radiation Sources in the Field of Space Research and Industry," *Topics in Current Chemistry* 374 (2016), Article number: 84, https: //link. springer. com/article/10. 1007/ s41061 – 016 – 0086 – 3.

区域篇

Regional Application Development Repot

B.5
航天育种区域应用发展报告

郭　涛　曹墨菊　叶建荣　李又华　彭宝富　王洪飞

雷振生　谢立波　杨良波　李万红　甘仪梅

摘　要： 航天育种在我国很多省（区、市）都获得了一定的发展，取得了相当的成绩。北京地区的国家级科研院所和高校机构拥有得天独厚的地理资源优势，是最先开展航天育种的单位。从分布上看，在很多省份某一种作物和品类的航天育种研究和产业应用十分突出，如福建和广东的水稻、河南和山东的小麦、甘肃和黑龙江的蔬菜、四川的玉米、山西的谷子、江西的白莲。航天育种在有的区域发展得较为全面，例如在广东，无论是主粮水稻，还是蔬菜和花卉林木以及微生物，都受到了相当的重视和广泛的推广及应用。部分省份如云南和海南，也长期开展航天育种搭载项目和科研实践。近年来，在一些省份如贵州和内蒙古等，航天育种受到了当地农业科学院和农业科学研究所以及育种企业的青睐，它们纷纷开展航天育种的研发立项，为未来航天育种品种的大规模育成创造了条件。

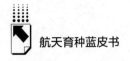
关键词： 航天育种技术应用　区域经济发展　育成品种

一　航天育种在广东省的应用和发展

（一）国家植物航天育种工程技术研究中心的水稻育种

郭　涛*

1.植物航天生物育种关键技术创新

2009年，依托华南农业大学，科技部批准成立了国家植物航天育种工程技术研究中心（以下简称"中心"）。针对限制植物航天育种效率的关键技术，该中心将航天诱变、重离子诱变、高通量基因分型与传统育种技术集成创新，有效解析了航天生物诱变重要基因功能，显著提升特异种质创新和优良新品种选育效率，共申报及获得各类专利31项，发表研究论文128篇。

中心利用多学科交叉手段，首次明确空间高能重离子是空间环境主要致突因素；发现了航天诱发突变体呈现高频变异和不均匀分布的分子特征，有效拓宽水稻特异种质创新途径。利用地面加速器产生的高能重离子和混合粒子，开展了不同剂量、不同射线类型的可控的动态辐射条件试验；比较分析了高能粒子诱变与γ射线诱变的差异，探讨了高能重离子诱变的分子生物学机制，完善了地面模拟空间环境诱变育种技术方法。通过空间辐射诱发突变体、γ射线辐射诱发突变体全基因组变异频谱研究，发现部分空间辐射诱发突变体的DNA变异频率是γ射线辐射诱发突变体的544倍，并且80%以上的变异是成簇分布，呈现典型的高频成簇的变异特征。[1]利用空间辐射定位手段，首次阐述了低剂量高能重离子辐射诱发DNA产生难以精确修复的双链断裂是导致水稻基因组不稳定并产生高频成簇变异的关键因素。进一步

---

* 郭涛，国家植物航天育种工程技术研究中心教授，副主任，航天育种产业创新联盟副秘书长，博士，主要从事水稻的空间诱变机理和育种研究。

利用地面高能重离子加速器明确了低剂量及低剂量率（5 戈瑞，1 戈瑞/分钟）的 12C 高能重离子诱变效应，其诱变效率是相当剂量 γ 射线辐射的 10 ~ 15 倍。

中心将空间诱变、重离子诱变、高通量基因分型与传统育种技术集成创新，提出以"多代混系连续选择与定向跟踪筛选技术"为核心学术思想的高效生物育种技术体系，实现航天生物育种"特异种质源头创新→重要性状定向筛选→目的基因高效鉴定"高效衔接和运作。该技术体系在三个世代对变异进行连续选择，提升变异选择效率 3 ~ 5 倍；针对每个选择世代，技术体系将表型和基因型选择紧密结合，实现优良变异的高强度、精准化鉴定；鉴定出的优异种质既可直接形成新品种，也可作为新基因资源间接培育新品种，增大优异种质的利用效果。提出的育种技术体系获广东省专利奖优秀奖（ZL201310230116. X）。围绕以"多代混系连续选择与定向跟踪筛选技术"为核心的生物育种技术体系，研发多项核心专利，实现了全链条的关键技术创新。首次提出以主穗特定部位的 5 粒种子代表个体的混合收获法，实现了一年三到四个世代的加压选择（ZL201310230125.9）；针对水稻稻瘟病、白叶枯病、千粒重、育性、广亲和性、香味、直链淀粉含量等关键性状，开发出功能性分子标记 10 个，获授权发明专利 7 件（ZL201310238656. 2、ZL201310238711. 8、ZL201310238714. 1、ZL201410349635. 2、ZL201510449502. 7、ZL201510450316. 5、ZL201610029274. 2）；针对功能性分子标记，研发出高通量 DNA 提取技术，获授权发明专利 1 件（ZL201310238655. 8）；针对表型选择，提出了病原物与水稻互作的精准鉴定方法，获授权发明专利 2 件（ZL201510228255. 8、ZL201510228221. 9）。通过关键技术的链条式集成，极大地提升了项目的育种效果和水平。"多基因聚合育种策略"研究论文入选中国精品科技期刊顶尖学术论文。

从基因组、转录组、蛋白组、代谢组等多层面、多维度研究了水稻航天生物诱变的抗病、品质、产量等重要基因的生物学功能，发表中英文论文 128 篇（SCI 论文 25 篇），入选中国精品科技期刊顶尖学术论文 2 篇。其中，克隆了水稻多分蘖矮生基因 hd - 1，该基因通过影响独脚金内酯含量对株型

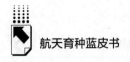

进行调控；克隆了水稻小粒矮秆基因 iga－1，该基因通过影响赤霉素信号传导调控株型，在小粒型不育系培育上具有很高价值；克隆了两个稻瘟病抗性基因 Pik－H4 和 Pi2－H31。

中心以工程化研究和产业化开发为核心，依托所组建的平台，在航天诱变新种质资源创建和利用、航天诱变机理、新品种和配套工程化技术研究等领域开展深入研究，取得了显著成绩。十年来，中心以行业技术需求为核心，以科研项目为纽带，集聚本领域行业专家和企业技术骨干，围绕航天诱变高效育种技术、地面模拟空间环境诱变技术、航天诱变不同世代突变体定向筛选技术三大关键共性技术和植物航天诱变机理开展前瞻性研究，为中心发展提供理论技术支撑。十年来，累计承担省级以上纵向科研课题 237 项，项目合同经费 1.54 亿元；横向委托项目 26 项，项目合同经费 2592.65 万元；发表学术论文 227 篇（其中 SCI 收录 40 篇）；申请或获得专利 31 项（其中发明专利 29 项、实用新型专利 2 项），申请植物新品种保护权 31 项；制定企业产品标准或技术操作规程 29 项；培育植物新品种 62 个 64 次通过各级品种审定，培育植物新品系 72 个；获广东省科技奖一等奖 2 项，获广东省农业技术推广奖一等奖 6 项，获得教育部高等院校优秀科研成果二等奖、全国农牧渔业丰收奖二等奖、广东省专利奖优秀奖各 1 项。中心已成为国家植物航天育种科技创新的重要高地。

2.优质、抗病、强优势优良种质资源创新

基于植物航天育种技术体系，高效创制了一批"优质、抗病、强优势"优良基因和种质资源，育成系列多基因聚合重要亲本，缓解了我国优异种质资源匮乏的压力。

（1）航天诱变突变体的鉴定及应用

应用表型及基因型鉴定技术，从诱变群体中直接选育出非 sd－1 矮秆新种质系列、大穗及特大穗系列、谷粒长宽比大于 3.5 的丝苗型低直链淀粉含量优质系列、高抗稻瘟病突变体系列等优异种质，创建了一大批综合性状优良的育种中间材料进入育种计划，有效推动新品种选育。"H48"为低垩白、高食味的优异突变体，垩白度小于 1%，食味评分 91 分；"桂 622""桂

796"为大穗优质型优异种质，谷粒细长、配合力好。利用上述优质种质培育出的品种米质均达国标或部颁优质二级以上。

（2）不育系、恢复系及多基因聚合优良亲本创制

通过对优质基因 Wx－h、稻瘟病抗性基因 Pi2－H31 和 Pik－H4 等重要突变基因的定向利用，高效育成一批携带多个优良基因的不育系、恢复系及重要育种亲本，组配出优质抗病高产的杂交稻新品种。通过诱变后代的连续施压选择，鉴定出"H4""H31"等系列高抗稻瘟病突变体，并在广东、广西、福建、四川等省（区、市）多年多点筛选鉴定和利用。稻瘟病抗性基因克隆表明，"H4"稻瘟病抗性受 2 个主效基因控制，其中 Pik－H4 具有广谱抗性；"H31"稻瘟病抗性受 1 个主效基因控制，为 Pi2－H31。通过对稻瘟病抗性基因的定向利用，结合多基因聚合育种策略，创制出"青 A""航恢 1173""航恢 1179"等多个骨干亲本应用于项目团队育种计划，选育出"宁优 1179""五优 1173"等 9 个抗或高抗稻瘟病新品种。

（3）创制出系列强优势恢复系骨干亲本，促进（超）高产品种选育

以优质抗病新种质"H4"为供体，结合分子标记育成多基因聚合恢复系"航恢 1173""航恢 1179"，先后组配出"宁优 1179""五优 1179"等 6 个品种并通过审定，其中"宁优 1179"是广东省首个米质达国标优质一级的三系杂交稻品种，"五优 1179"被农业农村部认定为超级稻品种。"航恢 1173""航恢 1179"是华南稻区近年来选育的重要恢复系之一，并已授权全国同行引进利用。

（4）重要农艺性状突变体库的构建

在诱变后代中针对株型、粒型、育性、叶型、穗部性状等影响水稻产量及品质的重要性状，建立了包含 1200 份不同类型性状的突变体库，为空间诱变机理研究与育种应用提供了良好的物质基础。中心在空间诱变及重离子诱变后代中选育出一大批各具特色的特异突变体，共筛选出各类特异性状植物新种质 1000 多份，其中在水稻诱变后代中选育出一批特大穗高产型种质、特优质种质、抗病种质、恢复系新种质。此外，在诱变后代中筛选出番茄熟期、果色突变体，芥蓝抗青枯病突变体，辣椒高维生素 C 含量突变体，红

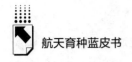

掌三倍体、四倍体、六倍体、八倍体等多倍体种质资源，兰花香味、叶色突变体，等等。这些优异的新种质资源已分别进入各类育种计划，同时通过会议交流、现场参观等多种方式将最优良的航天诱变新种质辐射到全国几十家育种研究单位。

3. 绿色、优质、高产水稻新品种选育

绿色、优质、高产水稻新品种的培育是中心最重要的目标和任务。借助中心生物育种关键技术的创新和优良多基因聚合新种质的创建，新品种的培育取得全面突破。针对市场及生产需求，中心共培育出优质、高产、抗病水稻新品种62个64次通过各级品种审定，其中超级稻品种4个。

（1）优质高产高抗水稻新品种

针对市场需求，中心在培育出"华航1号"的基础上，育成了"华航丝苗""金航丝苗""华航48号""华航57号""宁优1179"等一批米质达国标优质一级、高抗稻瘟病的水稻新品种并通过审定，还培育出"培杂泰丰""华航31号""Y两优1173""五优1179"等一批优质超级稻品种，有力地推动了广东和华南稻区优质粮食生产。

航天诱变品种"华航1号"利用"特籼占"航天诱变后代直接选育而成。2003年通过国家品种审定，是我国第一个通过国家品种审定的航天育种作物品种。在南方稻区大面积推广应用500多万亩，荣获2004年度广东省农业技术推广奖一等奖。

优质超级稻品种"培杂泰丰"2005年通过国家品种审定，是广东省第一个达到国家优质稻米标准的两系杂交稻新品种，也是国家第一批超级稻示范推广品种。荣获2010年度广东省农业技术推广奖一等奖。

优质超级稻品种"华航31号"为感温型常规稻品种，2010年通过广东省品种审定，米质达国标优质二级，高抗稻瘟病、耐寒性强，2015年被农业部认定为超级稻品种，2011年至今一直是广东省主推品种，同时也是广东省扶贫品牌品种。荣获2016年度广东省农业技术推广奖一等奖。

优质超级稻品种"Y两优1173"为感温型两系杂交稻，丰产性突出，主要米质达国标优质二级，高抗稻瘟病，在省区试中比对照种增产15.3%，增产极显著，百亩示范方产量达 751 公斤/亩，创造了广东省百亩示范方的产量纪录。2017 年被农业部认定为超级稻品种。

优质超级稻品种"五优 1179"为感温型三系杂交稻，株型好，分蘖力强，穗大粒多，结实率高，熟色好。主要米质达国标优质二级，抗稻瘟病。2018 年被农业农村部认定为超级稻品种。

国标优质一级品种"华航丝苗"属早晚兼用型优质高抗籼型品种。米粒细长、晶莹剔透，谷粒长宽比达 3.9；米质为国标优质一级，直链淀粉含量 16% ~ 18%，米饭食味极佳；高抗稻瘟病。荣获 2009 年度广东省农业技术推广奖一等奖。

国标优质一级品种"金航丝苗"属早晚兼用型优质高抗籼型品种。谷粒细长，长宽比达 4.0；米质为国标优质一级，直链淀粉含量 18.2%，米饭适口性好；高抗稻瘟病。与"华航丝苗"一起荣获 2009 年度广东省农业技术推广奖一等奖。

国标优质一级品种"胜巴丝苗"属早晚兼用型优质高抗软米籼型品种。株型好，穗大粒多，后期转色顺调，熟色结实佳；外观品质特一级，高抗稻瘟病；米粒晶莹剔透，米饭软滑可口，食味佳，一直是广东省众多米业企业主要配方米品种。

国标优质一级品种"华航 48 号"为感温型常规稻品种，株型中集，分蘖力强；米质为国标优质一级、省标优质一级；高抗稻瘟病。该品种食味优，在广东丝苗米产业联盟组织开展的优质稻食味品质鉴评中获第三名，并在广东水稻产业大会上首次成功挂牌拍卖。

国标优质一级品种"华航 57 号"为感温型常规稻品种，株型中集，分蘖力、抗倒力均中等；米质鉴定为国标和省标优质一级，食味评分 86 分；高抗稻瘟病，中抗白叶枯病，是当前难得的"双抗"优质稻品种。

优质三系杂交稻品种"宁优 1179"为弱感光型三系杂交稻，株型中集，分蘖力中强，穗长粒多，抗倒力强，耐寒性中；米质鉴定为国标优质一级；高抗稻瘟病。

优质三系杂交稻品种"软华优 1179"为感温型三系杂交稻，株型中

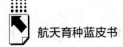

集，分蘖力中等，穗大粒多，谷粒细长，抗倒力中强；米质鉴定为国标和省标优质二级，米饭软、香，获首届广东省水稻产业大会十大优质稻米第一名。

（2）优质耐逆轻简型水稻新品种

针对农业生产需求的变化和变革，选育出"华航51号""华航52号""华航56号""华航58号"等耐逆抗倒，高分蘖、高抗病、耐淹性好的适应直播等轻简型栽培的水稻新品种，有力地促进了新时期粮食产业结构改革。

多抗轻简型水稻品种"华航51号"为感温型常规稻品种，植株矮壮，株型适中，分蘖力强，抗倒力强；谷粒细长；抗稻瘟病，中抗白叶枯病；种子活力高，其活力指数达9.1，发芽迅速整齐；田间耐淹成苗率达91%，是当前适合直播轻简栽培的优良新品种。

轻简直播型水稻品种"华航52号"为感温型常规稻品种，株型适中，分蘖力强，抗倒力强，后期熟色好；软米类型，抗稻瘟病；种子活力高，其活力指数达8.9，发芽迅速整齐；田间耐淹成苗率达90%，是当前适合直播轻简栽培的优良新品种。

轻简直播型水稻品种"华航56号"为感温型常规稻品种，株型中集，分蘖力中强，抗倒力强；米质达国标优质等级，直链淀粉含量15%～18%；抗稻瘟病，抗倒伏，田间耐淹成苗率达90%。

优质轻简型水稻品种"华航58号"为感温型常规稻品种，丰产性好，株型中集，分蘖力、抗倒力均中强；米质为国标和省标优质二级；抗稻瘟病，抗倒伏，田间耐淹成苗率达92%。

（二）航天玉米新品种选育

曹墨菊　叶建荣[*]

广东省农业科学院于2004年选送甜玉米自交系"1132""日超"等5

---

[*]　曹墨菊，四川农业大学玉米研究所教授；叶建荣，中国农业大学农学院副教授。

个纯系进行搭载处理，利用 SSR 分子标记技术对后代不同株系的遗传多样性进行分析[2]，利用双列杂交和配合力分析，发现"1132"和"日超"后代的不同株系之间存在广泛的差异[3,4]。甜玉米自交系"1132"品质优，口感好，但是产量低，通过诱变处理"1132"，育成大穗型甜玉米自交系"751"。利用 QTL 定位鉴定出高产的有益位点均来自新选自交系"751"。[45]甜玉米自交系"1132"诱变处理后代，经过五代自交育成穗粗、穗行数、粒重明显高于自交系"1132"的甜玉米自交系"751"，构建 F$_2$ 群体（"1132"×"751"）作为基因定位群体，利用 QTL 定位鉴定出位于第 9 染色体上与产量性状相关的主效 QTL，并且这些增效 QTL 位点均来自亲本"751"，由此证明太空诱变可以有效改良具有个别缺点的优良自交系。甜玉米自交系"日超"经育种卫星搭载，返回地面后进行种植观察，之后发现 1个突变株，其株高明显增加、穗位变高、果穗变大变粗、花粉量变大，而株叶形态、果穗形状、籽粒色泽、食用品质等其他性状保持稳定。之后对该变异株连续五代自交和穗选，获 10 个变异系。其后通过测交对变异系在产量及相关性状、株高及穗位高等方面进行配合力分析和自身表现评价，结果找出了 4 个具有较好产量及相关性状配合力的变异系，且自身表现出生长势强、食用品质优、抗逆性强等优点，具有较大的育种潜力。自交系"日超"经航天诱变和定向选育，其单穗干重、单穗粒重、穗粗、百粒重、出籽率、粒深及株高 7 个性状均产生了明显变异。其中单穗干重提高 29.37%～76.58%，单穗粒重提高 33.67%～111.25%，穗粗增加 10.00%～20.00%，百粒重增加 26.15%～108.56%，出籽率提高 1.44%～20.78%，粒深增加 11.11%～55.56%，株高增加 19.67%～39.96%。而在穗长、秃顶长、穗行数、行粒数、穗位高、茎粗、雄穗分支数 7 个性状上，既有正向变异，也存在负向变异，且变幅较小。[2]

广东省农业科学院于 2004 年选送 10 份超甜玉米材料进行航天搭载试验，从中选育优系进行杂交组合的配制。将航天搭载返回的超甜玉米材料种植观察，经过 3 年 6 轮的严格选株套袋自交，于 2007 年在组合鉴定试验中筛选出强优组合"zT08-M"×"ZTOI-F"，命名为"广甜 7 号"，2008～

2009 年参加省区试和生产试验，2009～2010 年参加国家南方鲜食甜、糯玉米区试。同期在省内外进行试种、示范。经过搭载的母本"zT08 - M"严格选株连续自交六代而成，基因型为 sh2。该亲本幼苗叶鞘青色，株型半紧凑。全株 20 片叶，株高约 145 厘米，雌雄协调，雄花序中等，分枝 10～15 个，散粉性好；花丝青色，吐丝整齐寿命长；穗大粒多，籽粒淡黄色，口感皮薄、甜香，根系发达抗倒伏，自交系产量高，适合作母本。父本由编号为 ZT01 的材料经卫星搭载上天返回，严格选株连续自交六代而成，基因型为 sh2。"广甜 7 号"2007 年秋参加广州市农业科学院品比试验。平均每亩鲜苞产量 1230.5 公斤，比对照种"粤甜 3 号"增产 19.5%。2008 年春参加品比试验，平均每亩鲜苞产量 1215.8 公斤，比对照种"粤甜 3 号"增产 17.6%。同期参加国家部分玉米展示点展示，表现为茎叶青绿、无病斑、抗逆性强。"广甜 7 号"于 2010 年通过广东省品种审定（粤审玉 2010016）。[5]

（三）深圳航天育种黄瓜的选育

李又华*

1. 航天育种黄瓜新品种之一"航丰1号"

"航丰 1 号"是保护地小型黄瓜（小青瓜）新品种，是深圳市农科集团有限公司所属深圳市蔬菜科技有限公司利用国外引进的品种为种质筛选出优良的材料经我国第 20 颗返回式卫星搭载后，继续进行选育研究取得的成果，即优良的雌性系"06 - 46 - 3"和自交系"06 - 18 - 2"，并组配为杂交一代组合。品种比较、区域试验及生产试种的结果表明该组合具有生势强、抗病、全雌性、丰产、早熟、适于保护地栽培等优良特性，而后该组合在生产上推广应用，于 2011 年 11 月通过了深圳市政府科技管理部门的科技项目验收和科技成果鉴定。同时该组合被命名为"航丰 1 号"。

（1）育种材料与搭载

育种种质材料是小型黄瓜雌性系"01 - 576"和自交系"02 - 133"。其

---

* 李又华，深圳市农科集团有限公司研究员，研究院技术总监。

中雌性系"01 - 576"是荷兰欧洲型小黄瓜品种"DANIMAS"与日本小黄瓜经连续八代杂交选育的具有日本小黄瓜瓜形的雌性系。自交系"02 - 133"是以日本品种"河童盛夏"为种质材料,连续七代自交筛选的后代。两份育种种质材料于2004年9月27日~10月15日在我国第20颗返回式卫星上搭载。

(2)品种选育和表现

从2004年收回经航天搭载的第一代黄瓜育种材料起,研究人员就开始进行种植观察、单株筛选、自交加代和选留瓜种等选育研究。2009年"利用航天搭载种质材料选育保护地小型黄瓜新品种"获深圳市科技局科研计划项目立项和资助。其间按杂交一代育种技术,对筛选出的航天诱变材料进行连续试种,按单株系谱选择法筛选和人工自交加代留种。连续四代后,对表现优良性状相对稳定的雌性系和自交系,在继续筛选的同时进行了杂交组合的试配和配合力测定。经过连续四代对入选加代材料的观察、比较和筛选,选育出了植株生势强、瓜条直的长23~25厘米,较对照材料长2~5厘米的雌性系"06 - 46 - 3"为母本,植株健壮、雌花节位低,综合性状优良的自交系"06 - 18 - 2"为父本。

2006年,选用全雌性稳定、性状优良的太空小黄瓜雌性系为母本,植株健壮、果实综合性状优良自交系为父本,进行杂交组合试配,以进口日本品种"河童盛夏"为对照品种对试配组合在深圳坪山试验基地进行品种对比和品种比较试验。到2009年连续进行了四次试验,每次试验均在保护地(塑料薄膜大棚)内进行。试验结果表明杂交组合"06 - 46 - 3"×"06 - 18 - 2"表现优良,与项目育种目标相符。2009年,对杂交组合"06 - 46 - 3"×"06 - 18 - 2"进行了生产性批量配制杂交种,并用新配的"06 - 46 - 3"×"06 - 18 - 2"杂交组合连续进行品比试验,同时用该组合批量配制的杂交种在深圳、惠州、江门和云南等地的蔬菜设施生产基地进行品比试验和生产试种。品比试验和生产试种的结果表明,该组合商品性、丰产性、适应性等综合性状表现优良,符合生产和市场的要求,从而确定该组合为保护地小型黄瓜杂交一代新品种,定名为"航丰1号"。

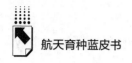

保护地小型黄瓜杂交一代新品种"航丰1号"的植株生势强，侧蔓少，叶片绿色，早熟，连续结瓜性强，可同时结3~4条瓜，丰产性强，亩产一般3500公斤，高产超过4000公斤；瓜圆柱形，瓜条直尾尖，商品采收的瓜长约21厘米，横径约2.7厘米，单瓜重100~120克；口感爽脆微甜，黄瓜味浓郁，品质好。对苗期猝倒病和枯萎病有较强的抗性，耐热耐寒能力较强，对保护地环境有较强的适应性，适宜保护地栽培。

（3）推广应用的情况

在2009年1月5日江门市农业科学研究所的区试中，"航丰1号"植株长势强，表现出较好的商品性，产量为亩产3912公斤，比对照品种增产6.6%。在惠州市添信有机农业开发有限公司的试验结果是，"航丰1号"的平均亩产为3844公斤，对照品种平均亩产为3866公斤，两品种很相近。"航丰1号"的商品瓜长平均为20厘米，皮色深绿，瓜形和瓜色与对照日本品种"河童盛夏"基本一样。从2009年起在深圳、惠州、江门以及云南等多地进行了品比试验和生产试种。各地的试种结果均表明"航丰1号"的商品性、丰产性、适应性等性状表现优良，品质和外观适合市场要求，产量、瓜形等性状达到或接近进口品种，综合表现优秀，于2011年11月通过了深圳市政府科技管理部门的科技项目验收和科技成果鉴定。迄今为止，品种的生产应用面积达5000亩，在广东、广西、湖北和山东等地的蔬菜设施生产基地广泛应用。

2. 航天育种黄瓜新品种之二"深青102"

"深青102"是欧洲温室型黄瓜（大青瓜）杂交一代新品种，是深圳市农科集团有限公司所属深圳市蔬菜科技有限公司利用国外引进的欧洲温室型黄瓜品种为种质筛选出优良的材料经我国第20颗返回式卫星搭载后，继续进行选育研究取得的成果。"深青102"的丰产性、适应性及商品瓜的外观和品质等方面达到或接近进口品种的水平，可替代进口品种在生产上加以应用。

（1）育种材料与搭载

育种种质材料是深圳市蔬菜科技有限公司用荷兰引进的欧洲温室型黄瓜品种"DISCOVERY"经多代自交的雌性系种子"02-976"，于2004年9月

27 日～10 月 15 日在我国第 20 颗返回式卫星上搭载。

（2）品种选育

欧洲温室型黄瓜在珠三角地区及港澳市场，通常称"荷兰大青瓜"或"大青瓜"。欧洲温室型黄瓜的瓜皮色绿、无刺、肉质脆甜品质优，较适合欧美人士的口味，是酒店西餐和超级市场中的高档蔬菜。其市场价格高，生产效益比较好，是华南地区蔬菜设施栽培的主要品种。生产用的品种多数是从国外进口，种子价格昂贵，且来源不稳，严重影响生产的效益。因此，为满足生产的需要，深圳市开展了欧洲温室型黄瓜新品种的选育研究。2004年在中国科学院遗传与发育生物学研究所的帮助下，将欧洲温室型黄瓜品种经多代自交的雌性系种子，进行了卫星航天搭载，开始了黄瓜的航天育种研究。2009 年"利用航天搭载种质材料选育欧洲温室型黄瓜（大青瓜）新品种"获批立项，并成为广东省科技计划项目。在各方的大力支持和科研人员的努力下，经过多年的选育研究，选育出了全雌性、丰产、商品性佳、适于华南地区保护地栽培的欧洲温室型黄瓜（大青瓜）杂交一代新品种"深青 102"。新品种已进入生产示范和推广应用阶段，项目于 2014 年通过了广东省科技厅组织的验收，2016 年获深圳市科技管理部门的科技成果登记。

①亲本（雌性系）的选育

在 2005 年初对航天搭载的第一代材料雌性系"02－976"进行了种植观察，对植株健壮、果实性状好的单株进行选留和自交加代留种。从 2009 年秋选用综合性状表现优良、全雌性稳定的雌性系进行配合力的测试和新杂交组合的试配及品比试验等。经过对入选加代材料的连续观察、比较和筛选，选育出了两个表现优良的雌性系"09－503"和"09－507"。

雌性系"09－503"是利用经卫星航天搭载的种质材料"02－976"，连续七代按单株系谱选择法选育出的欧洲温室型黄瓜雌性系。其全雌性的遗传稳定，植株健壮，抗角斑病，耐枯萎病，商品瓜长约 29 厘米，皮色绿有光泽，瓜条直，商品性好。

雌性系"09－507"是利用从荷兰引进的品种"TOIL"为种质材料，连续六代按单株系谱选择法选育出的新的欧洲温室型黄瓜雌性系。其全雌性的

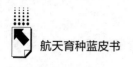

遗传稳定，生势好，结瓜多，瓜条直，商品瓜长约 29 厘米，皮色绿有光泽，有很疏的小瘤刺，抗白粉病，适应性强。

②杂交组合（新品种）的选育

从 2009 年起选用经加代且全雌性稳定、综合性状优良的欧洲温室型黄瓜雌性系进行新杂交组合的试配，以进口荷兰品种"DALAVASUPER"为对照品种对新组配的组合在深圳坪山试验基地进行品种对比和品种比较试验。试验结果表明，新杂交组合中"09－503"×"09－507"的适应性、早熟性、丰产性、商品瓜的外观和品质等各项性状和指标综合表现优良，与项目选育的新品种目标性状和指标相符。

从 2010 年起对有生产应用前景的"09－503"×"09－507"等新杂交组合作为欧洲温室型黄瓜新品种进行不同区域的品比试验和生产试种，先后在深圳、惠州、广州和广西等地的蔬菜设施生产基地进行了多次品比试验和生产试种。品比试验和生产试种的结果均表明，该组合商品性、丰产性、适应性等综合性状表现优良，达到了项目合同书规定的经济和技术指标。因此，2012 年初该组合"09－503"×"09－507"成为欧洲温室型黄瓜（大青瓜）杂交一代新品种，被命名为"深青 102"。

"深青 102"是典型的欧洲温室型黄瓜新品种，植株生势好，有较强的抗病性和抗逆能力，适应性强，适于在华南地区的温室、塑料大棚等设施保护地栽培，具有早熟性好、瓜肉脆甜、瓜香味浓、品质优等特点。果实的主要性状与进口的荷兰品种相似，能够满足深圳及港澳市场的要求。雌花多或全雌性，单性结实力强，每节雌花均可结果，丰产性强，平均产量 3600 公斤/亩，高产的可达 5242 公斤/亩。

③推广应用情况

欧洲温室型黄瓜新组合"深青 102"最初以"大青瓜新组合 102"的品种名称进行区试和生产试种。其中，在广西藤县金贸蔬菜专业合作社连续两年试种平均亩产 3600 公斤，高产的达亩产 5120 公斤。2011 年在广州举行的第十届广东种业博览会的品种展示中，"深青 102"的出色表现获同行专家的认可，以"大青瓜新组合 102"的名称被评为广东省农作物技术推广总站组织的第十届广东种业博览会上的重点推介品种。"深青102"在深圳市绿联高新农业有限公司、惠州市添信有机农业开发有限公司的塑料薄膜大棚基地的生产试种中，植株的生势、适应性、商品性和丰产性均有良好表现，成为当时生产栽培的主要品种。2013年在常州市新北区常州笙绿有限公司蔬菜试验基地进行了品种比较试验，"深青102"从播种到初收共43天，不感细菌性角斑病，有较强的抗病性，亩产3630公斤。目前，该品种已在广东、广西、湖北和山东等地的蔬菜设施生产基地获得应用。

（四）深圳航天搭载花卉

彭宝富[*]

深圳市农科集团有限公司所属深圳市农科植物克隆种苗有限公司从事生物育种的创新研发，从2003年开始，先后与中国科学院、俄罗斯科学院、中国空间技术研究院和中国农业科学院合作研究航天花卉育种，随第20颗、第21颗返回式卫星，"神舟六号""神舟七号"飞船和"实践八号"育种卫星共自主搭载了38个花卉品种，收集了其他单位赠送的29个品种，现共保存70多份航天搭载的花卉品种，其中2009年经过7年时间的研发共取得了10个新品种，有两个太空花卉新品种已通过广东省种子总站的审定，获得了具有自主知识产权的品种权。从中成功选育出了"航选1号"（见图1）和"航选2号"（见图2）醉蝶花（醉蝶花搭载前原种见图3）、"航蝴1号"和"航蝴2号"蝴蝶兰、"太红1号"孔雀草等多个太空花卉新品种。其中"航蝴1号"和"航蝴2号"蝴蝶兰分别荣获第八届中国花卉博览会金奖、银奖以及中国国际高新技术成果交易会优秀产品奖等荣誉。

航天育种使生物材料产生变异，变异有正变异和负变异。但对花卉来说很多负变异也十分有用，无论是把大的花朵变小，变成微型，还是把花的形状变奇特，都非常有观赏性。譬如，选育的蝴蝶兰"航蝴1号"花朵变大了；"航蝴5号"花朵变奇特了，在花瓣上还生出了两个凸出又对称的腺

---

* 彭宝富，深圳市农科集团有限公司助理研究员，资深研发员。

图1 "航选1号"醉蝶花

图2 "航选2号"醉蝶花

图3 醉蝶花搭载前原种

体，犹如蝴蝶兰的两只眼睛。深圳的航天花卉育种在搭载的品种数量、育成的新品种数量和产业化生产的规模等方面都处在领先水平。

1."航蝴1号"蝴蝶兰

（1）育种材料

"华丰红宝石"蝴蝶兰丛生芽组织。

（2）性状改良

"华丰红宝石"蝴蝶兰主要特征为植株生长旺盛，株型匀称，较挺立，平均株高47厘米，叶片呈长倒卵圆形，成熟株叶片数4～7片，属于长形叶，平均叶幅在26.1厘米，叶片浓绿，叶背叶缘隐见红斑和红边。花朵排序较整齐，花朵数量6～10朵，多为8朵。中大花型，平均花径8厘米～10厘米。花梗长50厘米左右，花期60～70天。花色浅红纹，瓣较厚，唇瓣大红。生长适宜温度在20～30℃，较耐热，不耐寒，抗病虫性中等。南方地区正常花期为3～5月。

通过航天搭载获得的"航蝴1号"蝴蝶兰花期更长，花更大，增强了

125

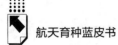

对常见病虫害的抵抗力，并且对于高温、低温逆境有较好的耐受性，具有更强的适应能力。"航蝴 1 号"蝴蝶兰和对照表现见图 4。

（3）品种选育过程

2004 年初选送"华丰红宝石"的丛生芽块组织 10 克，在无菌条件下转移至离心管内并密封包装，于 2004 年 9 月搭载在我国发射的第 20 颗返回式卫星上。搭载材料返回地面后进行无菌生根培养，当代瓶苗（SP$_1$，约 50 株苗）正常生长，于 2005 年 9 月出瓶移植，于 2006 年 12 月开花。随后对当年开花的 50 株个体进行性状观测、田间筛选，发现有 5 株具备突出变异性状，如大花型等特点，且生长表现优于同代未搭载植株，分别编号为 NK - 001、NK - 002、NK - 003、NK - 004、NK - 005。随后分别以花梗和叶片作为外植体进行组培快繁，SP$_1$ 代分生苗于 2008 年 2 月和 2008 年 8 月分两批出瓶移植。从 2008 年春季开始，设置 SP$_1$ 代连续两批两个生长周期的品种比较试验和多点试验，进行变异个体初选和性状遗传稳定性观察。第一批种苗（SP$_{1-1}$，1500 株苗）于 2009 年 2 月开花，经田间复选比较，编号为 NK - 001 的变异个体后代表现最佳，作为复选入围重点品系之一，定名"航蝴 1 号"。第二批种苗（SP$_{1-2}$，1500 株苗）于 2010 年 1 月开花，田间生长和开花表现与 SP$_{1-1}$ 群体表现基本一致。

图 4　"航蝴 1 号"蝴蝶兰和对照表现

（4）品种表现

"航蝴1号"蝴蝶兰植株株型整齐，茎短，SP_{1-1}平均株高42.5厘米，SP_{1-2}平均株高52.5厘米，肉质叶，较厚，挺立，叶色浓绿，长倒卵形，叶片厚实，叶缘平滑，叶脉较清晰，成熟株4~7片叶，平均叶幅28厘米，叶片长、宽、厚度平均值分别为18.5厘米、6厘米、0.23厘米，长宽比约为3.1:1。"航蝴1号"花朵排列对称均匀，大花，花型圆润缘平滑，略带白边，瓣厚，花径12.5厘米，较未搭载对照植株的花径增加2~3厘米。浅红底浅红纹，细纹明显，瓣基部略白。唇瓣三裂，大红。正常管理条件下平均单梗花朵数为9朵，植株单梗居多，偶见双梗，花梗深红色。开花花序排列整齐，花朵间距4厘米，花梗长度47.5厘米，花梗粗度约0.5厘米。成熟植株在18~23℃时花芽开始分化，从分化到开花约需150天，花期长达70天。

2. "航蝴2号"蝴蝶兰

（1）育种材料

"内山姑娘"蝴蝶兰丛生芽组织。

（2）性状改良

通过航天搭载，"航蝴2号"蝴蝶兰既继承了原品种"内山姑娘"蝴蝶兰速生粗壮、花大色艳、花期长、花朵数较多、抗逆性强、适应性好等优良特性，还形成了一系列超亲变异性状，如株型挺立、花序排列匀称、大型花比例提高、花色纯色提升、开花期延长、抗逆性和抗病虫能力增强等一系列优良性状。

（3）品种选育过程

2005年将经过挑选的"内山姑娘"蝴蝶兰丛生芽组织转移到无菌离心管进行密封包装。在2005年8月2日随我国第21颗返回式卫星开展搭载工作。返回后经过恢复培养和出瓶种植，以及田间种植和性状筛选，再经过品种比较试验和多点试验，最终选出"航蝴2号"蝴蝶兰。

（4）品种表现

"航蝴2号"蝴蝶兰植株株型整齐，茎短，平均株高80厘米，肉质叶，较厚，叶片挺立匀称，叶脉浮现，叶缘平滑，成熟株4~7片叶，平均叶幅40厘米，叶片长、宽、厚度平均值分别为20厘米、9.5厘米、0.22厘米，长宽比约为 2.1:1。与未进行搭载的原品种植株相比叶片变化明显,主要表现为叶片长度缩减,宽度和厚度增加,叶片长宽比由 3.6:1 变为 2.1:1。此外,"航蝴 2 号"蝴蝶兰花朵排列对称整齐,花型丰满圆润,缘略卷曲,瓣较厚。花朵平均花径为 12 厘米,较对照大 0.9 厘米,为大红花浅红纹,唇瓣深红无杂色。平均单梗花朵数为 9.5 朵,植株花朵数为 8~12 朵,花朵数最多可达 16 朵。花朵间距 4 厘米,以单梗为主,花梗颜色暗褐色,花梗粗度 0.48 厘米(高度 20 厘米),平均花梗长 78 厘米。植株全生育期 600~650 天,植株在 18~23℃ 的温度条件下花芽分化形成和伸长,从分化到开花约需 150 天,花期长达 80 天。

3."太红1号"孔雀草

(1)育种材料

孔雀草迪阿哥系列橙黄花品种杂交种子。

(2)性状改良

"太红 1 号"孔雀草与亲本对照相比(见图 5 至图 8),具有花大色艳、花朵量多、花序排列整齐、分布均匀、开花期长、速生粗壮、分枝性好、株型整齐较大、抗性增强等有益变异,多代种植表现稳定。

(3)品种选育过程

亲本材料于 2005 年 10 月 11 日至 17 日搭载我国发射的"神舟六号"飞船进行诱变处理,返回后经地面栽种,通过性状观察和筛选,经多代单株定向选育获得"太红 1 号"孔雀草。2008~2009 年在深圳、汕头、福州等地开展品种比较试验,"太红 1 号"孔雀草表现遗传性状稳定。

(4)品种表现

"太红 1 号"孔雀草长势良好、速生粗壮、植株较矮、株型呈球至半球状,整齐匀称。平均株高 31 厘米,冠幅 34 厘米。分枝性强、分枝数 10 条以上。羽状复叶、叶色浓绿,较厚,披针形,叶脉较明显。头状花序顶生,重瓣黄蕊,深红色花,花色纯化率大于 95%,平均花径 5.5 厘米,形似万寿菊,较小但数量多。平均单株花数 59 朵。从播种到开花仅需 70 天,花期 50 天以上。抗病性强,较耐热,耐寒能力明显增强。

图5 "太红1号"孔雀草

图6 孔雀草搭载前原种

图7 "太红1号"孔雀草

图8 孔雀草原种对照

4. 航天育种的花卉产品范围

深圳市农科植物克隆种苗有限公司目前航天育种的产品主要有孔雀草和蝴蝶兰，而蝴蝶兰为其主打产品。

5. 航天育种技术花卉成果应用

（1）经济效益

开展花卉航天育种工作，特别是对蝴蝶兰材料进行航天搭载，有助于选育出一批具有花大色艳、花朵数多、花序排列整齐、花期长、抗病性好、适应性强等多种优良性状的蝴蝶兰新品种。同时，其不仅有助于缩短自主蝴蝶兰品种的育种周期，减少对于引进品种的依赖，也更好地满足了广大消费者对于"高、新、奇、特"花卉新产品的需求。在运用航天育种技术开展蝴蝶兰新品种选育的同时，深圳市农科植物克隆种苗有限公司还结合克隆种苗技术对于选育而成的蝴蝶兰新品种进行产业化生产，取得了较好的经济效益和社会效益。

"航蝴1号"与"航蝴2号"蝴蝶兰产业化生产和推广后，深圳市农科植物克隆种苗有限公司每年生产太空蝴蝶兰克隆种苗40万株，基地太空蝴蝶兰养护规模近70万株，每年向市场供应太空蝴蝶兰成品花约12万株。2011～2014年，"航蝴1号"与"航蝴2号"蝴蝶兰累计为其创造经济效益近600万元。

此外，通过开展蝴蝶兰航天育种与产业化生产工作，深圳市农科植物克隆种苗有限公司建立了较为完善的《蝴蝶兰标准化生产管理规程》，其内容涵盖蝴蝶兰克隆种苗生产以及蝴蝶兰成品花种植养护的各个方面及关键技术要点，使得自主蝴蝶兰克隆种苗的生产有了技术依据，而且生产标准也更为统一，有效提高了蝴蝶兰克隆种苗的生产效率，并且大大减少了克隆种苗生产过程中的损耗，提升了种苗的质量。而在成品花种植养护方面，该标准化生产管理规程的建立，也规范了蝴蝶兰各种规格种苗种植的环境、换杯的时机、有关病虫害的防治措施、催花的时机及方式，有效避免了过往蝴蝶兰种植养护过程中的人为随意性所导致的产品质量的不稳定，也有效降低了损耗，提升了产品质量。

（2）社会效益

除了经济效益外，深圳市农科植物克隆种苗有限公司创新地将通过航天育种技术选育的优质蝴蝶兰品种应用到生产当中，成功打造太空蝴蝶兰品牌，在同质化日趋严重的国内蝴蝶兰市场中形成了特色。这使广大消费者能

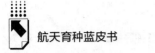

够亲身体验农业高新技术所带来的成果，从而让更多的人支持农业高新技术事业的推进以及我国蝴蝶兰产业的发展。2013 年，"航蝴 1 号"和"航蝴 2 号"蝴蝶兰分别获第八届中国花卉博览会金奖、银奖。此外，"航蝴 1 号"和"航蝴 2 号"蝴蝶兰又先后获得第十三、第十四届中国国际高新技术成果交易会优秀产品奖。有关荣誉均表明深圳市农科植物克隆种苗有限公司选育的太空蝴蝶兰品种得到了业界以及消费者的广泛认可。

（3）有关项目成果

深圳市农科植物克隆种苗有限公司多年来在蝴蝶兰航天育种上也取得了一定的学术成绩，其承担的太空蝴蝶兰新品种选育及产业化生产项目获 2014 年度广东省科学技术奖励三等奖以及 2013 年度深圳市科技进步（技术开发类）二等奖。2017 年 2 月该项目还获深圳市国资委 2016 年度自主创新科技类奖励项目三等奖。

先后发表 3 篇论文：

1. 陈肖英、郑平、徐明全、赵贵林、刘敏：《航蝴 1 号蝴蝶兰选育研究初报》，《热带农业科学》2011 年第 11 期，第 23～27 页。

2. 陈肖英、徐明全、赵贵林、刘敏：《蝴蝶兰航天育种研究进展》，《卫星应用》2011 年第 5 期，第 20～22 页。

3. 陈肖英、彭宝富、徐明全、赵贵林、郑平、刘敏：《蝴蝶兰新品种航蝴 2 号选育结果与分析》，《卫星应用》2013 年第 1 期，第 61～65 页。

二　航天育种在福建省的应用和发展

航天诱变在水稻育种中的应用

王洪飞[*]

1. 概述

福建省农业科学院水稻研究所在中国科学院梁守槃院士和航天 710 所

---

* 王洪飞，福建省农业科学院水稻研究所助理研究员，研究室副主任。

（现中国航天系统科学与工程研究院）钱振业所长的大力帮助与支持下，于1996年开始开展空间诱变和利用空间诱变后代材料作杂交亲本的航天育种研究。至2006年已4次将水稻优良种质资源利用卫星进行搭载送入空间环境，并从搭载后代材料中获得了一些对水稻的产量和品质产生重要影响的罕见突变材料。二十多年来，谢华安、王乌齐、郑家团、黄庭旭及该所一批青年科技骨干人员不懈努力，在水稻新品种配组选育、中间试验、制种技术研究、新品种的示范与宣传、航天育种机理研究及产业化等方面做了大量工作，在杂种优势利用方面取得重大突破，填补了福建省水稻航天育种的空白。

2. 福建水稻育种航天卫星搭载

1996年通过返回式卫星将恢复系"明恢81"、"明恢82"和"明恢86"干种子进行空间搭载，卫星于10月20日发射，11月4日返回，卫星运行近地点和远地点分别距地面175公里和352公里，卫星舱内温度为17～23℃，卫星轨道倾角63°，运行周期5382秒，共运行15天（239圈）后回收种子。

2003年将恢复系"R527""福恢653（制5）""福恢683（制8）""a245"和保持系"IR58025B""Ⅱ-32B"干种子138.412克，由长征二号丁运载火箭于11月3日发射，11月22日回收，卫星运行近地点距地面200公里，远地点距地面350公里，卫星轨道倾角63°，运行周期5400秒，运行18天后回收种子。

2004年将恢复系"福恢653（制5）""制6""HK02"干种子226.3克，由长征二号丁运载火箭于9月27日发射，10月15日回收，卫星运行近地点距地面210公里，远地点距地面350公里，卫星轨道倾角63°，运行周期5400秒，运行18天后回收种子。

2006年"实践八号"育种卫星将"福01""福02""福03""亚恢627""5HNB208""5HNB218""福恢653（制5）""制6""8L124"等9份材料750.9克，由长征二号丙运载火箭于9月9日发射，9月24日返回，卫星运行近地点和远地点分别距地面187公里和463公里，共运行15天（355小时）后回收种子。

3. 福建水稻航天诱变育种材料的选育经过

1996 年 11 月，通过返回式卫星空间搭载的恢复系"明恢 81"、"明恢 82"和"明恢 86"在海南岛三亚藤桥南繁育种基地进行种植，当代的航天种子和原亲本比较，株叶形态几乎没有差别，结实率、穗型、米粒也没有变化，分离很不明显。次年又将海南岛收获到的种子在福建省农业科学院水稻研究所农场种植第二代，结果还是很不理想。于是谢华安、王乌齐等所里一批资深的育种家开展了一系列讨论，认真阅读了有关国内外航天育种现状的报道，分析了航天诱变育种的机理，决定将这批种子的繁育进行到底。

在南繁育种基地种植第三代时，发现航天诱变过的"明恢 86"的后代开始出现分离，且分离很明显（见图 9）。主要表现在：植株高度比原亲本明显变高或变低，一部分植株的叶片也明显变小、变平展，分蘖力变强，产量优势增加，千粒重略小，穗粒数增加，分离类型丰富。于是育种技术人员重点选择穗型大、结实率高、株叶形态好、抗倒性好、米质较"明恢 86"

图 9   "明恢 86"卫星搭载后的变异株

优、不同形态的优良单株，收获了 97 个单株。按系谱法连续在福州和海南等不同生态环境条件下进行培育选择，同时在稻瘟病重病区进行抗瘟性鉴定筛选，选择经济性状优良、抗瘟性强的单株进行定向培育。于 1998 年冬季获得代号为"RH77"的优良株系，定名为"航 1 号"；2001 年冬季又获得代号为"gk239"的优良株系，定名为"航 2 号"。遗憾的是通过卫星搭载进行航天诱变后的"明恢 81"后代基本上没有变化，而"明恢 82"从第三代就开始出现白化苗，不过"航 86"的出现还是为育种人员提供了一系列宝贵的种质资源。"航 1 号"与"明恢 86"主要农艺性状比较见表 1。

表1 "航 1 号"与"明恢 86"主要农艺性状比较

性状	"明恢 86"	"航 1 号"	"航 1 号"与对照"明恢 86"的差异
播始期（天）	95	100	＋5
株高（cm）	110	115	＋5
剑叶长宽	短、稍宽	长、稍窄	稍有差异
丛有效穗（穗）	8.2	9.6	＋1.4
穗长（cm）	26.0	27.5	＋1.5
总粒数（粒）	143.5	140.5	－3（相当）
实粒数（粒）	125.4	120.8	－4.6（相当）
结实率（%、个百分点）	87.4	86.0	－1.4
千粒重（g）	30.0	29.0	－1
抗稻瘟病	中抗	中抗	相当
抗稻飞虱	中抗	中抗	相当
谷粒长（cm）	0.9701	1.0135	＋0.0434
谷粒宽（cm）	0.3084	0.2948	－0.0136
谷粒长宽比	3.15	3.44	＋0.29

4. 福建航天诱变水稻新恢复系创制及品种选育

（1）恢复系"航 1 号"及品种选育

1996 年用三系籼型强恢复系"明恢 86"干种子进行卫星搭载航天诱变试验，1997 年春季种植，后代出现分离。选择株叶形态好、穗型大、结实率高、抗倒伏、米质较"明恢 86"好、形态类型各异的优良 SP_1 代单株 97 株留种。从 SP_2 代起在福建福州、南靖、上杭和海南等不同生态环境条件下按系谱法进行株系选择和稻瘟病抗性鉴定筛选，选择经济性状优良、抗瘟性强的单株进行定向培育，于 1998 年获得了代号为"RH77"的优良株系，1999 年定名为"航 1 号"。利用恢复系"航 1 号"配组先后育成"特优航 1 号"、"Ⅱ优航 1 号"、"谷优航 1 号"和"毅优航 1 号"等杂交水稻新品种通过省级或国家品种审定。其中，"特优航 1 号"先后通过了福建省（闽审稻 2003002）、浙江省（浙审稻 2004015）、国家（国审稻 2005007）和广东省（粤审稻 2008020）品种审定，该品种自育成以来累计推广超过 475 万亩。"Ⅱ优航 1 号"先后通过福建省（闽审稻 2004003）和国家（国审稻 2005023）品种审定，该品种自育成以来累计推广超过 1040 万亩。此外，利用"航 1 号"还配组育成"谷优航 1 号""毅优航 1 号"，分别通过湖北省（鄂审稻 2007025）和广西壮族自治区（桂审稻 2010004 号）品种审定。

（2）恢复系"航 2 号"及品种选育

1996 年将籼型强恢复系"明恢 86"干种子通过返回式卫星进行空间搭载试验，同年冬季在海南单本种植 SP_1 代，成熟混收 SP_1 代种子，于 1997 年夏季在福州种植 SP_2 代，后代分离类型丰富，重点突出，选择株叶形态好、穗型大、结实率高、抗倒伏、米质较"明恢 86"好、形态类型不同的优良单株，从 SP_3 代起株系种植，按系谱法在福州和海南等不同生态环境条件下进行培育选择，同时在稻瘟病重病区进行抗瘟性鉴定筛选，选择经济性状优良、抗瘟性强的单株进行定向培育。于 2001 年冬季获得了代号为"gk239"的优良株系，定名为"航 2 号"。利用"航 2 号"配组育成了"Ⅱ优航 2 号""特优航 2 号""两优航 2 号"等品种通过省级或国家品种审定。其中，"Ⅱ优航 2 号"先后通过安徽省（皖品审 06010497）、福建省（闽审稻 2006017）、国家（国审稻 2007020）品种审定和贵州引种（黔引稻 2008012 号），该品种自育成以来累计推广超过 331 万亩。"特优航 2 号"通过福建（闽审稻 2007026）品种审定，该品种自育成以来累计推广超过 49 万亩。"两优航 2 号"先后通过湖南省（湘审稻 2006043）、福建省（闽审稻 2008024）、云南省红河州［滇特（红河）审稻 2008008 号］和云南省文山州［滇特（文山）审稻 2009004 号］品种审定，该品种自育成以来累计推广超过 48 万亩。

（3）恢复系"福恢772"及品种选育

2006 年冬，将进行航天搭载辐射的材料"福恢 653（制5）"，在海南种植 1000 株，次年选择优异性状单株 502 株。2007 年在建阳种植 SP_2 代，按系谱法选择农艺性状优良的单株，于当年冬天在海南种植 SP_3 代，选择株叶形态好、生长量大、植株高大、结实率高、米质优、转色好的优良单株留种。2008 年在建阳种植 SP_4 代，同时在龙岩市上杭县稻瘟病重病区进行抗瘟性鉴定筛选，选择综合性状优良、抗瘟性好的单株留种加代，同时对优良单株用"广抗 13A"等不育系进行测产。2008 年冬在海南种植 SP_5 代，进行生产力测产，代号"HT7072"株系表现突出，将其定名为"福恢 772"。利用"福恢 772"与"广抗 13A"配组育成的"广优 772"于 2015 年通过福建省品种审定（闽审稻 2015005）。

（4）恢复系"福恢673"及品种选育

1996 年将籼型强恢复系"明恢 86"干种子通过返回式卫星进行空间搭载，同年冬季在海南单本种植 SP_1 代。1997 年春季选择其作母本与"台农 67"杂交，同年夏季在福州种植 F_1 代，成熟混收 F_1 代种子。1998 年春季在海南从 F_2 代分离的类型丰富的材料中，选择偏籼型的优良单株，再与恢复系"N175"复交。以后各世代按照育种程序进行系谱法选育，同时在自然稻瘟病区鉴定筛选，对后代所获得的优良单株连续多年在福建福州、上杭茶地和海南等不同生态条件下反复加代定向培育和逐代稳定，于 2002 年晚季育成了配合力好、恢复力强、综合性状稳定的材料，将其定名为"福恢 673"。利用"福恢 673"配组育成"宜优 673""川优 673"等 12 个品种，均通过省级或国家品种审定。其中，"宜优 673"先后通过福建省（闽审稻 2006021）、广东省（粤审稻 2009041）、国家（国审稻 2009018）和云南省（滇审稻 2010005 号）品种审定，该品种自育成以来累计推广超过 800 万亩。

（5）恢复系"福恢148"及品种选育

1996 年将籼型强恢复系"明恢 86"干种子通过返回式卫星进行空间搭载，同年冬季在海南单本种植 SP_1 代。1997 年春季选择其作母本与"台农 67"杂交，同年夏季在福州种植 F_1 代，成熟混收 F_1 代种子。1998 年春季在

海南从 F_2 代分离的类型丰富的材料中，选择偏籼型的优良单株，再与恢复系"多系1号"复交。以后各世代按照育种程序进行系谱法选育，同时在自然稻瘟病区鉴定筛选，对后代所获得的优良单株连续多年在福建福州、上杭茶地和海南等不同生态条件下反复加代定向培育和逐代稳定，于2000年晚季育成了配合力好、恢复力强、综合性状稳定的材料"SR148"，将其定名"福恢148"。利用"福恢148"配组育成"Ⅱ优航148"（闽审稻2005004）、"谷优航148"（国审稻2009037）、"内优航148"（闽审稻2008010）、"野香优航148"（闽审稻20170020）等4个品种，均通过省级或国家品种审定。其中，"Ⅱ优航148""内优航148""野香优航148"等品种，自育成以来分别累计推广超过26万亩、10万亩和11万亩。

（6）恢复系"福恢936""福恢623""福恢202""福恢270""福恢667""福恢2075""福恢2165"及品种选育

①恢复系"福恢936"及品种选育

1996年将籼型强恢复系"明恢86"干种子通过返回式卫星进行空间搭载，同年冬季在海南单本种植 SP_1 代。1997年春季选择其作母本与"台农67"杂交。1998年春季在海南选择 F_2 代植株中偏粳型材料与恢复系"CDR22"复交，后代在海南和上杭茶地自然稻瘟病区进行鉴定筛选，选择株叶形态好、穗大粒多、着粒密和超亲优势明显的单株，对所获得的优良单株连续多年在福建福州和海南两地反复加代定向培育，在低世代对各入选优良株系在稻瘟病重病区自然条件下进行抗瘟性选择，结合外观品质，选留抗稻瘟病、外观品质好的优良单株、株系，到中、高世代在肥力中上环境下培育，保留耐肥抗倒、抗病性好的优良株系，测交筛选和逐代稳定。于2001年晚季育成了比"Ⅱ-32A"等不育系恢复力强、配合力好、综合性状稳定的材料"ga252"，将其定名为"福恢936"。"福恢936"与"Ⅱ-32A"配组育成的"Ⅱ优936"于2005年通过了福建省品种审定（闽审稻2005005），该品种自育成以来累计推广超过24万亩。

②恢复系"福恢623"及品种选育

将经卫星搭载的"明恢86"与"台农67"杂交，再与"8L124/明恢

63"复交,通过八代系统选择育成"福恢623"。"福恢623"与"Ⅱ-32A"配组育成的"Ⅱ优623"先后通过福建省(闽审稻2006G01)、国家(国审稻2007019)和云南省普洱市[滇特(普洱)审稻2009024号]品种审定,该品种自育成以来累计推广超过13万亩。

③恢复系"福恢202"及品种选育

2003年11月,将"Ⅱ-32B"干种子通过返回式卫星进行空间搭载。2005年春在海南获得了厚叶、半矮秆的突变株,选择"明恢86"进行杂交,同年夏季在福建建阳种植F_1,再与"明恢82"进行复交。2006年春季在海南种植复交F_1,按系谱法进行株选,至2008年春在海南选择具有优良性状的单株与不育系测交,选择株叶形态好、生长量大、植株高大、结实率高、米质优、转色好的优良单株留种。2008年在福州选择了编号为"KZR20"的单株,重点与"天丰A""泰丰A"等测交,2009年选择小区测交表现最好的"K202"和"泰丰A"等不育系少量制种,将恢复系定名"福恢202"。"福恢202"与"泰丰A""元丰A"配组育成的"泰优202"(闽审稻2016001)和"元优202"(闽审稻2016005)于2016年通过福建省品种审定。

④恢复系"福恢270"及品种选育

将经卫星搭载的"明恢86"与"台农67"杂交,再与"AL234"复交,连续多年在福建福州、建阳、上杭茶地和海南等多地反复加代定向培育和逐代稳定,育成了恢复系定名为"福恢270"。"福恢270"与"Ⅱ-32A"配组育成的"Ⅱ优270"通过了江西省品种审定(赣审稻2006014)。

⑤恢复系"福恢667"及品种选育

2002年晚季,在福建福州选择"大粒香-15"作母本与自育的恢复系"航1号"进行杂交,2003年春季在海南种植杂交F_1代,并选择其作母本与恢复系"蜀恢527"进行复交,同年晚季在福建福州种植复交F_1,表现前期株叶繁茂,粗秆大穗,结实率高,杂种优势明显,成熟混收种子。2003年冬季在海南种植F_2代群体1000株,性状分离类型丰富,从中选择株叶形态好、结实率高、抗逆性强、后期转色好的146个优良单株留种。后代按系谱

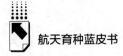
法选留株叶形态好、茎秆粗壮、穗大粒多、结实率高、成熟转色好的优良单株，连续多年在福建福州、建阳、上杭茶地和海南等多地反复加代、定向培育和逐代稳定，育成了强恢复系定名为"福恢667"。"福恢667"与"广占63－4S""民源A"配组育成的"两优667"（闽审稻2013004）和"民优667"（闽审稻20170021）通过福建省品种审定。

⑥恢复系"福恢2075"及品种选育

"福恢2075"是2003年春季在海南用恢复系"制8"作母本，恢复系"航1号"作父本杂交，秋季用其F_1作父本与"蜀恢527"杂交，后代在稻瘟病重病区自然诱发筛选，经多年多点加代定向培育而成。"福恢2075"与"天丰A"配组育成的"天优2075"通过了国家品种审定（国审稻2012009）。

⑦恢复系"福恢2165"及品种选育

以优质抗病常规稻"华航丝苗"作母本，与强恢复系"明恢86"作父本杂交，再选择强恢复系"蜀恢527"进行复交，后代经多年在福建上杭茶地、将乐黄潭等自然稻瘟病区和福建省农业科学院植物保护研究所室内等地进行稻瘟病抗性鉴定筛选，选留的优良单株连续多年在福建沙县、海南两地反复加代定向培育和逐代稳定，于2010年育成了株叶形态好、配合力强、中抗稻瘟病、米质优的恢复系，定名为"福恢2165"。"福恢2165"与"泰丰A"配组育成的"泰优2165"通过福建省品种审定（闽审稻20180016）。

利用航天诱变优异材料复合杂交育成的恢复系及亲本来源见表2。

表2　利用航天诱变优异材料复合杂交育成的恢复系及亲本来源

恢复系名称	亲本来源
"福恢148"	"航86"/"台农67"//"多系1号"
"福恢623"	"航86"/"台农67"//"8L124"/"恢63"
"福恢936"	"航86"/"台农67"//"CDR22"
"福恢270"	"航86"/"台农67"//"AL234"

恢复系名称	亲本来源
"福恢673"	"航86"/"台农67"//"N175"
"福恢202"	"Ⅱ－32B航"/"明恢86"//"明恢82"
"福恢667"	"大粒香－15"/"航1号"//"蜀恢527"
"福恢2075"	"蜀恢527"//"制8"/"航1号"
"福恢2165"	"华航丝苗"/"明恢86"//"蜀恢527"

5. 航天育种及相关领域的成果

（1）航天育种技术创新杂交水稻优异种质及其应用

由谢华安研究员主持，福建省农业科学院水稻研究所承担完成的"航天育种技术创新杂交水稻优异种质及其应用"成果获2011年度福建省科技进步一等奖（见图10）。

图10 1997年谢华安院士在海南育种基地查看航天搭载处理稻株

自1996年起，福建省农业科学院水稻研究所利用航天空间诱变技术开展了卫星搭载材料选择、空间诱变后代材料的筛选与创新利用及新品种选育

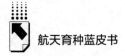

等方面的航天育种研究与应用工作。提出了航天搭载水稻恢复系类型的选择策略，创制出杂交水稻优异种质"航1号""航2号"恢复系，组配了强优势超高产系列杂交水稻新组合"特优航1号""Ⅱ优航1号"等7个新品种16次通过各级品种审定，其中"特优航1号""Ⅱ优航1号""Ⅱ优航2号"通过国家品种审定。

首次采用航天诱变优异材料导入粳稻血缘的复合杂交技术。育成的"福恢623""福恢148""福恢936"等优良恢复系，配组6个新品种通过各级品种审定。其中"Ⅱ优623"和"谷优航148"通过国家品种审定。首次将利用航天育种技术育成的强再生力的杂交稻应用于再生稻高产栽培研究中。其中，"Ⅱ优航1号"首创再生稻两季百亩连片平均单产最高纪录，是我国第一个利用航天育种技术育成的百亩连片亩产超过900公斤的杂交稻品种。并应用SSR分子标记提供了航天育种技术创新种质的分子证据。利用航天育种技术育成的新品种累计推广1315万亩，加上再生稻新增效益，合计新增社会经济效益11.158亿元。

（2）优质香型超级稻"宜优673"选育与应用

由黄庭旭研究员主持，福建省农业科学院水稻研究所承担完成的"优质香型超级稻'宜优673'选育与应用"成果获2014年度福建省科技进步一等奖（见表3）。

表3　福建水稻育种成果

获奖时间	获奖成果名称	完成单位	主要完成人	奖励名称与等级
2012年4月	航天育种技术创新杂交水稻优异种质及其应用	福建省农业科学院水稻研究所	谢华安、王乌齐、陈炳焕、黄庭旭、郑家团、肖承和、张海峰、杨东、张水金、杨惠杰	2011年度福建省科技进步一等奖
2015年2月	优质香型超级稻"宜优673"选育与应用	福建省农业科学院水稻研究所	黄庭旭、谢华安、游晴如、黄达彪、张海峰、郑家团、杨东、涂诗航、张水金、马宏敏	2014年度福建省科技进步一等奖

该成果以遗传育种学为原理，从 1996 年起，历经十七年，利用空间搭载后的"明恢 86"的 SP_1 代植株作亲本，适当导入粳稻成分，再用复合杂交育种方式，进行水稻优异新种质创制。对后代材料进行稻米品质和稻瘟病抗性鉴定筛选，采取配合力耐肥抗倒同步测定的技术路线，以水稻品种的香味、优质、大粒和丰产性状筛选为目标，培育出优质、高产、抗病、适应性广的杂交香稻"宜优 673"新品种并在推广应用与开发等方面取得显著成效。经专家评审，该成果技术先进，创新性强，社会经济效益显著，成果达到国内外同类研究领先水平。"宜优 673"是集高产、抗瘟、优质和适应性广于一体的杂交水稻新品种，先后通过福建省、广东省、国家和云南省品种审定，于 2012 年被农业部确认为超级稻品种，2010～2014 年连续五年被农业部列为全国主导品种，也是福建省首个品质最优的香型超级稻品种，2008 年成为福建省主推品种，2012 年成为福建省晚稻区试对照品种。福建省区试产量比对照增加 6.81%，云南省区试平均产量比对照增加 12.7%；云南百亩示范方平均亩产达 1005.85 公斤。在国家和福建、广东、云南区试中，抗瘟性均强于对照。"宜优 673"的育成突破性地解决了杂交水稻中的优质与大粒、优质与高产、优质与抗病难以兼得的问题，是福建省首个具有自主知识产权且米质指标达部颁二等食用籼稻品种品质标准（12 项米质指标中，9 项达一级，3 项达二级）的杂交香稻，是福建省第三届优质晚稻新品种，获福建省首届优质粥米暨再生稻米金奖。"宜优 673"在历届福建省优质稻评选出的优质杂交稻品种中，是连续 7 年（2007～2013 年）年推广面积最大、累计推广面积最多、效益最显著、成效最好的品种。该品种聚合了双亲的 ALK 和 Wx 的优质等位基因，控制粒宽和粒重的 GW2 等位基因及控制粒长、粒重 GS3 主效数量性状基因（QTL），抗稻瘟病 Pib 和 Pita 基因，因此"宜优 673"同时具有高产、优质、抗病的特性，千粒重达 31 克且米质达部颁二级。2006～2013 年在全国累计推广 848.21 万亩，增创社会经济效益 6.66 亿元。其中福建省累计推广面积 453.72 万亩，创社会经济效益 3.74 亿元，2013 年推广面积达 110.19 万亩，居全省杂交水稻品种第一位。

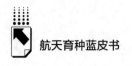

三　航天育种在河南省的应用和发展

小麦的航天育种

雷振生 *

1. 概述

利用返回式卫星等航天工具将农作物种子、组织、器官或生命个体等诱变材料搭载到 200～400 公里的高空，诱变材料会受到空间宇宙射线、微重力、高真空、强辐射和交变磁场等的影响，在宇宙空间特殊环境诱变因子复合作用下，生物的遗传物质发生变异，经地面种植会在形态学、物候期、细胞学、生理生化和基因方面发生明显的变化。这种变化主要有两种类型：一种是生理性变异，另一种是遗传性变异。生理性变异仅仅在处理当代产生变异，在后代中就消失；遗传性变异一旦获得就不容易消失，这种由基因突变而引起的变异在后代中能稳定遗传。然而这些变异既有良性变异，也有不利的变异，人们可以根据需要选择相应的性状进行保留和利用。宇宙空间条件不仅能使农作物农艺表型性状发生变异，而且能使其品质和抗病性等产生变异。[41-44]与常规育种相比，航天育种具有常规辐射诱变育种所不具备的特点，具有出现特异突变的概率大、诱变频率高、生理损伤轻和育种周期短等明显的自身优势和特点。航天育种是农作物新品种选育的又一有效手段。[45-48]

20 世纪 60 年代起，苏联、美国和德国等就开始利用卫星和空间实验站研究植物在空间条件下的生长发育和遗传变化等。利用诱发突变技术能够诱发各种有用的突变基因，产生自然界稀有的或用一般常规方法较难获得的新类型、新性状、新基因。引起诱变的主要因素有微重力和太空辐射。霍内克（G. Horneck）研究认为，太空辐射主要导致作物遗传物质的损伤，诸如突

---

* 雷振生，河南省农业科学院小麦研究所研究员，所长，中国优质小麦产业技术联盟理事长，国家小麦工程实验室副主任，河南农业大学博士生导师。

变、染色体畸变、细胞失活、发育异常等。阿尼基耶娃（Anikeeva）等认为微重力能够干扰脱氧核糖核酸（DNA）的损伤修复系统，抑制 DNA 损伤的修复，增加植物对其他诱变因素的敏感性，加剧生物变异，提高变异率。

1987 年 8 月 5 日，中国科学院遗传研究所（现中国科学院遗传与发育生物学研究所）蒋兴邨等首次利用返回式卫星将农作物种子带到太空，并在后代种植中发现了遗传变异，开启了我国航天诱变农业生物育种的探索。[49,50] 经过几十年的发展，我国在航天育种研究领域已与国际原子能机构（International Atomic Energy Agency，IAEA）、亚洲核合作论坛（Forum for Nuclear Cooperation，FNCA）、韩国、澳大利亚、美国和英国等国际组织与国家进行了合作与交流，促进了航天育种技术的传播。2019 年 7 月 22 ~ 25 日，第一届亚太植物诱变育种协作网研讨会在中国成功召开。成立的区域协作网旨在提高地区植物诱变育种效率，推动诱发突变技术在粮食和农业领域的技术交流与合作，促进区域农业可持续发展。

我国利用航天诱变技术进行育种应用已取得了大量突破性的成果和令人瞩目的成就，航天诱变技术日渐成为作物新品种培育的重要途径[41]。在小麦育种方面，育成了"郑航 1 号""太空 5 号""太空 6 号""龙辐麦 15""龙辐麦 17""航麦 96"等小麦品种，并对一些主要农艺性状的变异规律进行了研究。[51-57]

随着高通量测序、基因芯片、蛋白质组学以及分子标记技术的快速发展和应用，航天诱变研究已从表型鉴定、评价和利用，逐步发展到对诱变后代进行分子鉴定、变异特征和遗传规律分析、主效基因克隆和功能解析等诱变机理的研究。[58-62] 蒋云等利用内简单重复序列（Inter-Simple Sequence Repeat，ISSR）分子标记技术研究空间环境诱变对小麦分子水平变异的影响，发现不同小麦基因型对空间环境诱变的敏感性存在明显的差异，与野生型相比，突变系在多个位点发生了 DNA 水平上的改变，说明空间环境诱变引起了小麦分子水平的变异。[63] 曹丽等从筛选到的小麦矮秆突变体DMR88 - 1 基因组中扩增出了特异 SSR 序列并进行了功能注释，探讨了空间环境诱变后小麦株高变异的分子机理。[64]

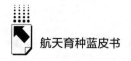

在小麦诱变育种中较多应用辐射育种的河南省科学院同位素研究所，在小麦航天育种方面也取得了丰硕的成果，育成了"豫同号"系列小麦品种。其中，利用航天搭载诱变筛选出"周麦18"的高产、矮秆突变系"豫同194"和"矮抗58"的矮秆、早熟、高产、配合力强的突变系"豫同198"。利用"豫同194"与"豫麦34-6"配制杂交组合，按系谱法选育出了高产、稳产的小麦新品种"郑品麦24"，通过第八届河南省品种审定。利用"豫同198"与"周麦18"配制杂交组合后系统选育出小麦新品种"豫丰11"，通过第四届国家品种审定。以"豫麦57"为材料，通过辐射诱变和太空搭载培育出高产、稳产、抗逆和广适性的小麦新品种"富麦2008"，该品种与原始亲本相比，黑胚率显著降低，综合抗性、落黄等性状得到明显改善，2005~2007年在黄淮南片累计示范种植120万亩，平均单产达到550公斤/亩，且出现多个650~700公斤/亩的高产典型。[18]

河南省农业科学院小麦研究所作为较早利用航天诱变技术探索航天诱变效果、培育小麦新品种的单位之一，与中国科学院遗传研究所、中国农业科学院作物科学研究所等单位合作，育成了若干小麦新品种和一批育种新材料。其中，于1991年，与中国科学院遗传研究所、中国航天工业总公司航天育种中心（现中国航天科技集团有限公司）等单位合作进行返回式卫星搭载小麦材料试验，通过对搭载的小麦材料进行地面田间的种植和选择，调查与分析空间环境对小麦的诱变效应，获得了一些初步的研究结果，相关结果分别在《空间科学学报》《华北农学报》《核农学报》等刊物上发表，为小麦航天育种技术的发展提供了理论依据和参考。同时，育成"太空5号""太空6号""郑麦3596""郑麦314"等一批优质高产小麦新品种，并在生产上大面积推广种植，其中"太空5号"于2002年通过河南省品种审定，是我国采用航天育种技术最早育成并通过审定的小麦新品种。育成的一批各具特色的育种材料，为促进我国小麦增产和提升品质、优化产业及产品结构以及丰富我国小麦种质资源做出了积极贡献。以"太空5号""太空6号"为核心品种完成的成果"'太空6号'等航天诱变系列小麦新品种选育及其产业化"获得2010年度河南省科技进步二等奖；以"郑麦3596""郑麦

314"为核心品种完成的"优质强筋小麦新品种'郑麦3596'等的选育及产业化"获得2017年度河南省科技进步二等奖。此外，总结多年来的航天诱变育种实践，结合育种实际，已初步构建出了一套集航天诱变技术、常规品种选育技术及品质分析检测技术于一体的航天诱变育种技术体系。

2. 航天诱变技术育成品种

河南省农业科学院小麦研究所与中国农业科学院、中国航天工业总公司航天育种中心等单位合作进行返回式卫星搭载小麦材料试验多年，育成"郑航1号"、优质弱筋小麦新品种"太空5号"、面条专用型小麦新品种"太空6号"，以及优质、多抗、高产小麦新品种"郑麦3596""郑麦314"等，累计推广面积4000多万亩，产生了良好的社会经济效益。

（1）"SP－B44"

河南省农业科学院小麦研究所于1991年利用卫星搭载"豫麦13号"作为诱变材料进行航天诱变，与传统育种技术相结合，经三代选择，选出了苗头品系"SP－B44"。1995～1996年参加多点品比试验，平均亩产389.2公斤，比"豫麦2号"增产9.0%。该品系比原"豫麦13"抽穗期、成熟期提早1～2天，穗子增大，成穗数提高，丰产性更好，但抗倒伏稍差。[51,52]

（2）"太空5号"

"太空5号"是河南省农业科学院小麦研究所将航天诱变育种技术与传统育种技术相结合，于1996年10月20日，利用返回式卫星搭载"豫麦21"为诱变材料，经多年选择育成的优质弱筋抗病丰产小麦新品种。

1996年，河南省农业科学院小麦研究所将"豫麦21"种子通过搭载返回式卫星进行太空诱变处理。1997年将收获的SP$_1$代单穗，经田间选择和室内考种筛选，选出优选穗系进行系列选育鉴定，选育出"太空5号"。[53]

"太空5号"两年河南省信阳组区试产量平均较对照"豫麦18"增产3.81%，省生产试验一个年度较对照"豫麦18"减产不显著，另一个年度较对照增产5.33%，表现出较好的产量优势。该品种的突出特点是各项品质指标均达到国标优质弱筋小麦标准，2002年9月通过河南品种审定，并

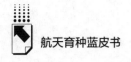

于 2002 年 12 月获国家"十五"新品种后补助二等奖。该品种品质突出，可作为加工制作优质饼干、糕点的专用小麦粉，累计推广种植面积 600 多万亩，产生了可观的社会经济效益。

（3）"太空 6 号"

"太空 6 号"是河南省农业科学院小麦研究所将航天诱变育种技术与传统育种技术相结合，于 1996 年 10 月 20 日，利用返回式卫星搭载"豫麦49"为诱变材料，经太空突变后连续多年选择育成的高白度、淀粉糊化特性好的面条用小麦品种，[54] 于 2003 年 9 月通过河南省品种审定。

该品种两年河南省高肥春水组区试产量平均较对照"豫麦 18"增产3.65%，省生产试验平均较对照"豫麦 18"增产 1.98%，其中北部点平均较对照增产 5.41%，表现出较好的产量优势。"太空 6 号"不但在产量方面有所突破，关键是其面粉白度高且稳定，制成的面条色泽白亮，面条总评分达 86.1 分，居较高水平；淀粉糊化特性中的峰值黏度达优质面条品质标准[54]。由于该品种品质突出，深受大众的喜爱，累计推广种植面积 1500 多万亩，可作为加工高档面条、方便面等的专用小麦粉，产生了可观的社会经济效益，而且对面粉加工企业、食品行业提高产品档次、改进产品质量，以及推动行业技术进步起到了重要作用。

（4）"郑麦 3596"

"郑麦 3596"是河南省农业科学院小麦研究所将航天诱变育种技术与传统育种技术相结合，于 2003 年利用返回式卫星搭载"郑麦 366"种子 5000粒为诱变材料，2004 年将收获的 3952 份 SP$_1$ 代变异材料在河南省农业科学院（郑州）、安阳农业科学研究所、许昌农场和黄泛区农业科学研究所等 4地点继续进行鉴定选育，其中"SP3596"与"郑麦 366"相比表现为叶色深绿、穗大、千粒重高 3～5 克、较耐纹枯病，被作为重点选拔材料（该品系在 2007 年和 2008 年的两年度品比试验中均居首位。2007～2009 年度进行多点试种，均比对照"郑麦 366"增产 10% 以上），经太空突变后连续多年选择育成的优质强筋小麦品种，于 2013 年 12 月通过河南省品种审定。

农业部农产品质量监督检验测试中心（郑州）检测，"郑麦 3596"河

南省冬水组区试混合样品主要品质指标均值达到国家优质强筋小麦标准
（GB/T17302-2013）。抗病性鉴定表明："郑麦3596"中抗条锈病、白粉
病，中感纹枯病、叶锈病，与其诱变亲本"郑麦366"相比，"郑麦3596"
在纹枯病、叶锈病抗性方面有明显提升；含有Rht-D1b矮秆基因，株高76
厘米左右，抗倒性好；成穗率高；籽粒均匀饱满，角质率高，商品性好。
2011~2012年河南省冬水组区试平均亩产508.1公斤，与高产对照品种
"周麦18"产量持平。在大面积生产中，"郑麦3596"百亩示范方平均亩产
达693.6公斤，是强筋小麦的高产典型。

（5）"郑麦314"

"郑麦314"是河南省农业科学院小麦研究所利用"豫麦13"空间诱变
的后代材料"SP94540"作亲本之一，经连续多年系谱法选择育成的高产多
抗小麦新品种，于2014年12月通过河南省品种审定。

2009~2010年度两年河南省信阳组区试平均亩产378.6公斤，比对照
品种平均增产5.46%。2012~2013年参加河南省水地信阳组生产试验，在
信阳市罗山县稻茬麦区万亩高产示范方生产中，"郑麦314"平均亩产达
501.5公斤，是南部稻茬麦区的高产典型。

农业部农产品质量监督检验测试中心（郑州）检测，"郑麦314"河南
省信阳组区试混合样品主要品质指标均值达到国家中强筋小麦标准，适宜加
工优质面条、饺子、馒头。区试病害鉴定结果表明，"郑麦314"中抗条锈
病，中感叶锈病、纹枯病和白粉病。苗期抗病性鉴定显示，"郑麦314"是
参加2009~2012年河南省区试的412个品种中，对我国流行的强毒性白粉
病小种E09和E20均表现抗性，并通过审定的3个品种之一。此外，其含
有Rht-D1b矮秆基因，株高72厘米左右，茎秆弹性好；冬季抗寒性好，受
春季低温影响较小；成穗率高；籽粒半角质，黑胚少。

（6）"富麦2008"

"富麦2008"是河南省科学院同位素研究所利用^{60}Coγ射线（剂量10戈
瑞）在开花期照射"豫麦57"盆栽植株，并将收获种子切分后进行太空搭
载，再经过地面就地加代和选育，成功培育的半冬性、多穗型、中早熟高

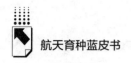

产、稳产、优质小麦新品种。参加国家和省级试验代号为"豫同 M023"，通过品种审定后定名为"富麦2008"。[65]

2003～2004 年在国家黄淮南片（冬水 B 组）小麦区试中，平均产量 569.1 公斤/亩，比对照"豫麦49"增产 4.45%，达到显著差异标准，其中最高产量为 707.0 公斤/亩。2004～2005 年平均产量 512.2 公斤/亩，比对照增产 3.51%，达显著水平。2005～2006 年生产试验，平均产量 498.7 公斤/亩，比对照增产 5.32%。2007 年 1 月通过国家品种审定。

2006 年 5 月 19 日，由河南省农学会和河南省科学院组织河南省有关专家在郑州西郊对河南东亚种业有限公司郑州试验站种植的 100 亩"富麦2008"种子繁殖田进行现场鉴定验收，平均产量 632.8 公斤/亩。2007 年 5 月 22 日由河南省农业厅组织有关专家对在商丘市夏邑县火店乡种植的 5000 亩"富麦2008"小麦示范田现场验收，平均产量 553.2 公斤/亩。2005～2007 年在黄淮南片 5 省示范种植"富麦2008"120 万亩。一般单产 550.0 公斤/亩，并且出现多个 650.0～700.0 公斤/亩的高产典型。

3. 空间环境对小麦诱变效应的研究

河南省农业科学院小麦研究所于 1992 年利用卫星搭载将"豫麦13"送入太空处理，对 SP_3 代 14 个品系的调查表明，株高、粒重、主穗小花数、叶长、叶宽、单株穗数和单株重均达显著水平，但是各品系内有关性状的变异系数与对照相近。通过选择，育成 1 个优于对照的品系"SP－B44"。不同材料对高空条件的反应不同，利用航天条件选育出的材料，性状变异明显，且在 SP_3 代基本稳定，为品种选育开辟了新的途径。[51,52]

选择当年大面积种植的 8 个冬小麦品种（系）"郑麦366""周麦18""新麦18""郑麦672""郑麦2062""邯郸6172""轮选987""济麦20"为诱变材料，于 2006 年 9 月 9 日，搭载"实践八号"育种卫星进行航天诱变，部分种子留作地面对照。返回后，河南省农业科学院小麦研究所对种子进行了种植及系列调查。调查结果表明，小麦种子经航天诱变后，后代在株高、株型、叶片大小、叶色、叶姿、抽穗期、穗型穗色、穗长、芒长、粒色、粒质及病害等方面均有突变，且品种不同突变表现各异。其中，在株高、叶色、穗长、产量性状、品质性状等方面的变异尤为突出[66]。"郑麦366"在叶色、旗叶大小、穗型等方面变异较多，其典型穗型变化见图11。

图11 航天诱变材料"郑麦366"典型穗型变化

注：从左至右，1，对照；2和3，有分支；4，变青变大；5，蜡质变厚；
6，变为棒型穗；7，芒扭曲；8，穗小穗稀；9，变为短芒型。

4. 空间诱变育种技术体系的构建

空间诱变育种能产生自然界稀有的或用一般常规方法较难获得的新类型、新性状、新基因，获得对产量和品质影响大的罕见种质材料，其在有效创造特异突变基因资源和培育作物新品种方面已经显示出重要的作用。

将杂交与辐射诱变相结合进行小麦品种选育的实践结果表明，杂交与辐射诱变相结合可提高小麦育种成效，辐照小麦杂种能扩大后代的变异范围，产生新的微小变异，育成单纯杂交不能得到的新品种。将辐照杂种育种和单纯杂交育种同步进行，可以显著增加育成品种的机会。[67]鉴于此，空间诱变育种技术与常规育种相结合，并结合分子标记、品质测定等选择技术，创造优良资源材料，选育可大面积种植的优质、高产、高效小麦新品种、新材料，将是一条有希望的小麦育种新途径。因而，在品种选育工作中，在资源

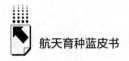

有限的条件下，以杂交育种等常规方法为主体，综合应用空间诱变育种等新技术和结合分子标记、品质测定等技术手段，可有效地突破产量潜力的屏障，实现优质、高产、高效、抗逆性协调改良的有机结合。

目前，河南省农业科学院小麦研究所经过多年的探索，已初步形成一套空间诱变育种与常规育种相结合的技术体系，见图12。

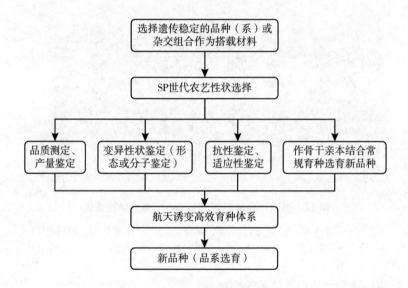

图12 诱变育种技术体系

其中，在早代进行田间农艺性状选择的同时，辅助进行品质测定及分子标记检测，这样可以提高育种效率，减少有利基因的丢失。具体到各个世代的品质测定及分子标记检测，可以用图13来展示。

5. 产业化应用情况

河南省农业科学院小麦研究所基于育成品种突出的品质优势，在推广种植优质品种过程中，逐步探索总结出了"科研单位＋企业＋合作社"的推广应用模式。以科研单位为技术依托，负责提供原种和技术服务；以粮食和加工企业为龙头，负责优质商品麦加价收购、贸易和加工；以农业专业合作社为载体，负责组织农户建立生产基地。各方互签合同，明确权益和职责，建立"利益共享、风险共担"的联合体，从而实现了优质麦生

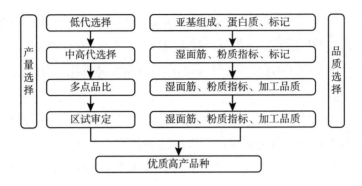

图13　各世代产量品质协同选择流程

产、收购、储藏、销售、面粉加工及食品生产的有效衔接，充分发挥了科研单位的技术服务作用和合作社的组织纽带作用，克服了企业与农户直接签"订单"生产规模上不去、不能实现成方连片种植和商品麦品质稳定性得不到保证的弊端，实现了企业增效、农民增收，产生了良好的社会经济效益。

6. 空间诱变育种的问题与展望

航天诱变产生的变异一般是可遗传的，并且在后代中会产生分离，多数分离类型通过后代的单株选择可以达到性状的基本一致。[43,68]有研究表明，航天诱变的一些突变性状在SP_3代便可稳定，这样可缩短育种年限、提高育种效率。不同品种表现出不同程度的开颖现象（相应的对照表现相对较轻），可能与航天诱变致使基因损伤、损伤基因修复能力有差异等因素有关，至于航天诱变对小麦农艺性状影响的机理有待做进一步深入的研究。

航天诱变后代品质性状的变异结果表明，航天诱变可以使小麦品质产生明显的变异。张宏纪等的研究结果表明，SP_3代决选株在硬度、蛋白质含量、面筋含量和沉降值等品质性状上存在明显差异，为小麦品质改良提供了选择空间。[69]王江春等的研究结果也表明，从空间诱变后代中可以有目的地选出淀粉组分和淀粉酶活性有差异的新种质。[70]由于品质方面的变化难以在田间根据表型进行鉴别，需要结合室内品质分析进行选择。因而，在育种过程

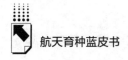

中，田间选择时应结合选育目标适当放宽选择压力，避免仅根据田间长相进行选择淘汰的筛选模式，不但要根据田间长相进行选择淘汰，还要与室内品质分析等选择手段相结合，以便选择出产量性状和品质性状协同提高的新品种或新种质。

目前我国作物航天育种的研究应用总体上还处在初级发展阶段，还有许多方面需要进一步研究和探讨，诸如建立和完善航天育种试验程序；结合现代生物技术和基因测序技术，阐明空间搭载诱变对植物 DNA 序列的效应；集成创新航天诱变育种关键技术实现产量与品质、抗逆性协调改良的高效诱变育种技术体系等，实现作物航天诱变育种关键技术的新突破和实用化。

四　航天育种在四川省的应用和发展

玉米航天诱变育种

曹墨菊　叶建荣

我国的植物航天诱变育种工作始于 1987 年，早期主要是通过返回式卫星等方式搭载植物材料，利用太空特殊的环境条件如高真空、超洁净、微重力、强辐射等综合因素诱发植物发生可遗传变异，为植物遗传改良和育种应用提供更多的优异资源。玉米航天诱变育种经过三十多年的发展，取得了一定的研究成果。

1. 搭载材料的选择

玉米航天诱变通常选用干种子进行搭载处理，处理材料的种子来源可分为自交系、杂交种、群体、综合种。从利用途径上来看，又可分为普通玉米、鲜食玉米和青贮玉米等。搭载处理方式则随着各单位选送搭载材料的年份不同而不同，通常是将拟搭载材料一分为二，一份进行航天搭载处理，另一份留在地面作为对照，待搭载处理材料返回后进行同步种植观察。总之，在航天诱变基础材料的选择上，应根据育种目标的不同，选用具有不同遗传基础和特点的种质作为诱变基础材料。以创制新自交系为目的，宜选用综合性状优良、遗传基础较为复杂的杂交种或群体作为诱变基础材料；以改良自交系为目的，宜选用综合性状优良、仅存在个别突出缺点的自交系作为诱变基础材料。

2. 搭载处理后代突变性状的筛选鉴定

对玉米太空诱变后代突变性状的选择应根据不同世代的遗传特点进行。SP_1代不选择，全部自交，SP_2代和SP_3代加大种植群体和选择压力，提高鉴定准确性，SP_4代和SP_5代采用自交与姊妹交结合，增加基因重组，聚集有利基因，SP_5代和SP_6代采用双列杂交设计，通过对主要农艺性状和产量性状进行配合力分析，提高对数量性状微效变异选择的准确性，及早确定其在育种上的应用价值。由主效基因控制的质量性状的变异宜在早期世代进行选择，而由微效基因控制的数量性状的变异宜在晚期世代进行选择。由隐性基因控制的变异通常在自交后代才能出现，所以需要自交纯合。对于诱变处理当代出现的变异，有观点认为是由生理损伤导致的，多数主张不进行选择，但其实对诱变处理当代出现的变异，也必须予以充分的关注，因为显性突变通常是在诱变处理当代就有表型。

目前通过航天诱变获得的玉米突变体，多数是在SP_2代、SP_3代出现新表型，这类性状主要是由主基因控制的质量性状，对于由微效多基因控制的数量性状则通常是在SP_4代、SP_5代以后得到选择。

3. 航天搭载处理的诱变效应

对于玉米航天搭载处理后代的诱变效应检测，不同研究人员从不同方面、利用不同技术方法进行了不同的研究探索。有些表型变异可以直接通过肉眼观察进行辨别，有些表型变异需要通过统计分析予以辨别和认定，而发生在细胞学水平或DNA水平的变异，则需要借助特定的技术或设备予以观察识别。四川农业大学玉米研究所分别于1994年、1996年、2003年及2006年先后4次选送多份材料进行航天搭载处理。荣廷昭等首先对诱变处理纯系的表型及同工酶谱进行了比较分析。[71]

对卫星搭载自交系"S37"后代的不同株系，利用双列杂交进行配合力分析，发现卫星搭载对部分性状的配合力会产生明显的影响，并就数量性状

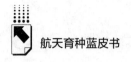

的多基因位点受诱变处理的影响进行了讨论。[73]

四川农业大学农学院通过航天搭载处理玉米自交系"698-3""K169" "K305"，并对其后代不同株系进行配合力分析，发现不同株系其后代的变异方向和变异谱存在差异。[111-114]

4. 航天诱变新材料的创制

（1）细胞核雄性不育

四川农业大学从太空诱变处理的"川单9号"后代选育出一份雄性不育突变体ms39，并对该突变体从遗传稳定性、不育类型、败育特征、可育株与不育株的形态差异、生理生化差异以及DNA水平的差异及遗传多样性等进行了系统分析。[72,75,77,78,80,81,83,95]同时利用分子标记技术对控制该不育性状的基因在不同定位群体中进行基因定位分析，将控制ms39不育性状遗传的基因定位在3号染色体。[74,76,78]通过扩大定位群体和不断开发新的分子标记，最终完成了ms39基因的精细定位和克隆，目前已确定了其关键候选基因为编码胼胝质合成酶的基因Cals12，[116]该研究于2018年获得国家自然科学基金面上项目资助。鉴于该不育突变体同时具有降低植株高度的作用，故同时对该不育突变体的株高进行比较分析和矮化基因的QTL定位等相关分析。[82,88,89]此外，研究团队利用基因编辑技术对ms39的关键候选基因进行了敲除实验，从其后代检测到11种编辑类型，将各种编辑类型与ms39突变体进行等位性分析，后代均出现不育表型，并且所有不育株的株高均低于正常可育株，由此可以说明这些编辑类型与ms39是等位的，因此明确了是编码胼胝质合成酶的基因Cals12的基因变异导致了ms39雄花败育的发生。同时进一步验证了该实验室之前发现的ms39不育突变体同时具有降低植株高度的作用，由此可以明确ms39的雄性败育与株高降低是由同一个基因突变所致。

此外，四川农业大学玉米研究所也从2006年搭载处理的玉米自交系中获得两份雄性不育突变体，不育突变体ms2015-1选自2006年"实践八号"搭载处理的"18-599"的后代，不育突变体ms2015-2则选自2006年"实践八号"搭载处理的"SCML203"（RP125）的后代。经过多年多点的鉴定及遗传分析，发现两份不育突变体均为细胞核雄性不育，且均受一对隐性核基因控制，利用分子标记技术分别将控制 ms2015 - 1 的不育基因定位在 6 号染色体上，控制 ms2015 - 2 的不育基因定位在 7 号染色体上，ms2015 - 2 花粉败育彻底，为无花粉型不育，而 ms2015 - 1 可形成花粉粒，但无淀粉积累，对此两份不育材料的基因定位和克隆研究仍在继续。

（2）细胞质雄性不育

四川农业大学玉米研究所从 2006 年的搭载处理材料中选育出 5 份细胞质雄性不育突变体，其中 SauS1 是从 2006 年搭载处理的"08 - 641"中选育而来，SauS2、SauS3 是从 2006 年搭载处理的"18 - 599"后代中选育而来，SauS4、SauS5 是从 2006 年搭载处理的"SCML203"（RP125）中选育而来。经育性恢保关系鉴定，并结合玉米 CMS - C、CMS - T 以及 CMS - S 的特异引物分析，最后明确了 SauS1、SauS2、SauS3 为玉米 CMS - C 型不育胞质[14]，SauS4 和 SauS5 为玉米 CMS - T 型不育胞质[118]。玉米细胞质雄性不育的成功选育充分证明了航天诱变不仅可以导致核基因组遗传信息发生改变，也可诱发细胞质基因组的遗传信息发生改变。

（3）叶色突变体

2015 年四川农业大学玉米研究所从"川单 9 号"处理后代中鉴定出一份苗期叶片黄化，后期返绿的叶色突变体 eal1，经过多组合杂交及遗传分析，发现该黄化转绿叶色突变体受一对隐性核基因控制，利用分子标记结合转录组分析将其定位在 4 号染色体上，通过对叶片的叶绿体进行亚细胞结构观察，发现转绿前后叶绿体的结构存在极其明显的差异，目前已完成该基因的精细定位和克隆。相关研究结果已发表在 2021 年的国际学术期刊 *Crop Journal* 上。该实验室在航天诱变处理纯系后代中还发现一份籽粒由黄变白的白粒突变体，有趣的是这个突变体的苗期叶片在一定条件下呈现斑马叶，进入拔节期后斑马叶可恢复为正常绿色。对此突变体的遗传分析表明，该变异受一对隐性基因控制，目前利用分子标记技术已将其定位在 2 号染色体上并完成其精细定位，且已经获得其关键候选基因，进一步的研究还在继续之中（见图 14、图 15）。

图 14　空间诱变获得的叶色突变体植株 eal1（苗期）

注：左侧为正常对照植株，右侧为苗期黄化成株期返绿突
变体 eal1。

图 15　空间诱变获得的叶色突变体植株 eal1（苗期和成株期）

注：左图为苗期照片，突变体（早期用 ysa 表示，后改为 eal1）与野
生型（WT）叶色差异明显；右图为成株期照片，返绿后的突变体与野生
型叶色无明显差异。

（4）矮化突变体

2015 年四川农业大学玉米研究所在"18－588"的太空诱变后代中还发现了一份矮化突变体 D2015，后改名为 Sil1，该矮化突变体与之前发现的矮化突变体（命名为"Sil2"）系等位突变，二者分别来自两个不同的突变事件，株型有一定差异（见图 16）。通过基因定位及克隆分析，首先将其定位在 1 号染色体上，后与定位于 1 号染色体上的矮化材料 Br2 进行等位性测定，发现二者具有等位性，通过克隆候选基因 Br2 并进行序列比较分析，发现突变体 Sil1 的发生源于在 Br2 基因内部有 1 个反转录转座子的插入，通过对 Sil2 的分子鉴定，发现其突变的发生与 Sil1 完全相同，相关研究结果发表于国际学术期刊 *Plant Cell Report* 上。[117]

图 16　空间诱变获得的矮化突变体植株 Sil1（右）和正常植株（左）

（5）雄花闭颖突变体

四川农业大学玉米研究所于 2015 年在太空处理自交系"RP125"诱变后代中鉴定出一份雄花闭颖突变体 cg1，该突变体雄穗于成株期无花药外

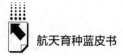

露,但花粉活性正常,通过人工剥颖获取花粉可受精结实,其他农艺性状无明显差异,遗传分析表明突变性状受单隐性核基因控制,利用分子标记技术将其定位于 9 号染色体上,目前已确定了其关键候选基因,该基因第一外显子区 5.1kb 的插入片段可能导致了突变表型的产生。2015 年在太空诱变后代中鉴定出一份玉米叶片早衰突变体 esl1,遗传分析表明早衰性状能够稳定遗传,受一对隐性核基因控制。通过分子标记技术将突变位点定位在 10 号染色体 0.8Mb 的物理区间内。

(6)其他新材料

四川省农业科学院生物技术核技术研究所玉米育种课题组选送了"X224"、"X2211"、"X968"、"X1132"、"616"、"X1318"、"X189"、"78599"、"1327"、"B116S6"和"48-2"共 11 份玉米自交系材料,2006 年通过"实践八号"育种卫星搭载开展航天诱变育种研究,在航天搭载材料后代中选育出卷叶突变新材料"SP50698"。"SP50698"系课题组用前期通过航天诱变得到的耐旱材料"SP698"与玉米自交系"5003"杂交后通过二环系法选育而成的新材料。由于"SP698"与"5003"均不具有叶片卷曲的特性,而该材料叶片高度卷曲,可以推测该性状是突变基因重组的表现。经 DNA 序列比对可以确认,该卷叶基因与前人报道的禾本科卷叶基因不同,还在进行后续研究。在农艺性状方面,"SP50698"高抗叶斑病、高抗穗粒腐病且抗旱性优,与 PB 类种质配合力优。育成的矮穗位突变新材料"SP7899"系课题组前期以"18-599"为基础材料,经航天诱变后采用系谱法连续自交十代选育而成。该突变体具有穗位低(平均穗位 30 厘米左右)、抗倒伏能力强、结实习性好的特点。前期研究结果表明,该突变体属于胞质互作遗传、多基因控制的显性突变;其一般配合力与野生型"18-599"相当;该突变材料幼胚愈伤组织分化率高,是用作幼胚组织培养的理想材料。

重庆市玉米研究所于 2003 年选送两份糯玉米自交系和两份普通玉米自交系进行搭载处理,并对后代开展研究,结果发现不同自交系对太空飞行的敏感性存在差异,糯玉米自交系"S147"后代出现的变异类型丰富,变异范围广，说明不同材料对空间飞行的敏感性有差异。[28,29]其中，获得的矮秆突变体在整个生育期的不同发育阶段与对照的株高差异均达极显著水平，并且随着发育进程，株高的差异逐渐加大。除此之外，空间诱变还影响了突变体叶片的发育进程，叶鞘颜色、雄穗、生育期等性状产生了变异，但在成株期总叶片数保持不变。[49]

5.航天诱变在玉米育种上的应用

航天诱变在一定程度上可提高突变发生的频率，拓宽变异发生的范围，且突变后代具有稳定快的特点，因此将航天诱变技术与常规玉米育种技术相结合，可有效实现玉米新种质、新基因的创制及应用，不仅为基因功能研究提供了更多的突变体材料，也为育种资源的遗传改良，选育优良杂交种提供了更加广泛的种质基础，并育成了各种用途的玉米品种，成为国家或地区的主栽品种。

（1）普通玉米

四川农业大学玉米研究所还从太空诱变处理的优良自交系"S37"中选育出新自交系"A318"，与"S37"相比，"A318"植株高度降低约50厘米，叶片数减少2片，茎秆变硬，抗倒力增强，生育期变短，约早熟5天。其他农艺性状、产量性状、品质性状和产量配合力等均保持了"三高"自交系"S37"的优良特性。以"A318"作为亲本之一，成功组配出优良杂交种"川单23"（"5022"×"A318"），2001年通过四川省品种审定（川审玉88号），2003年通过国家品种审定（国审玉2003056）。从自交系"21－ES"处理后代选育出新自交系"SCML104"，相对于"21－ES"，新选系的籽粒增大，籽粒类型由硬粒型突变为半马齿型，籽粒颜色由浅黄突变为深黄，幼苗长势旺。其他农艺性状、产量性状和产量配合力等均保持了"三高"自交系"21－ES"的优良特性。以"SCML104"为亲本之一，成功组配出"川单428"（"08－641"×"SCML104"），2007年通过四川省品种审定（川审玉2007001）。

四川农业大学玉米研究所还从"Swuan－1"群体卫星搭载处理后代中选育出新自交系"SML1002"，该群体也为"三高"自交系"S37"选育的基础群体。"SML1002"与基础群体"Swuan－1"相比，植株降低约100厘

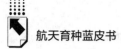

米，叶片数少 3~4 叶；生育期变短，约早熟 10 天；穗行数平均增加 2 行；产量配合力明显优于用系谱法从同一基础群体中选育的"三高"自交系"S37"。最后成功组配出"川单 30"（"08-641"×"SML1002"），2005年通过四川省品种审定（川审玉 2005003）。

以 ms39 不育突变体为载体，四川农业大学玉米研究所通过杂交聚合多个优良目标性状基因，成功选育出西南骨干玉米自交系"SCML203"和"SCML202"。新选系"SCML202""SCML203"是从"川单 9 号"诱变处理后代中不育突变株与测验材料聚合选育而成。该系抗病抗逆性强，持绿期长，多年、多地田间鉴定，均抗大、小斑病，纹枯病，丝黑穗病和玉米螟；同时还具有抗倒、耐旱、耐瘠、耐阴湿、耐低磷等特性；基本无光周期反应，既适应南方种植，也可在北方繁殖制种。雄穗分枝数适中，雌雄协调，花粉量大、散粉性好，花粉生活力强，且果穗筒型、穗大粒多粒深，既可作父本，也可作母本。制种产量比"川单 9 号"高 20%，在四川春播制种一般亩产 300 公斤左右，在甘肃、新疆繁殖制种一般亩产 400 公斤左右。产量一般配合力（General Combining Ability，GCA）显著高于"川单 9 号"的亲本"48-2"和"5003"，以及"18-599""丹598"等国内优良自交系。

截至 2020 年 12 月，以它们作为亲本之一已组配育成通过省级和国家品种审定的优良杂交种 10 个，其中比对照增产 15% 以上超级杂交种 1 个，比对照增产 10% 以上超高产杂交种 2 个，比对照增产 8% 以上品种 2 个。其中有 3 个品种通过国家品种审定。"川单 418"（"SCML202"×"金黄 96B"）2006 年通过四川省品种审定（川审玉 2006008），2007 年通过国家品种审定（国审玉 2007020），与同一时期同一生态区域主推品种"渝单 8 号"等相比，对纹枯病、穗粒腐病抗性更强，父母本均无光周期反应，制种产量更高更稳；该杂交种曾被遴选为四川省区试平丘 B 组对照，多次被四川省和农业部遴选为主导品种。"川单 189"（"SCML203"×"SCML1950"），2009 年通过四川省品种审定（川审玉 2009005），2011 年通过国家品种审定（国审玉 2011020），与同一时期大面积推广的品种"渝单 8 号"等相比，对大小斑病、纹枯病、穗粒腐病、茎腐病抗性更强，播期弹性大，既可春播，又适宜夏播；该品种曾两次被遴选为四川和西南玉米主导品种。"荣玉1210"
（"SCML202"×"LH8012"），2015年通过重庆市品种审定（渝审玉
2015002），同年通过国家品种审定（国审玉2015026），与同一时期西南区
试对照种"渝单8号"相比，对大小斑病、纹枯病、穗粒腐病、茎腐病抗
性更强；株型更紧凑，适宜间套种植。

此外，以"SCML203"作为亲本之一，育成的通过省级品种审定的新品
种有："金荣1号"（"SCML203"×"Y1027"），2017年通过四川省品种审定
（川审玉20170008）；"中单901"（"SCML203"×"CA211"），2013年通过四
川省品种审定（川审玉2013010）；"荣玉168"（"08－641"×"SCML203"），
2009年通过四川省品种审定（川审玉2009006）；"荣玉33"（"SCML203"×
"金黄96B"），2007年通过四川省品种审定（川审玉2007003）；"荣玉188"
（"08－641"×"SCML202"），2009年通过四川省品种审定（川审玉2009007）。
云南省农业科学院以"RP128"（"SCML202"）作为母本组配的"靖玉2号"
于2020年通过国家品种审定（国审玉20200469）。"川单418"于2013年5
月1日获得国家植物新品种授权。玉米自交系"SCML203"和"SCML202"
分别于2010年1月1日获得国家植物新品种授权，是西南育成的21世纪初
以来产量配合力最高的自交系，已先后发放或交换给全国特别是西南地区数
十个育种单位或种业公司，有望成为西南平丘玉米杂交育种新一轮骨干自交
系，已于2011年获得四川省科技进步二等奖。

（2）鲜食玉米

四川省农业科学院生物技术核技术研究所从诱变处理的甜玉米自交系
"X968"后代经自交纯合及配合力测定育成甜玉米自交系"TL260"。[107]自交
系"TL260"春播全生育期105天左右，幼苗叶片深绿色，苗势较旺，株叶
形态平展；株高150厘米左右，穗位高50厘米左右，总叶片数14片左右；
雄花分枝0~3个，花药黄色，护颖绿色；花丝绿色，果穗锥形，穗长14厘
米左右，穗行数14~16行，千粒重113克左右。品质特性：该系籽粒浅黄色，
穗轴白色，排列整齐端正，外形美观，甜度好，皮较薄，口感柔嫩，风味佳。
以它为亲本之一育成了甜玉米新品种"生科甜2号"（母本"TL260"，父本

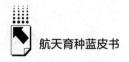
"TH230"），通过了四川省品种审定（川审玉2010015）。四川省农业科学院生物技术核技术研究所集成的"鲜食玉米辐射诱变育种体系的创建与应用"于2018年获得四川省科技进步三等奖。

玉米航天诱变育种经过三十多年的发展取得了丰硕的成果，创造出了很多自然界罕见的突变材料和性状，丰富了玉米育种和基因功能研究的资源材料。

五　航天育种在黑龙江省的应用和发展

航天育种技术在茄果类蔬菜育种中的应用和成果

谢立波*

黑龙江省农业科学院园艺分院从1987年开展航天诱变育种工作，至今已有三十多年的历史。分院参加了首批蔬菜种子的卫星搭载，在"七五"计划中期就开始参加国家"863 – 205 – 2 – 4"课题，主持蔬菜航天诱变育种研究，并参加国家"十五""十一五""十二五"863项目、"十三五——七大作物诱变育种"的研究，先后参加了11次卫星搭载，处理试材80余份，掌握和具备大量有不同遗传背景的蔬菜空间搭载材料，基础材料丰富。2006年9月9日参加"实践八号"育种卫星的发射，搭载了17份辣椒、番茄、茄子等蔬菜种子，为进一步深入探索空间环境生物效应机理研究及育种应用提供了重要基础保障。

首次育成"宇番1号"番茄，并相继育成"宇番2号""宇番3号"番茄，"宇椒1号""宇椒2号""宇椒4号""宇椒6号"甜椒新品种，"宇椒3号""宇椒5号""宇椒7号"辣椒新品种，共计10个航天新品种。获得植物新品种保护权5项："宇椒2号""宇椒3号""宇椒4号""宇椒5号""宇椒6号"。在国家各级刊物上发表相关研究论文30余篇，其中，美

*　谢立波，黑龙江省农业科学院园艺分院研究员。

国《科学引文索引》（*Science Citation Index*）2 篇、《工程引文索引》（*Engineering Index*）4 篇、《核农学报》4 篇。

1. 航天育种的茄果类蔬菜品种

（1）番茄

① "宇番 1 号" 番茄

航天诱变番茄新品种，利用生物技术、航天诱变育种技术相结合的方法培育而成，该品种适于保护地及露地栽培。

供试材料为采用花药培养方法将老品种 "北京黄" 进行提纯复壮的纯系 "92KF1"（组培大黄，以下同），1992 年搭载返地卫星，在轨飞行 8 天，卫星高度为 200～400 公里。

1995 年形成株系 "KF94631"，2000 年 4 月通过黑龙江省农作物品种审定委员会审定并命名为 "宇番 1 号"，审定号 HS－2000－35；2018 年获得国家重新登记号，GPD 番茄（2018）230223；2005 年获得黑龙江省农业科学技术奖一等奖。

新品种具有果大（单果平均重 250 克，最大 500 克）、丰产、果皮光亮、果肉厚、味甜、沙瓤、质佳（总糖含量为 5%，比对照品种 "L402" 提高 19.05%；果实的可溶性固形物含量为 5.7%，比对照提高 14%；维生素 C 含量 26.46 毫克/100 克，比对照提高 18.55%）、色美（果橙黄色）、无限生长习性（填补了黑龙江省大果型、黄色番茄的空白）、抗疫病耐毒病（病毒病病情指数比对照减轻 43.4%，疫病病情指数比对照减轻 24.9%）等优势。

② "宇番 2 号" 番茄

原始材料引自荷兰，原名 "Pannovy"（B8210），用其纯系进行卫星搭载，返回陆地后进行田间培育及突变体筛选，1998 年获得突变体 "F_{9609}"，黑龙江省农作物品种审定委员会于 2005 年 4 月通过 "宇番 2 号" 登记，登记号为 2005006。

"宇番 2 号" 番茄质佳、味甜、营养丰富；抗疫病、叶霉病，耐毒病；坐果率高，丰产，单株果穗数 8～10 穗，单穗果 4～8 个，果圆球形，红色，无绿肩，果形整齐，产量 70000 公斤/公顷以上。不裂果，露棚两用，耐贮、

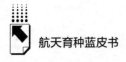

耐运，货架期 20～30 天，供北菜南调或远销国外出口。

维生素 C 含量 20.07 毫克/100 克，比"L402"提高 18.14%；总糖含量 4.5%，比对照提高 7.14%；可溶性固形物含量 5.8%，比对照提高 16.10%；硬度 0.587 千克/厘米^2，比对照提高 59.9%。经黑龙江省农业科学院园艺分院植保研究室人工接种抗病性鉴定，"宇番 2 号"番茄病毒病病情指数为 10.3，叶霉病病情指数为 19.64，而对照分别为 26.4、44.73，抗性明显优于对照。

③"宇番 3 号"番茄

"宇番 3 号"番茄母本"11542"是韩国品种"世诚 102"与航天搭载诱变获得品系"F_{0832}"杂交后，经六代自交分离选育获得的稳定优良品系，父本"11543"是美国先正达公司番茄品种"迪芬妮"与"东农 715"父本（"675"）杂交，经六代自交分离选育获得的稳定优良品系。2018 年申请国家登记，命名为"宇番 3 号"，2019 年获得登记号，GPD 番茄（2019）230097。

成熟果实粉红色，果实圆形，美观，光滑，整齐度高，果脐小，单穗果 3～4 个，平均单果重 220 克，商品性优良。果肉厚，硬度大，耐贮藏运输。货架期 15～20 天。耐低温性好。高抗黄化曲叶病毒病（TyLCV）、烟草花叶病毒病、灰叶斑病、枯萎病和黄萎病。平均亩产 12000 公斤。

④"申粉 998"番茄

杂交一代品种。母本"96－3－7－5－4－2"是利用"沪番 2300"为原始材料，于 2004 年搭载（搭载编号为"04CHA9"）后经田间选择和纯化获得的稳定自交系。可溶性固形物含量 4.7%，品质好，果实着色均匀，鲜艳。果实硬度中等，货架保存 15 天后优果率 100%。苗期接种鉴定表明，抗番茄花叶病毒（ToMV）、抗花叶病（CMV）、高抗叶霉病生理小种。春季栽培亩产达到 6500 公斤。该品种于 2008 年通过全国蔬菜新品种鉴定，鉴定编号为 2008067。

⑤"皖红 7 号"番茄

母本"T97－08"是以"T－BG－1"为原始材料，于 2004 年搭载后发现一单株果实无青肩、硬度大，经六代系谱选择获得的稳定自交系；父本"T96－18"系通过常规育种手段选育的稳定自交系。亩产5000公斤，与"金棚3号"（对照）相比，增产11.4%。于2009年通过安徽省非主要农作物品种鉴定委员会鉴定（皖品鉴登字第0803012）。

⑥"抗青1号"番茄砧木

"抗青1号"番茄砧木是以从番茄材料"T－272－33－61－1"航天搭载（2003年）后代中选育的高抗青枯病材料"HT－61"为母本，以生长势极强、与接穗亲和力好、商品性一般的野生番茄材料"S32"为父本配组，筛选出的高抗青枯病番茄新品种。2010年通过湖南省农作物品种委员会新品种认定、登记（XPD008－2010）。

⑦"彩玉3号"番茄

"彩玉3号"番茄母本为航天诱变自交系"02SS－T⑧－Q－04150"，父本为特色番茄高代稳定自交系"Q－04151"，该品种为组配的F_1代杂交种。2007年至今大面积示范与推广。

单果重35克左右，口感风味浓郁独特。无限生长、持续结果能力强，产量高，是保护地特色番茄生产中的佳品。2005年以来"彩玉3号"已在北京、河北、山东、浙江和东北等地推广并稳步扩大，累计种植面积7100余亩，平均亩产值26000元，总产值1.846亿元，新增产值2284万元，为农民增收致富发挥了重要作用。

（2）辣椒

①"宇椒1号"甜椒

1987年，首次将"龙椒二号"（纯系）干种子搭载于"870805"卫星上，在空间飞行5天，卫星高度为200~400公里。接受空间特殊条件的处理后，在田间进行培育、筛选，按照育种目标筛选突变体，进行后代遗传鉴定，然后再筛选、再鉴定，直至优良性状稳定遗传，育成新品系"87－2"。2002年通过黑龙江省品种审定，命名为"宇椒1号"，审定号为黑审菜2002－017。2019年获得国家重新登记，登记号为GPD辣椒（2019）230380。"宇椒1号"甜椒是我国首次通过航天诱变育种新途径培育成的甜

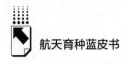

椒新品种。"宇椒1号"于2004年获黑龙江省农业科技进步一等奖、2005年获黑龙江省政府科技进步二等奖。

品种突出特点：适于保护地栽培。抗两种病害（高抗疫病、耐毒病），最大单果可达400克，维生素C及可溶性固形物含量分别比对照提高约20%，在保护地种植，株高可达1.5米左右，平均亩产5000公斤。

品质分析：东北农业大学进行品质分析，维生素C含量132.26毫克/100克，比对照（"哈椒1号"）增多29.92%；可溶性固形物含量5.2%，比对照提高22.35%；干物质含量6.80%，比对照提高10.2%。

抗性鉴定：2001年，黑龙江省农业科学院园艺分院植保研究室于田间病害盛期进行两种病害检测，病毒病病情指数为25.02，比对照（"哈椒1号"）减轻20.2%，疫病病情指数为8.94，比对照减轻18.9%。

②"宇椒2号"甜椒

"宇椒2号"甜椒是由黑龙江省农业科学院园艺分院生物技术室选育的第二个太空甜椒新品种，1987年将"龙椒2号"甜椒纯系种子搭载在返地卫星"870805"号上，在空间飞行5天，卫星高度为200~400公里，飞行周期为90分钟，微重力为10^{-10}e/cm²。接受空间环境的高真空、微重力、强辐射、高能粒子辐射、交变磁场及其他因素的综合作用。返回后在田间进行突变体筛选，于SP_2代筛选出突变株"87-B10"，单株留种后，进行系选，至SP_5代获得稳定突变系"B10"。于2006年3月通过黑龙江省农作物品种登记并命名"宇椒2号"，登记号为黑登记2006019。于2018年获得国家重新登记，登记号为GPD辣椒（2018）230420。2014年获得黑龙江省农业科学技术奖一等奖。

品种特征特性：属中早熟，生育期110~115天。株高65~70厘米，株幅65~75厘米，果实大方。四心室，果面较光滑，果肉适中，平均单果重约200克。品质佳（维生素C含量为126.7毫克/100克，比对照"哈椒1号"提高19.75%；可溶性固形物含量为5.6%，比对照提高15.46%），营养成分高，抗疫病，耐毒病（病毒病病情指数为24.19，比对照减轻15.43%，疫病病情指数为10.8，比对照减轻6.54%）。商品性好，适合黑龙江省各地栽培，露棚两用，保护地栽培效果更好。

③ "宇椒3号" 辣椒

1994年将自育 "龙椒5号" 搭载于返回式卫星上，处理15天，1996年于田间获得表型性状突变体，经多年选育出果大、质佳、抗病、产量接近于当地推广品种的品种，达到了育种目标，并于2003～2006年完成了育种程序。2006年通过黑龙江省农作物品种审定委员会登记并命名 "宇椒3号"，登记号为黑登记2007021。

具有果大、果多、丰产、质佳（维生素C含量比对照提高17.05%；可溶性固形物比对照提高16.67%）、抗病（病毒病病情指数比对照减轻17.12%，疫病病情指数比对照减轻10.57%）等多重优良特性，果长20～25厘米，三心室，绿果期微辣，适于烹调，红果期剧辣，可加工或干制。植株长势强、抗病、丰产，单株结果数30～40个。露棚两用，露地产量3500～4000公斤/亩，大棚产量5000公斤/亩。

④ "宇椒4号" 甜椒

"宇椒4号" 甜椒是以航天诱变新种质 "L29" × "L62" 为亲本配置的杂交组合，母本是将 "龙椒2号" 干种子搭载于 "870805" 返回式卫星上飞行5天，获得突变株，经多代系选后得到的稳定自交系 "L29"；父本是将引入的吉林地方品种 "麻辣甜椒" 经多代自交、分离、提纯后获得的纯系搭载于卫星 "921006" 进行诱变，从中筛选得到突变体，再经系选后获得的稳定自交系 "L62"。2006年通过黑龙江省农作物品种审定委员会登记并命名 "宇椒4号"，登记号为黑登记2007022。

系早熟（生育期100天左右）、丰产（露地产量3000～3500公斤/亩，大棚产量5000公斤/亩）、品质佳（维生素C含量比对照提高19.38%，可溶性固形物含量比对照提高14.64%）、抗病（抗疫病、耐毒病）、大果（单果重300～350克）、果形为长方形、结果多、果形整齐一致，适于露地和保护地栽培，保护地栽培效果更好。

⑤ "宇椒5号" 辣椒

通过航天诱变育种技术与常规育种技术相结合的方法选育而成，母本

"龙椒5号"×父本"KL96－32"。母本是自育品种"龙椒5号"，父本是将1996年引入的海南地方品种"麻辣小辣椒"通过自交、提纯后经航天搭载处理，返回陆地后进行田间选育，2002年获得的新种质"KL96－32"，经测试后亲和力强。2003年配置杂交组合。"宇椒5号"于2008年通过黑龙江省农作物品种审定委员会登记，登记号为黑登记2009036。2019年获得国家重新登记，登记号为GPD辣椒（2019）230435。

果形整齐，且具有较浓的辣椒清香味，鲜食、加工两用（其青果期辣味中等，可鲜食；红果期剧辣，可加工辣椒酱），植株长势强，抗病。可供露棚两用，更适于大棚栽培。

营养成分高，经东北农业大学分析（以"湘研1号"为对照）维生素C含量为123.6毫克/100克，比对照提高16%，可溶性固形物含量为4.45%，比对照提高18.67%。

抗病鉴定结果：耐毒病及抗疫病。经黑龙江省农业科学院园艺分院植保研究室检测，病毒病病情指数为18.62，比对照减轻16.7%，疫病病情指数为12.38，比对照减轻11.2%。

⑥"宇椒6号"甜椒

该品种一代杂种，航天诱变育种与杂交育种相结合造育而成，母本"T11"×父本"L62"。母本"T11"是自育的"龙椒2号"甜椒种子经航天搭载诱变处理后，多年田间筛选获得的新种质；父本"L62"是将引入的吉林地方品种"麻辣甜椒"自交、提纯后经航天搭载诱变处理，结合多年田间选育培养出的新种质。2010年配置杂交组合，"宇椒6号"。2016年通过黑龙江省农作物品种审定委员会登记，登记号为黑登记2016036。2018年获得国家重新登记，登记号为GPD辣椒（2018）230421。

东北农业大学园艺学院对其进行品质检测，维生素C含量为120毫克/100克，可溶性固形物含量为6.12%，粗纤维含量为0.38%，干物质含量为5.93%，均优于对照品种"中椒7号"。

黑龙江省农业科学院园艺分院植保研究室进行人工接种抗病性鉴定，病毒病病情指数为25.33，疫病病情指数为22.91，属抗病水平。

⑦ "宇椒7号" 辣椒

该品种一代杂种，航天诱变育种与杂交育种相结合选育而成，母本"KL96541"×父本"289"。母本"KL96541"是自育的"龙椒5号"经航天搭载诱变后获得的突变体。父本是将引自日本的辣椒品种，经多代驯化、自交提纯选育而成的新种质"289"。2004年配置杂交组合。2014年通过黑龙江省农作物品种审定委员会登记，登记号为黑登记20144028。2019年获得国家重新登记，登记号为GPD辣椒（2019）230382。"宇椒7号"于2015年获哈尔滨市科技进步二等奖。

⑧ "紫云2号" 辣椒

母本"LA-15"是利用"L-04-53"为原始材料，于2004年搭载后发现的变短增粗、果色墨绿、辣味浓、抗疫病的单株果实。早熟，坐果集中，与"苏椒5号"相比，增产8.4%，抗3种主要病害。高抗病毒病、疫病，抗炭疽病。于2008年通过安徽省非主要农作物品种鉴定委员会鉴定（皖品鉴登字第0703005）。

（3）茄子

① "士奇" 茄子

"士奇"茄子的母本是从杂种一代"Eg148"（引自日本福种种子公司）经多代分离纯化选育而成的优良株系"Eg148-2-3-1-8-1-7"。父本为优良株系Eh10-1-1-5-3-3，是从航天搭载（航天编号为04CHA20）的茄子高代自交系Eh10中经定向选择获得SP6代的优良稳定长茄材料。

早熟杂种一代，耐寒性强，适应于冬春季温室及保护地栽培。无限生长型，果实连续座果能力强。果实长形，平均纵径33.8cm，平均横径4.5cm，平均单果重237.2g，果形直，果皮紫黑色，光泽度极强，果实硬度中等，商品性佳，综合性状表现优良。

② "白茄2号" 茄子

母本"99-07"是利用"EP-0218"为原始材料，于2004年搭载后发现一单株抗病性、耐热性增强，果实变粗，经六代系谱选择获得的稳定自交系，经组合力测定、品比试验、生产试验，综合性状优于对照。中早熟，与"肥

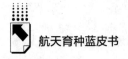

西白茄"相比,增产21.6%,抗枯萎病和绵疫病,耐热性、耐湿性较强,耐贮运。于2009年通过安徽省非主要农作物品种鉴定委员会鉴定(皖品鉴登字第0803013),2010年申请新品种保护,申请号为20100360.8。

③"农大601"茄子

父本"03-151"是从"短把黑"空间搭载(1996年搭载)后代中,采用单株选择育成的优良自交系,突出特点是早熟性和单性结实能力强。平均单果重500克;果皮黑亮,着色均匀,果肉紧实,少籽细嫩,商品性状优良,丰产性好;春大棚栽培亩密度1900~2200株,亩产7000公斤左右,产量超对照品种"丰研2号"10%;露地栽培亩密度1500~1600株,亩产5000公斤左右。产量超对照品种"超九叶"13%。2009年在河北定州、饶阳、曲周、清苑等地蔬菜主产区推广3000余亩。该品种于2009年通过河北省科技厅组织的专家鉴定。

2. 航天育种技术成果应用

初步探索并形成了蔬菜作物航天环境诱变育种技术,对诱变处理(空间诱变、地面模拟技术)的辣椒、番茄纯系干种子,通过田间表型变异观察初步筛选突变体,结合遗传标记技术[生化分析、细胞学观察、序列相关扩增多态性(Sequence-Related Amplified Polymorphism, SRAP)分子标记检测等]方法进行变异检测,筛选突变体,创制了一批具有高代育种的新品系和新品种。

3. 航天育种新品种的示范推广应用

"宇番1号"番茄、"宇椒1号"甜椒的育成是航天高技术在农业领域中的又一重大成果,证实了农作物航天诱变育种这项崭新的育种技术的有效性。在媒体中引起了轰动,并得到国内育种家的关注。《中国航天报》(1995年8月18日)、《科技日报》(1995年8月22日)、《人民日报》(1995年8月22日)、《经济日报》(1995年8月25日)、《工人日报》(1995年8月23日)、《光明日报》(1995年9月13日)等多家报纸先后报道了这两个成果,而且黑龙江省电视台、哈尔滨电视台也先后报道了黑龙江省农业科学院园艺分院在蔬菜育种上的新突破及市场上的效果,从而引起了生产上的关注。"宇番 1 号"番茄、"宇椒 1 号"甜椒在全国各地（除西藏外）落户，均表现出了自身的优越性，农民也实现了增长增收。

中国航天工业总公司中国空间技术研究院于 1997 年在北京市大兴县专门建立了航天育种基地，展示了"太空番茄"及"太空椒"两项成果，番茄以"中蔬四号"为对照，"宇番 1 号"表现出果大、色美等引人注目的特点，单果平均重 250 克左右，深受当地群众的欢迎。同年 7 月 2 日，时任国务院副总理的姜春云及国家六部委的领导进行了视察。7 月 5 日，国务委员宋健等专家、学者亲临基地视察，看到果实累累的番茄、甜椒十分高兴，陪同视察的时任北京市委书记的贾庆林手拿"宇番 1 号"，笑逐颜开，十分喜爱航天育种的新成果。

"宇番 1 号"与"宇椒 1 号"等太空蔬菜为航天诱变壮大了声势，我国政府十分重视这一崭新的育种技术，先后于 1989 年、2002 年相继拨出资金支持航天育种，并将"农作物航天诱变育种"正式列为"863"计划项目，有力地推动了航天育种事业的发展。

黑龙江省农业科学院相继育成"宇番 1 号""宇番 2 号""宇番 3 号"番茄、"宇椒 1 号""宇椒 2 号""宇椒 4 号""宇椒 6 号"甜椒、"宇椒 3 号""宇椒 5 号""宇椒 7 号"辣椒，这 10 个品种现已累计示范、推广 40 万余亩。

六　航天育种在江西省的应用和发展

太空莲系列品种选育及其产业化开发

杨良波 *

1. 概述

莲（*Nelumbo nucifera Gaertn.* L.），又称为"莲花""荷花"，属莲（*Nelum-bonaceae*）科，包括亚洲莲（*Nelumbo nucifera Gaertn.* L.）和美洲黄

---

* 杨良波，江西省广昌县白莲科学研究所推广研究员，所长。

莲（*Nelumbo lutea. L.*）两个种。莲是多年生水生草本植物，是被子植物中的活化石，进化历程至今已有110万年。莲经长期的人工选择，依据栽培目的和用途可分为子莲、藕莲、花莲三大类。子莲以采收莲子为主，藕莲以采收肥大的根状茎为食，花莲以观赏花为主。子莲是我国特色农产品之一，广泛分布于江西、湖北、湖南、福建、浙江、江苏、河南、安徽、上海等10多个省（区、市），其中江西、福建和湖北为我国传统子莲三大主产区，种植面积占全国90%以上。近些年来，受益于农业产业结构调整，我国子莲产业有了很大发展。2018年全国子莲种植面积约16.7万公顷，产值72亿元以上。

我国子莲育种工作起步较晚。20世纪80年代前，主栽品种以当地传统品种为主，如江西产区的广昌"百叶莲""红花莲"、福建产区的"红花建莲""白花建莲"、湖北产区的"湘潭寸三莲"等。至90年代初，通过杂交或系统育种选育了"赣莲62""鄂子莲1号""鄂子莲2号""十里荷1号"等品种。至21世纪初，我国子莲育种基本停滞不前，其中一个重要原因就是资源匮乏，遗传背景狭窄，可利用材料少。截至目前，据统计，子莲种质资源仅60余份，其中国家水生蔬菜种质资源圃（武汉）保存36份，湖南省园艺研究所、江西省广昌县白莲科学研究所、福建省建宁县农业局等保存20余份。传统远缘杂交等育种方法很难找到理想的亲本配制，而自然变异率低，变异材料极难获得。

我国是开展航天育种的国家之一，利用空间微重力和高能重离子处理植物种子后，可以使作物遗传基因产生突变，使后代发生遗传性变异，这是植物育种的有效方法。我国从1987年开始利用返回式卫星搭载植物种子，已先后处理各种农作物、蔬菜以及花卉等种子，进行了300多次试验，取得了显著的成效。1994～2016年江西省广昌县白莲科学研究所将航天诱变技术应用于莲品种选育并获得成效，创制了一批优良种质，育成了太空莲系列品种。

2. 太空莲育种及系列品种的特征特性

（1）搭载试验

我国莲的航天育种始于20世纪90年代初。江西省广昌县白莲科学研究所 1994～2016 年搭载 5 批次，搭载品种材料共 31 个，总质量 2620 克（见表 4）。其中，传统品种材料 3 个、选育品种材料 15 个、中间材料 8 个、花莲品种材料 5 个。

表 4　广昌白莲航天 5 次搭载材料

搭载卫星	发射时间	太空停留时间	搭载数量（粒）	搭载质量（g）	搭载材料（个）
970403 号返回式卫星	1994 年 7 月 3 日	355 小时 35 分钟	442	730	13
"神舟四号"飞船	2002 年 12 月 30 日	162 小时 27 分钟	488	800	7
第 20 颗返回式卫星	2004 年 9 月 27 日	426 小时 43 分钟	304	540	4
"实践十号"返回式卫星	2016 年 4 月 6 日	12 天	276	500	5
"天宫二号"空间实验室	2016 年 9 月 15 日	64 天	28	50	2

（2）选育方法

种子回收后，破壳盛入装有少量清水的容器中浸种催芽，每隔 2～3 天换一次清水，当芽长至 20 厘米左右时，分粒植于覆有 25 厘米左右水稻土的营养缸内，定植后缸内保持 5 厘米左右水层，随着植株逐渐长大，适当调高缸内水位，生长后期调至满缸。在整个生长期间，常规栽培管理。观察记录单缸内白莲生长习性（发芽率、胚芽长、成活率、始蕾期、开花株率、开花数、结蓬数）、形态特征（花型、花色）及经济性状（总蓬数、实粒数、粒重）的各种变异。根据育种目标，筛选突变单株。

突变单株种藕移栽于 1 平方米的区域内，重点考察经济性状，形成优良突变株系；突变株系移栽于 10 平方米的区域内，进行稳定性测试，形成品系；品系移栽于 66.7 平方米的区域内，进行品种比较试验，选育优良品种。

（3）航天诱变效应

①生育期延长

莲品种单位面积产量的高低，首先取决于花期、采收期的长短，花期越长，采收期越长，产量就越高，反之则产量越低。太空诱变能延长莲生育期，如通过航天育种选育的"太空莲 1 号""太空莲 2 号""太空莲 3 号""太空莲 7 号""太空莲 36 号"全生育期为 199～224 天，比对照长 37～62

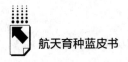

天；采收期为 110～144 天，比对照长 32～66 天。全生育期及采收期最长的是"太空莲 1 号"，其全生育期为 224 天，采收期为 144 天（见表 5）。

表 5　太空莲品种生育期记载

品种	移栽（月/日）	始蕾（月/日）	始花（月/日）	盛花（月/日）	始采（月/日）	盛采（月/日）	终采（月/日）	采收期（天）	全生育期（天）
"太空莲 1 号"	4/7	5/3	5/21	6/下～8/上	6/26	7/中～8/下	11/16	144	224
"太空莲 2 号"	4/7	5/10	5/28	6/下～7/下	6/30	7/下～8/下	10/25	122	202
"太空莲 3 号"	4/7	5/17	6/1	7/上～8/中	6/30	8/中～9/中	10/22	115	199
"太空莲 7 号"	4/7	5/8	5/26	7/上～7/下	6/30	7/下～8/下	10/25	118	202
"太空莲 9 号"	4/7	5/19	6/4	7/上～7/下	7/13	8/上～8/下	9/12	62	159
"太空莲 36 号"	4/7	5/17	5/28	7/下～8/上	6/26	8/中～9/上	10/30	110	206
"赣莲 62"	4/7	5/17	6/2	7/上～7/下	7/30	7/下～8/下	9/15	78	162

注："赣莲 62"为对照，下同。

②产量提高

航天诱变能促进莲花芽分化，如"太空莲 36 号"小区种植（66.7 平方米，下同）总蓬数达 589 蓬，比对照"赣莲 62"增加 292 蓬，增幅达 98.3%；"太空莲 3 号"增加 178 蓬，增幅 59.9%。平均增幅达 16.5%～98.3%。经济性状明显提高。如每蓬实粒数增加 1.7～5.2 粒，增幅 11.4%～34.9%；结实率提高 4.4～10.7 个百分点，增幅 5.8%～14.0%；百粒重增加 2～15 克，增幅 1.9%～14.4%；产量增加 1.36～3.86 公斤/区，增幅 24.6%～69.9%（见表 6）。

表 6　太空莲品种经济性状

品种	总蓬数（蓬）	总粒数（粒）	总实粒（粒）	每蓬实粒数（粒）	结实率（%）	干通心莲粒重(g)	产量（公斤）	增产（%）
"太空莲 1 号"	382	9215	7678	20.1	83.3	1.07	7.91	43.3
"太空莲 2 号"	451	8718	7577	16.8	86.9	1.08	8.18	48.2
"太空莲 3 号"	475	9088	7885	16.6	86.8	1.19	9.38	69.9
"太空莲 7 号"	346	8283	6678	19.3	80.6	1.06	6.88	24.6
"太空莲 36 号"	589	9467	8069	17.7	85.2	1.06	8.55	54.9
"赣莲 62"	297	6375	5304	14.9	76.2	1.04	5.52	0

③品质提升

航天诱变能提升莲品质。太空莲品种样品抽样检测表明：太空莲品种蛋白质含量在 20.5~21.8g/100g，较"赣莲62"品种提高 2.1~3.4g/100g，增幅11.4%~18.5%。淀粉含量在 50.6~53.4g/100g，较"赣莲62"品种提高 1.8~4.6g/100g，增幅3.7%~9.4%。脂肪含量低于传统品种，降低21.4%~28.6%（见表7）。

表7　太空莲品种主要养分

单位：g/100g

品种	蛋白质	淀粉	脂肪
"太空莲1号"	20.5	50.6	1.1
"太空莲2号"	20.6	50.7	1.0
"太空莲3号"	21.5	53.4	1.0
"太空莲7号"	20.9	51.6	1.0
"太空莲36号"	21.8	52.8	1.0
"赣莲62"	18.4	48.8	1.4

④抗性增强

航天诱变能提升莲的抗病能力，如"太空莲36号"对当前莲常见的腐败病、叶斑病、叶腐病、叶脐病的抗性均得到增强，见表8。

表8　太空莲品种抗性表现

品种	腐败病	叶斑病	叶腐病	叶脐病
"太空莲1号"	＋＋	＋＋	＋＋＋	＋＋
"太空莲2号"	＋＋	＋＋	＋＋	＋＋＋
"太空莲3号"	＋＋	＋＋＋	＋＋＋	＋＋＋
"太空莲7号"	＋＋	＋＋	＋＋	＋＋＋
"太空莲36号"	＋＋＋	＋＋＋	＋＋＋	＋＋＋
"赣莲62"	＋	＋＋	＋	＋＋

注：＋表示一般抗性，＋＋表示较抗，＋＋＋表示抗。

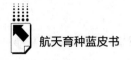

⑤花型、花色变异

经航天诱变后，莲 SP$_1$ 代出现广谱变异，产生丰富的变异类型，尤其是花型变异更为明显。花色变异不大，只在红、粉红、白、青白、爪红及白爪红之间变化，但花瓣数变化明显，单瓣（21 枚内）变半重瓣（22～80 枚）、重瓣（81 枚以上），重瓣变单瓣。如编号 1、3、6、9、10 属单瓣花，均出现重瓣花；编号 7 是重瓣花又出现单瓣。花梗长及花梗粗也有变异，花梗长差异最大的是编号 10，长的比对照长 12 厘米，短的短 22 厘米；编号 9 的老池 19 号比对照短 52 厘米。花梗粗：编号 9 的新池 49、54 分别比对照粗 0.3 厘米，见表 9。

表9　航天诱变莲花型、花色变异

单位：枚，cm

编号	缸池号	现蕾期（月／日）	花色	花瓣数	花梗长	花梗粗
对照	缸 67	7/1	红	18～19	103	0.4
3	缸 25	7/25	爪红	17～18	85	0.5
3	新池 21	7/24	红	111～114	115	0.7
3	新池 26	6/25	白	15～19	100	0.5
7	缸 212	6/4	粉红	16～17	95	0.4
7	缸 84	8/18	白	18～19	87	0.45
对照	新池 36	6/19	粉红	121～137	127	0.9
7	新池 42	6/22	红	17～21	145	0.8
9	新池 54	6/1	粉红	18～19	135	1.0
9	新池 49	6/24	粉红	92～108	125	1.0
对照	新池 52	7/10	红	18	128	0.7
9	新池 57	7/12	爪红	66～68	101	0.6
9	老池 19	7/26	粉红	18～19	76	0.6
6	缸 72	6/6	红	17～19	82	0.3
对照	缸 10	7/12	红	18～19	96	0.45
6	缸 75	7/24	红	114～116	100	0.4
6	缸 55	7/15	白	18～19	100	0.4
1	缸 2	6/8	白	17～18	72	0.35
对照	缸 1	7/6	白	16～17	104	0.5
1	新池 3	6/26	红	98～118	97	0.6
1	新池 5	7/28	青白	21	113	0.7
10	缸 214	6/5	红	18	83	0.6

续表

编号	缸池号	现蕾期(月/日)	花色	花瓣数	花梗长	花梗粗
对照	缸207	7/15	粉红	17~18	105	0.5
10	老池24	5/22	红	18~19	117	0.7
10	老池25	6/22	红	81~102	117	0.5
10	老池30	7/22	白爪红	16~17	94	0.36

（4）优良品种介绍

①"太空莲3号"

江西省广昌县白莲科学研究所通过卫星诱变培育的莲新品种。花单瓣，红色，心皮数18~35个，花期110~112天，采摘期115天，全生育期190~199天，干通心莲千粒重1060克，宜田栽或湖塘栽，亩产干通心莲95~120公斤，品质优。

②"太空莲36号"

江西省广昌县白莲科学研究所通过卫星诱变培育的莲新品种。叶上花，花单瓣，爪红色。心皮数15~25个。干通心莲千粒重1020~1060克，全生育期200~210天，宜田栽或湖塘栽，亩产干通心莲80~120公斤，品质优。

③"风卷红旗"

江西省广昌县白莲科学研究所通过卫星诱变培育的花莲新品种，可作莲和花莲兼用品种。亦可作旅游景点，荷花公园水景配置。叶上花，花蕾卵圆形，暗红色，花深红色，花瓣数140~160枚，花梗高151厘米，花期120天，全生育期180~200天。

④"太空娇容"

江西省广昌县白莲科学研究所通过卫星诱变培育的花莲新品种，宜缸植、田栽或浅水湖栽。花蕾卵圆形，深红色，花粉红色，花瓣数100枚左右，花梗高100~130厘米，花期100天左右，全生育期190~200天。

此外，太空莲还作为优质种质资源，成为其他莲品种的育种材料。

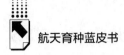

⑤ "建选 17 号"

福建省建宁县莲子科学研究所选育，亲本为"红花建莲"×"寸三莲65"×"太空莲 2 号"。花蕾长卵形，花色白爪红，叶上花，花单瓣，花瓣数 18~22 枚，心皮数约 25 个，结实率 72%~85%，干通心白莲百粒干重约103 克。亩产干莲 75~85 公斤。

⑥ "满天星"

武汉市农业科学院蔬菜研究所水生蔬菜研究室选育，亲本为"建选 17号"×"太空莲 3 号"。鲜食型早中熟子莲品种。花单瓣，粉红色，莲蓬扁平，着粒较密，心皮数 32~35 个，结实率 77% 左右。鲜莲子卵圆形，果皮绿色，单粒重 4 克左右。亩有效蓬数约 4500 蓬。亩产鲜莲子 340~360 公斤。

⑦ "金芙蓉 1 号"

金华市农业科学研究院选育。亲本为"湘芙蓉"×"太空莲 3 号"。重瓣，花蕾暗红色，心皮数 22~25 个，结实率 84%。亩莲蓬数 5300 蓬，通心干籽百粒重平均 94.5 克，亩产干通心莲 84 公斤。

（5）成果鉴定及获奖情况

白莲技术人员总结出了航天诱变突变体鉴定、筛选、稳定性测试、品种比较、区域试验及配套栽培、加工等技术流程与规范，成果通过了江西省科技厅鉴定。航天诱变选育子莲新品种项目获国家"863"计划、国家公益性行业专项、国家现代农业产业技术体系、国家农业科技成果转化资金、国家星火计划等立项支持，项目成果获省科技进步一等奖 3 项，中华农业科技成果二等奖 1 项，省农科教人员突出贡献二等奖 1 项，市科技进步一等奖3 项。

3. 太空莲产业化开发现状

（1）标准化

以太空莲系列品种为样本，制定了《广昌白莲种苗》江西省地方标准，设计了《广昌白莲（太空莲）种苗繁育技术规程》。特别是"太空莲 36 号"品种已实现商业化种苗生产，年繁育种苗达 24000 万株，年种植面积 120 万亩以上。

制定了《广昌白莲》国家标准及江西省地方标准，制定《绿色食品广昌白莲生产技术规程》江西省地方标准，创建了国家级太空莲绿色食品标准化生产基地，产品通过农业农村部绿色食品认定和续展认定，达到 AAA 级绿色食品原料标准。

（2）品种推广

航天育种莲品种已推广到我国所有莲种植产区，成为我国子莲的主栽品种之一，年种植面积约 120 万亩，占全国子莲种植面积 80% 左右，产值 72 亿元。具体如下：江西（广昌、石城等）45 万亩、湖北 45 万亩、湖南（湘潭、岳阳等）10 万亩、福建（建宁周边）5 万亩、四川约 5 万亩、浙江（建德、武义、龙游）5 万亩、其他约 5 万亩。

选育的花莲（荷花）品种已推广到我国的主要风景区，如北京北海公园、莲花池公园，福建茶亭公园，广东三水荷花世界，杭州西湖公园等，成为湿地水体造景的首选品种，受到游客的赞赏。

（3）产品开发

航天育种莲品种（太空莲）产业化发展迅速，产品深加工已形成系列品种。以江西省广昌县为例，现有太空莲系列产品开发企业 24 家，省市级农业产业化龙头企业 4 家，白莲生产专业合作社 80 家，拥有自主品牌注册商标 30 余个。产品包括通心白莲、莲藕粉、莲心茶、莲子汁饮料、荷叶茶饮料、荷叶茶、莲子面条、莲蓉食品等 10 余类近 20 个深加工产品，年综合产值达 10 亿元。引导鼓励兴莲机械制造有限公司和家宝利农业机械有限公司等自主研发制造全自动太空莲剥壳脱皮一体机、鲜白莲脱衣机、鲜莲子烘干机、剥蓬机等加工机械。广昌县也是我国首个国家级绿色食品白莲标准化生产基地，成功建造了绿色食品白莲标准化生产基地 13.1 万亩，全面提升白莲品质，市场竞争力显著增强，于 2008 年获得中国名牌农产品称号，现有 1 家企业获得有机食品认证，2 家获得有机食品转换证书，3 家企业 4 个产品获得绿色食品证书。2017 年，广昌白莲获得最受消费者喜爱的中国农产品区域公用品牌，广昌莲作为文化系统被农业农村部列为国家第四批重要农业文化遗产。

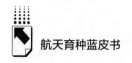

除在传统厂家直销和门店销售的产品营销方式外，已逐步向网络销售发展，销量占5%左右，并开始向全国各大超市卖场进军，产品已进入华润万家、沃尔玛、大润发、人人乐、天虹、卜蜂等。

相关重点企业如致纯食品股份有限公司。该公司成立于2012年，占地面积120亩，是陈荣华先生积极响应"双返双创"号召，回乡创办的一家集有机白莲种植、白莲食品研发加工、莲文化开发于一体的综合性莲产业公司。公司以莲子、莲藕、莲叶、莲花为主要原料进行生产、深加工，产品主要有莲子汁、荷叶茶饮料、干莲子、荷叶茶、莲子饼、莲子面等，公司还有多种莲产品正在研制或已研制成功，等待产品投入生产上市。

公司总投资2亿元，其中固定资产11943.14万元。2016年被评为省级农业产业化龙头企业，2018年被评为工业旅游示范基地，是国内首屈一指的专业莲食品研发生产的旅游观光型企业。公司于2017年6月投产莲子汁，2018年6月引进980ml莲子汁、年产16000吨荷叶茶等先进生产线，并全线投产，2018年公司实现销售收入8706万元，生产莲子汁4000万瓶、荷叶茶饮料2000万瓶，其他产品15万吨。

公司已申报国家专利26项，其中发明专利3项，实用新型20项，外观设计3项。莲子汁与福建农林大学一起申报获得福建省科技进步一等奖，目前正在申报国家级科技进步奖。"莲爽"荷叶茶饮料项目荣获"第二届全国农村创业创新项目创意大赛总决赛"成长组三等奖，是江西农业创新组唯一大奖。2018年"莲爽"莲子汁成为江西航空指定饮品，在首届"中国农民丰收节"成为节庆长桌宴唯一饮品，其间省委书记刘奇和省长易炼红分别莅临公司展位指导，省长易炼红后亲临企业参观指导，同年"莲爽"莲子汁获得第十六届中国国际农产品交易会产品金奖、第十四届江西生态鄱阳湖绿色农产品（上海）展销会金奖、抚州市旅游商品创意大赛"金奖"等殊荣。

该产品目前已进驻华润万家、每日优鲜、果蔬好、冠超市、北华BHG、日之惠、来购、喜客多等线下连锁商超和线上大型电商平台，即将进入罗森、久光、小象生鲜、绿地、便利蜂、天虹、百客雅、谷德玛特等商超和电商平台，以及海底捞等餐饮平台。2019 年 1 月 1 日，"莲爽"走进欧洲市场，第一批"莲爽"莲子汁、荷叶茶产品发往英国，加快了"莲爽"系列产品进入欧洲市场的步伐。

4. 展望

（1）航天诱变育种是一种有效的育种手段，可快速选育子莲新品种

利用空间微重力和高能重离子处理植物种子，可以使作物遗传基因产生突变，使后代发生遗传性变异。子莲种子回收后经过地面种植，SP_1 代产生广谱变异，且变异幅度大。特别是花型、花色、总蓬数、每蓬实粒数、粒重、全生育期和采收期等变异大，而且有些变异还是自然界中很难出现的。这为定向选择提供了较大的空间和可能。产生的变异可通过种藕无性繁殖固定，并可稳定遗传，因此可快速选育子莲新品种。

（2）航天育种是一项系统工程，需要全社会、多部门联动

航天育种产业应用需要航天部门提供搭载资源，科研部门开展选育新品种及配套栽培技术改进，推广部门进行技术培训、科技推广与普及，宣传部门负责品牌宣传、企业进行相关系列产品的开发等。

（3）加强基础研究，特别是空间诱变的机理、机制等研究

开展白莲航天诱变突变基因定位、从分子水平阐明空间诱变的机理机制、优良基因的发掘和利用等研究。

七　航天育种在其他省和区域的应用和发展

（一）山西谷子的航天育种成果

李万红[*]

山西恒穗航天育种研究中心的谷子新品种，是通过"神舟四号"飞船搭载后选育而成。2009 年 4 月通过山西省农作物品种审定委员会审定，并

---

* 李万红，山西恒穗航天育种研究中心高级农艺师，主任。

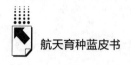

被命名为"晋谷47号"。该品种也是我国航天育种通过省级品种审定的首个谷子新品种。

1．"晋谷47号"

（1）品种来源

山西省沁县沁州黄小米，是参加1959年全国农业展览馆开馆首展，建国十周年大献礼展品，被全国农业展览馆种子室编辑出版的《农作物稀有名贵品种》一书收录。它是我国"四大名米"之首的优质小米，是沁县当地农家品种"爬坡糙"谷子脱壳后的小米。育种材料来自山西省沁县次村乡（沁州黄发源地）壇山村老农王永旺家，他几十年一直坚持种植这一农家品种——"爬坡糙"谷种。选取具有该品种典型特征的10穗谷子，并在搭载时选取其中一穗最好的谷子，在这穗谷子中段取谷子2000粒（剩余谷子脱粒收藏作为对照栽培用）。于2002年12月通过中国高科技产业化研究会利用"神舟四号"飞船搭载，遨游太空18天后返回地面，于2003年春节后取回。

（2）选育过程

2003年5月25日，在山西恒穗航天育种研究中心育种基地同时播种搭载的2000粒谷种和未搭载同穗谷种作为对照。搭载谷种出苗1580株，出苗后精心管理，7月底出穗。8月下旬至9月初，育种技术人员从灌浆好、上籽快、产量高、落黄好、抗三病（主要是抗谷瘟病、白发病、红叶病）的植株中，选出与对照相比差异比较大的5株变异株，并于2003年冬在海南进行加代繁殖。育种技术人员根据育种目标进行系统选育。经2003年、2004年、2005年三年加代（一年种两代），到2006年从总共七代中选育得到稳定的两个谷子品系。选取一个品系，于2007年参加山西省农作物品种审定委员会在山西长治、晋城、晋中、太原、吕梁等地组织的谷子中晚熟产区试验。十个点次都增产，两年平均亩产为271.5公斤，相比对照增产11.5%。该谷子品系即"晋谷47号"，于2009年4月20日经山西省农作物品种审定委员会五届五次会议审定通过。另一个品系按育种目标目前在继续选育中。

（3）推广种植

"晋谷47号"于2009年4月获得山西省农作物品种审定委员会审定后，先后在山西省沁县的东部次村乡、西部郭村镇、南部故县镇、北部漳源镇分别进行试种，试种两年平均产量在270～280公斤，并抗病表现较好，其也是一个富硒谷子新品。随后在沁县大面积推广种植，同时也向沁县的邻近县武乡县、襄垣县、沁源县推广。十年累计推广种植60余万亩，获得了较好的社会效益。

目前，"晋谷47号"和山西潞玉种业股份有限公司在长治市的上党区合作试种推广，和山西省晋城市泽州县鲁谷香合作在泽州试种，和山西省晋中市寿阳县合作试种。此外，2019年和辽宁省阜新公司合作试种30亩，长势喜人，秋季收获实测产量为每亩874斤。

2. 其他特色谷子品系

（1）超短生育期的品系"回头黄"

2010～2011年，育种技术人员在"晋谷47号"大田种植中发现变异株型，表现为矮秆早熟。育种技术人员取回后翌年播种，发现播种30天后就抽穗了。从播种到出苗，需5～6天时间，65±3天成熟。比中晚熟产区谷子差不多提早成熟60天（中晚熟产区谷子生育期一般为120天左右）。此品系目前在继续选育中，有作为以生育期短为育种目标的杂交育种组配亲本的潜力。

（2）闭花谷子品系

闭花谷子在谷子作物中属于罕见稀有品系，在谷子育种中有多大利用价值，尚待进一步研究和验证。

2012年，育种技术人员在育种基地的两个单穗的穗系种植圃中发现了这一品系，该株型植株根部以上6～7节谷节间特别短，6～7厘米长，再以上谷节间也短，株高40厘米且分蘖多，最多分蘖8株且都能成穗，均能成熟；谷穗上冲，近直立。

"回头黄"和闭花谷子品系，2012年发现后，翌年种植，二者的特征变异均表现基本稳定。

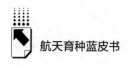

（3）"沁源春"谷子品系

该品系于 2017 年播种在山西省长治市沁源县灵空山乡，海拔在 1700 米左右，成熟程度较好，终结了谷子不能在该地区种植生长的历史。

目前，山西恒穗航天育种研究中心有省级审定谷子品种 2 个，"晋谷 47 号"和"农大 8 号"，农业农村部植物新品种保护品种 1 个，"太空白露黄"，3 个品种均来自谷子航天育种变异后代。除此之外还有 9 个基本定型的谷子品系，63 个具有潜力的谷穗系，也均来自谷子航天育种变异后代，正在继续进行系统选育。

（二）海南甘蔗的搭载选育试验

甘仪梅[*]

1. 航天诱变新品种"中辐1号"的搭载选育

（1）搭载试验

中国热带农业科学院热带生物技术研究所分别于 2013 年和 2016 年将甘蔗花穗种子和脱毒试管苗搭载送入太空进行辐射诱变。2013 年 6 月 11 日，将 4 个甘蔗杂交花穗和 1 管"新台糖 22 号"脱毒试管苗通过"神舟十号"飞船送入太空进行辐射诱变，在太空中飞行 15 天后返回地面。目前，该批种质材料已筛选出宿根性强、高产的"中辐 1 号"等 5 个高产品系。

（2）性状改良

经过多年的筛选，已经从 2013 年的航天诱变材料中选育出 5 个优良的品系，其中以"中辐 1 号"综合性状最优（见图 17）。"中辐 1 号"亲本组合为"科 5"ד川糖 89 – 103"，其宿根性特强，产量高，分蘖力强，生长势强，晚熟，蔗糖分高。其未经过航天诱变的对照后代宿根性差，生长势弱，产量低。

（3）"中辐 1 号"的品种选育

"中辐 1 号"以"科 5"为母本，以"川糖 89 – 103"为父本，2013 年

---

* 甘仪梅，中国热带农业科学院热带生物技术研究所副研究员。

中辐1号   对照

图17　甘蔗"中辐1号"性状表现

6月经过空间诱变返回后，中国热带农业科学院热带生物技术研究所委托海南甘蔗育种场在12月进行杂交，获得杂交花穗1个。后将航天诱变后的甘蔗杂交花穗放在灭菌的蔗渣土中播种，在海南省临高县皇桐镇（此地属低糖蔗区）的中国热带农业科学院热带生物技术研究所试验基地大田经过甘蔗常规使用的"五圃制"杂交选育程序，于2014年12月从实生苗圃中选出"中辐1号"的单株，该品系是经过选种圃、鉴定圃和品种比较圃等连续多年以甘蔗主栽推广品种"新台糖22号"为对照的观察筛选，逐年优选而获得的甘蔗杂交品系。

（4）"中辐1号"的品种表现

"中辐1号"植株高大，中大茎，苗期出芽整齐，分蘖期分蘖多，宿根发株多，对除草剂不敏感，晚期叶片仍然浓绿，中晚熟，新植宿根产量高，耐旱，高糖，新植蔗田间未发现黑穗病，宿根蔗有少量黑穗病发生。

"中辐1号"的出苗率、分蘖率及其他生长情况如表10所示。"中辐1号"新植蔗的出苗率和分蘖率都比"新台糖22号"高。在株高、有效茎、亩产量和黑穗病抗病性方面都比对照"新台糖22号"有优势。在第一年宿根蔗中，"中辐1号"的发株数和有效茎都比"新台糖22号"有所增加，因此在最终的产量测定中，"中辐1号"的亩产量也比"新台糖22号"有所增加。在第二年宿根蔗中，"中辐1号"的发株数和有效茎都比"新台糖22号"有所增加，因此在最终的产量测定中，"中辐1号"的亩产量也比"新台糖22号"有所增加，但蔗糖分差异不显著。

表10　"中辐1号"的一新两宿生长情况

品种	植季	出苗率(%)	分蘖率(%)	发株数(株/亩)	茎粗(cm)	有效茎(棵/亩)	株高(cm)	蔗糖分(%)	亩产量(公斤)	增产(%)
"中辐1号"	新植	63	5.19		2.73	8590	357	13.19	10657	34.49
"新台糖22号"	新植	59	3.33		2.97	5306	352	13.95	7924	
"中辐1号"	宿根1			12632	2.62	7580	363	14.13	8049	20.33
"新台糖22号"	宿根1			9044	2.76	5558	348	14.36	6689	
"中辐1号"	宿根2			12211	2.82	7080	359	14.81	7856	33.27
"新台糖22号"	宿根2			7798	2.89	4874	344	14.60	5895	

注："宿根1"指在第一年宿根蔗中，"宿根2"指在第二年宿根庶中。

目前"中辐1号"已申请植物新品种权保护，也已经开展品种比较试验，准备申请新品种登记并开展新品种示范与推广工作。

2. 航天诱变新品系的搭载选育

（1）搭载试验

2016年6月25日，将3个组合的甘蔗种子和"新台糖22号"脱毒试管苗由"长征七号"运载火箭送入太空，经过19个小时的飞行，返回地面。目前，已从该批种质材料中的2个组合后代中筛选出3个高糖品系。

（2）航天辐射对甘蔗杂交种子、幼苗与植株的影响

为探讨航天辐射诱变对甘蔗杂交种子的诱变作用，对甘蔗杂交花穗种子进行航天辐射处理，鉴定其对甘蔗杂交种子的萌发、幼苗生长以及植株生长发育状况的影响。结果表明，航天辐射处理对甘蔗杂交种子萌发及生长状况有较大的影响。尤其是甘蔗种子萌发情况，种子每克发芽数明显增加、幼苗存活率明显增加；对生长状况的影响相对较小，平均分蘖数略有降低，成茎

率增加，植株变高，这对甘蔗的产量有较大的影响；甘蔗蔗糖分增加。这些种子的萌发和后期的生长状况初步证明了航天辐射促进了甘蔗杂交种子的萌发与生长。

①航天辐射对甘蔗杂交种子发芽及幼苗成活的影响

甘蔗杂交种子数量多，发芽率低，一般使用每克发芽数进行量化。航天辐射处理后代（Space Progeny，SP）和未辐射处理对照（CK，Control）的每克发芽数分别平均是 167 个和 100 个，即航天辐射处理后，甘蔗杂交种子的每克发芽数比未辐射的对照种子显著增加（增加了 67 个），SP 和 CK 间差异极显著（见表 11）。说明航天辐射处理对这些甘蔗杂交种子发芽情况影响较大，促进了种子发芽。

SP 和 CK 的幼苗成活率分别是 54.78% 和 20.26%，SP 和 CK 间差异极显著，即航天辐射处理后，甘蔗杂交种子的幼苗成活率比未辐射的对照种子要高（见表 12）。说明航天辐射处理对这些甘蔗幼苗生长情况影响较大，显著地提高了幼苗成活率。

表 11　航天辐射对甘蔗杂交种子发芽的影响

单位：个

材料	每克发芽数				差异显著性 0.01%
	1	2	3	平均	
SP	161	168	171	167	A
CK	100	98	193	100	B

注：表中大写字母不同者表示差异极显著。

表 12　航天辐射对甘蔗幼苗成活的影响

单位：%

材料	幼苗成活率				差异显著性 0.01%
	1	2	3	平均	
SP	54.04	53.57	56.73	54.78	A
CK	19.00	20.41	21.36	20.26	B

注：表中大写字母不同者表示差异极显著。

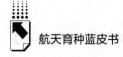
②航天辐射对甘蔗分蘖及成茎的影响

成活的甘蔗实生苗通过假植再移栽至田间种植,分蘖后,分别调查 SP 和 CK 的甘蔗分蘖情况和成茎情况。SP 和 CK 的平均分蘖数分别是 7.06 个和 8.77 个,即航天辐射处理后的甘蔗杂交实生苗的平均分蘖数比未辐射的对照实生苗减少了,且差异极显著(见表 13)。说明航天辐射处理对这些甘蔗杂交实生苗分蘖有较强的影响,显著减少了分蘖。SP 和 CK 的成茎率分别是 60.64% 和 55.81%,即航天辐射处理后的甘蔗杂实生苗分蘖的成茎率比未辐射的对照实生苗高,但差异未达到极显著(见表 14)。说明航天辐射处理对这些甘蔗杂交实生苗成茎的影响不显著。

表 13　航天辐射对甘蔗分蘖的影响

单位:个

| 材料 | 平均分蘖数 | | | | 差异显著性 |
	1	2	3	平均	0.01%
SP	6.88	7.21	7.09	7.06	A
CK	8.58	8.86	8.87	8.77	B

注:表中大写字母不同者表示差异极显著。

表 14　航天辐射对甘蔗成茎的影响

单位:%

| 材料 | 成茎率 | | | | 差异显著性 |
	1	2	3	平均	0.05%
SP	58.36	61.08	61.97	60.64	a
CK	54.38	56.05	57.00	55.81	b

注:表中小写字母不同者表示差异显著。

③航天辐射对甘蔗株高的影响

甘蔗开始拔节后,对 SP 和 CK 的甘蔗进行初始株高的测量。SP 和 CK 的初始株高均在 150 厘米左右,差异极显著,说明辐射处理对甘蔗株高影响较大。在成熟期,SP 的株高比 CK 的要高些,差异极显著(见表 15),说明航天辐射处理后,甘蔗杂交后代的株高显著增加了。

表 15 航天辐射对甘蔗株高的影响

单位：cm

材料	初始株高				差异显著性	株高				差异显著性
	1	2	3	平均		1	2	3	平均	
SP	156.4	160.2	159.8	158.8	A	405.2	415.9	433.3	418.2	A
CK	145.9	149.8	149.5	148.4	B	370.1	381.9	377.4	376.5	B

注：表中大写字母不同者表示差异极显著。

④航天辐射对甘蔗蔗糖分的影响

蔗糖分是影响甘蔗品质的主要因素，可以通过测定锤度来表示，锤度高的蔗糖分也高。航天辐射处理后的甘蔗材料的平均锤度比对照要高一点（见表 16）。另外，蔗糖分在 12 月达到最高，随后都有所降低。SP 和 CK 材料均显示出中早熟特性，辐射处理后没有表现出成熟期的改变。

表 16 航天辐射对甘蔗蔗糖分的影响

单位:%

材料	蔗糖分				差异显著性
	1	2	3	平均	0.01%
SP	13.16	13.42	13.56	13.38	A
CK	12.57	12.56	12.78	12.64	B

注：表中大写字母不同者表示差异极显著。

（3）3 个优异的航天诱变品系表现

经过多年的筛选，已经从 2016 年的航天诱变材料中选育出 3 个高糖优良品系：SP1、SP2 和 SP3。其中 SP1 是以"粤糖 00 - 319"为母本、"新台糖 22 号"为父本杂交后进行航天辐射诱变的品系。SP2 和 SP3 都是以"桂糖 02 - 901"为母本、"科 5"为父本杂交后进行航天辐射诱变的品系。这 3 个航天诱变品系的主要表现为蔗糖分较高（见表 17）。这 3 个高糖品系有望申请植物新品种权保护，已经开展品种比较试验，对产量和蔗糖分表现均优异的品系，将会申请新品种登记并开展新品种示范与推广工作。

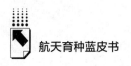
表17　2016年航天诱变的3个优异品系的糖分与产量表现

品系	出苗率(%)	分蘖率(%)	茎粗(cm)	有效茎 (棵/亩)	株高(cm)	蔗糖分(%)	亩产量 (公斤)
SP1	77.3	2.78	31.52	4310	314.82	16.74	6702
SP2	83.3	2.95	25.71	6516	333.91	14.43	7436
SP3	69.7	3.53	26.18	5644	317.72	16.18	7289
ROC22	62.1	2.42	29.17	4464	376.36	13.64	7329

参考文献

[1]　罗文龙等:《"神舟八号"搭载"航恢173"种子的当代生物效应及SSR分析》,《中国农学通报》2014年第15期,第11~16页。

[2]　胡建广等:《空间诱导甜玉米产量性状变异及其SSR分析》,《分子植物育种》2011年第6期,第716~721页。

[3]　李高科等:《甜玉米自交系空间诱变效应及变异系育种潜力分析》,《广东农业科学》2011年第7期,第1~4页。

[4]　李高科等:《3个甜玉米自交系空间诱变效应及变异系育种潜力研究》,《玉米科学》2014年第1期,第23~29页。

[5]　杜文平等:《卫星搭载后玉米诱变系的SRAP分析》,《核农学报》2011年第5期,第839~843页。

[6]　翁国华等:《福建省农科院水稻所科研回顾与展望》,《福建稻麦科技》2011年第4期,第87~91页。

[7]　王乌齐等:《特优航1号高产保纯制种技术》,《福建稻麦科技》2002年第4期,第12~14页。

[8]　杨东等:《杂交籼稻新组合特优航1号》,《杂交水稻》2003年第4期,第74~75页。

[9]　杨东等:《特优航1号产量结构分析及高产栽培技术研究》,《福建稻麦科技》2003年第2期,第26~27页。

[10]　杨东等:《杂交水稻特优航1号特征特性及高产栽培技术》,《作物杂志》2003年第3期,第36页。

[11]　郑家团等:《水稻航天诱变育种研究进展与应用前景》,《分子植物育种》

2003 年第 3 期，第 367～371 页。

[12] 谢华安等：《超级杂交稻恢复系"航 1 号"的选育与应用》，《中国农业科学》2004 年第 11 期，第 1688～1692 页。

[13] 郑家团等：《超级杂交稻 Ⅱ 优航 1 号的生物学特性》，《中国农学通报》2006 年第 10 期，第 111～115 页。

[14] 杨东等：《Ⅱ 优航 1 号亲本特性及其高产制种技术》，《种子》2006 年第 9 期，第 105～107 页。

[15] 黄庭旭等：《优质高产杂交香稻新组合"宜优 673"的选育与应用》，《江西农业学报》2006 年第 4 期，第 6～9 页。

[16] 谢鸿光等：《Ⅱ 优航 2 号亲本生育特性和开花习性初步研究》，《中国稻米》2006 年第 4 期，第 14～15 页。

[17] 谢鸿光等：《杂交水稻新组合 Ⅱ 优航 2 号高产制种技术》，《杂交水稻》2007 年第 1 期，第 40～41 页。

[18] 董瑞霞等：《Ⅱ 优 936 示范表现与高产栽培技术》，《安徽农学通报》2007 年第 13 期，第 129～130 页。

[19] 杨东等：《杂交水稻新组合 Ⅱ 优 936 高产制种技术》，《安徽农学通报》2007 年第 16 期，第 139～140 页。

[20] 黄庭旭等：《高产杂交水稻新品种特优航 2 号的选育与应用》，《福建稻麦科技》2009 年第 4 期，第 1～4 页。

[21] 游晴如等：《两优航 2 号亲本特性和开花习性观察》，《福建稻麦科技》2009 年第 4 期，第 17～20 页。

[22] 谢华安等：《杂交水稻 Ⅱ 优航 1 号的选育与应用》，《福建农业学报》2009 年第 6 期，第 495～499 页。

[23] 黄庭旭等：《高产优质香型杂交稻新组合内优航 148 的选育与应用》，《杂交水稻》2009 年第 6 期，第 17～19 页。

[24] 黄庭旭等：《杂交水稻新品种两优航 2 号的选育与应用》，《江西农业学报》2009 年第 9 期，第 5～7、12 页。

[25] 杨东等：《空间诱变与杂交育种相结合育成高产杂交水稻新组合天优 673》，《杂交水稻》2010 年第 S1 期，第 201～205 页。

[26] 黄洪河等：《抗稻瘟杂交水稻新组合谷优航 148 选育与应用》，《杂交水稻》2010 年第 S1 期，第 206～208 页。

[27] 黄庭旭等：《超级杂交稻特优航 1 号的选育与应用》，《江西农业学报》2010 年第 8 期，第 16～18、21 页。

[28] 游晴如等：《香型杂交中稻新组合川优 673 的选育与应用》，《杂交水稻》2011 年第 5 期，第 18～21 页。

[29] 游晴如等：《高产优质杂交水稻新品种"Ⅱ 优 936"选育》，《中国农学通报》

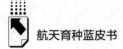
2011 年第 1 期，第 52 ～ 56 页。

［30］杨东等：《高产抗病杂交水稻"天优 673"的选育》，《中国农学通报》2011 年第 1 期，第 57 ～ 62 页。

［31］黄庭旭等：《杂交水稻恢复系福恢 673 的选育研究》，《福建农业学报》2012 年第 10 期，第 1050 ～ 1055 页。

［32］张水金等：《优质香型超级稻新品种"宜优 673"》，《福建稻麦科技》2013 年第 4 期，第 53 ～ 56 页。

［33］黄庭旭等：《超级稻宜优 673 遗传构成与籼粳属性分析》，《中国农业科学》2013 年第 10 期，第 1965 ～ 1973 页。

［34］董瑞霞等：《高产两系杂交水稻新组合两优 667 的选育》，《杂交水稻》2015 年第 1 期，第 15 ～ 18 页。

［35］郑家团等：《杂交水稻新品种天优 2075 的选育》，《福建农业学报》2015 年第 3 期，第 235 ～ 238 页。

［36］黄庭旭等：《高产优质杂交稻新品种泰优 202 的选育》，《福建农业学报》2018 年第 7 期，第 676 ～ 682 页。

［37］朱永生等：《高产抗病杂交稻新品种广优 673 的选育》，《福建农业学报》2018 年第 7 期，第 683 ～ 686 页。

［38］涂诗航等：《优质不育系泰丰 A 系列杂交组合的恢复系选育》，《杂交水稻》2018 年第 4 期，第 13 ～ 16、92 页。

［39］周鹏等：《抗稻瘟病杂交晚稻新组合广 8 优 673》，《杂交水稻》2019 年第 2 期，第 76 ～ 77 页。

［40］周鹏等：《优质杂交晚稻泰优 2165 的选育》，《福建农业学报》2019 年第 7 期，第 751 ～ 756 页。

［41］刘录祥等：《我国作物航天育种 20 年的基本成就与展望》，《核农学报》2007 年第 6 期，第 589 ～ 592 页。

［42］胡化广等：《我国植物空间诱变航天诱变育种及其在草类植物育种中的应用》，《草业学报》2006 年第 1 期，第 15 ～ 21 页。

［43］吴德志等：《实践八号育种卫星搭载籼稻的诱变效应研究》，《核农学报》2010 年第 2 期，第 209 ～ 213 页。

［44］王广金等：《航天诱变选育高产优质小麦新品系"龙辐 02 - 0958"》，《核农学报》2005 年第 5 期，第 347 ～ 350 页。

［45］李金国等：《中国农作物航空航天诱变育种的进展及其前景》，《航天医学与医学工程》1999 年第 6 期，第 464 ～ 468 页。

［46］王艳芳等：《航天诱变育种研究进展》，《西北农林科技大学学报》（自然科学版）2006 年第 1 期，第 9 ～ 12 页。

［47］刘录祥：《空间技术与空间产业 - 前景与未来，2003 高技术发展报告（中国

科学院编》，科学出版社，2003，第 244 ~ 251 页。

[48] 徐建龙等：《空间环境诱发水稻多蘖矮秆突变体的筛选与鉴定》，《核农学报》2003 年第 2 期，第 90 ~ 94 页。

[49] 蒋兴邨：《863 - 2 空间诱变育种进展及前景》，《空间科学学报》1996 年增刊，第 77 ~ 82 页。

[50] 蒋兴邨等：《"8885"返地卫星搭载对水稻种子遗传的影响》，《科学通报》1991 年第 23 期，第 1820 ~ 1824 页。

[51] 张世成等：《小麦高空诱变育种研究》，《华北农学报》1997 年第 3 期，第 7 ~ 10 页。

[52] 张世成等：《航天诱变条件下小麦若干性状变异》，《空间科学学报》1996 年第 16（增刊）期，第 103 ~ 107 页。

[53] 吴政卿等：《优质弱筋小麦新品种"太空 5 号"的选育及其特征特性》，《作物杂志》2004 年第 5 期，第 55 ~ 56 页。

[54] 雷振生等：《航天诱变小麦新品种太空 6 号的选育》，《河南农业科学》2004 年第 6 期，第 3 ~ 5 页。

[55] 张美荣等：《小麦种子空间搭载效应研究》，《华北农学报》2002 年第 2 期，第 36 ~ 39 页。

[56] 王广金等：《航天诱变选育小麦新品系的研究》，《黑龙江农业科学》2004 年第 4 期，第 1 ~ 4 页。

[57] 王广金等：《春小麦航天育种效果的研究》，《核农学报》2004 年第 4 期，第 257 ~ 260 页。

[58] 张福彦等：《航天诱变技术在小麦育种上的应用》，《核农学报》2019 年第 2 期，第 262 ~ 269 页。

[59] 郭会君等：《实践八号卫星飞行环境中不同因素对小麦的诱变效应》，《作物学报》2010 年第 5 期，第 764 ~ 770 页。

[60] 赵洪兵等：《一个空间诱变的温度敏感型冬小麦叶绿素突变体的初步研究》，《核农学报》2010 年第 6 期，第 1110 ~ 1116 页。

[61] 王伟：《卫星搭载小麦农艺性状及蛋白变异分析》，硕士学位论文，西北农林科技大学，2011。

[62] 蒋云等：《小麦空间环境与60Co - r 辐射诱变效应的比较研究》，《西南农业学报》2010 年第 4 期，第 1023 ~ 1027 页。

[63] 蒋云等：《空间环境诱导小麦变异及 ISSR 多态性研究》，《核农学报》2017 年第 9 期，第 1665 ~ 1671 页。

[64] 曹丽等：《航天搭载小麦矮秆突变体 DMR88 - 1 矮化效应分析》，《核农学报》2015 年第 11 期，第 2049 ~ 2057 页。

[65] 张建伟等：《国审小麦新品种"富麦 2008"的选育研究》，《河南科学》2008

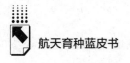
年第 10 期，第 1219 ~ 1222 页。

[66] 王美芳等：《冬小麦品种航天诱变后代性分析》，《核农学报》2011 年第 5 期，第 833 ~ 838 页。

[67] 吴振录等：《杂交与诱变相结合提高春小麦育种效果的研究》，《麦类作物学报》2010 年第 5 期，第 976 ~ 980 页。

[68] 杜久元等：《5 个冬小麦品种（系）航天诱变后代穗形和芒的变异》，《甘肃农业科技》2008 年第 3 期，第 5 ~ 9 页。

[69] 张宏纪等：《春小麦航天诱变入选后代的变异研究》，《核农学报》2007 年第 2 期，第 111 ~ 115 页。

[70] 王江春等：《"鲁麦 14"空间诱变后代的籽粒淀粉积聚及相关酶活性的变化》，《麦类作物学报》2007 年第 6 期，第 1059 ~ 1063 页。

[71] 荣廷昭、潘光堂：《玉米太空处理纯系材料田间表型的观察和同工酶分析》，《空间科学学报》1996 年增刊，第 156 页。

[72] 曹墨菊、荣廷昭：《玉米太空处理后代基因雄性不育株与可育株的比较》，《四川大学学报》2000 年增刊，第 49 ~ 55 页。

[73] 曹墨菊、荣廷昭：《空间条件对玉米自交系 S37 的诱变效应》，《中国农学通报》2001 年第 2 期，第 1 ~ 3 页。

[74] 曹墨菊等：《首例航天诱变玉米雄性不育突变体的遗传分析》，《遗传学报》2003 年第 9 期，第 817 ~ 822 页。

[75] 曹墨菊：《首例航天诱变玉米细胞核雄性不育株与可育株的株高生长分析》，《核农学报》2004 年第 4 期，第 261 ~ 264 页。

[76] 刘福霞等：《太空诱变玉米细胞核雄性不育基因与 RAPD 标记的连锁分析》，《四川农业大学学报》2005 年第 1 期，第 19 ~ 23 页。

[77] 刘福霞等：《用微卫星标记定位太空诱变核不育基因》，《遗传学报》2005 年第 7 期，第 753 ~ 757 页。

[78] 李式昭等：《太空诱变玉米核不育材料花粉败育的细胞学观察（简报）》，《分子细胞生物学报》2007 年第 5 期，第 359 ~ 362 页。

[79] 李式昭等：《太空诱变玉米核不育基因的 SSR 作图》，《高技术通讯》2007 年第 8 期，第 869 ~ 873 页。

[80] 张琳碧等：《太空诱变核不育材料不育株与可育株花药的生理生化分析》，《核农学报》2007 年第 3 期，第 221 ~ 223 页。

[81] 张琳碧：《太空诱变核不育材料的 cDNA – ALPF 分析》，《核农学报》2009 年第 1 期，第 37 ~ 41 页。

[82] 曹墨菊等：《太空诱变玉米核雄性不育与植物激素的关系》，《核农学报》2010 年第 24 期，第 447 ~ 452 页。

[83] 刘福霞等：《太空诱变玉米细胞核雄性可育与不育材料的遗传多态性分析》，

《河南农业科学》2010 年第 5 期,第 4 ~ 7 页。

[84] 张采波等:《空间环境诱发玉米细胞质雄性不育突变体的遗传分析》,《遗传》2011 年第 2 期,第 175 ~ 181 页。

[85] 张采波:《空间环境诱发玉胚乳突变体的鉴定与分析》,《核农学报》2013 年第 11 期,第 1603 ~ 1609 页。

[86] 张采波:《空间诱变对玉米自交系产量性状配合力的诱变效应》,《农业生物技术学报》2013 年第 8 期,第 896 ~ 903 页。

[87] 张采波等:《玉米空间诱变后代 SP_4 选系配合力效应分析》,《遗传》2013 年第 7 期,第 903 ~ 912 页。

[88] 汪静等:《太空诱变玉米核不育突变体矮化的遗传及外施赤霉素分析》,《广西植物》2016 年第 6 期,第 707 ~ 712 页。

[89] 牛群凯:《玉米太空诱变核不育突变体矮化性状的 QTL 定位及分析》,《四川农业大学学报》2018 年第 4 期,第 429 ~ 435、480 页。

[90] 丘运兰:《太空飞行对玉米种子的生物学效应》,《华南农业大学学报》1994 年第 2 期,第 100 ~ 105 页。

[91] 孙野青等:《空间环境对玉米诱变效应的研究》,2000 年中国博士后学术会议,北京,2000,第 363 ~ 369 页。

[92] 李社荣等:《玉米空间诱变效应及其应用的研究 I. 空间条件对玉米叶片超微结构的影响》,《核农学报》1998 年第 5 期,第 274 ~ 280 页。

[93] 李社荣等:《返回式卫星搭载后玉米叶绿体色素变化的研究》,《核农学报》2001 年第 2 期,第 75 ~ 80 页。

[94] 曾孟潜:《空间特殊环境诱致玉米突变体的分析》,《中国空间科学技术》2003 年第 6 期,第 64 ~ 68 页。

[95] 李金国等:《卫星搭载玉米雄性不育突变性的遗传稳定性研究》,《航天医学与医学工程》2002 年第 1 期,第 51 ~ 54 页。

[96] 李玉玲等:《两份太空诱变玉米雄性不育突变体的遗传研究》,《遗传》2007 年第 6 期,第 738 ~ 744 页。

[97] 陈永欣等:《玉米航天搭载试验初报》,《山西农业科学》2008 年第 11 期,第 47 ~ 49 页。

[98] 邱正高等:《航空诱变处理玉米自交系研究初报》,《南方农业》2008 年第 7 期。

[99] 邱正高等:《航空诱变的糯玉米矮秆突变体株高与叶片生长分析》,《西南农业学报》2009 年第 4 期。

[100] 阴卫军等:《玉米自交系的空间诱变选育与应用》,《山东农业科学》2009 年第 12 期,第 28 ~ 32 页。

[101] 徐相波等:《太空诱变玉米雄性不育突变体的遗传分析》,《山东农业科学》

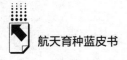
2013 年第 4 期，第 28~31 页。

[102] 赵守光等：《超甜玉米新品种"广甜 7 号"的选育》，《广东农业科学》2010 年第 12 期，第 32~33 页。

[103] 南文华等：《"陕单 22"玉米新品种选育及其特征特性》，《西北农业学报》2010 年第 7 期，第 71~73、102 页。

[104] 胡建广等：《空间诱导甜玉米产量性状变异及其 SSR 分析》，《分子植物育种》2011 年第 6 期，第 716~721 页。

[105] 李高科等：《甜玉米自交系空间诱变效应及变异系育种潜力分析》，《广东农业科学》2011 年第 7 期，第 1~4 页。

[106] 李高科等：《3 个甜玉米自交系空间诱变效应及变异系育种潜力研究》，《玉米科学》2014 年第 1 期，第 23~29、36 页。

[107] 杜文平等：《卫星搭载后玉米诱变系的 SRAP 分析》，《核农学报》2011 年第 5 期，第 839~843 页。

[108] 于立伟等：《空间诱变玉米自交系齐 319 的 SSR 标记变异分析》，《核农学报》2014 年第 8 期，第 1345~1352 页。

[109] 刘春晖等：《玉米自交系齐 319 空间诱变系的生物学效应分析》，《玉米科学》2016 年第 2 期，第 6~10 页。

[110] 南文华等：《玉米新品种陕单 22 选育及适应性分析》，《农业科技通讯》2018 年第 8 期，第 78~83 页。

[111] 乔晓等：《航天搭载对玉米自交系 SP_1 的诱变效应》，《四川农业大学学报》2011 年第 2 期，第 164~167 页。

[112] 乔晓等：《玉米航天诱变系的配合力分析》，《四川农业大学学报》2011 年第 4 期，第 451~456 页。

[113] 乔晓等：《航天搭载玉米自交系 SP_3 的变异研究》，《中国农学通报》2011 年第 12 期，第 87~90 页。

[114] 乔晓等：《玉米航天诱变 SP_3 株系的遗传变异分析》，《玉米科学》2012 年第 3 期，第 15~21 页。

[115] Y. T. Yu et al. , "Identification of a Major Quantitative Trait Locus for Ear Size Induced by Space Flight in Sweet Corn," *Genetics and Molecular Research.* 2 (2014): 3069 – 3078.

[116] Yonghui Zhu et al. , "Fine Mapping of the Novel Male-Sterile Mutant Gene Ms39 in Maize Originated from Outer Space Flight," *Molecular Breeding* 10 (2018): 125.

[117] Chuan Li et al. , "A novel Maize Dwarf Mutant Generated by Ty1-copia LTR-retrotransposon Insertion in Brachytic2 after Spaceflight," *Plant Cell Reports* 3 (2020): 393 – 408.

［118］ Hongyang Yi et al. , "Identification and Genetic Analysis of Two Maize CMS-T Mutants Obtained from Out-space-flighted Seeds," *Genetic Resources and Crop Evolution*, 2021, https：//doi. org/ 10. 1007/ s10722 – 021 – 01107 – 6.

［119］ 邱正高等：《航空诱变的糯玉米矮秆突变体株高与叶片生长分析》，《西南农业学报》2009 年第 4 期，第 901 ~ 904 页。

专 题 篇
Expert Report

B.6
航天育种科研报告

孙野青　张　萌　王　巍　史金铭　于　歆

魏力军　关双红　鹿金颖　周利斌　郭　涛*

摘　要： 早在20世纪90年代，我国就开展了空间诱变科学实验研究，并验证了空间辐射环境对植物种子的遗传诱变效应，通过分子标记等分子生物学技术手段量化了植物基因组水平上的突变频率，也通过表型观察等测算了不同的农艺性状的变异频率。进入21世纪，

---

* 孙野青，大连海事大学环境科学与工程学院教授，博士研究生导师，环境系统生物学研究所所长，中国空间科学学会常务理事，国际空间科学研究会（COSPAR）生命分部副主席；张萌，大连海事大学环境科学与工程学院副教授，硕士研究生导师，博士，辽宁神舟天宫农业科技发展有限公司总经理，主要从事空间辐射生物学效应分子机制研究；王巍，大连海事大学环境系统生物学研究所副教授，研究生导师；史金铭，东北林业大学生命科学学院副教授；于歆，哈尔滨工业大学博物馆农艺师，馆藏部负责人；魏力军，哈尔滨工业大学生命科学与技术学院教授，博士生导师；关双红，哈尔滨工业大学工程师；鹿金颖，航天神舟生物科技集团有限公司高级工程师（教授级），航天工程育种研究室主任；周利斌，中国科学院近代物理研究所研究员，生物物理室主任，中国高科技产业化研究会现代农业与航天育种工作委员会副主任，中国原子能农学会辐射与航天育种专业委员会副主任，中国核学会射线束技术分会理事，中国生物物理学会辐射与环境生物物理学分会理事，中国辐射防护学会放射生态分会青年委员会委员；郭涛，国家植物航天育种工程技术研究中心教授，副主任，航天育种产业创新联盟副秘书长，博士，主要从事水稻的空间诱变机理和育种研究。

我国专门发射了完全用于农业领域的"实践八号"育种卫星,部署了7台空间环境探测实验设备,用于空间诱变机理的研究,利用实验数据支撑了空间诱变科学假设,为后续航天育种实验的科学设计提供了依据。分子遗传学和基因组学的发展推动了相关的技术进步,使得我们对航天育种空间诱变的机理和机制有了更为深刻的认识,基因突变从基因组学拓展延伸到表观遗传学等更为广泛的研究领域。对诱变、突变机理的研究,促进和加强了对航天育种的技术应用:准确地捕捉到突变,在后代群体中实现快速鉴定和筛选,减少育种过程中的盲目性,增加精准性,提高育种效率。

关键词: 空间诱变分子机制　基因突变　分子遗传学　基因组学　表观遗传学

一　航天育种技术创新报告

(一)航天育种空间诱变研究和应用

1. 空间环境诱变水稻种子遗传变异效应机理的研究

空间环境存在低剂量、高能量的粒子及微重力等与地面截然不同的胁迫因素,这些因素能够使地面的生物材料发生变异。我国自1987年起,就利用大量的返回式卫星进行了空间诱变育种的研究,并报道了一些突变体,且这些突变体由于有较好的农艺性状,而得到了应用和推广。大连海事大学环境系统生物学研究所、东北农业大学和哈尔滨工业大学的研究人员集中在空间辐射诱变机制方面展开研究。水稻是一个对空间环境相对敏感的物种,因此,自1996年起,先后通过返回式卫星("尖兵1号""第20颗返回式卫星""第21颗返回式卫星")和神舟飞船("神舟三号""神舟四号""神舟六号""神舟八号")搭载了60多个水稻品种,搭载返回后经过实验室和田间标准化种植,分别从表型、细胞和分子生物学层面进行大量实验研究,包

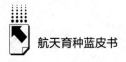

括表型变异、细胞学效应、基因组、蛋白质组和基因组甲基化特征的改变等方面，做出了大量的遗传学和表观遗传学分析。

最初的研究是确定空间是否可以诱变，分析空间重离子是否为诱发植物种子突变的主要原因。研究人员将带有柠檬白杂合等位基因（Lwl/lwl）的玉米种子包夹在核径迹探测器中，组成生物叠（Biostack）。[1]生物叠和GM计数管（Geiger-Müller计数管）及氟化理热释光剂量片（LiF剂量计）同时搭载在"尖兵1号"返回式卫星上（轨道高度：175～320公里。倾角：63°。飞行时间：1996年10月5～20日），进行为期15天的太空飞行。种子回收后，从植物形态学和分子生物学水平进行突变检测，同时计算所测到的辐射剂量。结果显示，用LiF剂量计测量空间能穿透舱壁的粒子剂量为2.656毫戈瑞，平均日剂量为0.177毫戈瑞。$Z \geq 3$粒子的通量为29个/厘米^2，平均阻止本领为$0.5keV/\mu m$，这意味着穿透卫星屏障到内部的是能量相当高的质子。剂量测定结果表明，85%的种子至少被$Z \geq 20$的粒子击中1次。与地面对照相比，突变植株表型发生了变化，如叶片上出现黄色条纹、植株矮化、花器官异常和幼苗黄绿色等。黄色条纹叶是突变发生的主要指标，在第一代植物中条纹出现的频率为4.6%。在RAPD分析中筛选出110个随机引物，检测叶片上有条纹的植物基因组DNA的变异。在这些引物中，10.9%的引物能够在突变植株和对照之间产生多态性条带，并且在几个具有相同突变表型的子代中发现了常见的条带模式。结果表明，空间辐射环境对植物种子具有遗传诱变效应，并验证了突变体中遗传物质的变化。

为进一步分析空间环境诱发的突变率，研究人员通过"神舟三号"搭载10个不同品种的水稻种子，经地面种植后发现，空间搭载后的水稻表型突变率明显增加，并且不同品种的水稻对于空间辐射环境敏感度各异。继续考察第二代在株高、有效穗数和叶色等方面的表型变异，发现其突变率为0.05%～0.52%。[2]这说明空间辐射环境能使水稻产生较广泛的变异性状，且具有可遗传的特点。为在基因组水平上扫描空间诱变的突变率，研究人员利用扩增片段长度多态性（Amplified Fragment Length Polymorphism，AFLP）方法，分析了这些不同品种基因组被空间辐射环境诱导的突变率，对其第二代叶片中基因组的 479 个位点多态性进行了分析，发现其基因组突变率在 1.7%~6.2%。[2]为了进一步分析空间辐射环境引起的水稻基因组突变位点的特征，比较分析了空间飞行后产生的 3 种不同的突变体的突变位点和其他未经过空间飞行的 11 个不同品种水稻的基因组多态性位点，研究发现，空间飞行后产生的 3 个突变体的基因组突变位点，产生于品种间多态性区域（分别占 75.9%、84.9% 和 100.0%），说明空间辐射引起的突变效应在基因组存在位点上有偏好性，预示着空间辐射引起的基因组突变具有热点区域，此区域也是基因组易变区域。[3]

空间辐射处于极低的剂量范围，通常是几个毫戈瑞量级，为了比较空间辐射与地面 γ 辐照诱变效应的异同，实验室通过"神舟四号"搭载了早、中、晚熟的粳稻和籼稻（包括农家和推广的品种）共 24 个品种，并在地面进行了不同剂量的 γ 辐照处理。以株高和结实率作为相应的指标，发现空间环境对不同基因型水稻的生物学效应与 10~50 戈瑞的 γ 辐照产生的诱变效应较为一致，并发现空间环境对不同品种的粳稻和籼稻的表型性状具有较为明显的刺激效应。[4-6]进一步研究还发现，对 γ 辐照不敏感的品种大多数对空间诱变也不敏感，而对 γ 辐照敏感的品种约有一半表现为对空间诱变敏感。第二代诱变效应研究表明，两种诱变处理均能诱发株高和抽穗期等性状发生突变，但不同性状的突变频率差异较大，表明空间环境诱变因素的复杂性，以及诱变的机制与地面单一 γ 辐照是不相同的。

空间辐射虽然是低剂量的，但由于接受处理的生物材料接受的是那些穿透舱壁的粒子，特别是高能重离子（High charge Z and energy E nuclei，HZE），因此能量非常高。为了进一步揭示空间 HZE 的诱变效应，研究人员利用第 20 颗返回式卫星搭载了 10 种不同品种的水稻种子。与此同时，还利用日本千叶重离子医用加速器（Heavy Ion Medical Accelerator In Chiba，HIMAC）模拟不同传能线密度下的低剂量（2 毫戈瑞，该剂量与第 20 颗返回式卫星中所接受的空间辐射的剂量一致）重离子辐射同样品种的水稻种子，并观察表型变异、根尖分生组织的染色体畸变和有丝分裂。结果发现，空间飞行对水稻种子产生的诱变效应甚至大于 500keV/μm 的铁离子、

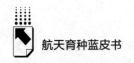

31keV/μm 的氖离子，以及 13.3keV/μm 的碳离子辐射的诱导效应。[7,8] 根尖细胞有丝分裂指数的提高表明，空间环境刺激了有丝分裂的进行或使有丝分裂中期阻滞。空间环境使根尖细胞染色体畸变率提高，表明空间环境诱变机制和重离子辐照机制可能并不相同。

为了分析这些变化与表观遗传学变化的关系，研究人员对经过空间飞行的水稻种子的基因组甲基化状态进行了分析。研究的结果证实了空间飞行能引起广泛的基因组甲基化变化，而且是可以遗传的。且甲基化的变化在空间飞行返回的当代表型变异植株上更为明显，并发现了甲基化的变化还存在位点特异性。[9,10] 进一步研究发现，空间飞行引起的 DNA 甲基化的多态性与其对应基因组序列的多态性存在相关性，即甲基化变化程度高的植株其相应的基因组序列的变化程度也高。通过对多态性的位点序列测定，发现甲基化和基因组的变化在发生位点的分布上明显不同。具体地说，甲基化的变化多发生在编码区上，而基因组序列的变化则多发生在重复序列上。进一步分析编码区发生甲基化改变的基因，发现核苷酸代谢相关基因及分子伴侣家族中休克蛋白基因的表达量均发生了不同程度的改变，这初步揭示了空间环境诱发表型变化，可能是通过基因组甲基化的改变来实现的。[11]

经过大量的空间飞行和在地面对同一遗传背景的不同剂量不同能量的辐射处理表明，对于水稻种子的遗传变异，空间辐射可能是通过改变基因组甲基化等表观遗传学机制而诱发的。虽然植物的表观遗传学变化更容易被遗传，但调控机制非常复杂，涉及不同的物种的基因组的组成，不同基因组在不同发育阶段的特征、不同组织器官的甲基化对应的功能基因的表达关联、不同基因组对空间辐射环境的易感性，以及与其他常规育种方法的效益比等，都需要育种专家进行深入而广泛的分析和研究。

（1）前言

空间辐射生物学是空间生物学的重要组成部分，主要研究空间辐射环境引起的生物学效应与遗传变异机制等。近地轨道空间辐射主要来源于银河宇宙射线（Galactic Cosmic Ray，GCR）、太阳高能粒子（Solar Energetic Particle，SEP）、地磁场俘获带（Geomagnetic Trapped Belt）和反照粒子等。[12]GCR 是来自太阳系之外的带电粒子流，主要由质子、α 粒子、电子和高能重离子组成。[13]重离子在 GCR 中通量较低，但其具有较高的传能线密度，而且能量高、射程长、难以屏蔽，是引起近地轨道空间辐射生物学效应的主要因素。[14]太阳高能粒子是一种潜在的辐射危险源，其发生具有随机性且频率和强度与太阳活动周期有关，在太阳活动峰年，发生太阳高能粒子活动的可能性较大。[15]太阳高能粒子的主要成分是质子，其能量范围为 10 ~ 1000MeV。地磁场俘获带，又称"范爱伦带"（Van Allen belts），是围绕地球的高能带电粒子束缚区域，包括外辐射带和内辐射带。外辐射带主要含有高能电子，内辐射带主要含有中子、质子以及电子。受地磁场影响，其高度范围通常为 200 ~ 75000 公里。然而由于地球自转轴与地磁轴的偏角，内辐射带在南大西洋区高度降低到 200 公里左右，形成所谓南大西洋异常区（South Atlantic Anomaly，SAA）。当飞行器经过南大西洋异常区时，空间辐射会显著增强。反照粒子是从地球大气层散射到近地空间的质子和中子，这些粒子产生于银河宇宙射线和地球大气层物质的相互作用。反照粒子的辐射危害比银河宇宙射线和南大西洋异常区粒子弱。

所有这些辐射在穿过飞行器材料、飞船内部构造和仪器设备等时，通过碰撞、核反应和韧致辐射还可产生一系列不同的次级粒子，主要包括重离子、轻离子、次级中子和 γ 射线等。[16]研究表明，空间辐射主要通过生物系统遗传物质的损伤，如基因突变[17]和染色体畸变[18]等引起细胞失活和功能异常，从而破坏人体骨髓、皮肤、中枢神经系统、生殖系统等器官和系统，引发癌症、白血病及白内障等[19-21]。在不同来源的原初和次级辐射粒子中，HZE 由于其具有高传能线密度、长射程、难以屏蔽、较大的相对生物学效应（Relative Biological Effectiveness，RBE），以及可诱导产生旁效应和基因组不稳定性，能够促进细胞转化甚至肿瘤/癌症的发生等特点而备受空间辐射生物学家的关注。因此，空间辐射被认为是长期航天飞行中导致生物体损伤的重要风险因素之一，[22]也是限制深空探索任务进一步开展的最主要因素。

我国是目前世界上掌握航天器返地技术的三个国家（俄、美、中）之一，我国的空间生命科学实验始于 60 年代。[23]自 20 世纪 80 年代以来，我国多次组织研究者利用返回式卫星和神舟系列飞船搭载作物种子以供研究。先后搭载了水稻、玉米、小麦、大麦、油菜、亚麻、棉花、谷子、青椒等农作物，在后代中发现了各种变异，为品种选育和分子生物学研究提供了优良突变类型和研究材料。[24-26]在水稻方面，徐建龙等在利用 1996 年返回式卫星搭载的特早熟粳稻"丙 95 - 503"的诱变后代中鉴定出一个株高 56 厘米左右，有效穗数多达 60 个的多蘖矮秆突变型，为水稻矮生性遗传机制研究和水稻矮化育种提供了优良材料。[24]刑金鹏等在 1988 年发射的"8858"返回式卫星搭载的"农垦 58"的诱变后代中选育出稳定遗传的大粒型突变系，3 粒种子累加长达 1 寸。[25]稻米的长宽比与水稻的品质有很大的相关性，因此大粒型突变系的细长粒型在水稻品质育种中具有潜在利用价值。[26]周峰等在 1996 年将水稻品种"特籼占 13"种子搭载于返回式卫星，获得了 5 个突变株系，表现为雄性不育、穗形变大、穗粒变紫、株高增高或降低（半矮生）等，并对其进行了微卫星分析，发现突变系与对照相比存在片段增多或缺失等现象，片段长度也存在差异。[27]吴关庭等在研究利用返回式卫星搭载的早籼品种时，比较了不同剂量 γ 射线辐照对水稻的生物学效应的影响，空间诱变对 M_1 代成苗率、苗高和结实率的生理损伤明显比 γ 射线辐照轻，M_2 代诱发的叶绿素缺失、株高及抽穗期突变频率不及 300 戈瑞 γ 射线辐照处理。吴关庭等研究认为 M_2 代诱发的叶绿素缺失、株高及抽穗期突变频率不高，与其他研究者不尽相同。分析原因认为应与供试品种、遗传背景、遗传稳定性、辐射敏感性有关，另外空间诱变处理参数如飞行高度、时间、飞行器内部环境条件等也是重要原因。[28]周炳炎等利用"921006"返回式卫星搭载水稻一晚"明恢 63""外七""湘哥"和粳稻"北 K15"等纯系干种子，从诱变后代中选育出由迟熟"明恢 63"获得的早熟恢复系、由无恢复能力的一晚"湘哥"获得二晚中熟恢复系等，为选育新恢复系和杂交水稻超高产组合开辟了一条新途径。[29]此外，我国在其他植物的空间诱变研究上也取得了一定的成果，如徐云远等将亚麻种子搭载于"940703"返地卫星，结合细胞工程，通过组织培养技术对其离体筛选，得到抗 1.2% NaCl 和

35.0% 聚乙二醇（PEG）的愈伤组织，将所得抗性系愈伤组织在 2.0 毫克/升 6 - 苄基腺嘌呤、0.5 毫克/升吲哚乙酸的 MS 培养基（Murashige & Skoog 培养基）上分化得到完整植株。抗性系能在胁迫条件下保持高的生长速度和高效的脯氨酸合成能力，表明空间诱变与组织培养相结合可以用来筛选抗胁迫变异系。[30]贾建航等将香菇等食用菌材料的菌丝体进行了高空气球搭载（升空高度 25 公里，空中停留 4 小时），从后代中筛选出了农艺性状明显改善、产量提高的突变菌株，并用 RAPD 和 AFLP 技术对突变菌株和对照菌株进行了 DNA 指纹分析，为食用菌的空间变异提供了分子证据。[31]洪波等在对露地栽培菊的空间诱变研究中发现，其二代和三代出现了株高超矮化突变系。[32]以上研究结果表明，空间环境诱发的一些有益的品质，能够通过与传统遗传育种研究相结合培育出更优质的品种。

早期研究空间飞行诱发的基因组变化通常使用 AFLP 方法进行全基因组扫描式分析。该方法自 1995 年发明以来，[33]以其高效的检测效率被很多研究者使用，例如水稻生物多样性研究[34,35]、应用荧光 - AFLP 研究水稻优良基因型[36]、水稻指纹图谱分析[37,38]、胡椒自交系品种保护研究、应用 AFLP 技术建立基因图谱进行水稻种质鉴定等。由于该技术在测序技术很昂贵的时代是一个很廉价的高通量的检测基因组突变稳定性的技术，因此大连海事大学环境系统生物学研究所在最初对经过空间飞行的生物材料进行研究的过程中，也多用该技术进行全基因组扫描以评估空间环境下不同植物基因的突变率。

在国际上，20 世纪 60 年代初期，苏联学者研究并发表了空间飞行条件对植物种子的影响。[39-41]此外，这一时期研究人员也发现长期空间飞行确实诱发了植物的表型变化，如 1984 年美国将番茄种子送上太空，6 年后返地进行试验，获得了变异番茄，但这些研究多在 60~80 年代，当时的研究目的并非利用太空辐射。后来美国等国家在各种类型空间飞行器上进行了许多植物学实验，观察空间条件下各种类型的植物材料发生的变化，如 1995 年，美国航空航天局在北卡罗来纳州立大学建立引力生物学研究中心，重点研究植物对引力的感受和反应。截至目前，他们在空间环境进行生物学实验的目

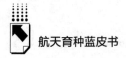

的主要是研究空间微重力对生物产生的影响。[42]而对于空间辐射环境的生物学效应，重点在于其对宇航员健康的危害和相应解决办法的研究，以及利用空间站暴露平台进行生命起源等研究。

综上所述，不难看出空间环境是一个与地面截然不同的环境，其对地球生物的影响非常之大。其中诱发植物种子变异，从而产生一些新的可以被使用的品种，显然是一个新的领域。这是因为不同的物种，或者同一物种不同个体，其对胁迫因素的反应不同，也就会产生不同的结果。因此，明确空间诱变的特点及其可能机制，对于高效利用空间环境是非常重要的。水稻（*Oryza sativa* L.）是单子叶植物中基因组最小的植物之一，基因组大小为466Mb，分布在12条染色体上，基因组测序已于2002年完成。其具有易于空间搭载、品种多、表型易于统计及基因组测序已经完成等特点，可以作为空间环境诱变育种机理研究的受试生物材料。

（2）空间诱变水稻早期世代遗传变异规律研究

如上所述，我国利用空间飞行器搭载植物种子，进而进行的大量以筛选有利于育种的农艺性状为目的的研究，已获得有益的突变体用于植物品种的改良。从对水稻空间诱变性状表现和众多研究者所介绍的不同基因型材料的分析发现，株高、生育期、穗长、谷粒长宽比等是研究者们更感兴趣的性状。为分析空间环境诱变规律及特点，大连海事大学环境系统生物学研究所研究团队从空间飞行后不同世代的表型和基因组突变率及规律入手，对空间环境突变率及遗传变异特点进行了分析和研究。[2]

①实验材料和研究方法

A. 空间飞行搭载的品种和种植

为分析不同水稻品系对空间环境的易感性，实验利用稳定的水稻品种和品系（见表1），在2002年3月25日，随"神舟三号"飞船飞行6天18小时，返地后立即种植于哈尔滨工业大学糖业研究院水稻试验田。首先在 M_1 代，将搭载后的水稻种子与相应对照全部浸种、催芽、播于苗棚，成苗后移栽水田，对照种植30株，空间飞行处理组每个品种种植400～600株。成熟后与对照比较，将处理组表型有变异的单株收获，无明显表型变化的混收

（每株收取若干粒混合采收）。在 M_2 代，对照种植 300 株，空间飞行处理组每个品种种植 1700～2200 株。收获单株表型有变异的材料，无明显表型变化的处理组按不同品种进行混合采收。在 M_3 代，对照种植 6 行×10 株，空间飞行处理组每个品种种植 6 行×10 株，单株收获所选择的材料。

表 1　材料名称和特点

材料名称	材料特点
"五优 1"	优质晚熟粳稻品种
"航稻 319"	杂交二代材料
"松 96－2"	早熟粳稻品种
"东农 V7"	中熟粳稻品种
"五 98－10"	早熟稳定品系
"垦稻 7"	中晚熟粳稻品种
"五引 816"	早熟粳稻稳定品系
"系选 1"	早熟粳稻品系
"品糯 1"	晚熟糯稻品种
"五 210"	稳定粳稻品系

B. 空间环境诱变表型性状遗传变异分析方法

水稻表型性状指水稻的叶片特征、穗部性状、株高、始穗期、分蘖数等。对于诱变处理材料的研究，在相同条件下，通过对比处理材料与对照材料在苗期、生长期、成熟期的幼苗高度、鲜重、干重、植株高度、分蘖数、叶片颜色、芒的特征、始穗期、抗逆性等性状，以及采种后穗部的经济性状，如千粒重、每穗粒数、单株总粒数、粒长度、粒宽度等，研究突变性状的变异特点，进而研究空间特殊条件对水稻性状的诱变规律。

在获得上述性状的数据后，要对其进行统计学分析，以获得表型性状变异特征。通常要在 M_2 代测定某些性状的突变频率。

测定空间飞行处理组和对照群体各性状的平均数、标准差、变幅、极差、变异系数等，通过各组平均数 ±3 倍标准差计算突变性状的突变范围，在此范围以外的则可认定该性状突变。测量 M_2 代群体中突变株的各种性

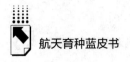
状，根据突变范围判断是否发生突变。选取一定数量的 M_2 代群体测定各性状的平均数、标准差、变幅、极差、变异系数等，与对照比较二者的差异。

C. 空间环境对不同水稻基因组突变率分析方法

AFLP 技术是 1993 年 Zabeau Marc 和 Vos Pieter 发明的一种 DNA 分子标记技术。该技术的具体操作过程如下：基因组 DNA 经限制性内切酶酶切后，形成分了量大小不等的随机限制性片段，将特定接头（Adapter）连接在片段两端，作为扩增反应的模板，用含有选择性碱基的引物选择性扩增模板DNA，扩增片段通过变性聚丙烯酰胺凝胶电泳分离，根据扩增片段长度的不同检出多态性。该方法多态性丰富，具有灵敏度高、快速高效、重复性好等优点，是进行基因组突变位点扫描，计算突变位点占扩增位点的比例，进而分析基因组突变率的有效方法。

②结果与分析

A. 水稻空间诱变早期突变表型研究

在 M_1 代观察的结果是株高、始穗期、分蘖数与对照比有差异，这三个性状都被认为受数量性状控制。经过初步的 M_1 代观察发现，数量控制性状变化概率大（见表 2）。

根据上述的分析方法进行了 M_1、M_2、M_3 代的表型性状统计，发现在 M_2 代（见图 1）有更多的突变产生。

表 2　M_2 代株高和有效分蘖的突变频率统计

单位：株，%

品种	观察株数	株高				有效分蘖			
		高		矮		多		少	
		突变株数	突变频率	突变株数	突变频率	突变株数	突变频率	突变株数	突变频率
"五优 1"	1610	8	0.5	1	0.062	0	0	0	0
"航稻 319"	1540	8	0.52	3	0.19	8	0.52	0	0
"松 96-2"	1890	5	0.26	1	0.053	0	0	0	0
"东农 V7"	2030	4	0.197	0	0	3	0.15	0	0
"五 98-10"	2310	3	0.13	2	0.087	0	0	2	0.087
"垦稻 7"	1330	0	0	1	0.075	0	0	2	0.15

续表

品种	观察株数	株高				有效分蘖			
		高		矮		多		少	
		突变株数	突变频率	突变株数	突变频率	突变株数	突变频率	突变株数	突变频率
"五引816"	1960	7	0.36	0	0	0	0	0	0
"系选1"	1890	0	0	0	0	0	0	0	0
"五210"	2030	3	0.15	1	0.049	4	0.197	0	0
"广陆矮4"	1400	0	0	1	0.071	4	0.29	0	0

　　根据统计的株高、有效分蘖的突变频率，除"系选1"水稻外都发了某些性状的变异，突变频率在0.04%至0.52%之间。不同基因型水稻在株高和有效分蘖的突变方向上表现不一致，"东农V7"表现为株高增高的单向突变，株高增高单向突变的还有"五引816"。其他材料除"系选1"外均为双向株高突变。有效分蘖即成熟期能够结实的分蘖数，在一定程度上能代表材料的产量趋势。有效分蘖的变异系数相对较大，突变范围相对较窄，但在考察材料中仍然出现一定的突变，且均为单向突变。"航稻319""东农V7""五210""广陆矮4"为有效分蘖增多突变，"五98－10""垦稻7"表现为有效分蘖减少突变，"五优1""松96－2""五引816""系选1"无突变。

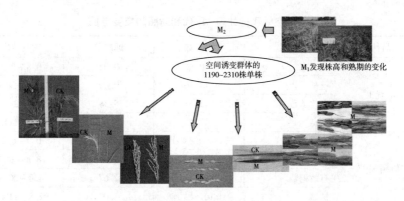

图1　水稻 M₂ 代分离的变异性状

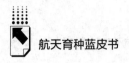

M_3 代表型数据分析如下（见表3、表4、表5）。

对照和部分处理材料考种数据的平均数、标准差、极差、变异系数等的统计分析。"东农 V7"株高变异株系株高分离规律的分析，根据对照株高平均值和标准差计算突变范围，将各单株的株高按矮突变、正常、高突变分类，结合 M_2 代株高分离规律综合分析。紫稻突变株系芒性状的次数分布规律分析，根据芒的颜色分类，将各颜色组株数做次数分布图分析。

表3 对照农艺性状调查

品种	总粒数（粒）	结实率（%）	穗长（cm）	有效穗数（个）	株高（cm）	芒	始穗期（月/日）
"五优1"	1803.56	86.58	19.36	15.57	102.23	顶芒/无/长芒/间稀芒	8/10
"航稻319"	2267.46	84.64	21.44	12.80	101.43	无芒	7/27
"松96-2"	1979.10	87.64	15.44	13.50	92.96	无芒	7/29
"东农V7"	1721.10	89.83	23.75	12.67	99.06	无芒	8/3
"垦稻7"	1442.12	94.61	18.37	14.03	101.45	无芒/顶芒/间稀芒	7/26
"五引816"	1873.93	81.58	16.56	17.30	94.10	顶芒/无芒	8/11
"系选1"	1796.03	92.69	21.39	11.70	116.20	无芒	7/27
"品糯1"	2062.10	82.07	26.56	10.57	110.30	无芒	8/8
"五210"	1207.10	90.46	18.85	14.30	85.20	无芒	7/30

注：抽穗期从始穗期（10%）开始至齐穗期（80%）止。

表4 空间飞行处理 M_3 代和对照的突变范围

品种	性状	平均数	标准差	突变范围
"五优1"	结实率	0.86	0.02	0.8~0.9
	穗长	19.36	0.49	17.9~20.8
	有效穗数	15.56	5.38	0.6~31.7
	株高	102.23	3.06	93.1~111.4
"航稻319"	结实率	0.84	0.04	0.7~0.9
	穗长	21.44	1.09	18.2~24.7
	有效穗数	12.80	2.67	4.8~20.8
	株高	101.43	3.02	92.5~110.5

品种	性状	平均数	标准差	突变范围
"松96-2"	结实率	0.87	0.02	0.8~0.9
	穗长	15.44	0.63	13.5~17.3
	有效穗数	13.50	2.97	4.5~22.4
	株高	92.96	2.51	85.4~100.5
"东农V7"	结实率	0.89	0.04	0.8~1.1
	穗长	23.75	1.64	18.8~28.7
	有效穗数	12.66	1.69	7.6~17.7
	株高	99.06	2.85	90.5~107.6
"垦稻7"	结实率	0.94	0.03	0.8~1.0
	穗长	18.36	0.71	16.2~20.5
	有效穗数	14.03	2.83	5.5~22.5
	株高	101.44	2.86	92.8~110.0
"五引816"	结实率	0.81	0.04	0.7~0.9
	穗长	16.55	0.50	15.0~18.0
	有效穗数	17.30	2.97	8.4~26.2
	株高	94.10	1.88	88.5~99.7
"系选1"	结实率	0.92	0.02	0.8~0.9
	穗长	21.39	0.68	19.3~23.4
	有效穗数	11.73	2.54	4.1~19.3
	株高	116.20	2.97	107.2~125.1
"品糯1"	结实率	0.82	0.02	0.7~0.9
	穗长	26.49	3.98	14.5~38.4
	有效穗数	10.56	3.22	0.8~20.2
	株高	110.30	2.46	102.9~117.6
"五210"	结实率	0.90	0.02	0.8~0.9
	穗长	18.85	0.64	16.9~20.7
	有效穗数	14.30	1.88	8.6~19.9
	株高	85.20	2.66	77.2~93.1

注：性状调查单位，见表3。

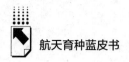

表5 空间飞行诱变株 M_3 代考种结果

代号	来源	总粒数（个）	结实率（%）	穗长（cm）	有效穗数（个）	始穗期（月/日）
五优1CK	五优1	1803.5	86.58	19.36	15.57	8/13
M_{3-9}	五优1	1881	0.88	22.94	15	8/13
航稻319CK	航稻319	2267.467	84.64	21.44	12.8	7/30
M_{3-22-1}	航稻319	2554	0.85	21.44	15	8/2
M_{3-24-1}	航稻319	1879	0.95	19.65	14	8/2
松96-2CK	松96-2	1979.1	87.64	15.44	13.5	8/3
M_{3-59-1}	松96-2	2060	0.95	20.38	15	8/7
M_{3-59-2}	松96-2	3568	0.95	21.36	24	8/7
M_{3-59-3}	松96-2	1699	0.91	25.39	12	8/7
M_{3-74-1}	松96-2	1991	0.94	15.25	15	7/30
M_{3-81-1}	松96-2	2594	0.91	18.67	17	8/5
M_{3-81-2}	松96-2	1592	0.77	16.94	12	8/5
M_{3-99-1}	松96-2	5614	0.92	17.45	42	8/4
M_{3-99-2}	松96-2	3085	0.89	20.51	26	8/4
五引816CK	五引816	1873.93	81.58	16.56	17.3	8/13
$M_{3-143-1}$	五引816	1873	0.76	23.48	12	8/12
$M_{3-147-1}$	五引816	2441	0.93	20.41	20	8/8
系选1CK	系选1	1796.03	92.69	21.39	11.7	7/29
$M_{3-169-1}$	系选1	2030	0.93	20.01	17	8/2
品糯1CK	品糯1	2062.1	82.07	26.49	10.57	8/10
$M_{3-213-1}$	品糯1	1798	0.94	20.16	11	8/2
$M_{3-213-2}$	品糯1	1952	0.93	20.93	12	8/2
$M_{3-213-3}$	品糯1	1914	0.93	20.93	10	8/2
$M_{3-273-1}$	品糯1	1667	0.90	22.31	9	8/2
东农V7CK	东农V7	1721.1	89.83	23.75	12.67	8/7
$M_{3-285-1}$	东农V7	3310	0.89	21.20	23	8/10
$M_{3-290-1}$	东农V7	1792	0.90	20.88	15	8/17
$M_{3-290-2}$	东农V7	2697	0.78	22.92	18	8/17
$M_{3-356-1}$	东农V7	2762	0.88	20.86	20	8/9

表5中仅对 M_3 代少部分诱变材料做考种，旨在分析突变性状和类型，材料尚未稳定，需进一步筛选。根据表5确定的诱变材料的突变范围，比较考种材料，穗长、有效穗数、结实率位于突变范围内。

来源于"品糯1"的四份材料均表现为结实率的正向突变，M_{3-213}出穗较早，提前8天，结实率的提高可以解释为始穗期提前，生育期延长，导致成熟度提高。在M_2代，"品糯1"诱变群体表现始穗期提前，在M_3代株系中得到了验证，大部分表现为出穗和成熟比对照早。

"松96-2"对照为半直立穗，穗长较短，在诱变材料中，穗长正向突变较多，且突变幅度较大，这对改良该品种有积极意义。

"东农V7"株系除表现为株高突变外，在有效穗数和总粒数上有正向突变，这两个性状一般呈正相关，有效穗数增加，总粒数相应增加。结实率基本没有较大差异。在始穗期上都发生了推迟。M_3代"东农V7"株高突变系性状仍然在广泛分离，紫稻突变系在M_2代仅表现为叶片局部紫色，紫色长芒，M_3代分离出紫色、绿色株，芒色分离出紫色、紫红色、红色、红黄色、黄色、黄白色、白色，芒长分离出长度不同和退化等（数据未显示）。

B. M_2代突变个体DNA的AFLP指纹分析研究

采用AFLP方法，用21对引物的扩增分析第二代叶片中的基因组，对479个位点的多态性进行分析，发现其基因组突变率在1.7%～6.2%。[12]而对空间敏感的"东农V7"，其突变株的基因组突变率在2.13%～8.12%。进一步利用AFLP比较分析了同一次扩增产生的多态性位点优势，分析了空间飞行后产生的3种不同的突变体和其他11个不同品种（未经过空间飞行）的水稻的基因组多态性特征，即经过7年的连续选育，获得了多个稳定遗传的突变品系。其中一些性状优良的诱变品系，如实验中所选用的水稻品系"971-5"与其地面对照水稻品系"971CK"相比在产量上明显增加，而"972-4"与对照"972CK"相比具有分蘖力强、株型紧凑等特点。"971CK"和"972CK"均为粳稻品种，基于研究目的的需要，该实验另外选用了2个黑龙江粳稻品种，"五稻3号"（973）和"下北"（974）；6个远缘粳稻品种，"R132""台北309""越光""红珍珠""莲粳1号""莲粳2号"；3个高产矮化籼稻品种，"TA129""TA130""TA146"。发现空间飞行诱导的3个突变体的基因组突变位点多发生在不同品种间多态性位点区域，

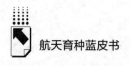

分别占品种间多态性区域的 75.9%、84.9% 和 100%，[21] 说明空间辐射引起的突变效应在基因组发生的位点具有偏好性，预示着空间辐射引起的基因组突变有热点区域。

③结论

空间环境对水稻种子的诱变效率与受试材料的基因型有关，不同基因型材料对空间条件的敏感程度不同。

空间环境突变类型丰富，易发生突变的性状有株高、始穗期、芒、叶色、育性等。

该研究用的水稻就株高和有效分蘖两项指标统计，除了"系选1"水稻品种外，都发生了突变，突变率为 0.04% ~ 0.52%。

不同品种基因组分析表明，无论是否发现表型突变，其基因组都发生了程度不同的突变，基因组突变率在 1.7% ~ 6.2%，且突变位点多发生在品种间的多态性位点区域。

（3）空间环境与地面 γ 辐照诱变效应比较研究

空间辐射实际上也是物理因素的诱变因子，从育种的方法上一般分为物理诱变、化学诱变、遗传杂交和转基因技术等几类。物理诱变最常用的是 γ 辐照诱变，通常利用可达到半致死的高剂量（在 250 戈瑞以上）进行辐照，从后代中筛选具有育种价值的突变体。但前述的空间飞行材料表明，空间辐射剂量是一个极低的剂量范围，通常是毫戈瑞量级。那么空间诱变的效应及其与地面 γ 辐照效应的差异是什么，需要进行进一步分析。

①材料和处理方法

为比较不同水稻品种，包括农家和推广选育出的不同熟期（早、中、晚）的粳稻和籼稻，共 24 个水稻品种，将每个品种分成 7 等份，进行"神舟四号"飞船航天搭载和地面不同剂量（10 戈瑞、20 戈瑞、50 戈瑞、150 戈瑞和 250 戈瑞）的 γ 辐照处理，以播种后 1 周的苗高和成熟时的结实率为指标，估算诱变处理相对于对照的总生理损伤，以总生理损伤的大小来比较不同品种对空间诱变处理的辐射敏感性。

②结果

A. 不同遗传背景的 24 个品种的空间辐射敏感性与地面 γ 辐照剂量效应比较分析

生理损伤是衡量辐射敏感性的一个常用指标。一般同一剂量下生理损伤越大，表明品种对辐射越敏感，或者出现相同生理损伤的剂量越低，品种的辐射敏感性就越强。空间处理辐射损伤与不同剂量 γ 辐照损伤的相关性分析表明，空间处理与 50 戈瑞剂量造成的生理损伤相关最显著（r = 0.375*），表明空间搭载造成的生理损伤与地面 50 戈瑞的 γ 辐照产生的生理损伤较接近。根据表 6 的划分标准（空间搭载的划分标准与 50 戈瑞的 γ 辐照相同），各品种对不同剂量 γ 辐照和空间搭载处理的生理损伤和辐射敏感性的划分结果见表 7。

表 6　不同剂量下基于总生理损伤的辐射敏感性的划分标准

剂量（rad）	敏感	中等敏感	钝感
1000	>20%	10% ~20%	< 10%
2000	>20%	10% ~20%	< 10%
5000	>25%	15% ~25%	< 15%
15000	>40%	30% ~40%	< 20%
25000	>70%	40% ~70%	< 30%
空间搭载	>25%	15% ~25%	< 15%

注：1 rad = 10^{-2}Gy。

从表 7 可知：

第一，大多数品种在不同 γ 辐射剂量下的敏感性反应比较一致，表明针对不同剂量处理的敏感性划分标准是可行的。

第二，按每一品种每一辐照剂量包括空间搭载处理作为一个单位进行统计，在总共 72 个籼稻品种 - 剂量处理中，反应敏感的有 25 次，而在 72 个粳稻品种 - 剂量处理中，反应敏感的多达 42 次，说明粳稻品种比籼稻品种对不同剂量 γ 辐照和空间诱变更敏感。

第三，同样，4 个早籼、4 个中籼和 4 个晚籼品种对 6 个不同剂量处理

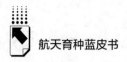

出现反应敏感的次数分别是 4 次、9 次和 12 次，而 4 个早粳、4 个中粳和 4 个晚粳品种出现反应敏感的次数分别为 15 次、11 次和 16 次，说明不同籼稻类型对辐射的敏感性差异较大，敏感性随早籼、中籼、晚籼顺序递增，而不同粳稻品种类型对辐射的差异不大，但都比籼稻敏感。

第四，空间搭载对一些品种生长具有刺激作用，表现出与 γ 微弱剂量（小于 50 戈瑞）的辐照相似。

表7　24 个品种不同处理总生理损伤及辐射诱变敏感性的划分

编号	参试品种	品种类型	诱变处理[1]					
			1000 rad	2000 rad	5000 rad	15000 rad	25000 rad	Space
1	"小红豇"	早籼农家种	9.33	3.15	13.07	36.85	24.44	20.74
			NS	NS	NS	MS	NS	MS
2	"小白籼"	早籼农家种	2.24	−0.51	3.69	11.57	14.15	−6.97
			NS	NS	NS	NS	NS	NS
3	"广陆矮 4 号"	早籼推广种	10.46	6.85	−5.12	4.44	30.01	−20.39
			MS	NS	NS	NS	NS	NS
4	"珍汕 97B"	早籼推广种	−13.62	93.57	−28.79	−0.77	1.29	−14.40
			NS	S	NS	NS	NS	NS
5	"晚金籼"	中籼农家种	−15.93	10.63	−15.25	−4.17	−0.96	−26.60
			NS	MS	NS	NS	NS	NS
6	"长子籼"	中籼农家种	35.03	30.13	1.53	39.38	78.09	29.69
			S	S	NS	MS	S	S
7	"963 恢"	中籼推广种	−0.60	−12.80	12.07	19.23	56.94	1.35
			NS	NS	NS	NS	MS	NS
8	"9308 恢"	中籼推广种	−5.79	−21.72	11.85	31.85	28.98	57.77
			NS	NS	NS	NS	NS	NS
9	"花壳晚"	晚籼农家种	−32.12	4.37	14.72	18.85	27.65	−13.50
			NS	NS	NS	NS	NS	NS
10	"紫红"	晚籼农家种	0.81	−7.74	−7.53	21.75	86.35	−18.10
			NS	NS	NS	NS	S	NS
11	"湘晚籼 3 号"	晚籼推广种	13.43	19.27	27.06	30.40	59.91	22.80
			MS	MS	S	MS	MS	MS
12	"长丝占"	晚籼推广种	10.34	16.96	28.05	37.32	60.94	3.82
			MS	MS	MS	MS	MS	NS

编号	参试品种	品种类型	诱变处理[1]					
			1000rad	2000rad	5000rad	15000rad	25000rad	Space
13	"有芒早粳"	早粳农家种	−13.60	−45.24	0.23	122.35	−5.86	−45.78
			NS	NS	NS	S	NS	NS
14	"新乐无名"	早粳农家种	−30.08	13.19	22.09	32.82	55.73	36.86
			NS	MS	MS	MS	MS	S
15	"中花8号"	早粳推广种	15.89	21.18	21.83	32.08	48.29	75.13
			MS	S	MS	MS	MS	S
16	"中作59"	早粳推广种	−10.93	3.98	17.37	53.92	82.42	11.29
			NS	NS	MS	S	S	NS
17	"芦苇稻"	中粳农家种	−28.85	7.43	−1.46	6.04	64.06	20.62
			NS	NS	NS	NS	MS	MS
18	"黄稻"	中粳农家种	32.06	40.73	5.55	70.39	116.54	−0.08
			S	S	NS	S	S	NS
19	"桂花黄"	中粳推广种	8.82	10.29	24.76	48.30	68.43	−20.70
			NS	MS	MS	S	MS	NS
20	"扬辐粳4901"	中粳推广种	−10.47	−49.12	−27.45	18.95	67.36	−35.53
			NS	NS	NS	NS	MS	NS
21	"长黄种"	晚粳农家种	29.20	26.61	44.10	41.03	86.40	−6.05
			S	S	S	S	S	NS
22	"荒三百"	晚粳农家种	13.22	−4.54	−9.60	25.12	28.65	−36.12
			MS	NS	NS	NS	NS	NS
23	"农垦58"	晚粳推广种	27.64	14.74	66.56	37.07	84.41	−13.76
			S	MS	S	MS	S	NS
24	"花育1号"	晚粳推广种	38.67	−8.25	48.02	81.66	66.79	36.76
			S	NS	S	S	MS	S

　　每个品种上行数据表示总生理损伤，正值表示辐射损伤，负值表示可能由于微弱剂量引起的刺激生长。下行数据为基于各辐射剂量的辐射敏感性划分，S表示敏感，MS为中等敏感，NS为钝感。

　　从不同品种对γ辐照敏感性与空间诱变敏感性的相互关系来看（见表8），除"9308恢""小红豇""芦苇稻"外，大多数对γ辐照不敏感的品种对空间诱变也不敏感，符合率为77%；而对γ辐照敏感的品种约有一半对空间诱变表现敏感，另一半表现不敏感，符合率为55%。表明空间诱变与

地面 γ 辐照的诱变机制可能不完全相同。在通过地面 γ 辐照诱变敏感性来预测空间诱变敏感性时，如果品种对地面 γ 辐照不敏感，就可以不考虑用于空间搭载处理；相反，如果品种对地面 γ 辐照反应敏感，其对空间诱变可能敏感，也可能不敏感。从表 8 的结果可知，"中花 8 号""新乐无名""湘晚籼 3 号""长子籼""花育 1 号"对空间诱变和地面 γ 辐照均敏感。

表 8　不同品种 γ 辐照敏感性与空间环境诱变敏感性的相互关系

单位：次

参试品种	不同剂量 γ 辐照敏感性		空间环境诱变敏感性
	对 5 种剂量辐照反应敏感的次数	对不同剂量敏感性反应的综合评价	
"小白籼"	0	NS	NS
"花壳晚"	0	NS	NS
"广陆矮 4 号"	1	NS	NS
"珍汕 97B"	1	NS	NS
"晚金籼"	1	NS	NS
"963 恢"	1	NS	NS
"紫红"	1	NS	NS
"有芒早粳"	1	NS	NS
"扬辐粳 4901"	1	NS	NS
"荒三百"	1	NS	NS
"9308 恢"	1	NS	S
"小红豇"	1	NS	MS
"芦苇稻"	1	NS	MS
"中花 8 号"	5	MS	S
"新乐无名"	4	MS	S
"湘晚籼 3 号"	5	MS	MS
"长丝占"	5	MS	NS
"桂花黄"	4	MS	NS
"中作 59"	3	MS	NS
"长子籼"	4	S	S
"花育 1 号"	4	S	S
"长黄种"	5	S	NS
"农垦 58"	5	S	NS
"黄稻"	4	S	NS

B. 24 个品种的空间诱变与地面 γ 辐照常规育种的诱变的效应分析——M_2 代的诱变效应

地面常用的 γ 辐照的剂量通常是较高的剂量，为比较空间诱变与地面 γ 辐照在 M_2 代的诱变效应，选择对空间搭载和 250 戈瑞 γ 辐照处理均表现敏感的 5 个品种（"中花 8 号""新乐无名""湘晚籼 3 号""长子籼""花育 1 号"）混收 M_1 代单株种子，M_2 代单本种植各 1000 株左右的群体，随机调查群体的株高和抽穗期，以对照株高和抽穗期平均值的 3 倍标准差之外的个体作为突变株，统计各处理的高秆和矮秆、早熟和迟熟突变株数据，估算突变频率。

株高突变频率因不同品种和不同处理而异，所有品种（除"长子籼"缺失数据以外）均出现矮秆突变，"花育 1 号"、"中花 8 号"和"新乐无名"的空间搭载后代均出现高秆和矮秆的双向突变，"湘晚籼 3 号"和"中花 8 号"的 γ 辐照后代也出现相似的情况。两种处理诱发矮秆或高秆突变的频率在不同品种之间相差 2 倍甚至更多，但空间诱变后代矮秆的突变频率均高于高秆的突变频率（见表 9）。经 M_1 代总生理损伤与 M_2 代株高突变频率的相关分析，M_1 代空间搭载的生理损伤与矮秆和高秆突变频率的相关系数分别为 0.764 和 0.974，达到极显著水平，表明 M_1 代生理损伤越大则 M_2 代高、矮秆的突变频率越高。γ 辐照的生理损伤与矮秆和高秆突变频率的相关系数分别为 0.248 和 - 0.804，与矮秆突变频率相关性不显著，而与高秆突变频率呈极显著负相关。表明从 M_1 代生理损伤来预测 M_2 代株高变异时，空间搭载和 γ 辐照预测的结果有所不同。

同样，抽穗期突变频率因不同品种和不同处理而异，如"中花 8 号"和"新乐无名"的空间搭载后代及"花育 1 号"和"长子籼"的 γ 辐照后代均出现早熟和迟熟突变株，"花育 1 号"和"长子籼"的空间搭载后代及"中花 8 号"的 γ 辐照后代只出现迟熟变异，"湘晚籼 3 号"的 γ 辐照后代只出现早熟变异，而"湘晚籼 3 号"的空间搭载后代和"新乐无名"的 γ 辐照后代未出现抽穗期的变异。M_1 代空间搭载的生理损伤与早熟和迟熟突变频率的相关系数分别为 0.744 和 - 0.261，前者达到极显著水平，表明 M_1

代生理损伤越大则 M_2 代早熟的突变频率越高。γ 辐照的生理损伤与早熟和迟熟突变频率的相关系数分别为 0.813 和 0.738，均达极显著水平，表明 M_1 代生理损伤越大则 M_2 代早、迟熟的突变频率越高。表明采用空间搭载和 γ 辐照的 M_1 代生理损伤来预测 M_2 代抽穗期变异时，与株高的预测结果正好相反。

上述分析表明，尽管这 5 个品种对空间诱变和 γ 辐照均敏感，但这两种辐射造成的生理损伤以及这种损伤具体表现在性状的突变谱和突变频率上是不尽相同的。

表 9　M_2 代株高和抽穗期的突变频率

单位：%，株

品种名称	处理	M_1 代损伤	调查株数	株高					抽穗期				
				CV	突变株数		突变频率		CV	突变株数		突变频率	
					矮	高	矮	高		早	迟	早	迟
"花育1号"	Space	36.76	425	3.24	4	1	0.94	0.24	2.77	0	4	0	0.94
晚粳推广种	γ 辐照	66.79	453	4.72	18	0	3.97	0	3.00	1	4	0.22	0.88
"湘晚籼3号"	Space	22.80	572	5.77	23	0	4.02	0	1.70	0	0	0	0
晚籼推广种	γ 辐照	59.91	648	6.27	14	8	2.16	1.23	3.31	1	0	0.15	0
"中花8号"	Space	75.13	324	9.11	29	12	8.95	3.70	3.28	3	3	0.93	0.93
早粳推广种	γ 辐照	48.29	298	8.07	10	15	3.36	5.03	2.76	0	7	0	2.35
"新乐无名"	Space	36.86	703	8.28	5	2	0.71	0.28	5.89	6	22	0.85	3.13
早粳农家种	γ 辐照	55.73	398	6.14	5	0	1.26	0	2.99	0	0	0	0
"长子籼"	Space	29.69	102	—	—	—	—	—	1.97	0	10	0	9.80
中籼农家种	γ 辐照	78.09	84	—	—	—	—	—	9.10	14	11	16.67	13.10

③结论

粳稻品种对空间搭载和 γ 辐照诱变处理比籼稻品种更敏感，不同粳稻品种类型对辐射的敏感性差异不大，但籼稻品种的辐射敏感性是晚籼＞中籼＞早籼。

空间搭载相当于地面微弱剂量的 γ 辐照，对处理当代的秧苗生长有刺激和抑制两种作用，这两种类型的后代均能诱发株高和抽穗期等性状的突变，但突变频率后一种类型通常高于前一种类型。

大多数对 γ 辐照不敏感的品种对空间诱变也不敏感，符合率为 77%；而对 γ 辐照敏感的品种中约有一半对空间诱变表现敏感，另一半表现不敏感，符合率为 55%。表明空间诱变与地面 γ 辐照的诱变机制可能不完全相同，在通过地面 γ 辐照诱变敏感性来预测空间诱变敏感性时，如果品种对地面 γ 辐照不敏感，就可以不考虑用于空间搭载处理，相反，如果品种对地面 γ 辐照反应敏感，其对空间诱变可能敏感，也可能不敏感。因此，通过地面 γ 辐照预备试验，在一定程度上可以预测空间搭载处理后代的诱变情况。

空间搭载诱发株高和抽穗期的突变与 γ 辐照诱变相似，突变频率因不同品种和不同性状而异。该研究中，M_1 代空间搭载的生理损伤与高秆、矮秆突变及早熟突变频率相关极显著，可以通过 M_1 代生理损伤预测 M_2 代株高和早熟突变，而且预测结果与依据 γ 辐照 M_1 代生理损伤预测的结果正好相反。表明这两种辐射造成的生理损伤以及这种损伤在性状突变的性质和程度上的具体表现是不完全相同的。

（4）空间环境与地面高能重离子诱发水稻种子生物学效应比较分析

为了研究空间复杂环境中不同 LET 值诱变植物种子的作用，研究人员在地面模拟空间低剂量（2.0 毫戈瑞）和不同高传能线密度（13.3Kev/um，31～85Kev/um，400～500Kev/um）条件下，处理与空间搭载相同的材料。通过研究比较辐射的生物学效应和辐射的细胞生物学诱变效应，研究空间辐射环境诱变植物种子的作用机制。

①材料和方法

细胞的有丝分裂是植物生长的基础，有丝分裂指数从一定程度上体现了生物的生长速度。同时细胞学效应也可以作为作物辐射敏感性分析的衡量标准。

由于染色体是遗传信息的载体，所以人们重视辐射 M_1 代染色体变异，且部分染色体变异可导致遗传后果。

采用石炭酸品红染色法染色制片，在光学显微镜下随机观察根尖细胞染色体，每个处理观察 6～10 个根尖，每个根尖随机观察 600～800 个细胞，

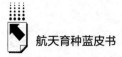

记录观察并统计水稻根尖细胞染色体带微核细胞数及出现落后染色体、染色体桥、染色体断片等畸变现象的细胞数，计算以百分比表示的有丝分裂指数和染色体畸变率，同时照相。

$$有丝分裂指数 = 有丝分裂细胞数 / 观察细胞总数 \times 100\%$$
$$染色体畸变率 = 畸变细胞数 / 观察细胞总数 \times 100\%$$

实验材料如下。

2004 年 1 月 24 日，日本放射线医学综合研究所进行水稻地面重离子模拟辐射（见表 10）实验材料 36 份。

表 10　地面重离子模拟辐射剂量

离子（ion）	Fe	Ne	C
能量（Energy）（Mev/u）	200	400	290
传能线密度（Linear Energy Transfer，LET）（Kev/um）	500	31	13.3
剂量（dose）（mGy）	2	2	2

2004 年 9 月 27 日，第 20 颗返回式卫星水稻空间搭载实验材料 12 份。地面对照实验材料 12 份（见表 11）。

表 11　地面、空间和对照实验材料

熟期	地面重离子模拟辐射实验材料			水稻空间搭载实验材料	地面对照实验材料
	Fe	Ne	C	SP	CK
晚熟品种	"五优 A"	"五优 A"	"五优 A"	"五优 A"	"五优 A"
	"五原 98－3"	"五原 98－3"	"五原 98－3"	"五原 98－3"	"五原 98－3"
	"五优稻 1 号"	"五优稻 1 号"	"五优稻 1 号"	"五优稻 1 号"	"五优稻 1 号"
	"松粘 1 号"	"松粘 1 号"	"松粘 1 号"	"松粘 1 号"	"松粘 1 号"
中熟品种	"腾系 138"	"腾系 138"	"腾系 138"	"腾系 138"	"腾系 138"
	"松 98－128"	"松 98－128"	"松 98－128"	"松 98－128"	"松 98－128"
	"东农 418"	"东农 418"	"东农 418"	"东农 418"	"东农 418"
	"五工稻 1 号"	"五工稻 1 号"	"五工稻 1 号"	"五工稻 1 号"	"五工稻 1 号"

熟期	地面重离子模拟辐射实验材料			水稻空间搭载实验材料	地面对照实验材料
	Fe	Ne	C	SP	CK
中晚熟	"东农423"	"东农423"	"东农423"	"东农423"	"东农423"
	"松梗6号"	"松梗6号"	"松梗6号"	"松梗6号"	"松梗6号"
早熟品种	"龙洋99-3"	"龙洋99-3"	"龙洋99-3"	"龙洋99-3"	"龙洋99-3"
	"东农416"	"东农416"	"东农416"	"东农416"	"东农416"

②结果

A. 比较空间搭载与高能重离子不同 LET 值模拟辐照的诱变效应

为比较重离子与空间搭载和 γ 辐照的效应，选用了"中作 59"、"Lemont"和"南京 11"进行不同剂量 γ 辐照和空间搭载，同时进行 C、Fe 和 Ne 重离子辐射处理（重离子辐射剂量见表 12）。

表 12　重离子辐射剂量

离子	Fe	Ne	C
能量（Mev/u）	200	400	290
传能线密度（Kev/um）	450	80	13
剂量（mGy）	2	2	2

不同处理当代的生理损伤列于表 13。C 和 Ne 对"中作 59"、Fe 对"Lemont"和"南京 11"均表现出刺激生长，Fe 对"中作 59"只表现出中等程度的辐射损伤。以对空间环境易感的材料"Lemont"为主要观察的材料，以辐射损伤等程度指标，比较敏感性，相比之下，Fe 辐射损伤与空间搭载产生的辐射损伤相似。

表 13　3 个品种重离子辐射与空间诱变生理损伤的比较

品种	Space	C	Fe	Ne
"中作 59"	11.29	-44.31	7.23	-41.33
"Lemont"	-14.89	11.17	-4.68	18.80
"南京 11"	—	29.79	-20.57	22.31

各种重离子诱发株高和抽穗期突变的结果见表 14，除"中作 59"C 离子处理没有诱发出矮秆突变外，3 个品种的其他离子辐射处理均出现高秆和矮秆的突变株，而且矮秆的突变频率要高于高秆的突变频率。相对来说，Fe 诱发株高突变的效果要好于其他两种重离子。

表 14　重离子辐射处理 M_2 代株高和抽穗期的突变频率

单位：株，%

品种名称	处理	调查株数	株高					抽穗期				
			CV	突变株数		突变频率		CV	突变株数		突变频率	
				矮	高	矮	高		早	迟	早	迟
"Lemont"	C	279	9.35	4	8	1.43	2.87	5.53	5	40	1.79	14.34
	Fe	298	7.68	9	7	3.02	2.35	5.81	6	22	2.01	7.38
	Ne	457	7.07	13	6	2.84	1.31	4.70	3	21	0.66	4.60
"南京 11"	C	484	6.50	13	5	2.69	1.03	5.53	30	16	6.20	3.31
	Fe	420	5.01	8	4	1.90	0.95	4.34	18	16	4.29	3.81
	Ne	390	4.95	6	2	1.54	0.51	3.04	24	10	6.15	2.56
"中作 59"	C	442	4.38	0	12	0.00	2.71	2.80	0	33	0.00	7.47
	Fe	91	9.14	9	4	9.89	4.40	2.91	0	10	0.00	10.99
	Ne	343	5.60	2	2	0.58	0.58	3.51	0	18	0.00	5.25

在抽穗期突变体中，除"中作 59"对 3 种重离子处理未出现早熟突变外，另 2 个品种均出现早熟和迟熟突变，而且突变频率基本高于株高的突变频率，如 C 诱发"Lemont"迟熟突变及 Fe 诱发"中作 59"迟熟突变的频率高达 14.34% 和 10.99%，表明重离子辐射对诱发迟熟突变的效果较好。

结果显示了 3 种传能线密度的重离子对水稻种子的诱变效应，3 种重离子对供试品种当代的生理损伤并不大，M_2 代的突变频率因不同重离子和性状而异，突变性状的突变频率相对较高。比较而言，Fe 诱发株高突变的效果要好于 C 和 Ne，至于抽穗期突变，重离子辐射对诱发迟熟突变的效果较好。

B. 空间搭载与不同 LET 值模拟辐照产生辐射细胞生物学效应

a）对水稻根尖细胞染色体的影响

水稻种子经重离子辐射和空间诱变处理后，在水稻根尖细胞内可诱发各类染色体结构变异，包括染色体断片、微核、染色体桥和落后染色体变异。由表 15 中数据可见，水稻供试品种的细胞染色体畸变率均高于相应的对照品种。

表 15　不同诱变因素对水稻 M_1 代根尖细胞染色体的畸变效应

熟期	品种名称	诱变因素	观察细胞	有丝分裂细胞数及指数	染色体断片	落后染色体	微核	染色体桥	染色体畸变率
晚熟品种	"五优 A"	Fe	5632	105(1.86)	0(0)	0(0)	2(0.036)	0(0)	0.036
		Ne	5464	170(3.11)	3(0.055)	0(0)	0(0)	0(0)	0.055
		C	5370	156(2.91)	1(0.019)	0(0)	2(0.037)	0(0)	0.056
		SP	5532	121(2.19)	0(0)	1(0.018)	0(0)	1(0.018)	0.036
		CK	5012	241(4.81)	0(0)	0(0)	0(0)	1(0.02)	0.02
	"五优稻 1 号"	Fe	5445	269(4.94)	0(0)	0(0)	0(0)	2(0.037)	0.037
		Ne	5493	228(4.15)	0(0)	1(0.018)	1(0.018)	0(0)	0.036
		C	5485	254(4.63)	0(0)	0(0)	0(0)	0(0)	0
		SP	5530	274(4.95)	0(0)	0(0)	1(0.018)	0(0)	0.018
		CK	5419	311(5.74)	0(0)	0(0)	0(0)	0(0)	0
	"松粘 1 号"	Fe	5471	258(4.72)	5(0.091)	1(0.018)	0(0)	3(0.055)	0.164
		Ne	5532	244(4.41)	1(0.018)	0(0)	1(0.018)	1(0.018)	0.054
		C	5217	224(4.29)	1(0.019)	0(0)	1(0.019)	2(0.038)	0.076
		SP	4640	234(5.04)	0(0)	0(0)	3(0.065)	1(0.022)	0.087
		CK	5303	224(4.22)	0(0)	0(0)	0(0)	0(0)	0
中熟品种	"滕系 138"	Fe	5467	307(5.62)	0(0)	0(0)	4(0.073)	1(0.018)	0.091
		Ne	5337	309(5.79)	2(0.037)	1(0.019)	0(0)	1(0.019)	0.075
		C	5370	174(3.24)	0(0)	0(0)	0(0)	0(0)	0
		SP	5457	359(6.85)	3(0.055)	0(0)	4(0.073)	4(0.073)	0.204
		CK	5433	236(4.34)	0(0)	0(0)	0(0)	0(0)	0

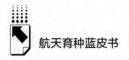

续表

熟期	品种名称	诱变因素	观察细胞	有丝分裂细胞数及指数	染色体断片	落后染色体	微核	染色体桥	染色体畸变率
中熟品种	"松98-128"	Fe	5583	473(8.47)	2(0.036)	0(0)	2(0.036)	1(0.018)	0.09
		Ne	5490	269(4.90)	1(0.018)	1(0.018)	1(0.018)	0(0)	0.054
		C	5633	281(4.99)	2(0.036)	0(0)	1(0.018)	0(0)	0.054
		SP	5639	549(9.74)	3(0.053)	1(0.018)	1(0.018)	0(0)	0.089
		CK	5575	150(2.69)	0(0)	0(0)	0(0)	0(0)	0
	"东农418"（糯）	Fe	5528	330(5.97)	3(0.054)	0(0)	0(0)	3(0.054)	0.108
		Ne	5588	408(7.30)	3(0.054)	0(0)	1(0.018)	2(0.036)	0.108
		C	5537	312(5.63)	2(0.036)	1(0.018)	2(0.036)	0(0)	0.09
		SP	5746	616(10.72)	4(0.070)	2(0.035)	1(0.017)	5(0.087)	0.209
		CK	5530	206(3.72)	0(0)	0(0)	0(0)	0(0)	0
中晚熟品种	"东农423"	Fe	5644	375(6.64)	1(0.018)	0(0)	0(0)	3(0.053)	0.071
		Ne	5683	409(7.20)	3(0.053)	0(0)	1(0.018)	1(0.018)	0.089
		C	5667	423(7.46)	0(0)	0(0)	0(0)	0(0)	0
		SP	5580	540(9.68)	4(0.072)	0(0)	1(0.018)	1(0.018)	0.108
		CK	5832	297(5.09)	0(0)	0(0)	0(0)	0(0)	0
	"松粳6号"	Fe	5571	366(6.57)	4(0.072)	0(0)	0(0)	1(0.018)	0.09
		Ne	5670	575(10.14)	3(0.053)	0(0)	1(0.018)	1(0.018)	0.089
		C	5719	337(5.89)	4(0.070)	2(0.035)	0(0)	0(0)	0.105
		SP	5638	616(10.93)	4(0.071)	0(0)	3(0.053)	1(0.018)	0.142
		CK	5601	541(9.66)	0(0)	0(0)	0(0)	0(0)	0
早熟品种	"东农416"	Fe	5660	667(11.78)	1(0.018)	0(0)	1(0.018)	4(0.071)	0.107
		Ne	5599	517(9.23)	4(0.071)	0(0)	1(0.018)	0(0)	0.089
		C	5518	394(7.14)	1(0.018)	0(0)	1(0.018)	2(0.036)	0.072
		SP	5707	486(8.52)	2(0.035)	2(0.035)	0(0)	3(0.053)	0.123
		CK	5516	321(5.82)	0(0)	0(0)	0(0)	0(0)	0

注：括号内数据为百分数。

所有诱变因素诱发的水稻根尖细胞畸变类型中，以染色体断片、微核、染色体桥为主，各个诱变处理中落后染色体的畸变率整体较低。其中 C 离子辐照根尖细胞染色体畸变率较其他离子畸变率整体要低，而以空间环境诱发的染色体畸变率整体更高（与王彩莲的研究相反）。而 Fe 离子导致染色体畸变率高于 Ne 离子，由此可以得出染色体畸变率为 SP > Fe > Ne > C。

晚熟品种中各诱变因素导致的染色体畸变率，"松粘 1 号"明显高于其他两品种（"五优 A"和"五优稻 1 号"）。中熟品种中同样存在此规律，糯稻"东农 418"染色体畸变率高于"滕系 138"和"松 98 - 128"。即满足辐射敏感性分析：糯稻 > 粳稻 > 籼稻。

不同熟期间比较，由表 15 可看出中熟品种的染色体畸变率高于中晚熟品种的染色体畸变率和早熟品种的染色体畸变率，晚熟品种的染色体畸变率最低，各个不同时期辐射敏感性分析符合中熟品种 > 早熟品种 > 晚熟品种。

b）对根尖细胞有丝分裂指数的影响

由表 15 可以看出各个不同诱变因素在诱发水稻根尖细胞染色体畸变的同时，不同程度地抑制和促进了水稻根尖细胞的有丝分裂活动。

各诱变处理下的晚熟品种"五优 A"和"五优稻 1 号"的根尖细胞有丝分裂指数均明显低于地面对照，"松粘 1 号"根尖细胞有丝分裂指数与地面对照接近。

中熟品种、中晚熟品种和早熟品种中根尖细胞有丝分裂指数除个别处理低于对照外，其余均明显高于地面对照。

③结论[7,8]

同一诱变因素作用下，水稻种子 M_1 代细胞有丝分裂指数和染色体畸变率因水稻基因型不同而存在很大差别，在不同熟期和糯稻中表现得尤为明显。

不同诱变因素对同一水稻品种根尖细胞染色体畸变率的作用，表现为 SP > Fe > Ne > C。

各诱变因素对不同熟期水稻品种根尖细胞染色体畸变率的作用，表现为中熟品种 > 早熟品种 > 晚熟品种。

各诱变因素对不同熟期水稻品种根尖细胞有丝分裂指数的影响表现为，对晚熟品种具抑制作用，对其他熟期品种具有促进作用。

（5）空间飞行对水稻基因组 DNA 甲基化的影响

众所周知，空间环境是由多种因素构成的复杂环境，空间飞行过程对生物体能够造成多种类型的损伤。前期大量的研究工作表明空间飞行能够对水稻种子产生从表型到分子水平的诱变效应。

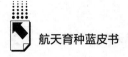

首先，空间飞行能够对水稻的很多性状包括株高、有效穗数和叶片颜色等产生影响，这种影响虽然出现的频率不高，但是往往在空间飞行后的当代植株上就能发现，而且在后代中具有较高的遗传性。随后，研究人员对空间飞行后产生的稳定突变体植株进行了多个层面的研究，结果发现在这些空间飞行引起的突变植株上存在基因组多态性的增加、基因突变、基因转录水平的改变和蛋白质组表达水平的改变。这些变化都说明空间飞行引起了水稻植株中广泛的分子水平上的变化。而且，这些分子水平上的变化都可能与表观遗传学调控机制有关联。因此，研究人员推测这种变化也会涉及表观遗传学领域。那么，人们不禁要问：空间飞行是否能够影响水稻种子 DNA 甲基化的变化？如果能，这种变化具有什么样的特点？为了回答上述问题，研究人员进一步对空间飞行后的水稻材料进行了整体 DNA 甲基化水平的分析和基因组 CCGG 位点 DNA 甲基化状态变化的检测。

①材料与方法

实验为甲基化敏感扩增片段多态性（Methylation Sensitive Amplified Polymorphism，MSAP）法检测基因组 CCGG 位点甲基化变化的类型分析。

实验采用了常用的内切酶 EcoRI 和甲基化敏感的限制性内切酶组合 HpaII/MspI 对 DNA 序列进行消化。这两个甲基化敏感的限制性内切酶都能够识别基因组中的四碱基序列 CCGG，但是对该位点的甲基化状态具有不同的敏感性。HpaII 对该位点任何一个胞嘧啶发生双链的甲基化后都不能识别，但是能够以较低的速率切割单链发生甲基化的序列。而 MspI 能够识别 CCGG 内部的胞嘧啶发生甲基化的序列，但是不能识别外部发生甲基化的序列（见表 16）。

表16 甲基化敏感限制性内切酶 *Hpa*II 和 *Msp*I 的识别特性

甲基化状态	*Hpa*II	*Msp*I
$_mC_mCGG^*$	不识别	不识别
$GG_mC_{(m)}C$		
C_mCGG	不识别	识别
GG_mCC		

甲基化状态	*Hpa*II	*Msp*I
$_m$CCGG	识别	不识别
GGCC		
CCGG	识别	识别
GGCC		

注：＊表示在此 CCGG 序列中，外部的胞嘧啶即$_{(m)}$C 位置的胞嘧啶既可以是甲基化的也可以是非甲基化的。

对甲基化位点的多态性，研究人员从两个角度进行分析。

第一，对所有扩增出来的条带中的多态性条带进行统计。这一分析是对一组实验材料的扩增结果进行整体的分析。在同一位置上所有个体都出现条带则认为是非多态性条带。如果在同一位置上不同个体的扩增结果不同则认为是多态性条带。

第二，对每个单株与对照相比的单株多态性比率进行分析。对于每一个植株的变化条带的数量进行统计，可以计算出每一个植株的甲基化变化的比率。

进一步选取"神舟六号"飞船搭载的水稻品系"珍珠红"当代植株分蘖期和成熟期的叶片作为实验材料。分蘖期、成熟期和地面对照组各随机选取 5 个单株。

为了使单株的多态性比率便于统计，研究人员将随机选取的一个对照植株作为标准对照（C_0），所有的植株包括地面对照和空间飞行都与之进行比较后得出待测植株的 DNA 甲基化变化率。多态性比率的计算方法按照下列公式进行：

$$多态性比率 =（多态性条带数／总条带数）\times 100\%$$

②结果

A. 空间飞行诱发基因组甲基化在不同发育阶段的变化分析

在空间飞行组与地面对照组的 DNA 甲基化多态性的比较中，首先对对照组的多态性进行分析。由于植物不同个体之间本身就会存在基因组 DNA 甲基化的差异，所以要对地面对照个体之间的 DNA 甲基化差异条带的比例进行检测，然后对空间飞行植株进行分析。结果如表 17 所示。

从表 17 的结果中可以看出，与地面对照组相比，空间飞行后的水稻植株基因组 DNA 甲基化多态性明显增强。

表 17　空间飞行对水稻分蘖期和成熟期 DNA 甲基化多态性的影响

单位：个，%

	分蘖期地面对照	分蘖期空间飞行	成熟期地面对照	成熟期空间飞行
多态性条带数	8	37	9	34
总体多态性比率	1.7	7.3	1.9	6.5
条带总数	480	510	485	520

为了进一步比较分蘖期和成熟期甲基化变化的程度，研究人员对单个植株的甲基化多态性比率进行了分析。

对地面对照和空间飞行 5 个植株的甲基化多态性比率分别进行计算和统计分析，结果如图 2 所示。

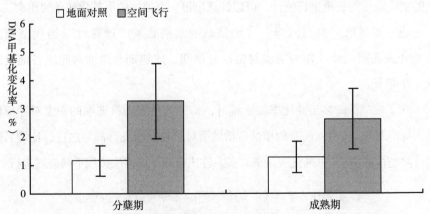

图 2　空间飞行引起水稻分蘖期和成熟期 DNA 甲基化差异条带统计

注：$*P < 0.05$；误差线表示标准偏差（SD）。

从图 2 可以看出，与地面对照相比，空间飞行后的水稻植株在分蘖期和成熟期甲基化多态性都有显著增加。

按照甲基化变化的类型进行分类，对每组的 5 个单株分别统计然后计算平均值和标准偏差，结果如表 18 所示。

表 18　空间飞行后水稻分蘖期和成熟期 DNA 甲基化变化类型的统计结果

单位：%

	分蘖期 （平均值 ± 标准偏差）	成熟期 （平均值 ± 标准偏差）
总变化率	3.3 ± 1.3	2.7 ± 1.1
CG 位点甲基化	0.6 ± 0.2	0.6 ± 0.2
CG 位点去甲基化	0.4 ± 0.3	0.3 ± 0.2
CNG 位点甲基化	1.4 ± 0.4	1.1 ± 0.6
CNG 位点去甲基化	0.8 ± 0.5	0.7 ± 0.2

从表 18 的结果中可以看出，分蘖期的变化率略大于成熟期的变化率，但是差别不显著。从变化的位点上看，发生在 CNG 位点上的 DNA 甲基化变化，明显多于发生在 CG 位点的甲基化变化。从变化的类型上看，甲基化发生略高于甲基化的去除。

B. 空间飞行当代表型变化和非变化植株成熟期 DNA 甲基化变化的比较

"神舟六号"搭载的 2000 粒"珍珠红"水稻品系种子经地面种植后，当代的成熟期个体中出现了 2 株表型变化的植株（M_1 和 M_2）。其明显的性状为（与对照相比），株高增加，分蘖数减少。

具体表现为 M_1 植株株高明显增高，穗长变长，粒变大，分蘖数减少，M_2 植株株高增加，分蘖数减少，叶变大，剑叶变长。与对照的平均值相比，M_1 和 M_2 分别增高了 1.25 倍和 1.17 倍（见图 3）。株高的测量在水稻种植到试验田后的第 18 周进行。

为了检测表型变化植株 DNA 甲基化变化及其与未发生表型变化植株 DNA 甲基化变化的区别和联系，研究人员在未发生表型变化的成熟期植株中随机选取了 8 株，与表型变化株 M_1 和 M_2 一同进行了 MSAP 分析。对照组随机选取了 10 个植株进行分析。

分析共用了 16 对选择性扩增引物组合（EcoRI 引物：E1、E2、E3 和 E4。MspI/HpaII 引物：M/H1、M/H2、M/H3 和 M/H4）。空间飞行组的部分扩增结果如图 4 所示。

首先对地面对照组的 10 个单株进行了分析，然后对空间飞行组的 10 个

图3 空间飞行后"珍珠红"水稻品系中当代表型突变植株 M_1 和 M_2

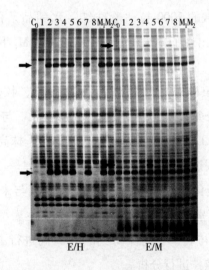

图4 空间飞行组 MSAP 法分析 DNA 甲基化多态性选择性扩增结果

注：C_0，标准对照。1－8，非表型变化植株。M_1 和 M_2，表型变化植株。E/H，EcoRI 和 HpaII 双酶切。E/M，EcoRI 和 MspI 双酶切。黑色箭头表示多态性条带的位置，图为引物对 E1 和 M/H1 扩增结果。

单株进行分析，分为非表型变化植株（8株）和表型变化植株（2株）。MSAP分析统计的结果，具体见表19。

表19 空间飞行对水稻DNA甲基化多态性的影响

单位：个，%

	地面对照	空间飞行 （非表型变化）	空间飞行 （表型变化）
扩增条带总数	880	880	880
多态性条带数	32	73	118
多态性比率	3.6	8.3	13.4

为了比较表型变化植株和非表型变化植株甲基化变化的程度，对单个植株的甲基化多态性比率进行了分析。每对引物扩增的差异条带数见图5。

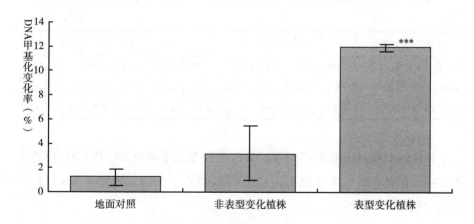

图5 空间飞行引起水稻DNA甲基化差异条带统计

注：$*P<0.05$；$***P<0.001$；误差线表示标准偏差（SD）。

从实验结果中可以发现空间飞行后的水稻当代材料基因组CCGG位点甲基化情况发生了不同程度的变化，表型突变株的变化尤其明显。地面对照组中的植株的甲基化与去甲基化的变化率差别不大，但空间飞行后无论是表型变化植株还是非表型变化植株，甲基化的发生明显多于甲基化的去除。这说明空间飞行引起的甲基化变化倾向于甲基化的发生。为了进一步分析甲基化变化发生的位点特性，按照表 19 中对甲基化变化的分类将发生在 CG 位点和 CNG 位点的甲基化变化分别进行统计，结果如表 20、表 21 所示。

表 20　空间飞行后水稻 DNA 甲基化和去甲基化统计结果

单位：%

	变化范围	平均值 ± 标准偏差	甲基化	去甲基化
地面对照	0.5 ~ 1.9	1.30 ± 0.54	0.62 ± 0.34	0.66 ± 0.32
空间飞行（非表型变化）	1.0 ~ 5.5	3.15 ± 1.53	1.89 ± 0.86	1.25 ± 0.82
空间飞行（表型变化）	11.6 ~ 12.3	11.95 ± 0.50	7.75 ± 0.35	4.20 ± 0.71

表 21　空间飞行后的水稻基因组 CG 位点和 CNG 位点甲基化变化统计结果

单位：%

空间飞行植株	1	2	3	4	5	6	7	8	M_1	M_2
CG 位点变化率	0.45	0.11	0.34	0.91	0.23	0.23	0.68	0.34	1.02	0.91
CNG 位点变化率	1.93	0.34	1.25	1.48	0.91	1.25	2.16	1.25	3.64	4.20
CNG/CG	4.25	3.00	3.67	1.63	4.00	5.5	3.17	3.67	3.56	4.63

从上述结果可以看出空间飞行引起的甲基化变化在 CG 和 CNG 位点上都存在，但是在每一个单株上，都是 CNG 位点上的变化明显多于 CG 位点上的变化。

C. 空间飞行引起基因组变化和 DNA 甲基化变化的关系

从前面的研究结果可以看出，空间飞行引起的水稻基因组和甲基化的变化的比率都是在表型变化植株上高于非表型变化植株，而且明显高于地面对照。将空间飞行后基因组和甲基化在三个不同组的变化率进行比较，结果如图 6 所示。

通过 AFLP 和 MSAP 的方法，研究人员对空间飞行后水稻基因组和甲基化的多态性分别进行了分析。对所比较的 10 个水稻单株（非表型变化

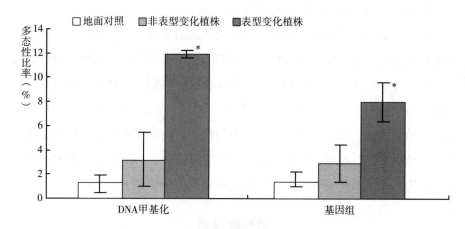

图6　空间飞行引起的水稻基因组和 DNA 甲基化变化的比较

注：＊$P < 0.05$；＊＊＊$P < 0.001$；误差线表示标准偏差（SD）。

株1－8 和表型变化株 M_1 和 M_2）按照基因组和甲基化多态性比率进行比较（见图6）。通过比较发现，基因组和甲基化的多态性比率具有一致的趋势。

将水稻植株按照其多态性比率和对照平均值的差与对照标准偏差的比值进行分组，采用斯皮尔曼（Spearman）相关性分析的检测发现基因组多态性和甲基化多态性呈正相关（见表22）。由此可以判断，空间飞行在水稻基因组上引起的基因组序列的变化和 DNA 甲基化变化在变化程度上存在相关性（$P < 0.001$）。

表22　空间飞行引起的水稻基因组和 DNA 甲基化变化的相关性分析

	基因组				r	P
	－	＋	＋＋	＋＋＋	0.90	0.000
DNA 甲基化						
－	3	2	0	0		
＋	0	1	0	0		
＋＋	0	1	1	0		
＋＋＋	0	0	0	2		

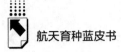
D. DNA 甲基化状态改变的遗传特性分析

在空间飞行当代材料中发现的甲基化状态的变化，需要进一步分析这些变化在其后代中是否能够得以保留，具有怎样的遗传特性。所以，将所研究的空间飞行组的水稻植株的种子进行地面种植，得到二代材料。在二代材料中针对当代材料中甲基化变化的条带 F1、F5 和 F8 进行检测，分析其甲基化状态的遗传性。采用 MSAP 法对每个当代材料中的甲基化多态性条带在二代 5 个植株中进行检测，例如 F1 的实验结果见图 7。从实验结果中可以看出，所检测的甲基化变化位点的甲基化类型被完全保留。

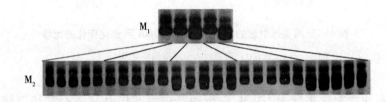

图 7　空间飞行组差异条带 F1 在当代和第二代间的遗传性分析

③结果[9-11]

在此研究中采用了统一的标准（标准对照 C_0）对地面对照和空间飞行的水稻分别进行了 DNA 甲基化多态性的全基因组指纹分析。该实验得到的结果是每个植株相对于标准对照的相对 DNA 甲基化多态性。比较结果显示，经过空间飞行处理的水稻植株的 DNA 甲基化多态性比率明显高于地面对照植株。该结果证明，空间的复杂环境对于植物种子存在表观遗传学上的诱变效应。从实验结果中可以看出，空间飞行在水稻种子上诱导产生的甲基化变化既有甲基化的产生也有甲基化的去除。在生物体中，甲基化的发生和去除是通过不同的机制进行调控的，该实验结果说明空间诱变环境通过不同的机制影响了水稻植株的甲基化状态。空间飞行引起的水稻植株 DNA 甲基化虽然发生了双向的变化，但甲基化的产生要明显多于甲基化的去除。这一结果说明，空间环境对生物体的诱变效应是存在选择性的。

根据 *Msp*I 和 *Hpa*II 对基因组的不同切割类型，可以将空间飞行后水稻基因组 CCGG 序列的甲基化变化分成四个主要类型：

其一，CG 位点的变化；

其二，CNG 位点的变化；

其三，二者同时发生同类变化（同时甲基化或者同时去甲基化）；

其四，二者同时发生非同类变化（一个发生甲基化而另一个去甲基化）。

其中第三种类型除了由甲基化变化引起之外，还可能由基因组序列的变化引起。第四种类型只在理论上存在，在实验过程中并没有发现这类变化。所以，后续分析只针对前两种能够确定的甲基化变化类型进行了比较。

结果显示，CNG 类型的变化的数量要多于 CG 类型的变化。从 MSAP 图谱的 0、1 矩阵分析中还可以得出非多态性的 CG 和 CNG 位点甲基化的信息。从实验结果中这两种变化类型的数量上可以看出，用这种实验方法检测到的 CCGG 位点中 CG 类型的甲基化要多于 CNG 类型的甲基化。

此研究对空间飞行后水稻种子经地面种植后的植株进行了 DNA 甲基化变化的研究，结果发现：

首先，空间飞行虽然不能对水稻种子产生全基因组范围的大规模超甲基化或低甲基化现象，但是能够导致水稻特定基因组序列 DNA 甲基化状态的变化，具体表现为甲基化多态性比例增加，多态性的变化既有甲基化的产生也有甲基化的去除。而且这种变化在空间飞行后当代的表型变化植株上更为明显。

其次，与基因组中的 CG 位点相比，CNG 位点更容易发生 DNA 甲基化状态的改变。对变化位点进行测序发现空间飞行引起的 DNA 甲基化变化的位点主要分布在编码区和未知功能的区域上。

最后，对发生编码区甲基化变化的水稻胞嘧啶/脱氧胞嘧啶脱氨基酶（CDA）基因进行 DNA 甲基化状态检测发现，空间飞行后该酶基因的第一外显子上容易发生甲基化位点增多的现象，而启动子区的 CpG 簇上则没有

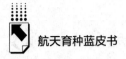

发生甲基化变化。

实验结果充分证明了 DNA 甲基化变化也参与到了空间飞行引起的综合生物效应当中。而且空间飞行引起的 DNA 甲基化变化存在自身的变化规律和特点。

④讨论和未来研究展望

以水稻为研究空间辐射诱变机理的受试材料，进行了不同时间的空间飞行，同时用同样遗传背景进行地基常规辐射诱变育种的比较及其应用高能重离子模拟高能粒子辐射的研究，研究表明空间环境与地面常规辐射诱变育种比较，生理损伤小，而且有一定的低剂量刺激效应，在当代可以出现表型变异，但大部分在二代比较丰富，但总体是一个胁迫诱发的生物学反应。

细胞生物学和基因组突变率与地面常规辐射的剂量学比较发现，空间飞行的单位剂量有较强的诱变效应，其产生的原因一是空间辐射环境虽然剂量低，但生物接收到的高能量粒子可以诱发更高的内源性活性氧（Reactive Oxygen Species，ROS），而内源性 ROS 可以产生循环持久的 DNA 损伤。二是存在微重力，因为微重力环境对植物也会产生一种胁迫效应，这就增强了损伤的程度。

空间飞行能够诱发广泛的基因组甲基化变化，以及在表型发生突变的植株上引起更为明显的甲基化变化。这两种变化都提示空间飞行后当代植株发生的表型变化很可能与空间环境诱发水稻的表观遗传学变化相关，从而整体调控了功能基因进而影响了表型。

在植物中，尽管大多数 DNA 甲基化都发生在基因组的重复序列上，但是发生在基因区的甲基化的生物学功能更是参与调控抗胁迫、产生新的适应性反应的关键。经过空间飞行以后，有更多的胞嘧啶被甲基化或去甲基化。如发生在基因启动子区 CpG 簇的甲基化变化，能够对基因的表达产生影响，而发生在基因区的甲基化变化，有很多研究推测基因区的甲基化有可能对维持基因的正常表达，防止外界环境对基因的破坏起到一定的作用。[43] 因为在进化的早期，DNA 甲基化的主要功能就是保护基因组免受外来入侵的干扰。

在植物中，甲基化变化与基因表达之间的联系还有待进一步的研究。但是在基因组重复序列区域的去甲基化，势必造成基因组转座子的活跃，转座子活跃对于基因组的结构会产生较大的影响。通过在"实践十号"返回式卫星上再次搭载水稻，测序分析不同 LET 击中的水稻种子的基因组转座子，结果表明，有 4 类 DNA 转座子和 1 类逆转座子发生了较明显的甲基化和去甲基化变化，而且这些变化表现在不同的发育阶段，有动态的改变。上述结果说明空间辐射诱变的机理更应重视表观遗传学调控机制的研究。

同时，从育种方法的角度来看，更应从不同物种、不同物种对空间环境的敏感性，以及其他不同育种方法上进行收益比等研究，这是育种专家需要进一步关注的。

2. 番茄试管苗空间开花结实试验和生物学效应研究

（1）研究背景

近年来，人类探索外层空间的活动不断取得突破性进展，人类在太空或者其他星球上进行长期旅行或者定居已经成为可能，而这些活动的实现需要建立一个能够提供基本生活保障的受控生态生命保障系统。[44]高等植物可以生产食物，同时实现空气和水的再生、净化，是受控生态生命保障系统的重要基础，因此研究高等植物在空间环境下的生长发育过程具有重大意义。[45-51]

空间环境是完全不同于地球表面的特殊环境，其特殊性主要表现在微重力、辐射、亚磁场、高真空、超净环境以及航天器中的微环境等因素的存在。在各种空间环境因素中，微重力被认为是引起植物发生形态和生理生化变化的主要因素。[52-55]诸多研究表明，空间微重力条件下，植物的生物学特性如生殖生长、细胞的亚显微结构、保护酶活性等都会受到影响。Kuang 等通过研究在 STS-54 飞船上搭载 6 天的拟南芥（*Arabidopsis thaliana* L.）发现，拟南芥的生殖生长在早期阶段即开始退化，出现雌蕊萎蔫、胚珠中空、花粉活力下降的现象[54]；Zheng 等研究发现空间条件下青菜（*Brassica parachinese* L.）开花过程需要大约 18h，明显长于地面对照，而且花药不能正常开裂[56]。Aliyev 等发现经历空间飞行的松属（*Pinus* L.）植物叶片细胞内有些叶绿体的基质片层扭曲断裂，与基粒片层分离，基粒内的核糖体也少于地面对照[57]；Nechitailo 等发现空间环境对番茄叶片细胞的细胞壁、叶绿体和线粒体结构都有明显影响[58]。Lu 等对在俄罗斯 MIR 空间站搭载 6 年之久和在卫星上搭载 27 天的番茄种子进行返地后种植，发现搭载 27 天的番茄后代的 SOD、POD 和过氧化氢酶（CAT）的活性要明显高于搭载 6 年的番茄种子和地面对照，而丙二醛（MDA）的活性则明显低于后两者。[59]然而也有些研究得出相反结论，认为植物在空间的生长发育与空间微重力关系不大。如 Kuang 等发现在 STS – 87 飞船上搭载的芜菁（Brassica rapa L.）产出的花粉粒数量与活力都与地面对照类似，人工授粉后胚内的碳水化合物和蛋白质含量也与地面对照无异。[60]Stutte 等研究发现经历空间飞行的矮化小麦（Triticum L.）的细胞形态、淀粉粒、可溶性糖和木质素含量都无明显变化。[51]由此可见，空间微重力对高等植物生长发育各方面的影响还需进一步研究。

植物在空间的生长发育受到的是综合环境因素的影响，除微重力外，辐射等其他因素对植物的影响也不容忽视。鉴于目前空间试验条件的限制，单独剥离出空间微重力，研究其对植物生长发育的影响还很难实现。然而利用三维回转仪可在地面模拟微重力效应，为科研人员研究微重力对植物生长发育的影响提供了方便可控的试验平台。

在以往的研究中，[49,59,60]多是探讨空间环境对高等植物生殖生长以及细胞亚显微结构和酶活性的影响，而模拟微重力研究其对植物上述几方面的影响的较少。本报告以矮化番茄品种 Micro-Tom 为试验材料，开展"神舟八号"飞船空间搭载试验、地面三维回转模拟微重力效应试验和地面对照。研究空间环境、模拟微重力环境下番茄试管苗生殖生长以及叶片细胞亚显微结构和保护酶活性的变化，分析两种环境对高等植物生物学效应的影响，比较讨论两种环境下高等植物生物学效应变化的差异性。

（2）材料与方法

①试验材料

以 Micro-Tom 番茄试管苗为试验材料。

②试验设计

试验共设置 3 组处理，每组处理设置 8 个重复。处理 1 作为地面对照置于地面正常环境下；处理 2 固定在三维回转仪上，置于模拟微重力环境中；处理 3 通过"神舟八号"飞船搭载置于空间环境中。3 组处理相对应的重复（如 CK_1、MG_1、SP_1）由同一种子育繁而来，长势相当且花蕾大小基本相同，具体信息见表23。

"神舟八号"飞船在空间的飞行时间为 17 天（2011 年 11 月 1 日～2011 年 11 月 17 日），三维回转仪的转速为 0～2rpm，通过不断变化样品台的转动速率和随机回转方向来模拟微重力效应，在三维回转仪上的处理时间同"神舟八号"飞船的飞行时间一致。

表 23　三种不同环境处理的番茄试管苗编号、花蕾数量及大小

地面对照组			三维回转组			空间飞行组		
编号	花蕾数量	花蕾大小*	编号	花蕾数量	花蕾大小	编号	花蕾数量	花蕾大小
CK_1	3	S	MG_1	5	S	SP_1	3	S
CK_2	2	S	MG_2	3	S	SP_2	4	S
CK_3	4	S	MG_3	6	S	SP_3	4	S
CK_4	4	M	MG_4	5	M	SP_4	5	M
CK_5	5	M	MG_5	4	M	SP_5	5	M
CK_6	6	M	MG_6	6	M	SP_6	7	M
CK_7	2	L	MG_7	1	L	SP_7	3	L
CK_8	3	L	MG_8	2	L	SP_8	2	L

注：花蕾大小指花蕾最大处直径：S（0.1～0.2 厘米）；M（0.2～0.3 厘米）；L（0.3～0.4 厘米）。

③指标测定

"神舟八号"飞船返回地面的同时关闭三维回转仪，并立即对 3 组处理进行试验样品的选取。每组处理选 2 瓶编号相同且未结实、长势良好的番茄试管苗进行取材，每瓶各取 3 个叶片样品用于叶片细胞的亚显微结构观察和保护酶活性检测。选取每组处理的 1 号、3 号番茄试管苗进行取材。

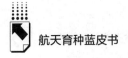

（3）结果与分析

①空间飞行和三维回转对番茄开花结实的影响

8 株番茄试管苗经过"神舟八号"空间飞行，返地后统计其中 5 株完成开花结实情况，果实直径平均 0.7 厘米；三维回转仪模拟微重力效应状态下的 8 株番茄试管苗，其中 5 株结出番茄果实，果实直径平均 0.84 厘米；地面对照实验中，8 株番茄试管苗，其中 4 株完成开花结实，果实直径平均 0.925 厘米（见图 8）。

图 8　三种不同环境处理的开花结实的番茄试管苗

注：a. 地面对照组；b. 空间飞行组；c. 三维回转组。箭头所指为果实。

三维回转和空间飞行处理的番茄试管苗的开花结实率比地面对照略高，但相差不大，果实最大直径经 T 检验分析与地面对照相比也无明显差异（$P > 0.05$）（见表 24）。

表 24　三种不同环境处理的番茄试管苗的果实数量及果实大小

地面对照组			三维回转组			空间飞行组		
编号	果实数量	果实最大直径	编号	果实数量	果实最大直径	编号	果实数量	果实最大直径
CK_1	0	0	MG_1	0	0	SP_1	0	0
CK_2	1	0.6	MG_2	1	0.7	SP_2	0	0
CK_3	0	0	MG_3	0	0	SP_3	1	0
CK_4	1	0.7	MG_4	1	0.4	SP_4	1	1
CK_5	0	0	MG_5	0	0	SP_5	1	0.6
CK_6	0	0	MG_6	1	0.6	SP_6	1	0.5
CK_7	1	1.4	MG_7	1	1.2	SP_7	1	脱落
CK_8	1	1	MG_8	1	1.3	SP_8	1	脱落

②空间飞行和三维回转对番茄叶片细胞亚显微结构的影响

地面正常环境下的番茄叶片细胞整体排列紧密，大部分细胞形状呈规则的椭圆形或近似长方形，细胞内细胞器排列有序，叶绿体、线粒体、细胞核等清晰可见，均被中央大液泡推挤到细胞边缘。三维回转处理的番茄叶片细胞的排列、形状以及细胞器的分布都与地面对照差异不大。

空间飞行处理的番茄叶片细胞排列疏松，细胞间隙变大，部分细胞变形严重，细胞壁明显突起或内陷，细胞内细胞器排列无序，叶绿体、线粒体散乱分布在细胞各处，大液泡边界不明显，细胞内还分布有许多小空泡。

电镜观察结果（见表 25）表明，与地面对照相比，三维回转和空间飞行处理的番茄叶片样品都有部分细胞出现了叶绿体和线粒体结构的改变，且空间飞行环境下叶绿体和线粒体结构发生改变的细胞比例（57.8% 和 22.2%）明显高于三维回转处理的番茄叶片样品（20.5% 和 0）。两种环境处理的番茄叶片样品的单个细胞的胞间连丝平均数量（9.3 和 7.1）均多于地面对照（3.5）。

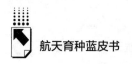

表25 三种不同环境处理的番茄叶片细胞亚显微结构的电镜观察结果

单位：个，%

试验处理	观察细胞总数量	叶绿体发生改变的细胞数量及比例		线粒体发生改变的细胞数量及比例		单个细胞的胞间连丝平均数量
地面对照	43	0	0	0	0	3.5
三维回转	39	8	20.5	0	0	9.3
空间飞行	45	26	57.8	10	22.2	7.1

　　叶绿体是番茄叶片细胞内分布最明显的细胞器，是植物的"养料制造车间"和"能量转换站"。在观察到的地面对照的番茄叶片细胞中，叶绿体呈典型的纺锤形，紧靠细胞壁分布，双层膜结构完整，内含丰富的淀粉粒，基粒片层中类囊体垛叠规则紧密，并与基质片层结构连成整体。在观察到的三维回转处理的番茄叶片样品中有20.5%的细胞内叶绿体发生变化，外形由纺锤形变成圆形或近圆形，内部的片层结构出现向细胞一侧弯曲的现象，部分区域扭曲断裂，但基粒片层结构与地面对照差异不大，类囊体垛叠规则，与基质片层区别明显。观察到的空间飞行处理的番茄叶片细胞有57.8%出现了叶绿体外形和内部结构改变的现象，明显高于三维回转处理（20.5%）。发生变化的叶绿体外形与三维回转处理的番茄叶片细胞内的叶绿体外形相仿，呈圆形或近圆形，且分布位置不再局限于细胞边缘，有些叶绿体游离到细胞中央，内部片层结构出现松散、扭曲、断裂的现象，类囊体的垛叠程度明显降低，基粒片层结构松弛模糊，与基质片层差别不显著。

　　线粒体是细胞进行有氧呼吸的场所，可为细胞的新陈代谢提供能量，被称为"细胞的动力工厂"。地面正常环境下的番茄叶片细胞内的线粒体一般分布在叶绿体周围，大多近似圆形或卵圆形，双层膜结构完整，内部嵴数量丰富（图9-a），三维回转处理的番茄叶片细胞内的线粒体基本都与地面对照类似，在观察到的细胞中未发现发生明显变化的线粒体（图9-b）。经历空间飞行的番茄叶片细胞有22.2%的细胞内线粒体出现膜结构模糊不清，某些区域出现破损溶解，内含物外泄的现象，有的线粒体甚至出现空泡化（图9-c）。

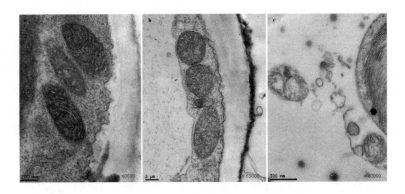

图9 三种不同环境处理的番茄叶片细胞内线粒体的亚显微结构

注：a. 地面对照组；b. 三维回转组；c. 空间飞行组。

胞间连丝是贯穿细胞壁沟通相邻细胞的细胞质连线，是细胞间进行物质运输与信息传递的重要通道。在观察到的细胞中，地面正常环境下的番茄叶片单个细胞含有的胞间连丝最多有4个，平均每个细胞含有3.5个，而经历三维回转和空间飞行的番茄叶片单个细胞含有的胞间连丝数量则明显增多，最多分别有14个和8个，两种环境处理的番茄叶片样品平均每个细胞含有的胞间连丝数量分别为9.3个和7.1个，都是地面对照的两倍多。

③空间飞行和三维回转对番茄保护酶活性的影响

可以看出，无论是POD还是SOD，模拟微重力环境和空间环境处理的番茄样品的活性均明显高于地面对照。模拟微重力环境处理的番茄样品的POD活性比地面对照高出137%，SOD活性比地面对照高出29%。空间环境处理的番茄叶片样品的POD活性比地面对照高出143%，SOD活性比地面对照高出26%。经T检验分析，三维回转和空间飞行处理的番茄叶片的POD活性与地面对照的差异均达到了极显著水平（$P < 0.0001$），SOD活性与地面对照的差异达到了显著水平（$P < 0.05$）；但三维回转和空间飞行处理的番茄叶片样品相比，POD活性值差别不大，未达到显著水平（$P > 0.05$），SOD亦是如此（见图10）。

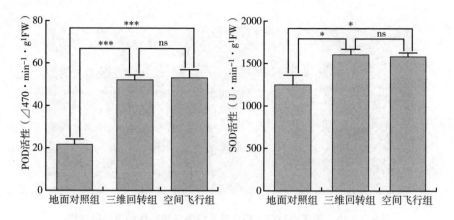

图 10　三种不同环境处理的番茄 POD 和 SOD 的活性比较

注：***：$P < 0.0001$；*：$P < 0.05$；ns：$P > 0.05$。

（4）讨论与结论

尽管植物对重力十分敏感，但近年来的很多空间试验[7,12]都证实，只要满足植物生长的微环境条件，主要是气体环境如 CO_2 浓度、乙烯浓度等，植物在微重力条件下的生殖生长就能正常进行。该试验采用的培养基质、培养装置均经过多次反复的试验论证和筛选，十分有利于番茄生长发育过程中进行充分的气体交换，为番茄试管苗在微重力条件下实现开花结实的发育过程提供了有利条件。

电镜结果表明，空间环境处理的番茄样品在细胞的整体排列、叶绿体和线粒体的外形与内部结构、胞间连丝的数量等方面，都发生了明显变化。叶绿体和线粒体是植物进行物质和能量代谢的重要细胞器，其内部结构的改变势必会影响其光合作用和呼吸作用功能的发挥。然而该试验中经历空间飞行的番茄试管苗无论在营养生长（如株高、叶片颜色）还是生殖生长（开花结实）方面都与地面对照差异不大。Stutte 等认为在光照适宜和 CO_2 浓度充足的条件下，微重力环境下叶绿体的光合功能不受影响。[63] Wolff 等认为如果气体成分可控且对流循环情况良好，水分和矿质营养运输系统正常，微重力环境下植物的气体交换、新陈代谢以及光合作用就能正常进行。[64] 这些研究结论与该试验的研究结果相一致。此外，还观察到两种环境下细胞间的胞间连丝数量均有增加，这也说明空间搭载和微重力处理增强了细胞间的物质交换和信息传递。

模拟微重力环境处理的番茄样品的细胞亚显微结构的变化没有空间环境处理的样品变化明显，说明空间环境对植物细胞的影响更为剧烈。空间环境涉及多种环境因素，除微重力外，还有宇宙辐射等众多环境因子综合作用对空间植物产生影响。而三维回转仪只能通过不断改变重力矢量的方向来模拟微重力效应，不能代替真正的微重力环境，[65]更缺乏微重力以外的空间辐射等其他环境因子的作用。因此模拟微重力环境处理的番茄叶片细胞的亚显微结构更接近地面对照。

POD 和 SOD 都是植物体内清除活性氧自由基（ROS）的重要酶类，与植物抗性相关。[66]该试验中空间环境和模拟微重力环境处理的番茄叶片样品的 POD 和 SOD 的活性值都显著提高，植物在逆境胁迫下也经常出现这样的生理变化，如干旱[67]、低温[68]、重金属污染[69]等，说明空间环境和模拟微重力环境对植物来说都是一种胁迫逆境。正常状态下，植物细胞内自由基的产生和清除处于动态平衡状态，当植物遭受逆境胁迫时，体内会产生大量的活性氧自由基，活性氧自由基过剩积累会对膜系统、蛋白质和 DNA 分子构成损伤，为抵御活性氧对植物细胞的危害，植物便会提高 POD 和 SOD 等保护酶的活性来清除过剩的活性氧自由基。该试验中空间环境和模拟微重力环境处理的番茄叶片的 POD 的活性变化比 SOD 更为显著，说明两种环境处理对 POD 的影响更大。

（二）高能重离子束诱变育种研究和应用

1. 高能重离子束诱变育种

重离子指比氦重的各种原子全部或者部分剥离核外电子后形成的离子。重离子可以存在于太空环境中，也可以用各种粒子加速器（直线、回旋、同步加速器等）将其加速成携带有不同能量的重离子束。重离子束在核物理、天体物理、原子分子物理、材料学及生命科学等多个学科领域中有广泛应用。重离子束作为新兴的诱变源，具有 LET 高、相对生物效应（Relative

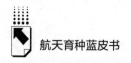

Biological Effectiveness，RBE）大、损伤后修复效应小等其他常规辐射源所没有的优势，这些优势在品种选育上表现为突变率高、突变谱广、突变体稳定周期相对较短等特点，从而开辟了新的交叉学科，并在农业育种研究中得到了越来越广的应用。

高能重离子束育种原理如下。经地面大型加速器加速后，携带能量的重离子束（通常使用特定的物理吸收剂量，如半致死剂量或株高降低一半的剂量）与植物或微生物细胞 DNA 分子的原子或者分子相互作用，通过能量沉积，或者直接导致化学键断裂，或者与细胞的水分子相互作用产生自由基，再通过自由基间接攻击 DNA 分子，在不同部位产生各种不同类型的DNA 损伤。细胞通过同源重组、非同源末端连接等多种途径可以修复部分DNA 损伤；但是有些严重或复杂的损伤，如致密的 DNA 双链断裂或团簇损伤等无法正确修复，细胞虽可以存活下来，但却保留了错误的修复结果。这些错误修复将通过细胞分裂增殖，形成一群突变细胞，最终这些变异经过分化、发育形成完整的或者部分完整的植株，于是产生了突变体，进而通过遗传筛选，最终获得新的品种。

高能重离子束的能量可达数百 MeV 甚至 GeV，而低能离子束的总能量仅为数百 KeV，正是因为离子束能量及电荷态的区别，在相同生物介质中二者的穿透力及生物学效应有很大的差异。育种上，高能重离子束具有穿透力强、生物学效应高的特点，可以在大气中（样品无须处于真空状态）处理植物种子、愈伤组织、组培苗、茎、叶、根、花粉、悬浮细胞、微生物孢子悬液等各种生物样品，并且由于照射剂量率人工可调（每分钟数十 Gy 甚至更高），具有处理时间短的特点。正是由于这些特点，高能重离子束在诱变育种上的应用越来越广泛。

关于高能重离子束诱变的机理研究，早期报道主要在植物整体、组织、细胞、生理、染色体等层面进行。例如研究不同离子种类的高能重离子束对拟南芥、水稻、烟草等多个物种的存活率、育性、白化突变表型、染色体畸变、特定 DNA 片段突变等。随着下一代测序（Next Generation Sequencing，NGS）技术的成熟及其成本的快速降低，全基因组变异特征及规律研究给高能重离子束诱变育种机理研究带来了新的视角。NGS 分析表明，突变后代的单碱基替换（Single Base Substitutions，SBSs）多于插入缺失（Insertions and Deletions，INDELs）突变，并且小片段缺失（1 ~ 20bp）比大片段缺失更为普遍。[70,71] Du 等应用 NGS 技术对 11 个碳离子束诱变后代进行了基因组重测序分析，共检测到 320 个 SBSs 和 124 个小片段 INDELs，并根据检测到的纯合突变推算 M_1 代突变率为 3.37×10^{-7}。[72] Kazama 等通过 NGS 测序发现重离子束诱导的稳定突变体基因组变异以 SBSs 及小片段 INDELs 为主。[73] Hase 等发现碳离子束辐射对拟南芥干种子和幼苗的基因组诱变频谱不同，但是 SBSs 及小片段 INDELs 仍是基因组变异的主要形式。[74]

2. 高能重离子束诱变与其他物理诱变的区别

高能重离子束与常规电离辐射（X 射线、γ 射线等光子辐射及质量很轻、带负电荷的电子束辐射）相比，在物理学和生物学上表现出很大的差异。重离子束具有辐射参数多样、LET 高、径迹结构复杂、剂量布拉格分布等独特的物理属性，展现出特有的生物致突变能力和性状变异特征。重离子束诱发 DNA 损伤的类型、频率、分布与 X 射线、γ 射线有很大的差异，其损伤修复途径也有很大不同，进而导致在基因组上诱发的变异频谱有所不同，最终表现出来的突变表型及变异稳定性有很大的不同。简而言之，多年的育种实践表明，高能重离子辐射具有诱变率高、变异丰富以及性状稳定、周期相对较短等特点，其在农业领域的作物种质创新上的应用越来越多，成为诱变育种未来发展的重要方向之一。

3. 高能重离子束诱变育种国内外研究进展

重离子束辐射诱变育种工作在国内外蓬勃发展，取得了丰硕的研究成果。值得强调的是，根据迄今为止应用高能重离子束诱变技术获得的育种实践成果，可以预计在突变体基因组中只有少量基因会被破坏，因为高能重离子辐射可以修饰感兴趣的性状而不影响其他性状，并可后续直接使用部分突变体开发成新品种。[6] 国外，尤其是日本 TIARA 和 RIKEN 应用高能重离子束诱变技术获得了菊花、仙客来、马鞭草、矮牵牛、小

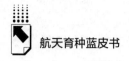

麦、水稻、拟南芥等 40 余个植物新品种或突变材料。[76-81] 日本用高能氮离子束辐射美女樱成功分离出花期延长、花簇增多、不育的突变体"Temari Sakura"，并于 2002 年育成世界上首个通过高能重离子束辐射技术选育出的商业化新品种。

国内，依托 HIRFL 加速器，IMP-CAS 联合国内知名高校及研究所，经过多年的科研攻关，获得了小麦、水稻、向日葵、高粱、白花紫露草、牧草、当归、党参、糜子、微藻、拟南芥等多个植物新品种或突变群体，[82-89] 部分新品种已大面积推广种植，为地方发展带来了显著的社会经济效益。

（三）航天育种物理辐射突变研究和应用

1. 空间诱变全基因组的分子突变频谱研究

由于空间搭载条件的限制，空间环境诱变机制、诱变效应研究难度大，进展也比较缓慢。早期的研究主要集中在空间诱发特定突变表型的分析，以及细胞水平观测染色体的畸变现象。十多年来，随着分子生物学的发展和 DNA 测序技术的逐渐成熟，为从全基因组水平分析航天诱变的特征与频谱提供了可能。

空间环境的主要致突因素为高能重离子，而高能重离子轰击能够引发致密的电离事件，并诱发 DNA 产生紧密排列的成簇性损伤（Clustered Damage）和 DNA 双链断裂（Double-Strand Breaks，DSBs）。重离子辐射诱发的成簇性损伤和 DSBs 往往难以精确修复，特别是在异染色质区域甚至是不可修复的。因此，空间诱变全基因组的变异频谱和分子特征与重离子轰击诱发的损伤高度相关。

张志勇等将航天诱变突变体和野生型水稻材料进行全基因组测序，结果表明航天搭载所诱发的变异在水稻基因组上呈现均匀分布，变异数目是 SNP > InDel（Insertions/Deletions，插入/缺失片段）> SV（Structure Variation，结构变异），表明航天诱变因子对水稻基因组的主要诱变形式为单碱基的改变。[90] 罗文龙通过 Illumina 文库构建及 Hiseq2000 高通量测序，对水稻空间诱变突变体进行全基因组测序分析，并与 γ 射线辐照突变体进行比较。[91]结果表明，空间诱变突变体呈现高频变异和不均匀分布的分子特征，其中 3 份突变体的突变总数达到 1.1 万至 17.1 万，是其他 5 份突变体的 300 倍以上；其突变不是均匀分布于基因组各个染色体上，而是集中分布于某些染色体上。这一结果首次揭示了空间诱变中高能重离子辐射诱发基因组变异的典型特征，与传统 γ 射线辐射具有显著的分子差异，证实了空间诱变是有效的创造变异途径。同时，该研究结果也发现部分空间诱变突变体呈现高频变异的特征，这与国际原子能机构（IAEA）对于重离子的生物学效应的报道相符。但是，鉴于空间环境的复杂性，进一步分析空间微重力等因素与重离子辐射的交互作用，将有助于解析空间诱变的诱变机理。

2. 空间环境主要诱变因素地面模拟关键技术的建立

由于空间搭载的复杂性和不可控制性，地面模拟技术的建立受到了研究人员的重视。地面模拟技术不仅可以作为空间实验的对照，还可以为人们提供空间辐射的明确参数。在空间环境主要诱变因素的地面模拟技术中，重离子辐射作为空间辐射的关键因素受到了高度重视。

利用高能重离子加速器，研究分析不同类型、能量、剂量的重离子对于水稻的诱变效应。史金铭利用同品系水稻干种子进行空间辐射与地面模拟辐射的效应对比分析，结果说明地面模拟辐射和空间飞行引起生物学功能效应并不完全一致，当碳离子的辐射剂量小于 2 戈瑞时，生物体抗氧化应激的能力是其辐射损伤程度的重要因素。[92]Wei 等比较空间诱变和 C 离子、Ne 离子及 Fe 离子辐照，发现空间环境和重离子诱变都可以影响根尖有丝分裂，诱发各种染色体畸变。[93]严贤诚利用空间诱变和重离子诱变手段对水稻品种"华航 31 号"干种子进行诱变处理，结果表明，低剂量重离子诱变当代对各农艺性状影响不明显，高剂量（80 戈瑞及以上）诱变当代的结实率显著降低。[94]由于种子胚是产生可遗传突变的关键部位，进一步利用重离子微束实现对种子胚的精确辐照，将有效补充和完善航天搭载诱变研究存在的不足和创建地面模拟新的诱变技术途径。

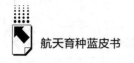

二 高通量基因分型技术体系研究和应用

空间诱变具有诱变频率高、有益变异多的特点，如何有效鉴定突变，特别是外观无法鉴定的性状（如抗性、品质性状）是限制空间诱变选择效率的重要因素之一。如何高效、精确地筛选符合要求的突变体是航天育种的研究重点。传统育种通过表现型间接对突变基因型进行选择，存在育种周期长、育种效率低、容易漏选等缺陷。结合现代生物技术，直接对突变群体个体基因型进行选择是克服传统育种缺陷的有效途径。

高分辨熔解曲线（High-resolution Melting Curve，HRM）是近年来发展的一种 DNA 多态性检测技术，高分辨率、快速简便且实现了完全的闭环操作。定向诱导基因组局部突变（Targeting Induced Local Lesions In Genomes，TILLING）技术基于反向遗传学策略，将诱变、PCR 技术和高通量突变检测技术结合起来，可高通量、快速准确地鉴定出由诱变产生的 SNPs 和 INDELS。罗文龙等将 HRM 技术与特定基因分析有机结合，构建"HRM-TILLING 高通量基因分型技术体系"，应用于诱变后代及育种群体鉴定。[91]陈淳等根据 HRM 检测方法的要求，对直链淀粉含量 Wx 基因设计了多个目的位点，并且利用 DNA 混合样品、巢式 PCR 及突变测序以提高鉴定的效率和准确性，共扫描了水稻直链淀粉 Wx 基因的 4 个位点共 673bp，空间诱变 4736 份样本中发现 3 个 SNP 变异，突变密度为 1/1063.83kb；重离子诱变 4848 份样本中发现 4 个 SNP 变异，突变密度为 1/815.68kb，证明了 HRM-TILLING 技术应用于突变定向筛选的可行性。[95]近年来，在作物分子标记辅助育种应用中，已开发出了多个基于 HRM 技术的多种类型的分子标记，并成功应用于育种实践中。同时，将融合 TILLING 技术与 HRM 技术的高通量基因分型技术与育种技术有效结合，创建高效的航天生物育种技术体系，有效地促进了航天育种进步。

三　航天育种专利成果与品种保护

1. 专利成果

自开展航天搭载以来，在搭载装置设计、搭载机理研究、特异新种质地面选育与繁育、突变体的筛选与鉴定等方面申报的国家发明专利有 90 多项，大大保护了整套航天育种流程中的关键技术，对广大科研院所的技术进步及保护有重要的推动作用。尤其是对一些航天诱变育种涉及的复杂技术环节，诸如共性关键技术的开发与应用等方面的保护，为确保我国航天育种稳定发展发挥了重要作用。

2. 品种保护

据不完全统计，我国通过航天诱变选育的植物新品种有 400 种以上，涵盖水稻、小麦、玉米、花生、大豆、番茄、辣椒、南瓜、西瓜、棉花、烟草等，其中有 100 个新品种申请了植物新品种权保护，获授权有 67 项，主要集中于水稻、小麦、玉米、辣椒、番茄等作物。对航天育种相关植物新品种的授权将极大促进自主知识产权的保护和应用，有利于调动广大航天育种工作者的育种热情，对形成特色的航天产品品牌、促进航天育种产业的发展起到巨大的推动作用。

参考文献

[1] M. Mei et al., "Morphological and Molecular Changes of Maize Plants after Seeds Been Flown on Recoverable Satellite," *Advances in Space Research* 12 (1998): 1691 – 1697.

[2] X. Yu et al., "Characteristics of Phenotype and Genetic Mutations in Rice after Spaceflight," *Advances in Space Research* 4 (2007): 528 – 534.

[3] Y. Li et al., "Space Environment Induced Mutations Prefer to Occur at Polymorphic Sites of Rice Genomes," *Advances in Space Research* 4 (2007): 523 – 527.

[4] 徐建龙：《空间诱变因素对不同粳稻基因型的生物学效应研究》，《核农学报》

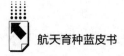

2000 年第 1 期，第 56~60 页。

［5］ 王俊敏等：《空间环境和地面 γ 辐照对水稻诱变的差异》，《作物学报》2006 年第 7 期，第 1006~1010 页。

［6］ 魏力军等：《水稻空间搭载与地面 γ 辐照诱变效应的比较研究》，《中国农业科学》2006 年第 7 期，第 1306~1312 页。

［7］ L. J. Wei et al.，"Analysis of Cytogenetic Damage in Rice Seeds Induced by Energetic Heavy Ions On-ground and after Spaceflight," *Journal of Radiation Research* 3 – 4 (2006)：273 – 278.

［8］ L. J. Wei et al.，"Cytological Effects of Space Environment on Different Genotype of Rice," *Journal of Beijing Institute of Technology* 2 (2007)：220 – 225.

［9］ 史金铭等：《低剂量重离子辐射对水稻种子和幼苗 DNA 甲基化的影响》，《激光生物学报》2009 年第 5 期，第 641~646 页。

［10］ 史金铭等：《空间飞行对水稻 CDA 基因甲基化的诱变效应》，《核农学报》2014 年第 7 期，第 1149~1154 页。

［11］ J. Shi et al.，"Comparison of Space Flight and Heavy Ion Radiation Induced Genomic/Epigenomic Mutations in Rice (*Oryza Sativa*)," *Life Sciences in Space Research* 1 (2014)：74 – 79.

［12］ J. Chancellor et al.，"Space Radiation：The Number One Risk to Astronaut Health beyond Low Earth Orbit," *Life* 3 (2014)：491.

［13］ E. A. Lebel et al.，"Analyses of the Secondary Particle Radiation and the DNA Damage it Causes to Human Keratinocytes," *Journal of Radiation Research* 6 (2011)：685 – 693.

［14］ M. Hada et al.，"mBAND Analysis of Chromosomal Aberrations in Human Epithelial Cells Exposed to Low-and High-LET Radiation," *Radiation Research* 1 (2007)：98 – 105.

［15］ F. A. Cucinotta et al.，"Space Radiation Cancer Risk Projections and Uncertainties – 2012," NASA/TP – 2013 – 217375，https：//www. researchgate. net/publication/292731366_ Space_ radiation_ cancer_ risk_ projections_ and_ uncertainties.

［16］ F. A. Cucinotta et al.，"Nuclear Interactions in Heavy Ion Transport and Event-based Risk Models," *Radiation Protection Dosimetry* 2 – 4 (2011)：384 – 390.

［17］ C. Bessou et al.，"Mutations in the Caenorhabditis Elegans Dystrophin-like Gene dys – 1 Lead to Hyperactivity and Suggest a Link with Cholinergic Transmission," *Neurogenetics* 1 (1998)：61 – 72.

［18］ K. George et al.，"Chromosome Aberrations in the Blood Lymphocytes of Astronauts after Space Flight," *Radiation Research* 6 (2001)：731 – 738.

［19］ V. Bidoli et al.，"The Sileye – 3/Alteino Experiment for the Study of Light Flashes,

Radiation Environment and Astronaut Brain Activity on Board the International Space Station," *Journal of Radiation Research* Supplement（2002）：S47 – S52.

［20］ F. Cucinotta et al. , "Space Radiation and Cataracts in Astronauts," *Radiation Research* 5（2001）：460 – 466.

［21］ J. A. Jones et al. , "Cataract Formation Mechanisms and Risk in Aviation and Space Crews," *Aviation Space and Environmental Medicine* Supplement 1（2007）：A56 – A66.

［22］ M. Durante, L. Manti, "Human Response to High-background Radiation Environments on Earth and in Space," *Advances in Space Research* 6（2008）：999 – 1007.

［23］ 郑家团等：《水稻航天诱变育种研究进展与应用前景》，《分子植物育种》2003 年第 3 期，第 367～371 页。

［24］ 徐建龙等：《空间环境诱发水稻多蘖矮秆突变体的筛选与鉴定》，《核农学报》2003 年第 2 期：第 90～94 页。

［25］ 刑金鹏等：《水稻种子经卫星搭载后大粒型突变系的分子生物学分析》，《航天医学与医学工程》1995 年第 2 期，第 109～112 页。

［26］ 徐建龙等：《空间诱变水稻大粒型突变体的遗传育种研究》，《遗传》2002 年第 4 期，第 431～433 页。

［27］ 周峰等：《水稻空间诱变后代的微卫星多态性分析》，《华南农业大学学报》2001 年第 4 期，第 55～57 页。

［28］ 吴关庭等：《空间诱变和 γ 射线辐照与离体培养相结合对水稻生物学效应的研究》，《核农学报》2000 年第 6 期，第 347～352 页。

［29］ 周炳炎等：《水稻空间诱变恢复系杂种优势测定试验初报》，《遗传》2001 年第 3 期，第 234～236 页。

［30］ 徐云远等：《卫星搭载亚麻后代中 PEG 和 NaCl 抗性系的初步筛选》，《西北植物学报》2000 年第 2 期，第 159～163 页。

［31］ 贾建航等：《香菇空间诱变突变体的分子生物学鉴定研究》，《菌物系统》1999 年第 1 期，第 20～24 页。

［32］ 洪波等：《空间诱变对露地栽培菊矮化性状的影响》，《植物研究》2000 年第 2 期，第 212～214 页。

［33］ P. Vos et al. , "AFLP：a New Concept for DNA Fingerprinting," *Nucleic Acids Research* 21（1995）：4407 – 4414.

［34］ J. Zhu et al. , "AFLP Markers for the Study of Rice Biodiversity," *Theoretical and Applied Genetics* 96（1998）：602 – 611.

［35］ 唐梅等：《中籼杂交水稻亲本多态性的 AFLP 分析》，《遗传》2002 年第 4 期，第 439～441 页。

［36］ K. Subudhi, et al. , "Classification of Rice Germplasm：High-resolution Fingerprinting

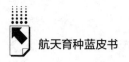

of Cytoplasmic Genetic Male-sterile（CMS）Lines with AFLP," *Theoretical and Applied Genetics* 96（1998）：941 – 949.

［37］陈一华等：《通过 AFLP – DNA 指纹的计算机分析进行水稻种子鉴定》，《农业生物技术学报》2000 年第 3 期，第 222～224 页。

［38］裴德翠等：《AFLP：DNA 指纹分析的有力手段》，《微生物免疫学进展》2002 年第 3 期，第 66～70 页。

［39］V. Lefebvre et al. , "Evaluation of Genetic Distances between Pepper Inbred Lines for Cultivar Protection Purposes：Comparison of AFLP, RAPD and Phenotypic Data," *Theoretical and Applied Genetics* 102（2001）：741 – 775.

［40］R. K. Aggarwal et al. , "Molecular Characterization of Some Indian Basmati and Other Elite Rice Genotypes Using Fluorescent-AFLP," *Theoretical and Applied Genetics* 105（2002）：680 – 690.

［41］李常银等：《空间生物学研究进展》，《哈尔滨工业大学学报》2003 年第 4 期，第 385～388 页。

［42］Ohnishit et al. , "Biological Effects of Space Radiation," *Biological Sciences in Space* 15（Supl）（2001）：203 – 210.

［43］Rohini Garg et al. , "Divergent DNA Methylation Patterns Associated with Gene Expression in Rice Cultivars with Contrasting Drought and Salinity Stress Response," *Scientific Reports* 5：14922DOI：10. 1038/srep14922.

［44］A. L. Paul et al. , "Transgene Expression Patterns Indicate that Spaceflight Affects Stress Signal Perception and Transduction in *Arabidopsis*," *Plant Physiology* 126（2001）：613 – 621.

［45］F. R. Dutcher, E. L. Hess, T. W. Halstead, "Progress in Plant Research In-space," In A. Cogoli et al. , eds. , *Life Sciences and Space Research* XXV.（Oxford：Pergamon Press Ltd 1994）, pp. 159 – 171.

［46］R. J. Ferl, A. L. Paul, "Lunar Plant Biology-A Review of the Apollo Era," *Astrobiology* 10（2010）：261 – 274.

［47］J. Z. Kiss et al. , "Operations of a Spaceflight Experiment to Investigate Plant Tropisms," *Advances in Space Research* 44（2009）：879 – 886.

［48］K. D. L. Millar et al. , "An Endogenous Growth Pattern of Roots is Revealed in Seedlings Grown in Microgravity," *Astrobiology* 11（2011）：787 – 797.

［49］M. E. Musgrave et al. , "Changes in Arabidopsis Leaf Ultrastructure, Chlorophyll and Carbohydrate Content during Spaceflight Depend on Ventilation," *Annals of Botany* 81（1998）：503 – 512.

［50］M. E. Musgrave, A. X. Kuang, D. M. Porterfield, "Plant Reproduction in Spaceflight Environments," *Gravitational and Space Biology Bulletin* 10（1997）：83 – 90.

[51] G. W. Stutte et al. , "Microgravity Effects on Leaf Morphology, Cell Structure, Carbon Metabolism and mRNA Expression of Dwarf Wheat," *Planta* 224 (2006): 1038 – 1049.

[52] M. M. Guisinger, J. Z. Kiss, "The Influence of Microgravity and Spaceflight on Columella Cell Ultrastructure in Starch-deficient Mutants of *Arabidopsis*," *American Journal of Botany* 86 (1999): 1357 – 1366.

[53] D. O. Klymchuk et al. , "Changes in Vacuolation in the Root Apex Cells of Soybean Seedlings in Microgravity," *Advances in Space Research* 31 (2003): 2283 – 2288.

[54] A. X. Kuang et al. , "Pollen and Ovule Development in Arabidopsis-thaliana under Spaceflight Conditions," *American Journal of Botany* 82 (1995): 585 – 595.

[55] M. A. Levinskikh et al. , "Analysis of the Spaceflight Effects on Growth and Development of Super Dwarf Wheat Grown on the Space Station Mir," *Journal of Plant Physiology* 156 (2000): 522 – 529。

[56] 郑慧琼等：《空间飞行与回转器回旋条件下青菜开花与花粉发育的研究》，《空间科学学报》2008 年第 1 期，第 80~86 页。

[57] A. A. Aliyev et al. , "The Ultrastructrue and Physiological Characteristics of the Photosynthesis System of Shoots of Garden Pea Grown for 29 Days on the 'Salyut – 7' Space Station," *USSR Space Life Science Digest* 10 (1987): 15 – 16.

[58] G. S. Nechitailo et al. , "Influence of Long Term Exposure to Space Flight on Tomato Seeds," *Advances in Space Research* 36 (2005): 1329 – 1333.

[59] J. Y. Lu et al. , "Effect of Spaceflight Duration of Subcellular Morphologies and Defense Enzyme Activities in Earth-grown Tomato Seedlings Propagated from Space-flown Seeds," *Russian Journal of Physical Chemistry B* 3 (2009): 981 – 986.

[60] A. Kuang et al. , "Pollination and Embryo Development in *Brassica Rapa* L. in Microgravity," *International Journal of Plant Sciences* 161 (2000): 203 – 211.

[61] Z. H. Liu, M. J. Ger, "Changes of Enzyme Activity during Pollen Germination in Maize, and Possible Evidence of Lignin Synthesis," *Australian Journal of Plant Physiology* 24 (1997): 329 – 335.

[62] C. N. Giannopolitis, S. K. Reis, "Superoxide Dismutases I: Occurrence in Higher Plants," *Plant Physiology* 59 (1977): 309 – 314.

[63] G. W. Stutte et al. , "Microgravity Effects on Thylakoid, Single Leaf, and Whole Canopy Photosynthesis of Dwarf Wheat," *Planta* 223 (2005): 46 – 56.

[64] S. A. Wolff et al. , "Plant Mineral Nutrition, Gas Exchange and Photosynthesis in Space: A Review," *Advances in Space Research* 51 (2013): 465 – 475.

[65] J. C. Melanie, Z. K. John, "Space-based Research on Plant Tropisms," In M. Giloryand P. H. Masson, eds. , *Plant tropisms* (Iowa: Blackwell publishing, 2008), pp. 161 – 165.

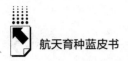
[66] F. Nikravesh et al. , "Study of Antioxidant Enzymes Activity and Isozymes Pattern in Hairy Roots and Regenerated Plants in *Nicotiana Tabacum*," *Acta Physiologiae Plantarum* 34 (2012): 419 – 427.

[67] S. C. Wang et al. , "Influence of Drought Stress on the Cellular Ultrastructure and Antioxidant System in Leaves of Drought-tolerant and Drought-sensitive Apple Rootstocks," *Plant Physiology and Biochemistry* 51 (2012): 81 – 89.

[68] Z. Ristic, E. N. Ashworth, "Changes in Leaf Ultrastructure and Carbohydrates in *Arabidopsis Thaliana* L. (Heyn) cv. Columbia during Rapid Cold Acclimation," *Protoplasma* 172 (1993): 111 – 123.

[69] M. L. Chang et al. , "Effect of Cadmium on Peroxidase Isozyme Activity in Roots of Two Oryza Sativa Cultivars," *Botanical Studies* 1 (2012): 31 – 44.

[70] J. A. O'Rourke et al. , "A Re-sequencing Based Assessment of Genomic Heterogeneity and Fast Neutron-induced Deletions in a Common Bean Cultivar," *Frontiers in Plant Science* 4 (2013), https://doi. org/10. 3389/fpls. 2013. 00210.

[71] E. J. Belfield et al. , "Genome-wide Analysis of Mutations in Mutant Lineages Selected Following Fast-neutron Irradiation Mutagenesis of *Arabidopsis Thaliana*," *Genome Research* 7 (2012): 1306 – 1315.

[72] Y. Du, S. Luo, X. Li, J. Yang, T. Cui, W. Li, L. Yu, H. Feng, Y. Chen, J. Mu, X. Chen, Q. Shu, T. Guo, W. Luo, L. Zhou, *Frontiers in Plant Science* 8 (2017) .

[73] Y. Kazama et al. , "Different Mutational Function of Low-and High-linear Energy Transfer Heavy-ion Irradiation Demonstrated by Whole-genome Resequencing of *Arabidopsis* Mutants," *Plant Journal* 6 (2017): 1020 – 1030.

[74] Y. Hase, K. Satoh, S. Kitamura, Y. Oono, Sci Rep – Uk, 8 (2018) .

[75] T. Hirano et al. , "Comprehensive Identification of Mutations Induced by Heavy-ion Beam Irradiation in *Arabidopsis Thaliana*," *The Plant Journal* 82 (2015): 93 – 104.

[76] H. Ishizaka, "Breeding of Fragrant Cyclamen by Interspecific Hybridization and Ion-beam Irradiation," *Breeding Science* 1 (2018): 25 – 34.

[77] R. Morita et al. , "Heavy-ion Beam Mutagenesis Identified an Essential Gene for Chloroplast Development under Cold Stress Conditions during both Early Growth and Tillering Stages in Rice," *Bioscience Biotechnology and Biochemistry*, 2 (2017): 271 – 282.

[78] K. Murai et al. , "A Large-scale Mutant Panel in Wheat Developed Using Heavy-ion Beam Mutagenesis and Its Application to Genetic Research," *Nuclear Instruments & Methods in Physics Research* 314 (2013) 59 – 62.

[79] B. Phanchaisri et al. , "Expression of *OsSPY* and 14 – 3 – 3 Genes Involved in Plant

Height Variations of Ion-beam-induced KDML 105 Rice Mutants," *Mutation Research-Fundamental and Molecular Mechanisms of Mutagenesis* 1 – 2 (2012)：56 – 61.

[80] N. Shikazono et al. , "Analysis of Mutations Induced by Carbon Ions in *Arabidopsis Thaliana*," *Journal of Experimental Botany* 56 (2005)：587 – 596.

[81] S. Ishikawa et al. , "Erratum：Ion-beam Irradiation, Gene Identification, and Marker-assisted Breeding in the Development of Low-cadmium Rice," *Proceedings of the National Academy of Sciences of the United States of America*, 109 (2012)：19166 – 19171.

[82] 李景鹏等：《重离子束（C）辐照诱变东北粳稻后代变异的初步研究》，《中国稻米》2019 年第 1 期，第 58 ~ 61 页。

[83] 赵连芝等：《春小麦突变新品种——"陇辐 2 号"》，《核农学报》2005 年第 1 期，第 80 页。

[84] S. W. Luo et al. , "Mutagenic Effects of Carbon Ion Beam Irradiations on Dry *Lotus Japonicus* Seeds," *Nuclear Instruments and Methods in Physics Research Section B*：*Beam Interactions with Materials and Atoms* 383 (2016)：123 – 128.

[85] 刘青芳等：《重离子束辐照对苜蓿外植体离体培养的影响及下胚轴再生体的 RAPD 分析》，《辐射研究与辐射工艺学报》2008 年第 4 期，第 228 ~ 232 页。

[86] 颉红梅等：《甘肃当归新品系 DGA2000 – 02 的选育研究》，《原子核物理评论》2008 年第 2 期，第 196 ~ 200 页。

[87] J. Wang et al. , "Photosynthetic Effect in *Selenastrum Capricornutum* Progeny after Carbon-ion Irradiation," *Plos One* (2016), https：//doi. org/10. 1371/journal. pone. 0149381.

[88] 刘天鹏等：《$_{12}C^{6+}$ 离子束辐照糜子诱变突变群体的构建与 SSR 分析》，《作物学报》2018 年第 1 期，第 144 ~ 156 页。

[89] Y. Du et al. , "Mutagenic Effects of Carbon-ion Irradiation on Dry *Arabidopsis Thaliana* Seeds," *Mutation Research-Genetic Toxicology and Environmental Mutagenesis*, 1 (2014)：28 – 36.

[90] 张志勇等：《水稻航天诱变突变体全基因组测序研究》，《西南农业学报》2014 年第 2 期，第 469 ~ 475 页。

[91] 罗文龙：《利用 Illumina 测序及 HRM 分析水稻航天诱变群体的 DNA 变异》，博士学位论文，华南农业大学，2014。

[92] 史金铭：《空间和重离子辐射环境的诱变效应与 DNA 甲基化变化的关联》，博士学位论文，哈尔滨工业大学，2010。

[93] L. J. Wei et al. , "Analysis of Cytogenetic Damage in Rice Seeds Induced by Energetic Heavy Ions On-ground and after Spaceflight," *Journal of Radiation Research* 3/4 (2006)：273 – 278.

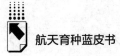
［94］严贤诚:《水稻空间诱变与重离子诱变效应分析及突变体定向筛选》,硕士学位论文,华南农业大学,2018。

［95］陈淳等:《水稻空间诱变与重离子诱变生物学效应及突变体定向筛选》,《华南农业大学学报》2021 年第 1 期,第 49~60 页。

B.7
航天育种分类应用报告

李晶炤　张金凤　赵　健　闫继琛　杨红善　段慧荣　王春梅　周学辉

王建丽　潘多锋　任卫波　李卫东

摘　要： 粮食安全在我国农业生产和国家安全领域具有举足轻重的地位，航天育种在我国三大口粮——水稻、小麦和玉米的育种工作中都发挥了重要的作用。在育成的超过200个通过国审、省审的航天主粮作物品种中，航天水稻占据了一半以上的份额。小麦的主栽品种"鲁原502"，是以航天突变系优选材料为亲本选育而成的小麦新品种。在我国的玉米育种中，航天育种创制的种质资源育成了各种用途的玉米骨干自交系和新品种，成为国家或各省（区、市）的主栽品种。在蔬菜和经济作物中，航天育种也创造了大量的种质资源和经济效益。航天牧草填补了国内优质高产牧草品种的空白。在一些不涉及食品安全的植物种类，如林草花卉中，对航天育种有着更大的需求，在花卉中已经有了大量的新品种。基于不同作物之间基因组研究和育种水平的差异，在研究深度不足、育种水平较低的植物类别中可以充分利用空间诱变的方法获得产生有益变异的突变体，如我国中药材种质资源的创制。

关键词： 航天育种　主粮作物　蔬菜园艺作物　牧草　中草药

一 航天育种在粮食作物中的应用

李晶炤*

1996 年 11 月，联合国召开了第一次世界粮食首脑会议，会议发布的《罗马宣言》表明，全球粮食年增长速度已经低于人口增长速度 10 年之久，全球面临粮食危机的国家有 33 个，缺粮国达 88 个，迫于饥饿的人口达 8 亿人。

进入 21 世纪之后，世界粮价持续动荡。2008 年，世界粮食安全高级别会议估计面临粮食危机的国家已增加到 40 个。2018 年，世界粮食计划署发布的《世界粮食安全和营养状况》报告显示，全球仍有 8.2 亿人口面临饥饿。而 2013 年美国内布拉斯加大学教授 Cassman 在 *Nature Communication* 中称：全球粮食作物产量已趋于稳定，增产潜力可能已达到极限。2020 年以来，世界粮食价格大幅上涨，IGC 粮油价格指数达到 265.3，同比上涨 41%，创下了 2014 年 7 月以来的新高，说明世界粮食供给形势严峻。

中国人口多而耕地少，粮食安全始终是关系到国计民生的头等大事。2020 年，中国谷物产量 6.17 亿吨，约占粮食总产量的 92%，谷物自给率超过 95%，基本实现了谷物自给的国家粮食安全战略要求。中国的小麦完全实现了自给，2019 年河南省生产的小麦产量，相当于法国小麦年产量。在中国粮食作物生产中，无论是水稻还是小麦和玉米，都有航天育种主粮育成品种的贡献。

早在 20 世纪 60 年代初，苏联及美国的科学家就已开始将植物种子搭载卫星送入空间环境，并在返回地面的种子中发现其染色体畸变频率有较大幅度的增加。中国作为目前世界上仅有的 3 个（美、俄、中）掌握返回式卫星技术的国家之一，随着第 9 颗返回式卫星在 1987 年 8 月 5 日成功发射，一批水稻、小麦、玉米等农作物种子被带到距地表 200~400 公里的空间环

---

* 李晶炤，神舟绿鹏农业科技有限公司，航天育种产业创新联盟，博士，技术协作部部长，主要专业从事分子遗传学和空间诱变遗传育种。

境中，这是我国农作物种子的首次太空之旅。三十多年来，航天育种育成195个粮食作物品种，通过省审的品种达201个，通过国审的品种达33个。其中，水稻品种最多，127个水稻品种成为141个省审品种和14个国审品种。航天育种品种有31个小麦品种和26个玉米品种。此外，还有10个大豆品种和1个谷子品种（见图1）。

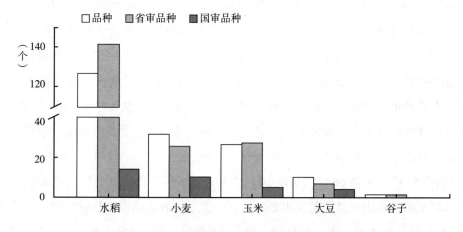

图1　航天育种国审省审主粮作物品种分布

资料来源：中国种业大数据平台。

（一）水稻

在水稻航天育种研究上，我国科技工作者围绕研制和开发具有实用价值的航天育种突变材料，与常规、两系、三系及生物技术育种相结合，已育成一批水稻新品种（组合）并通过省级品种审定委员会审定，这些航天育种新成果在生产上已大面积应用，受到国内外政府和科学家高度重视与关注。空间诱变育种技术的创新，直接推动优质、抗病、丰产新品种综合性状取得全面突破，推动了航天育种新品种的培育进程。由华南农业大学选育的"华航1号"是通过国家品种审定的第一个水稻航天诱变新品种。陈志强等利用航天诱变育种技术育成的42个水稻品种45次通过省级和国家品种审定（截至2018年），其中"培杂泰丰""华航31号""Y两优1173""五优

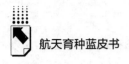

1179"分别于 2006 年、2015 年、2017 年、2018 年通过超级稻品种认定，"华航丝苗""金航丝苗""华航 48 号""华航 57 号""江航丝苗""宁优1179"均达到国家优质一级米标准。

在开展水稻航天育种的过程中，谢华安、王乌齐、郑家团、黄庭旭等总结经验，认为含有粳稻血缘或血缘复杂，且不够稳定的品种，如"明恢86"，进行航天诱变比较容易获得变异材料。因此，在 2003 年、2004 年、2006 年的 3 次卫星搭载中，就选用了含有粳稻血缘或者血缘复杂的恢复系"R527""福恢 653（制 5）""福恢 683（制 8）""a245""HK02"和保持系"IR58025B""Ⅱ－32B"干种子，搭载后回收的材料连续多年经不同生态地点的种植筛选和逐代稳定，有效创制出"航 1 号""航 2 号""福恢 772"等优良新恢复系，同时利用航天诱变优异材料再导入粳稻成分的复合杂交技术，分离筛选，相继育成"福恢 270""福恢 623""福恢 148""福恢 936""福恢 673""福恢 667""福恢 202""福恢 2165""福恢 2075"等优良恢复系和配组选育出一系列航天水稻新组合，通过了省级或国家品种审定。利用"航 1 号"配组育成的"特优航 1 号""Ⅱ优航 1 号""谷优航 1 号""毅优航 1 号"等品种通过省级或国家品种审定。其中，"特优航 1 号"累计推广超过 475 万亩；"Ⅱ优航 1 号"创造了再生稻两季百亩连片平均单产最高纪录，是我国第一个利用航天育种技术育成的百亩连片亩产超过 900 公斤的杂交稻品种，累计推广超过 1315 万亩，新增社会经济效益 11.158 亿元。利用"福恢 673"配组育成的"宜优 673"累计推广超过 800 万亩，新增社会经济效益 10.4 亿元。

四川省农业科学院生物技术核技术研究所和浙江省农业科学院作物与核技术利用研究所利用航天搭载空间诱变产生的恢复系等材料，育成了 18 个航天水稻新品种。

由于航天生物育种技术体系的创新及产业化应用效果显著，陈志强等获得广东省科技进步一等奖两项、广东省农业技术推广奖一等奖四项、教育部科学技术进步奖二等奖、2014～2016 年度全国农牧渔业丰收奖二等奖，郑家团等获得福建省科技进步一等奖，张志雄等获得四川省科技进步二等奖。

（二）小麦

"太空 5 号"是我国航天育种在小麦育种方面首个育成的小麦品种。河南省农业科学院小麦研究所利用航天搭载诱变筛选出的突变系"豫同 198"，配制杂交组合选育出了高产、稳产小麦新品种"郑品麦 24"和"豫丰 11"。以"豫麦 57"太空搭载培育出了高产、稳产、抗逆和具有广适性的"富麦 2008"，2005～2007 年在黄淮南片累计示范种植 120 万亩，平均单产达到 550.0 公斤/亩，且出现多个 650.0～700.0 公斤/亩的高产典型。5000 粒"郑麦 366"种子经太空突变后育成了优质强筋小麦品种"郑麦 3596"，平均亩产达到 693.64 公斤。"豫麦 13"空间诱变后育成的高产多抗小麦新品种"郑麦 314"，平均亩产达 501.5 公斤，成为河南南部稻茬麦区的高产典型。航天育种小麦品种累计推广面积达 4000 多万亩，产生了良好的社会经济效益。

河南省农业科学院小麦研究所总结航天育种在小麦育种过程中的多年经验和规律，形成了空间诱变育种与常规育种相结合的技术体系，辅以品质检验和分子标记辅助育种等先进的分子育种方法，提出了低世代和中高世代的产量选择和品质选择的选育系统。

中国农业科学院作物科学研究所、山东省农业科学院原子能农业应用研究所、甘肃省农业科学院小麦研究所、山东省烟台市农业科学研究院、黑龙江省农业科学院作物育种研究所辐射与生物技术研究室、陕西中科航天农业发展股份有限公司等单位利用空间诱变的小麦材料也培育出了"航麦 247""航麦 287""航麦 501""航麦 901""航麦 2566""航麦 3290""航麦 6 号""鲁原 502""沈太 2 号""烟农 836""烟农 999""兰航选 01""兰航选 122""银春 10 号""陕农 33"等多个通过省审和国审的品种。其中，"鲁原 502"自 2011 年每年推广 1000～1500 万亩，约占山东小麦面积的六分之一，累计推广面积超过 1 亿亩，成为我国种植面积最大的 3 个小麦新品种之一。

（三）玉米

我国玉米育种工作者通过多年对玉米搭载材料的观察和分析认为，航天

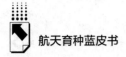

育种突变材料中单基因控制的质量性状的变异应在早期世代进行选择，与数量性状相关的变异应在晚期世代进行选择。1994 年华南农业大学对在低地球轨道飞行 69 个月的玉米种子进行观察，发现太空环境对玉米种子的发芽率无明显影响，当代植株在株高、叶色等方面有变异。孙野青等对玉米空间诱变处理当代和第二代的变异情况进行了比较，并提出高能重离子击中胚的数量与后代突变出现的频率存在一定的正相关性。中国科学院遗传研究所的曾孟潜等于 1994 年利用返回式卫星搭载了 7 份玉米自交系，经 15 天飞行后返回地面，7 个自交系的处理后代都有叶片变黄的现象发生，个别植株的果穗及籽粒发生明显变异。对幼苗叶片细胞超微结构进行观察，同时对叶色突变体的叶绿体色素含量进行比较分析，通过对卫星搭载材料后代进行抗性鉴定以及其他性状分析，未发现由主基因控制的性状变异，多数为一些微效基因的变异。

山东省农业科学院原子能农业应用研究所 2004 年利用我国第 20 颗返回式卫星搭载"鲁原 1423"玉米自交系，并对其后代的主要性状进行了连续四代的调查分析，发现卫星搭载会使玉米自交系的数量性状变化范围增大，变异类型增多，为育种增加筛选机会，可以从中选育出综合性状优良的材料。东北农业大学农学院于 2006 年利用"实践八号"育种卫星搭载处理自交系"齐 319"，并对其后代株系进行了遗传变异分析，获得了一些有益的研究结果。山东省农业科学院玉米研究所在太空搭载玉米"鲁原 3624"后代中选育出一份雄性不育突变体，并对该不育突变体进行了遗传分析和基因定位研究，初步将控制该不育性状的基因定位在 2 号染色体上，相关研究获得了山东省自然基金项目"太空诱变玉米核雄性不育突变体的遗传分析和基因定位"立项资助。

河南农业大学利用"神舟四号"飞船搭载了 4 份玉米自交系，"酒玉 3 号"、"昌 7 – 2"、"郑 58"和"K12"风干种子，从诱变处理后代中选育出 2 份细胞核雄性不育突变体，并对其进行了遗传分析和基因定位研究。

从 2006 年开始，四川农业大学玉米研究所利用搭载处理材料选育出了雄性不育突变体、叶色突变体、矮化突变体、雄花闭颖突变体等植株，为研究空间诱变提供了新样本。山西省农业科学院和广东省农业科学院也在空间诱变处理材料中分别发现了糯玉米和甜玉米新材料，后者通过分子遗传学手段证明了空间诱变使得某些携带不良基因的自交系得到了改良。

航天育种玉米已在普通玉米、鲜食玉米以及青贮玉米的品种选育上取得了可喜的成绩，有些品种已被遴选为国家或地区的主推品种，这些品种的推广应用为国家和社会创造了巨大的经济效益和社会效益。

四川农业大学玉米研究所利用航天搭载空间诱变处理的材料育成了十几个玉米新品种，这些新品种有的保持了"三高"（高产、高配合力、高抗）自交系优势，有的具有抗病性强、制种产量高等特征，成为西南骨干自交系或主栽推广品种，并作为种质资源提供给全国育种单位或种业公司，获得四川省科技进步二等奖等多项荣誉。

陕西省和甘肃省，以及山东省都育成了航天玉米新品种。

西北农林科技大学在"十一五"期间，从航天搭载材料后代中选育出优良玉米自交系"m3021"。自交系"m3021"是由西北农林科技大学农学院玉米育种研究室于 2003 年从中国农业科学院航天育种研究中心引进的 LMSE 空间诱变玉米材料中选育而成的，并成功组配出已通过陕西省品种审定的优良品种"陕单 22"（陕审玉 2010005）。

"航玉 35"是天水神舟绿鹏农业科技有限公司采用航天搭载、空间诱变、农业育种生物技术集成创新培育而成的中晚熟普通玉米杂交新品种。该品种以航天搭载玉米优良自交系"郑 58"诱变处理后育成的自交系"航 05"为母本，以从"先玉 335"中选的二环系"A08"为父本培育而成。2018 年 2 月通过甘肃省品种审定。该品种在 2015 ~ 2016 年参加甘肃省中晚熟旱地组玉米区试种，两年均居参试品种首位，两年平均亩产 724.9 公斤，比统一对照增产 10.8%。在自然发病条件下，抗丝黑穗病、大斑病、穗腐病和青枯病。籽粒品质和青贮品质均达到国家审定标准。

航天玉米新品种"航玉 30"是天水神舟绿鹏农业科技有限公司利用航天育种技术育成的第二个航天玉米新品种，为普通玉米品种。2019 年通过甘肃省农作物品种审定委员会审定，审定编号为甘审玉 20190007。该品种

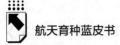

是以"航05"为母本，以"A15"为父本组配的杂交种。抗病性经接种鉴定，抗丝黑穗病，中抗茎腐病和穗腐病。2016～2017年参加甘肃省玉米品种区域试验，2016年平均亩产647公斤，比对照"先玉335"增产7.9%；2017年平均亩产799.5公斤，比对照"先玉335"增产6.9%。生育期平均136.5天，比对照"先玉335"早熟1天，适宜在甘肃省中晚熟春玉米类型区种植。

山东省农业科学院玉米研究所以自交系"Lx0721"为母本、以"Lx2472"为父本杂交育成"鲁单2016"。其中父本"Lx2472"为航天搭载自交系"鲁原2124"的后代变异材料与常规自交系"昌7-2"杂交经八代自交选育而成。"鲁单2016"具有高产、适应性广、抗倒伏等特点，2016年通过山东省品种审定（鲁审玉20160023）。该品种具有早熟、高产稳产、高抗倒伏、出籽率高、品质好、适于密植、后期脱水快、适宜机收籽粒等特征。山东省农业科学院玉米研究所从搭载的自交系"鲁原1423"（PB种质）后代选育出突变种质"S7226"，该种质抗病性好（尤其是抗锈病好），籽粒品质好，植株高大，熟期较晚。通过对其熟期进行改良，与黄改系组成基础群体，从中选育出青贮玉米自交系"Lx2478"，该新选系抗病好，配合力高，利用其作为亲本成功选育出两个青贮玉米品种"鲁单256"（"Lx2044"×"Lx2478"）和"鲁单258"（"Lx2044"×"Lx2478"），2019年分别通过山东省品种审定，审定编号分别为鲁审玉20196070和鲁审玉20196069。

（四）大豆

2012～2020年，我国进口粮食中，大豆的占比为73.0%，稻谷和小麦两大口粮品种合计只占6.4%，而且进口的主要口粮是低价格和特殊调剂品种。因此，我国主粮作物中的重要缺口为大豆，且国产大豆的亩产产量低、品质有限（出油率低于进口转基因大豆且后期压榨加工成本高）。更为重要的是，国产大豆的种植不能侵占主要粮食水稻、小麦和玉米的耕地，否则会直接影响到口粮的供给。而中国国土面积中盐碱荒地和影响耕地的盐碱地总面积约15亿亩，如能培育出耐盐碱、耐旱、耐贫瘠的大豆品种，也会减轻大豆的进口压力，保证国民对油脂和饲料行业对豆粕的需要而不影响口粮的供给。

我国通过航天育种空间诱变育成了 10 个航天大豆品种，先后通过审定获得 4 个国审品种和 7 个省审品种。"克山 1 号"（2009）、"金源 55"（2010）、"合农 61"（2010）、"合农 65"（2013）、"合农 73"（2017）由黑龙江省农业科学院下属克山分院、黑河分院和佳木斯分院育成。中国农业科学院作物科学研究所育成的"中黄 73"，通过了辽宁省、天津市和国家审定。甘肃省和浙江省有省审品种"小康大豆 1 号"、"小康大豆 2 号"和"浙鲜 9 号"。经多年种植实践推广，航天育种大豆品种已经成为我国大豆种植主栽品种的重要种源。

在山东省、安徽省和黑龙江省等地，均有地方企业试验种植了经过航天搭载空间诱变的大豆新品系，有的提高了产量，并获得了高蛋白含量，已经进入地方审定程序。一些耐盐碱、抗干旱、沙化土壤条件下的大豆种植技术试验和品系试验种植也取得了阶段性成果。

二 航天育种在瓜果蔬菜中的应用

我国利用航天育种技术培育成功的第一个蔬菜品种，是黑龙江省农业科学院园艺分院 2000 年 4 月育成的"宇番 1 号"番茄，原种搭载材料为 1992 年随返回式卫星在轨飞行 8 天的"北京黄"。"北京黄"在 20 世纪 50 年代曾被广泛种植，但因产量低且抗病性差而逐渐被淘汰。空间诱变后经过 7 年半选育而成的"宇番 1 号"番茄果实的主要营养成分比原种增加 30%，而叶片叶绿素的含量则增加 16%，使其光合作用的能力大大加强，产量提高了约 10 倍。该品种的成功选育，证明了航天育种技术在蔬菜瓜果育种中的有效性，进一步拓展了我国蔬菜育种种质资源的创新手段。随后，经过先后 10 余次的航天搭载，育成了 10 个航天番茄、甜椒、辣椒新品种，获得新品种权 5 项。

安徽省农业科学院作物研究所则从 1994 年卫星搭载的油菜种子后代中发现了长度长 1 倍的大荚型突变体。黑龙江大学、湖北农学院、山东莱

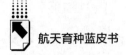

阳农学院等搭载处理了番茄、辣椒、甜菜、西甜瓜等种子，均在搭载一代或后代中发现了正向变异材料，选育出早熟、高产、不育等多种类型的种质资源。2001 年 1 月"神舟二号"飞船搭载了辽宁省葫芦岛市 12 个水果品种的 300 个种芽、700 粒种子，成为我国进行的首次瓜果活体枝条空间诱变实验。

2001 年中国西部航天育种基地开始建设，后又建成甘肃省航天育种工程技术研究中心，以"神舟三号"飞船搭载的蔬菜种子为基础，选育出优良变异株系 4600 多个，到 2008 年已育成航椒 1 - 6 号辣椒、航豇 1 - 2 号豇豆、番茄、黄瓜等 11 个航天蔬菜新品种。

到 2015 年，由航天育种技术育成并通过省级鉴定的蔬菜品种达 28 个，其中 15 个通过了省级品种审定委员会审定（2015 年 3 月 29 日中国航天科技成果民用化与航天农业发展高峰论坛公布数据）。2017 年 11 月在福建漳州举行的第九届海峡两岸现代农业博览会·第十九届海峡两岸花卉博览会上，该市农业技术推广站展示了 56 个品种的太空蔬果，如辣椒、南瓜、葫芦瓜、甜椒等，有能当水果吃的苹果椒、适合糖尿病人食用的香炉南瓜等，使得航天育种的特色蔬菜品种更加丰富，也更具特色。

食品化验检测显示，有的太空蔬菜的维生素含量高于普通蔬菜 2 倍以上，对人体有益的微量元素含量，铁提高 7.3%、锌提高 21.9%、铜提高 26.5%、磷提高 21.9%、锰提高 13.1%、胡萝卜素提高 5.9%。太空番茄可溶性糖含量高于普通番茄 25.0%。太空紫红薯赖氨酸、铜、锰、钾、锌的含量高于一般红薯 3~8 倍。经航天育种培育成功的黑土豆品种，里外均呈紫黑色，每百克黑土豆蛋白质含量达到 2.5 克、维生素 C21.7 毫克、还原糖 3.5 克。由于富含花青素，黑土豆还具有抗癌、美容、抗衰老的功效。

三　航天育种在花卉中的应用

自我国 1987 年首次将植物种子送上太空开始，中国科学院遗传与发育生物学研究所、江西省广昌县白莲科学研究所、东北林业大学花卉研究所、中国林业科学研究院花卉研究中心等单位就先后开展了卫星搭载花卉种子的试验研究。

空间诱变产生的突变体，其变异具有随机性，因此无论是粮食作物，还是瓜果蔬菜或经济作物，均需要根据育种目标，如高产、早熟、抗病、品质提高等，对所获得变异进行筛选和鉴定，剔除负向变异，利用正向变异植株作为种源创新的材料进行新品种选育。

而花卉则不同，对于花卉的植株颜色、叶片形态、茎秆长短、花色花姿等，无论正、反向变异或多性状变异都可以成为花卉选育的目标，促使新品种产生。在花卉品种上发生的可遗传的所有突变，都有被利用的价值。这无疑在无形中提高了花卉空间诱变的突变效率和应用价值，为形成更多的突破品种增加了可能。

中国科学院遗传与发育生物学研究所先后进行了超过 11 次的植物种子空间诱变实验，累计处理 50 余种花卉，在一串红、矮牵牛、凤仙花、向日葵、百合、鸡冠花、三色堇、菊花、月季、兰花等花卉中，获得了改变花型花貌的稳定变异，在大大缩短育种周期的情况下培育出了新品种。育成了太空矮牵牛、太空醉蝶花、太空万寿菊、太空雪、太空紫叶酢浆草、太空仙客来等新品种，具有分枝增多、花色变化、花型变大、花期延长等多种不同的新性状，点缀了城市景观工程和园林。

江西省广昌县白莲科学研究所从返回式卫星到"天宫二号"空间实验室先后 5 次搭载了 31 份材料，在育成的品种中，有生育期、采收期延长的优异变异，也有与产量相关的蓬数增加、每蓬实粒数提高、结实率增加的显著变异，同时得到品质提高、抗性增强的优异突变。育成多个太空莲新品种，形成了系列产品，不仅有生产型，还有观赏型，带动了当地的白莲产业发展，为全国子莲的生产和育种提供了品种资源。

东北林业大学卫星搭载了毛百合干种子和 16 个露地栽培菊品种的种子。毛百合搭载一代的鳞茎周长和重量都有所增加，成年鳞茎含糖量与可溶性蛋白质含量均比对照有所提高，过氧化物酶（Peroxidase，POD）活性增大，后代种子千粒重比对照增加，成为改良百合的新种质。对于露地栽培菊，经

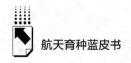

过搭载，有的品种花期提前，有的花耐霜性显著增强，还出现了超矮植株等多种变异形态，为当地抗寒新品种等的育成奠定了基础。

广东省深圳市农科集团有限公司先后搭载了 38 个花卉品种，研发出 10 个具有市场价值的商业新品种。有的花朵变大，有的花瓣颜色完全不同，都获得了稳定的遗传表现，结合克隆种苗技术成为产业化的主打产品，蝴蝶兰年销售种苗 40 万株、成品花 12 万株。"航蝴 1 号"与"航蝴 2 号"蝴蝶兰分别荣获第八届中国花卉博览会金奖、银奖以及中国高新技术成果交易会优秀产品奖等。

四 航天育种在林木中的应用

（一）林木航天育种应用报告

张金凤 李晶焙 赵健 闫继琛*

航天育种在我国林木遗传育种工作中的应用尚处于起步阶段。2002 年 12 月 30 日，中国科学院遗传与发育生物学研究所和北京太空杨林业科技开发中心联合行动，在"神舟四号"飞船上搭载杨树和红栌试管苗，经过 7 天的太空"旅行"，顺利返回。这是林木种苗航天诱变育种的首次尝试，也由此开启了我国林木航天育种的新篇章。[1]

2002 年至 2020 年，据对发表文章和各类报道的不完全统计，我国利用宇宙飞船或返回式卫星陆续搭载了大青杨[2]、红松[2]、落叶松[2]、红皮云杉[2]、红毛柳[2]、刺槐[3]、白皮松[4]、华山松[4]、侧柏[4]、沙棘[4]、柠条[4]、苏铁[5]、金花茶[5]、龙血树[5]、袖珍椰子[5]、白桦[6]、桑树[7]、珙桐[8]、鹅掌楸[8]、杉木[9]、翅荚木[9]、小桐子[10]、杂交构树[11]、尾叶桉[12]、巨桉[12]、韦塔桉[12]、细叶桉[12]、红豆杉[13]、文冠果[14]、五角

---

* 张金凤，北京林业大学教授，博士；李晶焙，神舟绿鹏农业科技有限公司，航天育种产业创新联盟，博士，技术协作部部长，主要专业从事分子遗传学和空间诱变遗传育种；赵健，北京林业大学讲师，博士；闫继琛，北京林业大学研究生。

枫[14]、银杏[15]、黄连木[15]、降香黄檀、交趾黄檀、木荷、枫香、马尾松、凤凰木、蓝花楹、多花红千层、腊肠树、杂交枫香、榉树、栾树、石榴、枸杞等40余种林木的种子，以及杨树[1]、红栌[1]、福橘[16]、橄榄[16]等多个树种的组培苗，60多个单位100多位研究人员参与了林木航天育种，参见表1。经过多年对比与筛选测试，后续研究结果被陆续报道。

表1　林木航天搭载信息的不完全统计

搭载年份	搭载飞行器	搭载树种	搭载试验单位
2002	"神舟四号"飞船	杨树试管苗、红栌试管苗	中国科学院遗传与发育生物学研究所 北京太空杨林业科技开发中心
2002	"神舟四号"飞船	大青杨种子3000粒	黑龙江省朗乡林业局林业实验中心 黑龙江省朗乡林业局 东北林业大学生命科学学院
2003	第18颗返回式卫星	大青杨种子	黑龙江省大海林林业局 黑龙江省牡丹江林业科学研究所 东北林业大学林木遗传育种与生物技术教育部重点实验室 东北林业大学生命科学学院
2003	第18颗返回式卫星	红松、落叶松、红皮云杉、大青杨、红毛柳	黑龙江省朗乡林业局
2003	"神舟五号"飞船	苏铁、金花茶、龙血树、袖珍椰子	福建省农业科学院水稻研究所 黑龙江省小兴安岭林区 兰州市林业繁育中心 甘肃省小陇山林科所 甘肃省林业推广站 甘肃省花卉协会 临姚花卉试验基地
2003	第18颗返回式卫星	白桦种子	东北林业大学林木遗传育种与生物技术教育部重点实验室 黑龙江省第一森林调查规划设计院 新疆农垦科学院
2003	第18颗返回式卫星	桑树种子	广东省农业科学院蚕业与农产品加工研究所

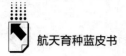
续表

搭载年份	搭载飞行器	搭载树种	搭载试验单位
2003	第 18 颗返回式卫星	尾叶桉、巨桉、韦塔桉、细叶桉	广东省江门市新会区林业科学研究所 中国林业科学研究院热带林业研究所
2004	第 20 颗返回式卫星	白皮松、华山松、侧柏、刺槐、沙棘、柠条	兰州空间技术物理研究所 甘肃省林业厅
2004	第 20 颗返回式卫星	白皮松种子	甘肃省小陇山林业科学研究所 甘肃省林木种苗管理总站 甘肃省林业厅
2006	"实践八号"育种卫星	刺槐种子	北京林业大学 河北农业大学
2006	"实践八号"育种卫星	福橘和橄榄组培苗	北京大学 福建省农业科学院果树研究所
2006	"实践八号"育种卫星	小桐子种子	中国科学院西双版纳热带植物园 思茅师范高等专科学校 四川农业大学 四川省林业科学研究院 中国科学院西双版纳热带植物园
2006	"实践八号"育种卫星	杉木种苗	福建省顺昌神六保健食品公司 福建省洋口国有林场
2006	"实践八号"育种卫星	文冠果、五角枫种子、刺槐种子	林木育种国家工程实验室 北京林业大学 河北农业大学 北京市延庆县风沙源林场苗圃
2008	"神舟七号"飞船	珙桐、鹅掌楸、鸽子树种子	中国航天科技集团有限公司 湖北省宜昌市林业局
2008	"神舟七号"飞船	杉木、翅荚木种子	福建省顺昌县建西镇谢屯村 福建省顺昌县航天育种示范中心 福建省顺昌县林业科技推广中心
2008	"神舟七号"飞船	杉木二代半种子	福建省顺昌县林技中心
2011	"神舟八号"飞船	紫薇、无患子、油茶	福建省顺昌县林业科技中心 福建省顺昌神六保健食品公司
2011	"神舟八号"飞船	红豆杉种子	株洲神舟红豆杉科研基地
2011	"神舟八号"飞船	紫薇种子	福建省顺昌县航天育种示范推广中心
2016	"实践十号"返回式卫星	文冠果、八棱海棠、杏扁、葡萄籽	河北省张家口市林业局

搭载年份	搭载飞行器	搭载树种	搭载试验单位
2020	新一代载人飞船试验船返回舱	降香黄檀、交趾黄檀、木荷、枫香、马尾松、凤凰木、蓝花楹、多花红千层、腊肠树	中国林业科学研究院热带林业研究所广东省林业科学院
2020	新一代载人飞船试验船返回舱	杉木、杂交枫香、榉树、栾树、石榴、枸杞	北京林业大学

　　唐翠明等于 2004 年最先对林木航天诱变育种的效果进行了介绍。初步研究发现，经卫星搭载的 10 个桑树品种（组合）种子总体上具有较高的发芽率和较好的发芽势。[7] 后续研究表明，太空诱变的桑树苗期子叶和真叶有畸形变异，移栽后侧枝早发、单株侧枝数量多而壮、单株间的产叶量变化幅度较大。[17]

　　东北林业大学刘桂丰教授等研究团队对航天搭载后的 4 个家系白桦的种子活力，1 年生、2 年生及 5 年生苗木的主要生理指标、光合特性和生长性状进行了连续调查。[6,18,19] 研究发现，一方面航天搭载后的白桦种子活力明显提高；苗木叶片叶绿素含量有降低的趋势；净光合速率（Net Photosynthetic Rate，Pn）略有提高；3 个家系白桦叶片膜脂过氧化产物丙二醛（Malondialdehyde，MDA）含量和相对电导率比地面对照低。另一方面太空诱变处理后的白桦 1 年生幼苗表现出明显的矮化现象。通过对 2 年生和 5 年生幼树生长性状的分析和研究，从 2 个家系中筛选出 64 个优良单株，与对照相比，在树高、胸径和材积方面差异显著。

　　马建伟等以 2004 年甘肃省林业厅组织搭载我国第 20 颗返回式卫星的华山松、白皮松种子为试材，开展苗木生长对比研究。[20] 初步认为，经过太空诱变处理的华山松种子较对照发芽早、播种早，但出苗时间无差异；白皮松种子较对照发芽晚、播种也晚，但出苗时间差异不明显。华山松 1 年生、2 年生种子苗的苗高、地径均大于对照。而白皮松太空种子苗 1 年生时生长较缓，但在第 2 年快速生长，最突出单株的苗高、地径分别为 10.6 厘米、

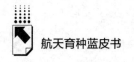
0.54 厘米，比对照平均值大 46.61%、63.64%。

经过 6 年多的对比筛选测试，首批进行太空诱变的林木种子之一——大青杨也获得了初步研究和应用成果。研究结果表明，经航天搭载的大青杨幼苗在生长初期生长速度较快。[21] 同时，搭载后的大青杨叶片净光合速率和气孔导度（Stomatal Conductance，Gs）增大，但胞间二氧化碳浓度（Intercellular CO_2 Concentration，Ci）下降，表明这种光合作用的提高是由非气孔因素引起的；光系统Ⅱ（Photosystem Ⅱ，PSⅡ）光合电子传递量子效率提高，推测卫星搭载引起的林木生长量大幅增加所消耗的能量可以通过反馈调节，诱使 PSⅡ光合电子传递量子效率的提高，以此满足林木植株快速生长的需求。[22] 此外，叶片中的抗坏血酸过氧化物酶（Antiscorbutic Acid Peroxidase，APX）、过氧化物酶和膜脂过氧化产物丙二醛 3 种抗氧化酶的活性均与地面对照存在显著差异。[23] 臧世臣等对航天搭载的大青杨种子进行强化育苗造林评比，最后选择出生长指标优良的 13 个无性系，其中"H495""H925""H298"三个无性系表现最为突出，年产 10 万株，总产 500 万~1000 万株，实现了航天育种规模化经营，对于航天育种技术在木本植物上的应用具有非常深远的意义。[24]

航天搭载明显促进了小桐子植株生长，极显著地提高了小桐子单株种子产量，且小桐子平均产油率比对照单株最大增长达 43.38%；另外，处理中还出现了叶形、树形变异的植株和抗病性增强的植株。以上结果为选育高产、高油和抗逆性强的优良小桐子品种提供了丰富的育种材料。[10,25]

经过太空搭载的尾叶桉、巨桉、韦塔桉、细叶桉共 4 个树种的 6 个家系参试材料，其种子播种后苗高、地径、叶柄长、叶长、叶宽、叶面积大多较未经搭载种子的变异系数大，且搭载的增益明显，为后续优良单株的选择和无性系的选育提供了材料。[26]

北京林业大学李云教授等研究团队于 2010~2012 年对 2006 年利用我国首颗专门用于航天育种研究的"实践八号"育种卫星搭载的文冠果、五角枫和刺槐返回地面后的种子活力、苗期生长性状、光合生理指标、抗氧化酶及可溶性蛋白含量等性状的变异情况进行了系统调查。[14,27-29] 研究表明，航天诱变处理对这 3 种木本植物的种子萌发和幼苗发育等早期生长有明显的促进作用，且航天诱变对于文冠果和五角枫的生长和环境适应有一定的促进作用。3 种林木的种子活力、幼苗成苗率和成活率都明显高于对照组，其早期生长得到明显促进。利用 SSR 分子标记未检测到航天诱变刺槐群体基因组的广泛变异。在性状调查、研究的基础上，从诱变群体中选育出干形通直、分枝数少、节间距大、主干和侧枝托叶刺退化、近于无刺或刺极小而软的优良单株，经无性繁殖后进行性状特异性、稳定性、一致性调查测定，性状稳定一致，命名为"航刺 4 号"，获得植物新品种权授权（品种权号 20130118），适合用材、水土保持应用。航空诱变显著提高了五角枫植株净光合速率、叶绿素含量、超氧化物歧化酶活性及可溶性蛋白含量；而刺槐的叶绿素含量呈下降趋势。利用微卫星随机扩增多态性分子标记（Random Amplified Microsatellite Polymorphism，RAMP）和 SSR 分子标记，发现航天诱变群体的多态性位点百分率、Shannon 多样性指数等都要高于对照群体，揭示空间诱变后的五角枫基因组发生了遗传变异。以上工作为选育优良刺槐、五角枫航天诱变新品种提供了重要的理论依据。

总体而言，目前我国航天诱变在林木遗传育种上的后续研究工作较少，连年观测数据积累不足，有益突变性状表现并未完全稳定，不能有效评估林木航天育种的效应；同时，目前林木航天育种关注的方向仍以速生性的单一性状为主，尚不能充分满足现代林业对经济和生态建设的综合性需求。因此，与农作物相比，林木航天育种研究尚属起步阶段。即便如此，我国航天事业的蓬勃发展以及农作物航天育种的成功经验，势必将促进林木航天诱变育种的研究，航天诱变育种仍是林木遗传育种工作中一条必不可少的途径。

（二）林木航天育种产业化报告

我国林木航天育种起步较晚，且受林木生长周期长、育种难度大的限制，尚未获得大批航天诱变新品种进行推广应用，同时也缺乏统一管理和资金的支持，这也就使得我国林木航天育种虽然发展势头良好，但尚未形成产

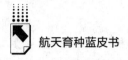

业化，许多优秀成果也尚未进一步转化为生产力。在林木航天育种的产业化进程中做出尝试的案例仅有少数。

黑龙江省朗乡林业局于2003年借助科学技术返回式卫星，搭载了大青杨等树种的种子，旨在从中筛选出能够稳定遗传的优质、高产、抗逆性强的新品种。经过多年的对比试验与筛选工作发现，航天诱变的大青杨种子储存寿命提高6个月，生命力达60%；通过强化育苗造林评比，最后选择出生长指标优良的13个无性系，其中"H495""H925""H298"三个无性系表现最为突出，树高超出Ⅱ类产区标准123%~127%，平均胸径增加128%~137%，平均蓄积增加172%~205%，与大青杨丰产林Ⅰ类产区标准相比树高出118%~121%，平均胸径高出120%~130%，平均蓄积增加148%~177%，略高于Ⅰ类产区最佳立地指标标准。这三个无性系年产10万株，总产达500万~1000万株，实现每年苗木产值250万~500万元。轮伐期结束，由于材积生长量的提高，每年营造的苗木最终效益获得木材直接经济收益3.15亿~6.3亿元，科技效益增加值为1.4亿~2.8亿元。该成果于2008年获黑龙江省科技进步三等奖，为营林生产补充了优良、速生、抗逆性强的良种壮苗，创造丰富了物种资源，实现了航天育种产业化经营方面的突破。

由此可见，培育速生、优质、抗逆的多元化林木优质品种是我国林木航天育种产业化进程中的当务之急。唯有在此基础上，探索林木航天育种种苗产业化体制、林木航天育种成果产业化环节、产业化市场定位等产业化机制才会卓有成效，我国林木航天育种的产业化道路仍任重道远。

（三）林木航天育种存在的问题与发展建议

随着我国美丽中国和生态文明建设需求的日益增长，今后林木航天育种工作的方向必然由单一的速生性状改良转向生长、观赏、抗性和材质等综合性状改良。近年来，我国以生长为主要目标的林木航天育种工作取得了一定进展，但还存在以下四项主要问题：第一，没有专门的持续经费支持航天诱变后的育种研究工作，林木航天育种新品种严重不足，特别是缺少对林业行业如木材等主产业发挥重要作用的航天林木良种；第二，对林木抗性诱变等优良性状的选育工作明显不足；第三，缺少对新、奇、特、优、香等多种与观赏性状有关的突变体的筛选；第四，尚未开展林木航天诱变的发生机理研究。为进一步提升林木航天育种在我国美丽中国和生态文明建设中的作用，林木航天育种未来应主要加强以下几方面工作。

1. 加强航天诱变后的育种研究工作，培育更多新品种及林木良种

如前所述，2002 年至 2020 年，我国已航天搭载了 40 余种林木材料，但育成的新品种很少，对林业行业发挥重要作用的林木良种几乎没有。主要原因是没有专门的持续经费支持、航天诱变后的育种研究工作较少、无法连年观测、数据积累不足、不能完全有效评估林木航天育种的效应等。因此建议国家设立专项经费支持航天诱变后的育种研究工作，首先培育更多林木航天新品种；其次把这些航天新品种或航天诱变新种质按林木育种的科学方法培育半个轮伐期以上，从中筛选林木良种。只有这样科学扎实地工作，才能在林业行业中发挥航天育种的重要作用。

2. 加强航天诱变中林木抗逆种质筛选

我国非农业土地占国土面积一半以上，自然生态禀赋不足。不仅林木生长受到各种生物或非生物胁迫的影响，而且还有大面积的沙化、石漠化土地等生态脆弱地带，我国生态系统的保护与修复任务十分艰巨。2020 年 6 月11 日国家发展改革委、自然资源部公布了《全国重要生态系统保护和修复重大工程总体规划（2021—2035 年）》，提出了以"三区四带"为核心的九大工程建设。国家林业和草原局根据国家缺林少绿、生态脆弱的现状，提出要广泛选用抗旱、耐盐碱、耐贫瘠等抗逆性强的乡土树种，扩大森林面积，保护和修复生态环境。因此建议利用航空诱变的极端逆境诱变优势，在短时间内创造出大量变异，从中筛选出适应各种环境胁迫的抗寒、抗旱、抗盐碱、抗虫、抗病的林木抗逆新种质，以满足我国不同生态环境的建设需求。这将是航天育种在我国林业行业和生态环境保护中发挥不可替代作用的一个领域，航天育种将会培育出更多适合各种生境的林木抗逆新品种，为我国生

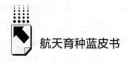

态环境保护和生态文明建设做出重要贡献。

3. 加强航天诱变中观赏性状突变体筛选

随着我国美丽中国建设的推进，对于观赏林木的需求会不断增加。航天诱变产生的变异是多方向的，经常会有矮化、早花、多花、无刺等变异发生。因此建议在航天诱变的变异选育方面，还要考虑筛选新、奇、特、优、香等多种与观赏性状有关的突变体，加强观赏变异林木品种的选育。

4. 结合体胚等林木高效无性快繁系统，筛选和扩繁优良航天突变体

因为林木具有可通过无性繁殖利用当代变异的特点，也就是一旦获得变异，可无性繁殖加以利用，省去了农作物需要制种的繁育过程，这也是林木特有的优点。常规的林木无性繁殖技术有扦插、嫁接、组织培养等，繁殖效率最高的现代林木无性繁殖技术是体细胞胚胎发生技术，由于体胚发生能以单个细胞为单位增殖，相较于以一段器官或组织为单位增殖的扦插、嫁接、组织培养等无性繁殖技术，体胚发生技术可用 1 克胚性愈伤组织在 1 年内生产数百万株苗，而且具有与繁殖材料基因型一致、完全幼化、繁殖数量多、速度快的特点，是林木实现无性系规模化繁育的最具应用前景的一项技术。由航天诱变获得的速生、抗逆、观赏等林木新种质，可通过林木的体胚发生等高效无性繁殖技术在当代就加以利用。因此建议注重林木无性繁殖容易和航天育种极端逆境诱变结合的特点，扩大和加快林木航天育种的范围与进程。利用体胚发生、器官发生等高效再生系统进行林木生长、抗性和观赏等相关有益突变的筛选与扩繁，将是林木航天育种未来的发展方向。

5. 加强林木航天诱变的发生机理研究

目前航天搭载的林木材料绝大多数为种子，它们对太空诱变因子敏感性较差，且由于每个种子的个体基因型不同，发生变异后，难以区分变异是源于个体间的遗传差异还是航天诱变产生的变异导致的，从而影响航天诱变育种的诱导和筛选效果。研究表明，以植物分生组织、胚性细胞甚至原生质体等感受态更强的细胞、组织或器官为诱变材料，将显著提高诱变率，增加变

异类型。此外，用单倍体林木材料进行诱变，一旦产生变异，没有显性基因的遮盖，很容易表现出隐性基因控制的性状，并从中挖掘控制有益性状的隐性基因。因此建议用林木单倍体及/或其他遗传背景一致的无性繁殖材料进行航天诱变，一旦筛选出变异材料，会很容易通过重测序等分子手段与地面对照材料进行对比，从而找到变异位点，为解析航天变异机理提供可能。明确航天变异机理，可以使我们精准施策，增强航天育种的发展后劲，显著提高航天育种的效率。

6. 与现代生物技术相结合，提高林木航天育种效率

针对航天诱变产生的变异方向不确定、林木航天诱变产生的变异效果不明显、优良变异筛选耗时长、育种效率不高等问题，建议随着基因组时代的到来和现代生物技术方法的不断发展，在加强林木航天诱变机理研究的基础上，开发林木优良突变性状相关的细胞生物学、生理生化以及分子生物学标记，实现林木航天诱变优良性状的早期鉴定和筛选，大幅提高航天诱变育种效率，显著缩短育种周期。

可以预见，林木航天育种未来将建立在现代遗传育种学和生物技术基础之上，结合林木无性繁殖容易和航天育种变异多、周期短的优势，培育更多适合各种用途的林木优良新品种，为我国生态环境保护、美丽中国和生态文明建设做出重要贡献。

五　航天育种在牧草中的应用

杨红善　段慧荣　王春梅　周学辉　王建丽　潘多锋　任卫波 *

通过航天诱变育种技术开展牧草种质资源创新与利用，丰富了育种材

* 杨红善，中国农业科学院兰州畜牧与兽药研究所副研究员，团队首席科学家，航天育种产业创新联盟理事；段慧荣，中国农业科学院兰州畜牧与兽药研究所副研究员；王春梅，中国农业科学院兰州畜牧与兽药研究所助理研究员；周学辉，中国农业科学院兰州畜牧与兽药研究所高级实验师；王建丽，黑龙江省农业科学院草业研究所副研究员，牧草育种室主任；潘多锋，黑龙江省农业科学院草业研究所副研究员，中国草学会草地管理专业委员会理事；任卫波，内蒙古大学研究员。

料，有效弥补了我国优质、抗逆牧草品种稀缺的短板。我国早在1992年就通过第14颗返回式卫星搭载了紫花苜蓿和无芒雀麦，之后又在第16、17、18颗返回式卫星，神舟三号、八号、十号、十一号飞船，实践八号、十号卫星，天宫一号，新一代载人飞船试验船及"嫦娥五号"月球探测器等飞行器上搭载了近100份草种，主要包括紫花苜蓿、杂花苜蓿、燕麦、中间偃麦草、冰草、沙拐枣、猫尾草、红三叶、白三叶、黄花补血草、红豆草和沙打旺等。截至2020年，通过航天诱变育种技术成功培育牧草新品种5个，其中国审品种2个。培育的新品种在甘肃、内蒙古、黑龙江、山东等省（区、市）种植约20万亩，主要用于人工草地种植和退化草地补播。牧草航天诱变育种的相关研究获国家授权发明专利3项。

（一）种质资源搭载情况

在参与草类植物航天诱变搭载的科研单位和高校中，中国农业科学院兰州畜牧与兽药研究所先后通过7次返回式航天器搭载了9类45种草类植物种子和1株紫花苜蓿组培苗，搭载数量和类型居全国第一。

表2统计了我国草类植物航天搭载相关信息，资料来源为期刊文献、学术会议论文和相关单位材料。

表2　草类植物航天搭载相关信息

搭载年份	搭载物种	搭载品种	搭载飞行器	搭载单位
1992	紫花苜蓿、无芒雀麦	—	第14颗返回式卫星	中国科学院植物研究所
1994	红豆草、紫花苜蓿、沙打旺	—	第16颗返回式卫星	兰州大学
1996	紫花苜蓿、沙打旺、红三叶、白三叶、黑麦草	—	第17颗返回式卫星	中国农业科学院畜牧研究所

续表

搭载年份	搭载物种	搭载品种	搭载飞行器	搭载单位
2003	紫花苜蓿	"中苜1号""龙牧803""敖汉"	第18颗返回式卫星	中国农业科学院畜牧研究所
2002	紫花苜蓿	"德宝""德福""三得利""阿尔冈金"	"神舟三号"飞船	甘肃省航天育种工程技术研究中心
2006	紫花苜蓿	"WL232""WL323HQ""BeZa87""Pleven6""龙牧801""龙牧803""肇东""草原1号"	"实践八号"育种卫星	黑龙江省农业科学院草业研究所
	紫花苜蓿	多年选配而成的4个新品系		中国农业科学院草原研究所
2011	紫花苜蓿	"中兰1号""苜蓿王"	"神舟八号"飞船	中国农业科学院兰州畜牧与兽药研究所
	燕麦	"陇燕3号""白燕2号"		
	猫尾草	"岷山"		
	红三叶	"岷山"		中国农业科学院草原研究所
	紫花苜蓿	"中草3号"		
2011	紫花苜蓿	"苜蓿王"	"天宫一号"目标飞行器	中国农业科学院兰州畜牧与兽药研究所
	燕麦	"陇燕3号"		
2013	紫花苜蓿	"中兰1号"	"神舟十号"飞船	中国农业科学院兰州畜牧与兽药研究所
	黄花矶松	"陇中"		
	沙拐枣	"阿拉善"		
2016	苜蓿	"中天1号"、"中天2号"(新品系)、"中兰1号"、"HM-3号"(新材料)、"甘农1号"、"甘农3号"、"苜蓿王"	"实践十号"返回式卫星	中国农业科学院兰州畜牧与兽药研究所
	红三叶	"岷山"、"HM-1"(新材料)、"HM-2"(新材料)		
	燕麦	"陇燕3号"、"HY-1237-2号"(新材料)、"HY-1237-1号"(新材料)		
2016	苜蓿	"中天1号""龙牧801""肇东"	"神舟十一号"飞船	中国农业科学院兰州畜牧与兽药研究所
	燕麦	"HY-1237"燕麦新品系		
	中间偃麦草	"陆地"		
	冰草	野生材料		
	紫花苜蓿试管苗	"航苜1号"		

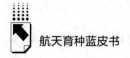
续表

搭载年份	搭载物种	搭载品种	搭载飞行器	搭载单位
2020	苜蓿	"中天1号""龙牧801""陇东""中苜3号"	新一代载人飞船试验船	中国农业科学院兰州畜牧与兽药研究所
	燕麦	中天新品系		
	中间偃麦草	"陆地"		
	猫尾草	"岷山"		
	野大麦	野生材料		
	草地早熟禾	"海波"		
	盐角草	野生材料		
2020	紫云英	—	新一代载人飞船试验船	南京农业大学
2020	红豆草	"甘肃"	新一代载人飞船试验船	甘肃农业大学
2020	扁蓿豆、沙地雀麦、黄花苜蓿	—	新一代载人飞船试验船	内蒙古农业大学
2020	白三叶、黑麦草	—	新一代载人飞船试验船	四川农业大学
2020	紫花苜蓿	"德钦"	新一代载人飞船试验船	云南农业大学
2020	长穗偃麦草	—	新一代载人飞船试验船	北京市农林科学院
2020	苜蓿	"中天1号""甘农3号"	"嫦娥五号"月球探测器	中国农业科学院兰州畜牧与兽药研究所
	燕麦	"中天新品系"		

（二）品种选育研究

1. "中天1号"紫花苜蓿

"中天1号"紫花苜蓿的第一育种单位为中国农业科学院兰州畜牧与兽药研究所，天水市农业科学研究所和甘肃省航天育种工程技术研究中心分别为第二和第三育种单位。该品种由育种单位利用航天诱变育种技术培育而成，2018年通过国家草品种审定委员会的审定，登记为国家牧草新品种（登记号：535）。

材料来源：以甘肃省航天育种工程技术研究中心 2002 年搭载于"神舟三号"飞船的种子为基础研究材料，2003 年将搭载返回的种子田间单株种植，筛选得到多叶型变异单株，确定为亲本材料开始新品种选育研究。

选育过程：2004～2006 年，通过对多叶型变异单株的连续观察，获得 3 株多叶性状稳定的材料，确定为 SP_1 代并单株收获种子。2007 年将上代收获的种子在隔离区单株种植，建立 3 个单株系，选择株型紧凑、多叶率高的单株，形成 SP_2 代，秋季收获种子。2008 年将收获种子继续单株种植，根据选择标准，淘汰不良单株，筛选优良单株，形成 SP_3 代，秋季混合收获种子。2009 年将收获种子继续单株种植，根据选择标准，淘汰不良单株，形成 SP_4 代，混合收获种子。2010 年种植 SP_4 代种子形成新品系原种田。2011～2013 年完成品比试验。2015～2017 年完成区域试验和生产试验。

品种特性及经济性状："中天 1 号"新品种的特性为优质、丰产，表现为品种多叶率高、草产量高和营养丰富（见图 2）。叶片以 5 叶为主，品种多叶率达 35.9%，是国外品种的 5 倍以上。干草产量平均为 1035.33 公斤/亩，比对照平均高产 12.8%，国家区域试验最高干草产量达 1789.9 公斤/亩。粗蛋白

图 2　"中天 1 号"紫花苜蓿叶片特征

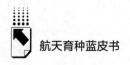

质含量平均为 20.08%，达到我国苜蓿干草捆分级国家标准一级水平。微量元素锌、锰、铁和镁分别高出对照 8.6%、23.3%、23.2% 和 7.2%。

适宜推广区域：该品种适宜在西北内陆绿洲灌区、黄土高原以及华北等相同气候地区种植。

推广面积：在兰州、天水原种基地推广 50 亩，在陇西种植标准化示范基地推广 200 亩，张掖建立种子生产基地 1200 亩，在甘肃、内蒙古、黑龙江等 7 省（区、市）19 个地区推广 35100 亩。

推广应用的前景："中天 1 号"优质、丰产特性明显，在产业化方面具有品种资源优势，推广应用前景广阔。

2. "中苜6号"紫花苜蓿

"中苜 6 号"紫花苜蓿由中国农业科学院北京畜牧兽医研究所选育而成。该品种 2010 年通过国家草品种审定委员会的审定，登记为国家牧草新品种（登记号：422）。

材料来源：保定苜蓿和自选苜蓿（该所苜蓿种质资源圃 101 份国外苜蓿种质材料混选优株后代的种质）空间诱变优株的杂交后代。

选育过程：该新品种选育主要采用航天诱变育种、杂交育种和混合轮回选育相结合的技术方法。1996 年该所承担了农业部"九五"重点科研课题"卫星搭载牧草种子的地面育种研究"，利用我国第 17 颗返回式卫星搭载了"保定苜蓿"和"自选苜蓿"两份紫花苜蓿的种子，目的是利用失重环境和宇宙射线等诱变因素的影响，使搭载材料发生遗传变异，然后从变异群体中选择符合育种目标的优良单株，作为进一步培育新品种的材料。1997 年诱变材料种植当年只进行了田间种植观察和记载，并未进行选择，以分辨诱变对生理和遗传的不同影响，在诱变当代群体中发现存在广谱的变异类型，有些变异植株表现出株型较高且紧凑、分枝多且以斜生为主、枝叶繁茂、生长势强等特点。1998 年在苜蓿营养生长期围绕与丰产性紧密相关的株高、分枝数、株型、生长势等主要表型性状进行了第一次田间严格的单株选择，中选率约 4%，并对中选优株隔离加以人工辅助授粉，形成 30 个杂交组合株系。1999 年春夏季节将上年中选株系进行了苗期盆栽筛选，综合统计分析了与丰产性紧密相关的指标表现，择优去劣，将中选的 20 个优良株系分株移栽田间种植观察。2000 年春夏季进行了第二次田间严格的单株选择，中选率约 10%，花期前淘汰劣株，中选单株混合授粉收种后秋播。2001 年春夏季进行了第三次田间较宽松的单株选择，中选率约 80%，花期前淘汰劣株，中选单株混合授粉收种。这样经过隔离控制授粉、一次盆栽苗期筛选和三次田间单株选择等混合轮回选育，最终形成新品系。2002～2005 年完成品种比较试验，2003～2009 年完成区域试验和生产试验。

品种特性及经济性状：豆科苜蓿属多年生草本。轴根型，根系发达。茎分枝多，植株较高，自然高度约 97 厘米。叶中等大小，倒卵形或长椭圆形。总状花序长 2.5～5.1 厘米，小花密集，每花序有小花 20～32 个，花紫色或蓝紫色，偶有淡紫色。荚果螺旋形，2～3 圈，每荚含种子 3～10 粒。种子肾形或宽椭圆形，千粒重 1.8～2.1 克。中熟型丰产品种，在北京生育期为110 天。2006～2009 年，在北京、河北和山西三个区域试验点的三年试验中，平均干草产量为年产 17292 公斤/公顷，平均高于对照品种（丰产型苜蓿品种"保定苜蓿"）16.6%。营养成分测试分析表明：其初花期粗蛋白质含量 18.70%，粗纤维含量 30.62%，粗灰分含量 9.54%，中性洗涤纤维含量 68.84%，酸性洗涤纤维含量 47.40%，粗脂肪含量 1.67%。

适宜推广区域：我国华北中部及北方类似条件地区。

3."农菁14号"紫花苜蓿

"农菁 14 号"紫花苜蓿由黑龙江省农业科学院草业研究所选育而成。该品种 2013 年由黑龙江省农作物品种审定委员会审定登记（登记号：黑登记 2013012）。

材料来源：2003 年，优选"龙牧 803"种子搭载返回式卫星，种子回收后经地面系统选育而成。

选育过程：于 2003 年冬季将卫星搭载后的种子种在温室花盆内。2004年春季移栽到田间，单株种植，单株收获。结合株高、产量、返青率、品质分析等进行综合评价，2008 年决选出"龙饲 2072"紫花苜蓿新品系。2009年在黑龙江省农业科学院试验地进行了品比试验。2010 年和 2011 年在哈尔

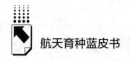

滨、杜蒙、兰西、富锦和富裕五点进行区域试验。

品种特性及经济性状："农菁14号"紫花苜蓿株型直立且整齐一致，株高高，叶片绿色，羽状三出复叶；短总状花序，蝶形花冠，花色紫色；荚果螺旋形，黑褐色；种子肾形，黄褐色。在冬季有雪覆盖的情况下，可耐零下40℃低温，返青率达到98%～100%。耐盐碱性强，在pH=8的碱性土壤中生长良好。营养价值高，适应性好，可鲜饲，也可制成青干草、草捆、草粉、草颗粒等，各种家畜喜食。

品质分析结果：现蕾前期采样，粗蛋白质含量23.02%，粗纤维含量34.44%，粗脂肪含量1.85%。

接种鉴定结果："龙饲2072"叶片上未见任何病害（霜霉病、锈病、白粉病和褐斑病等）的病斑。

产量表现：2010～2011年区域试验平均产量12132.3公斤/公顷，较对照品种"龙牧803"增产15.6%；2012年生产试验平均产量12207.6公斤/公顷，较对照品种"龙牧803"增产15.7%。

适宜推广区域：黑龙江省各地。

4. "农菁11号"羊草

"农菁11号"羊草由黑龙江省农业科学院草业研究所选育而成。该品种2011年由黑龙江省农作物品种审定委员会审定登记（登记号：黑登记2011011）。

材料来源：2003年将东北羊草种子经航天卫星搭载升空，回收种子后进行田间种植，结合株高、生物产量、种子产量、抗性、发芽率、抽穗率等指标综合评价系统选育而成。

选育过程：2003年黑龙江省农业科学院草业研究所将东北羊草干种子约5000粒搭载航天卫星进行诱变，当年建立诱变后代 SP_1 代单株群体，观测羊草航空诱变效应。2004年种植 SP_2 代单株群体，筛选突变体并通过海南加代，选择表现好的优良突变 SP_3 代单株。2005年以生物产量、种子产量、发芽率、结实率等为指标选择 SP_4 代稳定株行。2006年从 SP_5 代中决选出种子和干草产量高，发芽率、结实率高的优质、稳定株系为羊草新品系"龙饲060101"。2017年进行鉴定试验，2008～2010年完成区域试验和生产试验。

品种特性及经济性状："农菁11号"羊草叶片为灰绿色，长15～25厘米，宽5～8毫米，扁平或内卷，叶具耳，叶舌截平，纸质。穗状花序直立，长10～15厘米，每小穗含小花5～10枚，穗轴坚硬，边缘被纤毛。颖果长椭圆形，深褐色。茎直立，有4～5节，平均株高118厘米。有发达的地下根状茎。干草产量7275.2公斤/公顷，种子产量300公斤/公顷左右。抽穗率30.5%，结实率达到48.0%，发芽率为33.3%。再生能力强，可青饲、调制干草或放牧。返青率100%。

品质分析结果：乳熟期取样，粗蛋白质（干基）含量9.90%，粗纤维（干基）含量37.98%，粗脂肪（干基）含量1.47%。

接种鉴定结果："农菁11号"羊草田间未见任何病害。

产量表现：2008～2009年区域试验干草平均产量6051.1公斤/公顷，较对照品种东北羊草增产15.2%；2010年生产试验干草平均产量7275.2公斤/公顷，较对照品种东北羊草增产14.3%。

适宜推广区域：黑龙江省各地。目前在黑龙江等地推广面积15万亩以上。

5. "农菁12号"无芒雀麦

"农菁12号"无芒雀麦由黑龙江省农业科学院草业研究所选育而成。该品种2011年由黑龙江省农作物品种审定委员会审定登记（登记号：黑登记2011012）。

材料来源：2005年将"公农"无芒雀麦种子搭载于第21颗返回式卫星，回收种子后进行田间种植，通过温室和海南加代，结合株高、生物产量、返青率、分蘖数等指标综合评价系统选育而成。

选育过程：2005年黑龙江省农业科学院草业研究所将"公农"无芒雀麦干种子约5000粒搭载于第21颗返回式卫星，回收后当年建立诱变后代SP$_1$代单株群体，筛选突变单株并通过海南加代，选择表现好的优良变异SP$_2$代单株。2006年以生物产量、品质、返青率、分蘖数等为指标选择SP$_3$

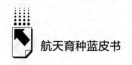

代稳定株行，海南加代品比选择优异稳定 SP$_4$ 代株系。2007 年在 SP$_5$ 代中决选出干草产量高、品质优良、越冬性强的优质无芒雀麦新品系"龙饲060214"。2008～2010 年完成了区域试验和生产试验。

品种特性及经济性状："农菁 12 号"无芒雀麦为禾本科雀麦属多年生草本，须根系，具根茎。茎直立、圆形，茎节 5～7 个，平均株高 138 厘米。叶片柔软，浅绿色，无毛，狭长披针形，自基部向上先变宽后渐尖，长15～33 厘米，宽 12～15 毫米。圆锥花序，开展，长 15～20 厘米。小穗含花6～10 朵。颖果长卵形，暗褐色，长 7～10 毫米，千粒重 4.3 克。在黑龙江省4 月初即可返青，返青率达 100%。再生能力强，可青饲、调制干草或放牧。

品质分析结果：开花期取样，测定其粗蛋白质（干基）含量 10.12%，粗纤维（干基）含量 33.40%，粗脂肪（干基）含量 3.17%。

接种鉴定结果：田间未见任何病害。

产量表现：2008～2009 年区域试验干草平均产量 6451.9 公斤/公顷，较对照品种"公农"无芒雀麦增产 13.2%；2010 年生产试验干草平均产量6931.0 公斤/公顷，较对照品种"公农"无芒雀麦增产 14.5%。

适宜推广区域：黑龙江省各地。

6. 其他牧草新品种、新品系选育研究

（1）燕麦

2005 年中国农业科学院航天育种中心对美国燕麦品种"PAUL"模拟航天处理后进行了地面种植，经 2006～2010 年连续五年的田间选育，形成"航燕 1 号"新品系，特性为品质和综合农艺性状优良，平均种子产量为亩产 282.35 公斤（比原品种增产 16.9%）。

中国农业科学院兰州畜牧与兽药研究所的杨红善等对搭载于"神舟八号"飞船的燕麦种子进行地面单株种植，以未搭载原品种为对照，通过田间农艺性状观测记载，综合评价并筛选得到 19 株变异单株材料，5 株为显著变异单株。这 5 株变异单株被选作重点育种材料。杨红善等对搭载于"天宫一号"目标飞行器的燕麦种子进行地面种植后，以未搭载原品种为对照，通过田间农艺性状观测记载，综合评价并筛选得到 37 株变异单株，

6 株为显著变异单株。

（2）猫尾草

中国农业科学院兰州畜牧与兽药研究所的杨红善等对搭载于"神舟八号"飞船的"岷山"猫尾草种子进行地面单株种植，以未搭载原品种为对照，当年以营养生长为主，第二年通过田间农艺性状观测记载，综合评价并筛选得到 15 株变异单株，4 株为显著变异单株。变异性状主要有分蘖性增强，单株分蘖枝数达 75 个，较对照品种增加 59.57%；花穗增长，单株穗长达 18.39 厘米，较对照品种提高 36.22%；单株种子产量增加，平均达 8.64 克，较对照品种提高 84.21%。

（3）红三叶

中国农业科学院兰州畜牧与兽药研究所的杨红善等对搭载于"神舟八号"飞船的"岷山"红三叶种子进行地面单株种植，以未搭载原品种作为对照，通过田间农艺性状观测记载，综合评价并筛选得到 10 株变异单株，其中 5 株为显著变异单株。

（4）白三叶

张蕴薇等利用"实践八号"育种卫星搭载的白三叶草坪草种子进行地面种植后开展观测记载。结果表明：航天诱变处理后的发芽势和发芽指数显著提高，与对照相比，芽长显著增大，根长显著减小，株高无显著差异，幼苗的过氧化物酶活性显著提高，叶片的叶绿素 a 含量和叶绿素总量显著下降，叶片叶绿体扭曲、淀粉粒多、大小不一，甚至有的无序堆满整个叶绿体，线粒体有明显的溢裂现象。

（5）黄花补血草

江佰阳等以航天搭载的黄花补血草种子为试材，地面种植并进行观测记载，获得变异植株 17 株。利用 RAPD 分子标记技术对 17 株变异植株进行了检测，试验结果为 10 株变异植株电泳条带表现出多态性，多态性频率为 29.58%，证明诱变技术对黄花补血草种子的诱变是有效的。

（6）红豆草

徐云远等对搭载于第 16 颗返回式卫星的红豆草种子返回后进行了地面

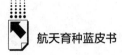

种植，并开展地面表型观测和生理指标分析。结果表明，红豆草经航天诱变处理后，SP$_1$代的花期延长，SP$_2$代对盐胁迫和渗透胁迫出现抗性，抗病害能力增强，叶片、花及花序中同工酶分析发现红豆草幼嫩花序中过氧化物酶发生了明显的改变。

（7）沙打旺

徐云远等对搭载于第 16 颗返回式卫星的沙打旺种子返回后进行了地面种植，并开展地面表型观测和生理指标分析。结果表明，诱变单株的抗病性明显增强，叶片、花及花序中同工酶分析发现沙打旺花和幼花序中的酯酶均发生了明显的改变。

（三）牧草航天诱变育种基础研究

大多数牧草为多年生、异花授粉植物，遗传背景复杂。我国牧草航天育种起步较晚，主要集中于紫花苜蓿的研究。

1. 紫花苜蓿

牧草的航天诱变研究中，对紫花苜蓿的研究最多，涉及研究单位和搭载品种数量也最多，基础研究主要包括种子和生理、蛋白表达和 DNA 甲基化等。

（1）种子和生理

任卫波对空间搭载的"中苜 1 号"、"龙牧 803"和"敖汉"三个苜蓿品种开展研究，发现种子标准发芽率均为 81%，没有显著影响。诱变材料的田间出苗率没有显著变化，略高于地面对照，但差异不显著（$P > 0.05$）。随着种子含水量增加，搭载后标准发芽率有下降的趋势，种子含水量为 14% 时标准发芽率与其他含水量时差异显著（$P < 0.05$）。这说明空间搭载对紫花苜蓿种子的生理损伤较轻，对种子活力没有显著影响。徐香玲对搭载于"实践八号"育种卫星的"WL232""WL323HQ""BeZa87""Pleven6""龙牧 801""龙牧 803""肇东""草原 1 号" 8 个品种的苜蓿开展研究。结果显示，苜蓿种子经搭载后与对照相比，发芽率呈现降低和增加两种变化。"肇东""龙牧 803""WL323HQ""Pleven6""龙牧 801"

"BeZa87" 发芽率低于对照，"肇东" 苜蓿发芽率受到的辐射损伤最大；"WL232" "草原 1 号" 发芽率高于对照。8 个苜蓿品种幼苗根长不同程度地变短，"肇东" 苜蓿幼苗根长受到的辐射损伤最大，根长减少的幅度最大。

杜连莹等研究表明，紫花苜蓿经空间诱变后，SP_1 代根尖细胞的有丝分裂指数呈上升趋势，叶片内过氧化物酶活性均增强、超氧化物歧化酶活性均降低、可溶性蛋白含量均增高。马学敏等研究得出航天诱变对植株的抗逆性产生正效应，并在含水量 13% ~ 15% 时达到最大的诱变效应。

（2）蛋白表达

李红等对搭载后地面筛选的两个紫花苜蓿突变株系进行了蛋白表达机制的研究，试验结果为与未搭载对照相比，突变株系蛋白质图谱及其蛋白表达量产生了较大变化，表明航天诱变可能促使基因结构发生改变，从而影响蛋白质的表达。

（3）DNA 甲基化

郭慧慧等对搭载于 "神舟八号" 飞船的 "中草 3 号" 紫花苜蓿开展研究，结果表明，田间筛选得到株高增加和分枝增加两种变异类型。利用高效液相色谱法、甲基化敏感扩增多态性对变异单株进行 DNA 甲基化变化研究，结果表明，空间诱变对紫花苜蓿的 DNA 甲基化有显著影响，表现为甲基化和去甲基化两种，以超甲基化为主；两种变异类型中，以分枝增加的诱变单株的 DNA 甲基化水平最高，其次是株高增高的单株。

（四）牧草航天育种机遇、挑战及规划

2020 年中央经济工作会议提出，要开展种源 "卡脖子" 技术攻关，立志打一场种业翻身仗，鉴于此 "十四五" 期间各方把种业作为农业科技攻关及农业农村现代化重点任务来抓。打赢牧草种业翻身仗的重点是要围绕新时期国家重大需求，加快培育环境友好、资源高效，以及适宜轻简栽培和机械化生产方式的突破性牧草新品种。重点培育优质高产、抗逆广适、性状突出的具有自主知识产权的重大新品种。

在今后牧草航天育种工作的规划中，应尽力在空间站完成牧草种子到

种子的全生育周期，这与此前的航天搭载实验有着巨大区别，而且还具备更大的研究价值。牧草航天育种研究还须注重以下几方面：第一，对诱变材料开展综合性的精准鉴定，从表型、生理、生化、分子生物学等多方面综合评价，系统揭示航天诱变变异的遗传特性；第二，利用蛋白组、转录组等技术，揭示诱变产生的分子调控机制，挖掘优异变异性状的基因；第三，利用 DNA 甲基化等表观遗传研究方法，揭示变异产生的表观遗传机制；第四，通过连锁作图等方法，对变异基因进行定位克隆研究，开发与变异性状紧密关联的分子标记，进一步提高育种效率；第五，航天诱变最终目的是培育新品种，对变异的单株材料应加快育种进程，尽快培育优质牧草新品种应用于生产；第六，加强团队间的协作，以及在工作思路等方面的相互交流和学习，形成资源、信息和技术的共享，使我国牧草航天育种研究更上一个台阶。

六 航天育种在中草药中的应用

李卫东*

中草药的航天育种技术具有育种周期短、可获得罕见变异资源、变异频率高等特点，对解决中药资源匮乏、品质下降、土地连作障碍等实际问题具有重要意义。[55,56]然而与主粮作物航天育种相比，中草药航天育种研究起步较晚，进展较慢，推广不足。

（一）中草药航天育种概况

自 1987 年以来，我国的航天育种事业一直处于国际领先地位，航天育种的研究重心从过去单纯对突变体的选育培养，不断地向空间诱变机理研究方向转变。[57]目前我国太空育种材料仍然相对较少，培育出的品种还不够多，很多植物还没有机会进行太空诱变育种。我国现阶段依然重视筛选植物

---

* 李卫东，北京中医药大学教授，航天育种产业创新联盟专家委员会专家

品种进行航天搭载的育种工作，不少具有重要价值的植物品种（如人参、水稻、大豆等）不止一次地搭载飞船进行航天育种，以往许多具有潜在价值但没有进行太空育种的植物种子，也被纷纷带上太空。如"天宫二号"空间实验室与"神舟十一号"飞船搭载着枸杞、檀香、欧李等种子在太空完成对接。

1. 诱变机理

在复杂的太空环境下，能够诱导生物材料产生变异的因素有很多，如宇宙射线和重离子辐射、微重力环境、弱交变磁场、高真空等。目前航天育种机理的实验研究主要针对宇宙辐射、微重力以及两者的复合作用进行，上述两种因素也被认为是引起基因突变和染色体变异的最主要原因。[58]微重力可能通过影响细胞有丝分裂过程，造成染色体变化。此外微重力还可以干扰DNA 分子的自我修复，来诱导变异效应。两者的复合作用被证实存在，但其机理尚未明确，不同物种对这两种因素的灵敏度和效应不同，因此两者的复合作用可能表现出协同、拮抗、无影响等不同的效应关系。

高文远等对航天搭载的藿香种子进行了分组处理，分为仅受到空间微重力因素影响的失重组，以及受到微重力和空间辐射共同影响的失重 + 辐射组。结果表明，前者的过氧化物酶活性和可溶性蛋白质含量与地面对照组接近，因此不能认为微重力对藿香具有诱导效应；而被高能粒子击中的藿香，其过氧化物酶活性和可溶性蛋白质含量则明显高于地面对照组，表明宇宙辐射对藿香具有显著的诱导作用或宇宙辐射能够增强微重力的影响。[59]

2. 选育过程

大量研究显示，太空品种的 SP_1 代开始表现诱变性状，但突变性状较少，而 SP_2 代的突变个体数量较多，且突变幅度大，诱变效应更加明显，可以从中筛选作为新品种的材料，将选出的种子再播种筛选后，让其自交繁殖，得到 SP_3 代和 SP_4 代。大部分植物突变体 SP_4 代的性状可以稳定遗传，经过进一步试验和审定后，就能得到太空育种的新品种。[60-62]对突变后代进行筛选时，常选用混合法和系谱法，根据所设定的育种目标选择合适的方法，对种子材料进行选择，剔除不良性状，逐渐选育出优良性状。

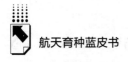

3.安全性问题

对于粮食作物来说，航天育种不存在食品安全隐患，一是因为在诱变过程中没有外源基因的引入，它不同于转基因技术；二是航天搭载的种子在航天器的保护下，所接受的辐射剂量要远小于传统辐射诱变的辐射剂量，并且不会接触到放射性物质（如^{60}Co）。[63]中草药不同于水稻、大豆等粮食产品，航天搭载可能导致某些基因发生突变，影响其次生代谢途径和产物生成，从而会对药用植物的药效和安全性产生影响，因此必须对中草药的航天诱变品种进行全面、科学和系统的评价，在确认安全后才能进行推广和生产。

（二）中草药航天育种研究进展

从首次搭载至今，共搭载中草药种子30余次，包括人参、甘草、天麻、东方罂粟、鸡冠花、罗汉果、青蒿、葫芦巴、西洋参、肉苁蓉、藿香、黄芪、百合、铁皮石斛、柴胡、牛膝、丹参、板蓝根、黄芩、远志、枸杞、北沙参、麻黄、桔梗、白芷、知母、防风、决明、射干、白术、玫瑰、红花、洋金花、夏枯草、长春花、红豆杉、欧李以及菌类中药材灵芝和冬虫夏草。研究人员在这些中草药种子返回地面后相继开展了育种研究工作，并培育出一批优秀的中药品种，丰富了中药种质资源。如江西省广昌县的航天白莲新品种、天士力集团的"天丹1号"丹参、中国医学科学院培育的"太空1号"薏苡。

目前对中草药航天品种的变异评价研究，以针对成分变化、植株性状变异的较多，对变异原理、分子生物学的研究较少，性状稳定品种的审定工作以及推广应用也不够深入。

1.有效成分及其含量

药用植物的有效成分通常为其次生代谢产物，而太空环境（如剧烈温度变化、宇宙射线辐射、真空和失重等）可能会刺激相关合成基因的表达，或者诱导基因产生此类变异，促使合成次生代谢产物，以适应环境变化。甘草、丹参等10余种中草药种子经过航天搭载后，分别于地面种植评价发现，其甘草酸、甘草苷、丹酚酸和丹参酮ⅡA 等有效成分含量明显增加（见表3）。[66-70]郭西华等通过傅立叶变换红外光谱法发现，太空桔梗中所含的皂苷、甾体、多糖、桔梗酸、脂肪油、脂肪酸及挥发油明显增加。[71]太空知母的主要有效成分知母皂苷、多糖的红外吸收峰强度增加显著。[72]此外，航天搭载后的牛膝、灵芝、白芷、防风、葫芦巴、黄芩、射干等有效成分含量也发生了明显变化。[73-82]

表3　航天搭载后有效成分含量变化的中草药名录

中草药	检测方法	含量增加的有效成分	增加倍数
甘草	高效液相色谱法	甘草酸	1.19
		甘草苷	0.18
丹参	高效液相色谱法	丹酚酸B	0.13
		丹参酮ⅡA	0.50
		多糖	0.16
	X 射线荧光光谱法	Cr	0.60
		Mn	0.50
		Fe	0.30
夏枯草	高效液相色谱法	迷迭香酸	≥1.00
长春花	高效液相色谱法	长春碱	≥2.00
蛹虫草	高效液相色谱法	虫草素	1.50
		腺苷	1.00
射干	X 射线衍射法	K	1.03
		Mn	0.30
		Ca	0.95
		Fe	0.29

2. 植物学特性

经航天育种获得的中草药品种，在外观形态或果实颜色和大小上与原品种存在明显差异，典型的表现为植株增高、果实产量增大。经航天搭载后的决明向有利方向产生变异，其外观性状表现为植株高大，主茎增粗，分枝数、荚果数和单株产量与对照相比显著增加。[83]但很多航天品种也会出现地上部分受抑制，植株矮小，而根系部得到加强的情况。太空丹参的地上部分相对矮

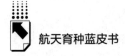

小，且分支少，花朵数量少，叶形较大，颜色加深，但根的数量和长度有一定的增加。[67]太空板蓝根为粗圆柱形，相较于对照组，其主根粗壮，分枝少，产量大，质地坚实且粉性足。[84]这与植株受干旱胁迫时所表现出的性状相似，推测太空环境可能导致植物的抗逆性相关基因突变和蛋白质表达。

玫瑰航天育种共得到了5个新品系，相比于对照组平阴玫瑰，太空玫瑰最大的特点就是花期延长了3至4个月，从5月到10月均可开花，且花型大，产量高，推广价值很高。[85]

3. 显微性状和超微结构

中药材粉末的外观与显微性状是药材鉴定的重要指标，太空环境则会诱导其产生变化。太空防风粉末颜色稍微加深，气味变浓，网纹导管数量减少，以螺纹导管为主，木栓细胞排列规则性变差，韧皮薄壁细胞壁变薄，油管中条块状分泌物明显减少。[86]太空丹参的花粉粒直径小于地面对照组，且花粉粒活力显著提高，比地面对照组增加了21.5%，其叶、茎、根部组织的显微切片也存在差异。[67]

在对红花和洋金花超微结构的观测中发现，叶绿体和淀粉粒产生的变化较细胞中其他器官明显，而线粒体、内质网、高尔基体等细胞器与地面对照组基本相同。经过太空诱导后，红花叶绿体基粒的囊状体片层数增多[87]，而洋金花的表现则相反，其叶绿体基粒片层数有所减少[88]。此外，红花基粒之间距离增大，结构更加清晰，而洋金花叶绿体中囊泡的数量也随基粒片层数而减少，但其中机理尚未得到阐明。

4. 种子萌发

太空条件可能会损伤 DNA 分子结构，增加染色体的畸变频率，阻碍细胞的活力和繁殖力，从而导致种子发芽率降低。如空间搭载会导致高粱、西瓜、黄芩等植物种子的萌发受到抑制，发芽率降低。[89]

但种子经空间搭载后，其萌发率和活性升高的现象也大量存在，推测该现象可能是和不同物种对太空环境的敏感程度不同有关，再加上恶劣的太空环境会刺激种子体内活性氧防御酶系统活性，增强种子抗氧化能力和延缓衰老。例如小麦、玉米、大豆和番茄等种子经航天搭载后，其种子发芽活力增加，发芽率明显提高。[64]

5. 生理生化指标

可溶性蛋白和可溶性糖有很强的持水力，即可以保护植物免受干旱和寒冷的影响，也参与细胞损伤修复，其含量越高，植物抗逆性越强。许多中草药太空品种具有优良的抗性，如太空玫瑰对玫瑰锈病抵抗力强；太空甘草在干旱胁迫的条件下生长良好，可能是太空环境诱导相关抗性基因产生变异，表达活跃，导致太空甘草在干旱胁迫下会抑制正常蛋白质合成，诱导一些可溶性蛋白质出现，或将不可溶性蛋白转变成可溶性蛋白，使体内可溶性蛋白的含量增加，从而增强了抗旱性。[90]

抗氧化酶系在细胞抵御氧化损伤中起着十分重要的作用，包括过氧化氢酶（CAT）、过氧化物酶、超氧化物歧化酶（SOD）等。这些抗氧化酶可以清除过氧离子和过氧化物，降低对细胞器膜的损害。抗氧化酶含量和活性越高，对细胞的保护作用就越强，植物面对环境胁迫时的抗性就越强。太空丹参的可溶性蛋白质的谱带条数是对照组的两倍，且表达强于对照组，其CAT、POD、SOD同工酶的条带的数量和表达量均多于对照。[91]抗氧化酶含量增高可能是种子在太空飞行过程中被重离子击中，其内在基因结构被改变，细胞自身保护性酶合成增加的结果。

叶绿素含量是影响植物光合作用效率的决定性因素。太空丹参中的叶绿素a、叶绿素b在其不同生长阶段均高于对照，类胡萝卜素的含量也得到增加，其净光合速率、光补偿点、光饱和点均高于对照，说明太空诱变增强了植物光合作用的能力。[13]

6. 药效学

通常认为航天育种不存在安全隐患，但药用植物的育种目标不同于一般农作物。除了追求高产量和高营养以外，中草药更多注重药材品质的提升。诱导造成的基因突变可能导致药材中有效成分的种类、含量、比例发生改变，从而对药物的药性、安全性产生难以预料的影响。目前对中草药种子搭载后代的药效学、毒理学评价研究尚少。丹参是最早搭载航天器进行太空诱变育种的中草药之一，对太空丹参的研究较为广泛和深入。动物实验证明，

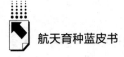

相比于传统丹参品种，太空丹参不会对实验大鼠产生额外的毒副作用，并且能够降低血瘀症大鼠的血液全浆黏度、降低红细胞聚集指数和变形指数等，其某些药效效果要优于对照丹参。[67]

7. DNA 分子标记

目前对中草药航天诱变突变体的遗传多态性研究多采用第二代分子标记，如扩增片段长度多态性技术和随机扩增多态性技术，总体上对中草药航天育种新品种的遗传信息研究相对较少。部分如丹参、甘草、长春花等中草药的全基因组已被揭示，在 DNA 测序方面有一定的研究基础，因此针对中草药航天品种的 DNA 分子标记研究也集中在上述几种材料上。杨先国选择了 20 个随机引物在太空丹参中扩增多态性片段，其中有三个随机引物（分别为 A1、A13、A15）在地面对照组、SP_1 代中出现稳定的差异性条带。将 A1 引物产生的 A1 – 900 片段和 A1 – 450 片段与已知数据库进行对比，发现这两个片段可能为调控丹酚酸类与丹参酮类生物合成途径的关键酶基因。而对太空甘草种子进行 ISSR 分析发现，太空组甘草谱带位置和亮度较对照组无变化，但多产生了 28 条多态性条带，占总条带的 21.2%。上述研究表明，甘草经太空诱导后其基因组发生了变化，为下一步分子辅助育种奠定了基础。[66]

（三）展望

中草药是中医药事业传承和发展的物质基础，是关系国计民生的战略性资源，而推进中医药现代化必然要以中草药为根基。中草药航天育种将传统育种与先进的诱变技术结合起来，符合"守正创新"中医药发展战略思维，本质上是对优良品种的基因选育改良。中草药航天育种能为种植提供新的中药资源，能够拓宽中药材行业的发展思路。加强对中草药航天育种的研究，能够提高中药品质、产量和临床疗效，是解决目前中草药种植行业存在问题的特殊法宝，能够为中医药事业的现代化和产业化发挥重要力量。

目前中草药航天育种存在的主要问题有：其一，依据《中药材生产质量管理规范（修订草案征求意见稿）》，太空育种选育出的新种质在审定品种及推广前需要进行系统的科学实验和评价，以证明新品种安全可靠，而目前对航天品种中药学研究不够深入，缺少系统的药效物质基础、毒理学和药效学评价；其二，生物学性状的研究主要集中在千粒重、株高、冠幅、分蘖数等单株形状方面，而在生育周期、产量、性状稳定性、抗性等方面研究较少；其三，缺少空间诱变对中草药植株的分子水平机制研究，植物生理和代谢学方面研究深度不足；其四，目前中草药航天品种的审定是参考主粮作物的模式，审定体系不够全面和完善，对中草药航天新品种的保护与品种审定有待加强；其五，目前大部分中草药航天品种没有融入市场，与产业结合扩展的程度低，达到产业化应用案例少。针对上述问题，提出下一步的研究展望。

加强航天育种材料的中药学研究力度，以及药效物质基础、毒理学和药效学系统评价研究工作。开展对有效成分生物合成和遗传调控机理研究，明确关键药效成分构成的作用机制，对提高中药质量意义深远。

加强航天育种材料的生育周期、产量、性状稳定性、抗性等方面的研究，以及诱变植物长期表现的性状研究。

建立针对航天育种的高通量分子育种实验室，应用分子标记辅助选择和高通量突变体鉴定筛选来提高育种效率，开展"太空药材"的基因组测序和绘制遗传连锁图谱势必是未来研究的热点。

加强中草药航天新品种保护与品种审定，建立综合完善的中草药新品种保护及审定评价体系。

加大产业化推广，搭建权威的航天育种品牌宣传平台，加强市场推广。2018年，中国空间环境应用联合实验室和航天育种产业创新联盟相继成立，其中中草药航天育种由北京中医药大学负责。协同创新平台将开展空间生物科学等相关研究，并负责航天育种的研发推广，平台的建立对于中草药航天育种工作具有极大的推动作用。

2020年7月我国畜牧饲料全面禁用抗生素，中草药饲料被逐渐推广并在市场中占据越来越多的份额，中兽药行业前景广阔，用量大且要求相对较低，亟须一些相适应的中草药新品种。

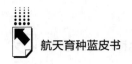

参考文献

[1] 王学健：《我国林木种苗首次遨游太空》，《科学时报》2003年1月10日，第1版。

[2] 《黑龙江朗乡林业局开始我国首例航天林木育种》，东北网，2004年2月26日，https://heilongjiang.dbw.cn/system/2004/02/26/015170721.shtml。

[3] 袁存权等：《刺槐种子航天诱变生物学效应研究》，《核农学报》2010年第6期，第1141~1147页。

[4] 王艳明：《我国开始在生态林领域进行太空育种研究》，《解放军报》2004年11月27日，第4版。

[5] 黄立新：《林木育种新平台——太空育种》，《广西林业》2005年第5期，第19页。

[6] 黄海娇等：《航天搭载白桦种子早期生长性状的初步研究》，《核农学报》2010年第6期，第1148~1151页。

[7] 唐翠明等：《宇宙空间条件对桑树种子发芽率的影响》，《广东蚕业》2004年第3期，第18~22页。

[8] 江时强、徐烨：《神舟七号首次搭载三峡珍稀濒危植物种子上天》，中国新闻网，2008年9月26日，https://www.chinanews.com.cn/gn/news/2008/09-26/1395492.shtml。

[9] 《顺昌：随"神七"飞天林木良种回归故里》，《闽北日报》2008年11月23日，https://xuewen.cnki.net/CCND-MBRB200811230010.html。

[10] 何明霞：《航天搭载对小桐子SP$_1$诱变效应的初步研究》，硕士学位论文，四川农业大学，2009。

[11] 王子诚等：《航天杂交构树的特性与效益》，《国土绿化》2013年第5期，第47~48页。

[12] 黄宏健等：《太空诱变对桉树家系苗期及田间生长的影响》，《林业科技》2010年第2期，第1~4页。

[13] 《红豆杉种子乘"神八"游太空　株洲迎回故里育种实验》，中国园林网，2011年11月21日，http://3g.yuanlin.com/infodetail/91381.htm。

[14] 路超等：《3种木本植物种子航天诱变研究初报》，《核农学报》2010年第6期，第1152~1157页。

[15] 崔彬彬等：《木本植物航天诱变育种研究进展》，《核农学报》2013年第12期，第1853~1857页。

[16] 陈世平：《福建将对太空诱变的福桔和橄榄进行试验观察》，《中国果业信息》

2008 年第 12 期，第 40 页。

[17] 罗国庆等：《桑树种子航天诱变试验》，《蚕业科学》2006 年第 3 期，第 403 ~ 406 页。

[18] 姜静等：《白桦航天诱变育种研究初报》，《核农学报》2006 年第 1 期，第 27 ~ 31 页。

[19] 姜莹：《航天搭载对白桦种子及苗木性状的影响》，硕士学位论文，东北林业大学，2006。

[20] 马建伟等：《卫星搭载华山松、白皮松种子苗木培育试验研究初报》，《甘肃林业科技》2007 年第 1 期，第 10 ~ 13 页。

[21] 张利国等：《航天诱变大青杨形态指标测定与分析》，《中国林副特产》2010 年第 4 期，第 26 ~ 28 页。

[22] 刘雪梅等：《大青杨卫星搭载种子返地培育扦插苗的苗木生长及叶片光合特性的变化》，《西部林业科学》2010 年第 1 期，第 11 ~ 14 页。

[23] 宋兴舜等：《大青杨航天诱变植株早期抗氧化酶生化指标测定》，《林业科学》2009 年第 7 期，第 145 ~ 149 页。

[24] 臧世臣等：《大青杨航天育种研究与应用》（黑龙江科技进步三等奖），2008，https：//www.jswku.com/p - 16306786.html。

[25] 何明霞等：《航天搭载对小桐子生长、光合特性和产量的影响》，《安徽农业科学》2010 年第 5 期，第 2652 ~ 2653、2656 页。

[26] 黄宏健等：《太空诱变对桉树家系苗期及田间生长的影响》，《林业科技》2010 年第 2 期，第 1 ~ 4 页。

[27] 李允菲等：《空间飞行对五角枫植株生理指标及抗氧化酶的影响》，《核农学报》2012 年第 4 期，第 660 ~ 665 页。

[28] 张玉瑶：《航天诱变五角枫实生苗遗传变异的检测》，硕士学位论文，河北农业大学，2011。

[29] 李云等：《航刺 4 号》（品种权号 20130118），植物新品种权证书第 711 号，国家林业局，2013 年 12 月 26 日。

[30] 杨红善、常根柱、包文生：《紫花苜蓿的航天诱变》，《草业科学》2013 年第 2 期，第 253 ~ 258 页。

[31] 刘纪原主编《中国航天诱变育种》，中国宇航出版社，2007。

[32] 杨红善等：《紫花苜蓿航天诱变田间形态学变异研究》，《草业学报》2012 年第 5 期，第 222 ~ 228 页。

[33] 范润钧：《空间搭载紫花苜蓿种子第一代植株表型变异及基因多态性分析》，硕士学位论文，甘肃农业大学，2010。

[34] Y. Y. Xu et al., "Changes in Isoenzymes and Amino Acids in Forage and Germination of the First Post-flight Germination of Seeds of Three Legume Species

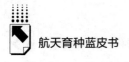
after Space-flight," *Grass and Forage Sciences* 54（1999）：371 – 375.

［35］ A. Mengoni et al.，"Chloroplast Microsatellite Variations in Tetraploid Alfalfa," *Plant Breeding* 119（2000）：509 – 512.

［36］ A. Mengoni，A. Gori，M. Bazzicalupo，"Use of RAPD and Microsatellite（SSR）Variation to Assess Genetic Relationships Among Populations of Tetraploid Alfalfa *Medicago Sativa*," *Plant Breeding* 119（2000）：311 – 317.

［37］ 任卫波等：《紫花苜蓿种子微卫星搭载后其根尖细胞的生物学效应》，《核农学报》2008 年第 5 期，第 566～568 页。

［38］ 张蕴薇主编《航天育种工程——草类植物航天诱变效应及育种技术》，化学工业出版社，2012。

［39］ 任卫波、孔令琪、武自念：《紫花苜蓿空间诱变研究及其应用》，中国农业科学技术出版，2017。

［40］ 张蕴薇、韩建国、任为波：《植物空间诱变育种及其在牧草上的应用》，《草业科学》2005 年第 10 期，第 59～63 页。

［41］ 胡化广等：《我国植物空间诱变育种及其在草类植物育种中的应用》，《草业学报》2006 年第 1 期，第 15～21 页。

［42］ 张月学等：《空间环境对紫花苜蓿的生物学效应》，《核农学报》2009 年第 2 期，第 266～269 页。

［43］ 任卫波等：《几种牧草种子空间诱变效应的研究》，《草业科学》2006 年第 3 期，第 72～76 页。

［44］ 王密：《紫花苜蓿种子空间诱变变异效应的研究》，硕士学位论文，内蒙古农业大学，2010。

［45］ 范润钧等：《航天搭载紫花苜蓿连续后代变异株系选育》，《山西农业科学》2010 年第 5 期，第 7～9 页。

［46］ 王蜜等：《紫花苜蓿空间诱变突变体筛选及其 RAPD 多态性分析（简报）》，《草地学报》2009 年第 6 期，第 841～844 页。

［47］ 杜连莹：《实践八号搭载 8 个苜蓿品种生物学效应研究》，硕士学位论文，哈尔滨师范大学，2010。

［48］ 李红等：《卫星搭载对苜蓿突变株蛋白表达的影响》，《草业科学》2013 年第 11 期，第 1749～1754 页。

［49］ 王健：《白三叶卫星搭载诱变效应的研究》，硕士学位论文，甘肃农业大学，2010。

［50］ 江佰阳：《诱变育种技术获得黄花矾松变异株系的研究》，硕士学位论文，宁夏大学，2010。

［51］ 徐云远、贾敬芬、牛炳韬：《空间条件对 3 种豆科牧草的影响》，《空间科学学报》1996 年第 S1 期，第 136～141 页。

［52］冯鹏等:《紫花苜蓿种子含水量对微卫星搭载诱变效应的影响》,《草地学报》2008 年第 6 期, 第 605 ~ 608 页。

［53］马学敏等:《不同含水量紫花苜蓿种子卫星搭载后植株叶片保护酶活性的研究》,《草业科学》2011 年第 5 期, 第 783 ~ 787 页。

［54］郭慧慧等:《卫星搭载后紫花苜蓿 DNA 甲基化变化分析》,《中国草地学报》2013 年第 5 期, 第 29 ~ 33 页。

［55］孔四新等:《药用植物太空育种研究进展》,《中国农学通报》2014 年第 6 期, 第 273 ~ 278 页。

［56］杨利伟:《对推动航天种技术产业发展的思考与建议》,《中国航天》2019 年第 6 期, 第 44 ~ 48 页。

［57］张福彦等:《航天诱变技术在小麦育种上的应用》,《核农学报》2019 年第 2 期, 第 262 ~ 269 页。

［58］J. M. Shi et al. , "Comparison of Space Flight and Heavy Ion Radiation Induced Genomic/Epigenomic Mutations in Rice (*Oryza sativa*)," *Life Sciences in Space Research* 1 (2014): 74 – 79.

［59］高文远等:《空间飞行对藿香过氧化物酶、酯酶同工酶、可溶性蛋白质的影响》,《中国中药杂志》1999 年第 3 期, 第 138 ~ 140 页。

［60］郑伟等:《大豆航天育种研究进展》,《辐射研究与辐射工艺学报》2015 年第 5 期, 第 3 ~ 11 页。

［61］王俊敏:《水稻空间诱变机理及其在新品种选育中的应用》, 硕士学位论文, 浙江大学, 2012。

［62］程小兵:《农作物太空育种现状及推广前景展望》,《亚热带植物科学》2014 年第 3 期, 第 266 ~ 270 页。

［63］严硕等:《药用植物空间育种研究进展》,《中国中药杂志》2010 年第 3 期, 第 385 ~ 388 页。

［64］赵辉:《空间诱变在航天工程育种中的研究与应用》,《卫星应用》2018 年第 1 期, 第 43 ~ 47 页。

［65］刘卉:《太空育种:创造中药材种植神话》,《中国中医药报》2012 年 8 月 31 日, 第 7 版。

［66］李克峰:《卫星搭载对甘草种质影响的研究》, 硕士学位论文, 天津大学, 2007。

［67］杨先国:《太空丹参 SP_{1-1} 的生物学效应及诱变育种研究》, 博士学位论文, 湖南中医药大学, 2012。

［68］马楠:《航天诱变对夏枯草 SP_1 代生物学特性和迷迭香酸含量的影响》, 硕士学位论文, 西北农林科技大学, 2014。

［69］贾雪莹:《空间环境对长春花的诱变效应及其突变体初步筛选研究》, 硕士学

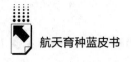
位论文，东北林业大学，2010。

[70] 温鲁等：《蛹虫草航天搭载对活性成分含量的影响》，《食品科学》2008 年第 5 期，第 382～384 页。

[71] 郭西华：《FTIR 光谱法对太空诱变育种中药材桔梗的分析》，《中国中药杂志》2008 年第 16 期，第 2005～2007 页。

[72] 王志宙等：《第 4 代太空诱变知母的 FTIR 分析》，《中药材》2009 年第 2 期，第 177～178 页。

[73] 朱艳英等：《第 4 代航天育种白芷的 FTIR 分析》，《光谱学与光谱分析》2012 年第 3 期，第 660～663 页。

[74] 关颖等：《太空育种中药材防风的 FTIR 分析与表征》，《光谱学与光谱分析》2008 年第 6 期，第 1283～1285 页。

[75] 徐荣等：《第二代太空胡芦巴种子的 FTIR 研究》，《现代仪器》2009 年第 2 期，第 24～25、36 页。

[76] 丁喜峰等：《FTIR 用于第 4 代太空诱变育种黄芩的分析》，《光谱学与光谱分析》2009 年第 5 期，第 1286～1288 页。

[77] 张红梅等：《太空育种射干的 FTIR 分析》，《光谱学与光谱分析》2009 年第 7 期，第 1844～1846 页。

[78] 朱艳英等：《第 4 代航天育种丹参的 XRF 分析》，《光谱学与光谱分析》2010 年第 4 期，第 1134～1135 页。

[79] 陈闽子：《火焰原子吸收光谱法测定太空诱变育种黄芩中微量元素》，《理化检测－化学分册》2012 年第 11 期，第 1365～1366 页。

[80] 王志宙等：《XRF 法对航天育种黄芩的分析》，《光谱学与光谱分析》2011 年第 4 期，第 1130～1132 页。

[81] 关颖等：《太空育种射干的 X 射线荧光及 X 射线衍射分析和表征》，《光谱学与光谱分析》2008 年第 2 期，第 460～462 页。

[82] 丁喜峰等：《航天育种第 4 代白术的 XRF 和 PXRD 分析》，《光谱学与光谱分析》2012 年第 2 期，第 545～547 页。

[83] 毛仁俊：《航天搭载对决明 SP$_1$、SP$_2$ 代的诱变效应》，硕士学位论文，西北农林科技大学，2014。

[84] 王立鹏等：《第 4 代航天诱变板蓝根粉末显微分析》，《时珍国医国药》2009 年第 10 期，第 2533～2534 页。

[85] 孟宪水等：《玫瑰花航天育种技术研究》，《山东林业科技》2009 年第 5 期，第 25～28、35 页。

[86] 王立鹏等：《第 4 代航天诱变防风粉末显微分析》，《时珍国医国药》2008 年第 11 期，第 2585～2586 页。

[87] 高文远等：《红花卫星搭载实验的进一步研究》，《中国中药杂志》1999 年第

4 期，第 203～205 页。

［88］ 高文远等：《太空飞行对洋金花超微结构的影响》，《中国中药杂志》1999 年第 6 期，第 332～334 页。

［89］ 刘中申等：《中药黄芩航天育种的初步实验研究》，《中医药信息》1998 年第 1 期，第 50～52 页。

［90］ J. Zhang et al. ,"Effects of Space Flight on the Chemical Constituents and Anti-inflammatory Activity of Licorice (*Glycyrrhiza uralensis Fisch*) ," *Iranian Journal of Pharmaceutical Research* 2 （2012）：601－609.

［91］ 单成钢等：《丹参种子航天搭载的生物学效应》，《核农学报》2009 年第 6 期，第 947～950 页。

B.8
航天育种产品的安全性分析

李晶炤*

摘　要： 航天育种属于物理辐射育种的一种。突变体性状的变化完全是自身基因突变的结果，不涉及外源或内源基因的导入。航天搭载空间环境因素诱导发生的改变，与在自然界发生的突变的性质完全相同，不是人工基因遗传工程技术的产物。太空辐射的辐射剂量很低，也不会被传递到搭载材料的下一代身上，更不会具有放射性。物理辐射育种在世界上已经有近百年的历史，有据可查的商业化释放品种多达 3300 种。实践证明，没有一例具有食品安全的危险性或者环境生态的危害性。航天育种在我国已经有 34 年的历史，通过省审和国审的主粮作物品种已超过 200 个，涵盖水稻、小麦、玉米及大豆等，种植面积和消费水平极为可观，未发生任何食品安全问题。国际空间站上的宇航员所收获的鲜食蔬菜可以直接食用，更证明了航天育种食品品质的安全无虞。

关键词： 航天育种安全性　食品安全性　植物进化　基因突变

---

* 李晶炤，神舟绿鹏农业科技有限公司，航天育种产业创新联盟，博士，技术协作部部长，主要专业从事分子遗传学和空间诱变遗传育种研究工作。

一 航天育种空间诱变对种子的影响分析

（一）突变：进化的基础

地球上之所以有这么多种类丰富、形态各异的动植物和微生物等，都是亿万年来生物进化的结果。而进化的基础就是突变，在适者生存、物竞天择的规则下，各种微小或重要的突变被保存和积累下来，构建成千变万化的大千世界。

因此，突变是自然界就存在的，而航天育种仅仅是提高了植物的突变概率，突变方向依然是随机的。在地面选育过程中，还要根据不同的育种目标定向筛选，剔除掉不好的变异，保留有益的变异。

（二）空间诱变因素

航天搭载的空间诱变因素有4类，分别是空间辐射、微重力、地球磁场和高真空。其中，空间辐射是带电粒子辐射，存在于地球辐射带、银河宇宙线、太阳宇宙线，而太阳宇宙线的强弱与太阳的活动动态密切相关（见表1）。

空间诱变的首要因素——空间辐射不同于X射线、伽马射线，是中子、质子、重离子和其他次级粒子造成的辐射。在航天育种空间范围内，带电粒子有不同的辐射源，其辐射粒子类型和存续时间也各不相同。[1]

表1　宇宙辐射源类型

辐射源	辐射粒子类型	存续时间
地球辐射带	电子、质子	持续辐照
银河宇宙线	质子、重离子	持续辐照
太阳宇宙线	质子、重离子	太阳耀斑爆发*

*太阳耀斑发生的存续时间从几分钟到几小时不等。

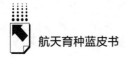
微重力也会导致植物变异。经过亿万年动植物自身对环境的适应和环境对动植物的筛选，生物的生长已经适应了地球表面的重力水平。早在1872年，达尔文就研究发现了植物生长过程中的向光性和负向重性。

从地球核心到地球表面，重力水平呈线性递增，在地球表面达到峰值。从地球表面到外层空间，重力水平呈指数级下降。在距离地表100公里的高空，重力水平变化尚不明显，仅仅降低3%左右。当高度达到240公里时，重力水平降低到10^{-5}g，即地表重力万分之一的水平。当轨道高度大于300公里以后，微重力水平的变化不再明显。

卫星的微重力水平与大气阻力、太阳光压、其他天体引力、轨道控制、姿态控制等多种因素有关。但总体水平保持在$10^{-6} \sim 10^{-4}$g量级。当进行航天搭载，植物原先适应的重力改变，植物会出现无序生长状态，这是因为生长素和重力感应生长因子分子机制出现紊乱，植物的生长对光调控更加敏感。

（三）空间诱变导致基因组变异

空间诱变育种的诱因和分子机制，涉及高能射线和微重力环境通过对植物基因组中的转座子或逆转座子的激活，造成基因遗传编码区或遗传片段的缺失、插入或易位，在染色体和基因组水平上发生变异。对于外来影响造成的DNA损伤，小的变异在DNA复制过程中植物自身可以通过DNA修复机制进行修复；较大或重要的损伤在染色体断裂、重组和复制过程中无法获得修复，就被保留下来了，由此这些突变得以遗传给后代。

美国重力与空间研究学学会（The American Society for Gravitationaland Space Research，ASGSR）的"空间科学101—植物"项目向民众介绍了植物科学在空间研究中的重要性和必要性。

2018年8月，联合国粮食及农业组织和国际原子能机构出版的《突变育种手册》中介绍了植物基因组在诱导突变过程中会发生的几种变异类型：插入、缺失、重复、臂内倒位、臂间倒位、相互易位、非相互易位（见图1）。在基因组编码区出现的这些变异会导致基因突变——染色体突变和点突变。

插入/缺失/重复/臂内倒位/臂间倒位/相互易位/非相互易位

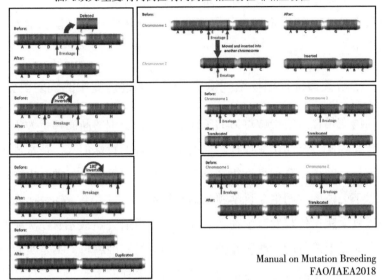

Manual on Mutation Breeding
FAO/IAEA2018

图1　诱变育种中基因组突变类型

二　航天育种物理辐射突变技术的科学应用

（一）航天育种技术及其产品

航天育种技术是指通过空间飞行器将植物种子和生物材料等带到外太空，利用空间环境中的辐射、微重力和复杂电磁环境等因素使生物获得突变，再通过数代的地面选育，获得稳定并具有优良性状的新品种的技术。

航天育种的植物对象可以是植物种子、部分组织或整个植株。空间飞行器包括返回式卫星、载人飞船、探测器或空间站等。目标是最终实现种质资源创新，形成新种质、新材料和新品种。

航天育种产品包括对通过航天育种技术筛选培育的动植物和微生物品种进行生产加工所得到的食用品（食品或药品）。此外，航天育种产品还有如石油油气转化、食品加工、酒类酿造、生物制药等多种用途的工业、食品加

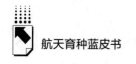

工微生物的下游产品，但均不在本报告讨论的食用品之列。

航天育种产品的安全性，仅限于食用品及其原材料（航天育种品种）的食用安全。

（二）航天育种是植物空间诱变，属于物理诱变中的辐射诱变

空间诱变是在太空中微重力的条件下，以太空中的高能粒子为辐射源造成的变异。因此，空间诱变育种是辐射诱变育种的特殊形式，是常规辐射育种的补充。空间诱变育种是近年来飞速发展起来的集航天技术、生物技术与农业技术于一体的空间生命科学领域的新技术。

中国科学院遗传与发育生物学研究所高彩霞研究员表示："常规的辐射诱变是在地面上进行的，航天育种是空间环境的基因编辑，不是实验室的基因编辑，没有转基因过程，是植物自身基因组序列发生改变，出现易位等造成的。"

美国国家航空航天局的《空间基础生物学科研计划 2010—2020》中列出了绿豆苗、胡萝卜组织、玉米苗、黄瓜苗、黄花菜根、蕨类植物、燕麦苗、鸭茅草、芥菜、大豆种子、松树苗、烟草苗、番茄苗、小麦苗等 20 种植物作为研究对象，说明植物学研究在各国的空间科学领域均占有重要地位。

（三）物理诱变育种技术

作为物理辐射诱变育种技术之一，在 2018 年 8 月出版的《突变育种手册》中，"宇宙辐射"与其他射线、粒子、中子、离子束和激光等辐射源一样被列入了放射类型。这说明航天育种技术在学术界和应用科学领域被等同于其他物理突变放射手段。[1]

物理辐射诱变育种的历史甚为悠久，自 1928 年以来，已有近百年的历史。自从 1898 年居里夫人发现了放射线以后，美国遗传学家马勒（Muller）在 1927 年首次发现果蝇经过 X 光照射后出现大量突变。马勒是美国著名遗传学家摩尔根的学生，其也因此发现而获得了 1946 年的诺贝尔生理学或医

学奖。仅仅 1 年之后，1928 年 X 光就被 Stadler 应用于玉米和大麦的放射研究中，1929 年相继被应用于燕麦属和小麦属的突变研究中。

世界上最早因 X 光照射而选育出的植物品种是来自印度尼西亚的一种烟草突变体品种 "Vorstenland"。[2]经过科学论证，物理辐射诱变产生的突变率一般可以达到千分之几，有时能够高达 1/30，比自然界存在的突变率高100 ~ 1000 倍，成为获得大量突变体用于种质资源创新的重要手段之一。为此，在 1964 年特别成立了联合国粮食及农业组织和国际原子能机构的联合实验室（FAO/IAEA），以便于在农业和生物医疗领域和平利用和推广原子能技术。在世界各国，物理辐射诱变育种技术都已经广为应用，其技术和产品的安全性从未受到质疑，反而获得丰硕成果，为世界粮食与食品安全奠定了基础。

三　辐射育种的安全性

诱变育种九十多年来，已经覆盖了 240 多种植物，包括粮食作物、经济作物和油料作物等。据统计，2009 年有 2700 个突变品种，到 2020 年 12 月，该数字已达到 3364 个，其中 62% 的突变品种直接来源于诱导突变，而不是间接的杂交或嫁接等育种技术手段的产物。[3]说明诱变直接获得的突变体材料的完全性是有保障的，无须担心和忧虑。1950 ~ 2020 年，每年都有通过突变体材料选育出的品种发布，发布最多的年份为 1985 年，该年份释放了150 个新品种（见图 2）。

根据 IAEA 官方的突变品种数据库（Mutant Variety Database，MVD），3364 个品种中，水稻 821 个，占 24.41%，大麦 304 个，占 9.04%，之后依次是菊花、小麦、大豆、玉米、花生、玫瑰、菜豆和棉花等 240 种植物。从地理位置看，亚洲从 1950 年开始记录的突变新品种占 61%，欧洲从 1950 年开始记录的突变新品种占 29%。在诱变育成的突变材料中，49% 涉及的是农艺性状，20% 涉及的是品质和营养性状，18% 与产量及相关因素有关，还有 9% 是对生物胁迫的抗性，以及 4% 对非生物胁迫的耐受性。上述通过物理

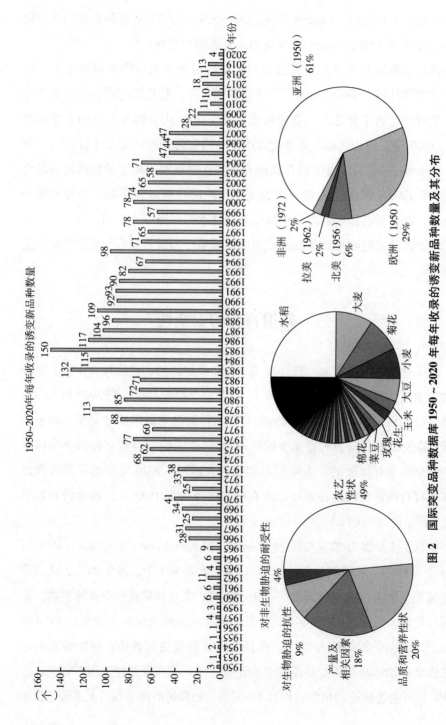

图 2　国际突变品种数据库 1950~2020 年每年收录的诱变新品种数量及其分布

注：1951 年、1952 年、1958 年数据缺失。

辐射诱变育成的新品种的食用安全性和环境友好性从未受到世界卫生组织或环境保护组织等绿色环保组织的质疑。近百年来，大量新品种的释放也从实践方面证明了其安全性。

四 航天育种的安全性

与通过基因工程技术育成的植物品种需要进行各项食品安全和环境安全评估不同，物理辐射诱变技术育成的品种被认为与常规农业育种技术育成的品种没有本质不同，同样是安全的，不需要进行医学、营养学、毒理学和生态学的鉴定和评估。2015 年 8 月，国际空间站上的宇航员在太空收获了所种植的生菜后直接食用，更生动地证明了航天育种的安全性。

生物本身存在的突变的积累是进化演变的基础，航天搭载空间诱变育种提高了自然突变的概率，经过地面多代筛选后的育种材料或品种的安全性与以传统常规育种手段获得的没有差异，在科学常识和法律监管层面都是安全无虞的。

物理辐射诱变技术应用已有近百年历史，世界各国育成品种超过 3000种，中国航天育种应用也有三十多年的丰硕成果，新品种上百个。航天育种是物理辐射育种的延伸，是传统育种手段的重要补充。

美国国家航空航天局早就提出"太空农场"概念，研究哪种植物可以成本较低地为地外探索、空间基地、外星航行提供食物营养能源支撑和氧气供应，以及构建完整的食物链与生态链，这也充分证明了航天育种的安全性、可靠性和必要性。

华南农业大学副校长、国家植物航天育种工程技术研究中心主任陈志强在 2020 年 11 月 10 日于广州举行的航天育种论坛上明确表示，三十多年来的实践，业已证明航天育种具有三个独特的优势，是其他技术无法获得的：其一，快速培育出优质、高产、抗病优良新品种；其二，创建罕见的具有突破性的优异新种质；其三，提供原创、安全、自主知识产权的基因源。因此，要充分发挥航天育种的作用，通过提高变异频率获得突变体达到种质资

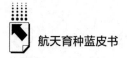
源创新的目的，大量的点突变材料可以直接作为新品种的候选材料，从而缩短育种周期，助力解决我国种源"卡脖子"的难题，为打赢种业翻身仗添砖加瓦。

参考文献

[1] M. M. Spencer-Lopes, B. P. Forster, L. Jankuloski eds., "Manual on Mutation Breeding (Third Edition) 2018," Joint FAO/IAEA Division of Atomic Energy in Food and Agriculture FAO. (Vienna Austria): 5 – 14.

[2] C. Coolhaas, "Large-scale Use of F_1 Hybrids in 'Vorstenland' Tobacco," *Euphytica* 1 (1951): 3 – 9.

[3] Joint FAO/IAEA Mutant Variety Database, https://mvd.iaea.org/.

国 际 篇

International Section

B.9

国际航天育种发展报告

于福同*

摘　要： 了解国际航天育种的发展状况是准确评价我国航天育种国际地位不可或缺的环节。本报告综述了国际航天育种的进展，包括国际航天育种所取得的主要理论突破和育种成果。分别介绍了已经掌握航天搭载技术的美国和俄罗斯以及其他具备了航天搭载条件的德国、加拿大、澳大利亚、巴西等国家的航天育种主要研究结果和现状。总而言之，国际航天育种只是空间生物学中很小的一个组成部分，缺乏系统性、连续性的研究，呈现重视空间环境作用机制研究，而轻视航天育种实践的局面。但是受中国航天育种发展的影响，美国等国家和地区的商业航天企业也开始关注和参与航天育种研究，以应对全球气候变化和世界粮食问题。

关键词： 国际航天育种　国外研究成果　国际空间站

* 于福同，中国农业大学资源与环境学院植物营养系，副教授。

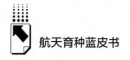

国外已经利用其有利的空间技术条件和相关地面设施开展了大量的空间诱变机理相关研究，研究内容主要集中在空间诱变因素如太空辐射、微重力在细胞、分子、基因表达、信号转导等方面的作用解析上，其主要目的是为解决航天员在空间环境中的安全、食物供应等方面的问题提供理论依据。经过多年的研究，国外在空间诱变机理方面已经取得很多突破性的进展。一直采用最前沿的分子生物学技术积极推进航天育种机理的研究。总体来讲，国外空间诱变机理的相关研究较为深入，在个别研究领域，如响应微重力的分子机理方面，甚至引领生命科学的前沿，在揭示生命的起源与生命的本质方面起到了引领作用。

1961 年，人类首次实现了载人飞行，迈出了人类进入太空的第一步。以此作为起点，以美国和俄罗斯为主的西方发达国家通过卫星和各种航天器陆续开展了多种生物学及医学实验。1983 年，航天飞机承载的空间实验室进入太空飞行，空间生物学研究得以广泛系统开展。俄罗斯、美国、欧空局（ESA）、日本等国家或国际组织利用不同的航天器单独或合作开展了系列在轨植物研究，在空间植物栽培技术、基础空间植物学研究、空间蔬菜生物安全评价及食品科学等方面取得了重要进展。

俄罗斯宇航员在"礼炮号"和"和平号"空间站长期生活期间，播种过小麦、洋葱、兰花等植物，这些植物要比在地球上生长得快、成熟得早。苏联将枞树种子送入太空，在后代中获得了快速生长的植株，后来得以广泛推广。美国在太空实验室和航天飞机上也进行过种植松树、燕麦、绿豆等植物的试验，发现这些植物在失重条件下不仅生长受到影响，而且蛋白质含量得以提高。美国将番茄种子送上太空达 6 年之久，获得番茄突变体。美国和俄罗斯已经先后筛选并培育出百余种太空植物，其中包括番茄、萝卜、甜菜、甘蓝、莴苣、生菜、黄瓜、洋葱等蔬菜。尽管培育这些种质是为了空间站应用，并非推动育种进程，但这些种质经过空间站的种植和驻留，已经和太空环境发生了互作，相当于进行了太空驯化。在这个过程中这些种质很可能发生了遗传变异或表观遗传修饰，在地面再次应用推广，扩繁了航天育种的原始材料。

俄罗斯、美国、加拿大、澳大利亚等国家作为世界上主要的农产品出口国，在遗传育种理论和技术两方面都很先进，相对而言，增加作物产量在航天育种的育种目标中地位不高。即便如此，这些航天大国通过航天育种技术，已经成功培育出了100多个农作物新品种，广泛应用于农业生产。

一 美国航天育种发展状况

目前，美国航天育种工作主要涉及种质创新、生物反应器以及微生物等几个研究领域，其主要目的是探索太空生命生存条件，研究空间环境对生命的影响。

（一）种质创新研究

生命科学的发展已经证明，环境改变生物的遗传性状会发生改变，空间作为一个独特的环境，生物的遗传性状自然会发生改变。航天工程育种作物种质创新的关键在于建立一个可以产生稳定遗传改变的作物育种体系。因此，美国的种质创新计划不仅包括培育更新、更好的农作物品种，而且包括创造保证产生优良性状的环境条件（主要是指空间站环境），但主要还是集中在空间诱变机理研究与空间诱发可遗传变异方面。早在20世纪60年代，美国就在双子星座11号（1966）、生物卫星Ⅱ（1967）上分别搭载了粗糙链孢菌、植物种子和昆虫的卵，研究空间辐射的生物效应和对遗传变异的影响。1977年，彼得森（Peterson）等报道了美国阿波罗飞行中具有特殊遗传标记（LW1/LW2）的玉米种子受到宇宙射线中的高能重离子轰击后体细胞突变，在2～9片叶子上均出现黄色条纹。美国"巨棉1号"抗虫棉是美国农业专家由"美棉1号"抗虫棉经航天诱变获得的一个抗虫棉超高产新品种。在后续的空间试验中，美国已经把研究的重点转移到了空间飞行对植物生长、发育、细胞分裂、生殖、基因和蛋白表达等方面的影响上。在植物对空间环境因子，特别是对微重力的感知和响应方面，研究进展极为深入。

先锋种业国际公司和威斯康星太空自动化和机器人中心合作在国际空间

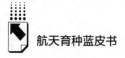

站上成功种植了大豆。研究发现在太空种植的大豆在物理特性、生物特性、发育率、形态和产量上都与地球上种植的大豆相似，但太空中种植的大豆籽粒含糖量较高，而油和氨基酸含量较低。到 2009 年，美国国家航空航天局所属的作物空间生理学实验室已经从国际植物遗传资源库中筛选出了适合空间站培植的超矮小麦、水稻、大豆、豌豆、番茄和青椒等作物品种或品系。另外，美国科学家的研究结果表明，在空间环境中，农杆菌的转基因效率会大大提高。不管是单子叶植物，如玉米、水稻、大麦、燕麦、香蕉等，还是双子叶植物，如大豆、南瓜、茶树、葡萄等，T－DNA 整合到植物染色体上的转座效率会大大提高。利用这些新技术可以主动制造可遗传变异，大大加快育种步伐。

美国航天育种中心培育的"地瓜树"是另外一个典型案例，其在株高、产量及淀粉含量上与其亲本相比，均产生了巨大的差异。株高可达 1.6～2.2 米，每株产量 40～50 公斤，每公顷产量高达 12500 公斤，是普通薯类的 10 倍以上，淀粉含量超过 40%，对美国甘薯的生产产生了极大的影响。目前，我国已经成功引进"地瓜树"，得到了广大种植户的好评。

（二）药品生产研究

植物生长的环境改变，合成植物化学药品的生物途径也会受到影响，这不仅是生命科学研究者的兴趣所在，更重要的是植物化学药品拥有巨大的市场价值。美国科学家已经开始利用空间特殊条件进行香料、香水、调味品、药品、燃料、聚合物、油和橡胶等生产的相关研究，如美国威斯康星大学的空间生命实验室一直在研究玫瑰的空间诱变育种工作，目的是提高玫瑰油的产量。这些研究激起了商业公司的兴趣，如国际香水香料公司及美国的杜邦公司、空间探索公司和产品自然加工公司，它们已经开始资助这些研究。

（三）生物反应器

美国已经在太空中成功种植模式植物拟南芥和主要农作物如小麦、大豆等，这些作物在太空中可以完成从种子到种子的生命全过程，为利用植物体的各个器官作为生物反应器奠定了基础。这方面的研究已经成为美国航天工程育种的重要组成部分。

新的种质可以将农作物转变为"药品工厂",生产人类用于生物制药和生物医疗的蛋白,大大降低成本。植物生长的环境改变,合成植物化学药品的生物途径也会受到影响,这不仅符合研究者的兴趣,更重要的是具有巨大的市场价值。

(四)微生物研究

查尔斯(Charle S. Cockell)在 2010 年第 18 期的 *Trends in Microbiolgy* 上对美国在微生物航天工程育种方面的工作做了较为详尽的总结。主要内容为,通过太空这个特殊的环境条件对嗜盐细菌、杆状细菌、真菌、地衣、蓝细菌等微生物进行辐射诱变,从中筛选能够耐受太空条件的微生物,以实现远地星球采矿、土壤制造、生命支撑、太空定居等。其中筛选到的,也是研究最多的、对逆境条件最有抗性的 *cupriavidus metallidurans* strain CH34 的测序结果发表在 2010 年 3 月 29 日的 *PLOS One* 杂志上。

(五)科研网络平台的建立

经过多年的发展,国外空间诱变已经具备强大的研究平台。以美国为例,空间诱变研究工作虽然只是国家航空航天局工作的一小部分,但这样一个研究平台,无疑为美国的空间诱变研究工作提供了优越的条件。而且美国拥有包括哈佛大学、普林斯顿大学等 105 所国际顶级大学组成的大学空间生物研究联合会。尽管空间诱变研究工作不是该联合会的主要研究内容,但是依托于这样一个强大的队伍,无疑为美国的空间诱变研究提供了世界上最为肥沃的土壤。美国空间诱变研究工作十分重视大众教育,堪称典范。美国国家航空航天局自 1958 年成立以来就通过科学技术支持和传播等多种方式进行公众教育。美国国家航空航天局自 1983 年起,一直和帕克种子公司(Park Seed)合作,把番茄种子送入太空,其中包括 1984 年 4 月 7 日通过"挑战者号"送到空间站至 1990 年 1 月 12 日通过"哥伦比亚号"返回共搭

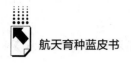
载六年的种子。帕克种子公司包装、设计，分发到大约 3300 万学生手中，种子遍及美国所有州和哥伦比亚特区，另外还遍及其他 30 个国家。参加的学生中 77% 为小学生，20% 为中学生，大学生仅占 3%。经过人们亲自参与种植、观察、记录，美国空间诱变育种在公众中产生了深远的影响，同时也为航天工程育种工作的开展奠定了极为深厚的群众基础。

（六）空间植物种植试验

人们早就意识到，缺乏维生素 C 会导致长期在海上航行的水手们得维生素 C 缺乏病，而缺乏维生素还会导致许多其他健康问题。在宇航员探索外太空时，携带的少量维生素不足以保持他们的健康，他们需要新鲜的农产品。目前的国际空间站上，宇航员会定期收到各式各样的冷冻干燥和预先包装好的食物，以满足他们的饮食需求。当宇航员冒险进入太空，在没有补给的情况下旅行数月或数年，预先包装好的维生素会随着时间的推移而分解，维生素的缺乏会对宇航员的健康造成了伤害。为此，美国国家航空航天局一直研究为宇航员提供营养的方法，而且是以一种长期、容易吸收的方式，即提供种植的新鲜水果和蔬菜。挑战在于如何在一个没有阳光或地球引力的封闭环境中做到这一点。而早在美国国家航空航天局成立之初，就提出在空间进行植物种植的设想。为此，在俄亥俄州莱特 – 帕特森空军基地举行了生物学研讨会，该研讨会设计了一份用于制作太空任务中膳食补充剂的农作物清单（波音公司，1962 年）。选择标准包括在相对较低的光照强度下生长能力强、体积小、生产力高，以及耐受 NaCl（尿液循环）的渗透胁迫。这份清单包括：莴苣、大白菜、卷心菜/花椰菜/羽衣甘蓝、萝卜、瑞士甜菜、菊苣、蒲公英、新西兰菠菜和甘薯等。

之后，美国为此开展了多项试验，包括生态生命支持系统（CELSS Program 1980）。1980～1990 年，美国先后研制了植物栽培单位（PGU）、宇宙培养装置（ASC）、植物栽培装置（ASF）、植物通用生物处理装置（PGBA）等空间植物栽培装置。在国际空间站搭载了植物通用生物处理装置、高级宇宙培养装置（ADVASC）和生物量生产系统（BPS）。

2014 年 3 月，随身行李箱大小的蔬菜生产系统（Veggie 空间温室）被送往国际空间站，美国由此开展了一系列成功的植物栽培试验，用于研究植物在微重力下的生长。到目前为止，Veggie 空间温室已经成功种植了多种植物，包括三种类型的生菜、白菜、水菜芥菜、俄罗斯红甘蓝和百日菊。2015 年 11 月至 2016 年 2 月，美国宇航员成功让百日菊开花，在太空种植开花植物比种植生菜等蔬菜作物更具挑战性，光照和其他环境参数要求更严格。百日菊生长期为 60 天，是红叶生菜的两倍。2018 年，建造了使用 LED 灯和多孔的黏土基质来控制肥料释放的先进植物培养箱（Advanced Plant Habitat，APH），模式植物拟南芥和矮化小麦是入驻其中的头两种生物样本。试验利用培养箱内设置的 180 多个传感器了解在太空中植物在基因表达、蛋白质和代谢物水平上发生了什么变化及其原因。

二 俄罗斯航天育种发展状况

20 世纪 60 ~ 80 年代，为了推动空间生命科学的研究工作，苏联在 1966 年启动了第一个专业返回式生物卫星（Bion）计划，该计划直至 1996 年结束，先后实施过至少 13 次空间实验，涉及重力基础生物学、空间生物技术等多个学科。苏联科学家在 Zond5 和 Zond6 月球探测器（1968）、"礼炮 7 号"空间站（1982）和 Kosmos1887 生物卫星（1987）上分别搭载过大麦、拟南芥和生菜的种子，研究了空间辐射和其他飞行因子对植物遗传发育和染色体变异的影响。1974 年，在"礼炮 4 号"空间站种出洋葱，并被宇航员食用。1982 年，在"礼炮 7 号"空间站实现了兰花的太空开花，首次完成了拟南芥种子到种子的栽培实验。综合这些研究发现，植物种子经卫星搭载飞行后，其染色体畸变频率会大幅度增加，特别是种子被宇宙射线中的高能重离子击中后，会引发多重染色体畸变；同时，即使没有被宇宙粒子击中，这些种子在发芽后也可以观察到染色体畸变现象，并且飞行时间越长，畸变率越高。大量研究证实，空间环境对植物种子萌发与生长的影响具有普遍性，太空粒子和微重力等综合因素可使植物产生染色体变异。

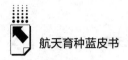

俄罗斯后来则将研究重点转移到空间植物栽培上，如上文提到的在"礼炮7号"上完成了拟南芥全生育期试验。后来还在"和平号"空间站上完成了生育期较长的小麦从种子到种子的全生育期试验。1990年俄罗斯还与保加利亚合作建成自动化Svet空间温室，在"和平号"空间站进行了四季萝卜和结球白菜的栽培试验研究。1995年开展了超矮型小麦在轨栽培试验研究，成功实现了超矮小麦从种子到种子的全生命周期迭代培养，并且完成了油菜的全生命周期栽培试验。2000年与美国合作研制了Lada空间温室。2007年9月Foton-M3发射，实施了俄罗斯3项、ESA 16项生命科学实验。俄罗斯在国际空间站上完成了豌豆的连续世代循环栽培。2014年12月，俄罗斯宇航员在国际空间站上没有使用温室，仅利用舷窗透进来的阳光和湿纱布在空间环境中培育出了苹果树芽苗。

俄罗斯作为世界上主要的农产品出口国，通过航天育种技术已先后培育成功多个农作物新品种应用于生产。比较典型的例子如俄罗斯培育的棉花新品种，不仅棉绒长、断裂强度大，而且产绒率高，在俄罗斯、哈萨克斯坦得到广泛种植，对俄罗斯的棉花生产起到非常积极的作用。苏联时期还进行了人参、枞树的空间搭载实验，获得了高人参皂苷含量的人参和高大的速生枞树，目前这些枞树在哈萨克斯坦被广泛种植。

三 其他国家航天育种发展状况

澳大利亚、加拿大、德国、日本、法国、芬兰等发达国家和发展中国家印度不同程度地开展了空间生物科学、航天育种相关的研究。

作为世界上主要的粮食出口国之一，粮食作物的生产对于澳大利亚的国民经济具有重要的意义。利用中国"神舟飞船"，澳大利亚在2006年进行了小麦"Wyalkatchem"和大麦"Vlamingh"两个主栽品种的航天育种工作，以研制提高产量、抗病性和营养价值的新品种。澳大利亚育种工作者正在南澳和西澳两个地区分别进行筛选工作。这些育种工作得到了澳大利亚农业食品部的持续资助，并在种质筛选过程中增加了改善作物品质、抗旱、抗霜冻等育种目标。

加拿大以丰富的森林资源闻名世界，是目前世界上最大的北方温带木料出口国。近年来，加拿大的木料生产正受到海风的威胁，为了保证木料的产量，加拿大科学家得到了加拿大航空局的资金支持，已经把他们的主要木材品种，白云杉（*Picea glauca*）纳入了航天育种项目。2010 年 4 月 5 日，24 株幼苗通过美国的航天飞机升空，3 天后 18 株最健康的幼苗成功转移到国际空间站。这些幼苗还用于遗传学分析，以期及时探明白云杉的航天育种机理。

在石油这个世界自然能源即将枯竭的大背景下，近年来，生物质燃料得到爆炸性的发展。在国际原子能机构和美国国家航空航天局的资助下，由芬兰、巴西等国家参与的一系列能源生物，如木薯（*Manihote sculenta*）、高粱、藻类等的航天育种正在开展。麻风树（*Jatropha curcas*）细胞也已经送入太空进行空间诱变研究。澳大利亚和芬兰还分别搭载了木薯，获得了高产的能源植物。

德国早在 1968 年就在阿波罗 16 号、17 号的"Biostack I"和"Biostack II"试验装置中搭载了枯草杆菌芽孢、僧帽肾形虫囊胞、拟南芥种子、盐水虾、赤拟谷盗和竹节虫的卵，研究空间高能粒子对多种生物样品的影响。ESA/IBMP 合作开展了辐射生物学试验项目"seeds"（PI-A. R Kranz），对拟南芥种子进行了一系列长期和短期空间搭载试验，包括"LDEF – 1"（2107 天）、"Eureca"（336 天）、航天飞机"IML – 1"（8 天）、航天飞机"D2"（10 天）、航天飞机"SL – 1"（10 天）、"Kosmos1887 生物卫星 8"（13 天）、"Kosmos2044 生物卫星 9"（14 天）、"Kosmos2229 生物卫星 10"（11.5 天），研究不同飞行时间、辐射剂量和不同 LET 类型重离子对种子遗传和生理损伤的诱导效应。Horneck 研究组以细菌、酵母和哺乳动物细胞为材料，在航天飞机（"IML – 1""IML – 2""SMM – 03"）上进行了搭载试验，研究微重力对辐射诱导 DNA 损伤修复过程的影响。

日本从 20 世纪 90 年代开始，在航天飞机（"奋进号""STS – 95""STS – 91"）和"和平号"空间站上开展了系列搭载试验，搭载材料有果

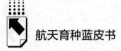
蝇、盘状细胞黏菌、人类肿瘤细胞、大肠杆菌、酵母、质粒 DNA 等，主要研究空间飞行对不同生物材料的遗传效应及突变频率的影响。在 2010 年之后，日本的空间生物研究主要集中于空间环境对植物、微生物生存和基因表达的影响。

参考文献

［1］ F. Anqi，"China's First 'Space Rice' that Made Round Trip to Moon Yields Grain，" *Global Times* （2021），https：//www. globaltimes. cn/page/202107/1228365. shtml.

［2］ C. Arena et al. ，"Response of *Phaseolus Vulgaris* L. Plants to Low-let Ionizing Radiation：Growth and Oxidative Stress，" *Acta Astronautica* 91 （2013）：107 – 114.

［3］ M. Böhmer，E. Schleiff，"Microgravity Research in Plants，" *EMBO Reports* 7 （2019）：e48541 doi：10. 15252/embr. 201948541.

［4］ J. Cowles，R. LeMay，G. Jahns，"Seedling Growth and Development on Space Shuttle，" *Advances in Space Research* 11 （1994）：3 – 12.

［5］ J. Crossa et al. ，"The Modern Plant Breeding Triangle：Optimizing the use of Genomics，Phenomics，and Enviromics Data，" *Frontiers in Plant Science* 12 （2021）：651480. doi：10. 3389/fpls. 2021. 651480.

［6］ D. Cyranoski，"Satellite Will Probe Mutating Seeds in Space，" *Nature* 410 （2001）：857，https：//doi. org/10. 1038/35073784.

［7］ F. R. Dutcher，E. L. Hess，T. W. Halstead，"Progress in Plant Research in Space，" *Advances in Space Research* 14 （1994）：159 – 171.

［8］ P. Fajardo-Cavazos，W. L. Nicholson，"Cultivation of Staphylococcus Epidermidis in the Human Spaceflight Environment Leads to Alterations in the Frequency and Spectrum of Spontaneous Rifampicin-resistance Mutations in the *rpoB* Gene，" *Frontiers in Microbiology* 7 （2016）：999.

［9］ P. Fajardo-Cavazos，J. D. Leehan，W. L. Nicholson，"Alterations in the Spectrum of Spontaneous Rifampicin-resistance Mutations in the Bacillus Subtilis *rpoB* Gene after Cultivation in the Human Spaceflight Environment，" *Frontiers in Microbiology* 9 （2018）：192.

［10］ R. Ferl et al. ，"Plants in Space，" *Current Opinion in Plant Biology* 5 （2002）：258 – 263.

［11］ T. Fukuda et al. ，"Analysis of Deletion Mutations of the *rpsL* Gene in the Yeast

Saccharomyces Cerevisiae Detected after Long-term Flight on the Russian Space Station Mir," *Mutation Research/Genetic Toxicology and Environmental Mutagenesis* 470 (2000): 125 – 132.

[12] S. Furukawa et al. , "Space Radiation Biology for 'Living in Space'," *BioMed Research International* 2020 (2020): 4703286. doi: 10. 1155/2020/4703286.

[13] P. Ghosh, "What is Space rice? China Harvests 1st Batch of Seeds that Travelled around Moon," *Hindustan Times* (2021), https: //www. hindustantimes. com/india – news/what – is – space – rice – china – harvests – 1st – batch – of – seeds – that – travelled – around – moon – 101626229101405. html.

[14] T. W. Halstead, F. R. Dutcher, "Plants in Space," *Annual Review of Plant Biology* 38 (1987): 317 – 345.

[15] J. Z. Kiss, "Plant Biology in Reduced Gravity on the Moon and Mars," *Plant Biology* 16 (2014): 12 – 17.

[16] L. Kostina, I. Anikeeva, E. Vaulina, "The Influence of Space Flight Factors on Viability and Mutability of Plants," *Advances in Space Research* 4 (1984): 65 – 70.

[17] A. D. Krikorian, F. C. Steward, "Morphogenetic Responses of Cultured Totipotent Cells of Carrot (*Daucus Carota* var. *Carota*) at Zero Gravity," *Science* 200 (1978): 67 – 68.

[18] J. Kumagai et al. , "Strong Resistance of *Arabidopsis Thaliana* and *Raphanus Sativus* Seeds for Ionizing Radiation as Studied by ESR, ENDOR, ESE Spectroscopy and Germination Measurement: Effect of Long-lived and Super-long-lived Radicals," *Radiation Physics and Chemistry* 57 (2000): 75 – 83.

[19] L. Liu et al. , "Achievements and Perspective of Crop Space Breeding in China," in *Induced Plant Mutation in the Genomics Era.* Q. Y. Shu, eds. , (Food and Agriculture Organization of the United Nations, Rome, 2014), pp. 213 – 215.

[20] T. K. Mohanta et al. , "Space Breeding: The Next-Generation Crops," *Front Plant Science* 12 (2021): 771985. doi: 10. 3389/fpls. 2021. 771985.

[21] Nechitailo GS. et al. , "Influence of Long Term Exposure to Space Flight on Tomato Seeds," *Advances in Space Research* 36 (2005): 1329 – 1333.

[22] N. Nuzdhin et al. , "Genetic Damages of Seeds Caused by Their Two-stage Stay in Space," *Zhurnal Obshchei Biologii* 36 (1975): 332 – 340.

[23] G. Parfenov, V. Abramova, "Flowering and Maturing of *Arabidopsis* Seeds in Weightlessness: Experiment on the Biosatellite 'Kosmos – 1129'," *Doklady Akademii Nauk SSSR* 256 (1981): 254 – 256.

[24] B. Prasad et al. , "How the Space Environment Influences Organisms: An Astrobiological Perspective and Review," *International Journal of Astrobiology* 2

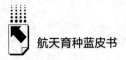

（2021）：159 - 177.

［25］ E. Rabbow et al. , "The Astrobiological Mission EXPOSE-R on Board of the International Space Station," *International Journal of Astrobiology* 14 （2015）：3 - 16.

［26］ R. T. Resende et al. , "Enviromics in Breeding: Applications and Perspectives on Envirotypic-assisted Selection," *Theoretical and Applied Genetics* 134 （2021）：95 - 112.

［27］ G. Senatore et al. , "Effect of Microgravity & Space Radiation on Microbes," *Future Microbiology* 13 （2018）：831 - 847.

［28］ R. Thirsk et al. , "The Space-flight Environment: The International Space Station and Beyond," *Canadian Medical Association Journal* 180 （2009）：1216 - 1220.

［29］ C. Wolverton, J. Z. Kiss, "An Update on Plant Space Biology," *Gravitational and space biology bulletin* 22 （2009）：13 - 20.

［30］ F. Yatagai et al. , "*Rpsl* Mutation Induction after Space Flight on MIR," *Mutation Research* 453 （2000）：1 - 4.

［31］ Z. Zhihao, "Crops Bred in Space Produce Heavenly Results," *China Daily* 2020, https：//www. chinadaily. com. cn/a/202011/13/WS5faddbf8a31024ad0ba93d27 _ 2. html.

航天育种技术国际交流与合作研究

陈瑜 刘敏 李晶炤*

摘　要： 经过34年的发展，我国航天育种技术的研究和应用业已取得巨大成就。在此过程中，我国与世界上的主要航天大国俄罗斯开展了卓有成效的学术交流和科技合作，同其他发达国家如美国、法国和德国等也开展了相关的国际合作，并取得了一定的成果。在当今全球气候变暖、异常天气状况频发、世界粮食增产与人口数量增长不匹配的严峻形势下，为充分建设人类命运共同体，推广我国的航天育种技术、经验，有利于承担大国责任，提升国际形象。随着我国空间站的建成，国际间和平利用空间技术将达到一个新的水平，航天育种将成为空间生命科学中的一个重要组成部分，为人类未来进行深空探索、建立地外基地、登陆火星创造条件。

关键词： 中俄科技合作　中德科技合作　中法科技合作　航天育种国际交流

一　航天育种国际交流概况

（一）中国和俄罗斯之间的国际交流与合作

1985～1999年，俄罗斯发射12颗"光子"卫星，进行了包括研究开放

---

* 陈瑜，航天神舟生物科技集团有限公司，博士；刘敏，中国科学院遗传与发育生物学研究所研究员；李晶炤，神舟绿鹏农业科技有限公司，航天育种产业创新联盟，博士，技术协作部部长，主要专业从事分子遗传学和空间诱变遗传育种。

宇宙空间对生物体的影响和开展细胞生物学实验等在内的 6 类科学试验项目。作为中俄国际合作项目，中国农业科学院蚕业研究所和航天医学工程研究所于 1992 年 12 月利用俄罗斯"光子－8 号"返回式卫星进行了近两周的滞育卵、熟蚕、蛹、蚕茧等的空间试验，调查太空飞行环境对家蚕吐丝、结茧、化蛹、化蛾、交配等多个重要生物生理生化行为的影响。试验表明在空间环境下，胚胎能正常发育孵化出幼虫，返航后继续饲养蚁蚕，从而揭示了空间环境对家蚕生物活动和多种遗传性状的变异影响。与地面对照组相比，经过五代繁衍观察统计，研究人员发现飞行回收材料中出现了 3 种可遗传的变异特征。其中获得改良后的三眠蚕为完全选育新的三眠蚕品系奠定了良好的基础。

这之后，中国和俄罗斯对星际空间的共同研究起步于 21 世纪初，2001 年中俄两国签署了《中俄睦邻友好合作条约》，其中规定了两国在航天领域方面合作发展的方向。从此，中俄两国在航天育种和空间植物培养方面的合作也逐渐增多。

俄罗斯在长期的于飞船和空间站开展的空间植物栽培种植实验中所取得的相关技术和实验成果或材料，也被引进到中国，为我国农业生产或载人航天开展空间生物诱变实验提供了宝贵的经验和借鉴，双方合作开展了极具前景的合作研究和项目。

1. 中国和俄罗斯在航天育种方面的合作

2001 ~ 2006 年，中国科学院遗传与发育生物学研究所同俄罗斯科学院联合开展了中俄总理级会谈项目"植物空间诱变遗传研究与开发"。在俄罗斯科学院生物化学物理研究所涅赤塔伊洛·加林娜院士的帮助下，中国科学院遗传与发育生物学研究所引进了俄罗斯"和平号"空间站搭载 6 年的番茄种子，鹿金颖等对这些番茄种子返地种植后的第一代植株进行了 RAPD 分析，和对照相比，空间搭载后的 5 株番茄材料均出现扩增带型的差异条带，相互之间的带型大小也不同，证明空间环境会导致植物遗传物质的变异，同时呈现变异频率高、变异幅度大的特点。原因是实验所用番茄种子在空间长期受到强辐射、微重力、超真空等环境因素的影响，遗传物质产生了变异。

航天神舟生物科技集团有限公司自 2011 年开始在航天育种方面与俄罗斯联合开展研究。在国家外专局的大力支持下，公司与俄罗斯科学院生物化学物理研究所密切合作，成功引进了俄罗斯的多种优质种质材料。如在俄罗斯"和平号"空间站经历太空环境的耐寒高番茄红素番茄品种的种子、抗寒高油的向日葵种子、抗寒高蛋白的紫花苜蓿种子、抗寒高营养成分的俄罗斯小麦和黑麦种子等。种质资源引进后，一方面在国内多个航天育种基地进行示范推广和种植，另一方面运用航天诱变育种和空间生命科学技术努力培育新品种。利用引进的番茄种子，培育出了优质、早熟、抗病性强、番茄红素高的"航遗 2 号"航天育种番茄新品种，通过了省级品种审定，并获得了农业部颁发的植物新品种权证书，该番茄品种不但抗病性强、耐储存，而且番茄红素大幅提高，是对照的 2.6 倍。以"航遗 2 号"作为亲本，通过与国内优质番茄品种杂交，又成功培育出了无限生长型、产量高、耐低温、品质优的"宇航 3 号""宇航 4 号"两个航天育种番茄新品系，由于其果实口感好、可无限生长、产量高、结果期长、抗病性强、营养成分高，受到菜农和消费者们的广泛喜爱。现在，"航遗 2 号""宇航 3 号""宇航 4 号"这些番茄新品种已在北京、甘肃、陕西、宁夏、青海、新疆、辽宁等地累计推广 10 万亩以上。2002 年引进的俄罗斯小麦种子经"神舟三号"飞船搭载后，2013 年陕西省首个航天搭载小麦品种"航麦 6 号"在杨凌选育成功，平均亩产 686.35 公斤，具有高产、优质、抗病性强等优势。此外，在内蒙古、甘肃大面积推广试种的耐寒紫花苜蓿，产量高、蛋白质含量高，用于奶牛饲养后，可较好提高出奶品质。

2. 中国和俄罗斯在空间植物培养方面的合作

苏联是开展地外植物栽培最早的国家，早在 1960 年就开展了第一次植物在轨培养实验。由于我国航天事业起步较晚，在该领域积累比较薄弱，充分借鉴俄罗斯在植物在轨培养方面的技术和经验，对推进我国地外环境中受控生态生保系统的建立具有重要意义。

近年来，俄罗斯科学家发现，纳米生物技术的应用能够为植物栽培提供更加高效的营养物质，在植物栽培和农业生产领域具有极大的应用潜力，其

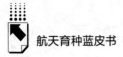

主要的应用优势包括：纳米颗粒的小尺寸效应（有效组分和养分可达到纳米级标准）使其更易被植物吸收；纳米颗粒表面原子周围的许多空间进一步增大了纳米颗粒的表面结合能，有利于纳米颗粒被植物根系吸附与吸收；纳米颗粒还能提高植物体内多种酶的活性，进而提高植物产量。自 2013 年起，航天神舟生物科技集团有限公司开始与俄罗斯科学院生物化学物理研究所和化学物理能源问题研究所就纳米生物技术在植物栽培上的应用开展合作，最终目的是将纳米生物技术应用于高等植物的空间栽培上，为未来我国空间站的受控生态生保系统提供技术支持。

中俄双方联合开展了应用纳米生物技术的多种植物的多项实验，包括实验室实验和大田实验，取得了多项研究成果。中方从俄罗斯科学院化学物理能源问题研究所定制引进了金属纳米颗粒制备设备，实现了不同金属纳米颗粒的自主生产制备，掌握了不同金属纳米颗粒及其合金的生产方法和技术。双方多次在小麦、番茄、玉米、辣椒等作物上进行不同种类不同浓度的纳米实验，结果表明，铁、锌、铜等金属纳米颗粒对植物的生长发育和产量有明显的促进作用。在辣椒的组织培养实验中，金属纳米颗粒铁、锌、铜对辣椒的根长、根系活力以及叶绿素含量均有促进作用，纳米铁和铜能够促进辣椒叶片中的叶绿素含量提高。通过对辣椒叶片的超微结构观察，发现低浓度的纳米铁可以通过改变叶片组织，增加叶绿体数量和片层堆积以及调节维管束的发育来促进植物生长。在模拟微重力环境中，纳米铁同样能够促进叶肉细胞中叶绿体的形成，并增加叶绿体片层，刺激植物叶肉细胞排列致密，有利于植物叶片对光能的充分利用，提高光合速率。在番茄的组织培养实验中，纳米铁能够使番茄种子的发芽率提高 13% ~ 27%。用含有纳米铁、锌、铜的包衣剂对番茄种子进行包衣，种植后发现低浓度的纳米处理可以使番茄产量提高 6.5% ~ 10.7%，单个果实的重量可增加 7.5% ~ 10.2%。上述数据说明将纳米颗粒作为营养源可以被植物吸收利用，将纳米生物技术应用于空间植物培养极具潜力。

（二）中国和美国之间的国际交流与合作

1995 年，中国科学院生物物理研究所利用美国"奋进号"航天飞机开展了液体—液体扩散法的蛋白质晶体生长实验，未能获得好的尝试结果。但后续通过对蛋白质成核前的溶质扩散数值模拟研究，获得了决定该种结晶方法成功率的一些规律，并解释了用美国的装置在航天飞机上未能获得好结果的原因，且被凝胶结晶实验所证实。此后在我国的"神舟三号"飞船上进行的模型蛋白结晶实验，进一步证实这些规律在微重力条件下是存在的，而且也清楚地展示了凝胶结晶的优缺点。这些研究都为我国发展相关技术和设计成功率高的空间蛋白质结晶实验打下了基础。

2017年6月，北京理工大学在国际空间站（ISS）开展了空间环境下聚合酶链式反应（PCR）中的DNA错配规律研究。通过商业合作模式，空间环境基因实验项目突破了美国于2011年制定的"沃尔夫限制性条款"，成为第一个完全由中国科学家自主设计、研发的在国际空间站由美国宇航员实施的科学实验项目。实验验证空间环境之于基因突变可能与生物分子进化有着重要联系。

（三）中国和法国之间的国际交流与合作

1999年，航天医学工程研究所参与了俄罗斯返回式卫星"光子–12号"的细胞生物学实验项目成骨细胞的搭载，该项目同时是中法IBIS合作项目。在空间细胞学实验技术方面，通过中法合作空间生命科学研究，开展成骨细胞空间飞行搭载实验。具有我国自主知识产权的动态连续灌流式培养、空间实时连续观察及温控的空间细胞实验技术平台样机已完成多次中法合作失重飞机飞行实验验证，并已列入载人航天工程任务医学实验正式载荷，为空间有/无人条件下实时开展基于细胞分子水平的航天生命科学实验研究提供了工程技术支持。

（四）中国和德国之间的国际交流与合作

2013年5月，"神舟八号"飞船携带德国阿斯特里姆公司（EADS Astrium Space Transportation）研制的生物医学实验装置，开展了17项生物和医学方面的实验。

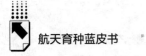
17 项科研项目分别承担不同的任务，既有以解决实际问题为目的的实验项目，也有探索生物现象和生命过程等的基础生物学项目。在中国科学院水生生物研究所主持的动物空间行为和发育研究项目中，发育期的线虫被选中研究它们在空间环境中生命特征的改变，研究结果为人类长期驻留太空提供理论依据和积累。德国霍恩海姆大学将人类神经胶质瘤细胞送入太空，试图了解在微重力条件下，该种细胞的分化情况，从而找到治疗这种癌症的金钥匙。中国科学院上海植物生理生态研究所搭载了水稻"日本晴"的愈伤组织细胞。通过研究在空间微重力条件下植物基因转录组表达的变化规律，尝试解释地球重力在生物进化过程中的作用。

继"神舟八号"中德科技合作项目良好开端之后，2015 年 1 月中国科学院空间应用工程与技术中心主办了"中德空间应用协同工作组启动会"，德国宇航生物部主任 Markus Braun 和微重力科学部主任 Thomas Drieb 出席了本次会议，为双方在中国载人空间站空间应用合作项目上的深化，商定了协同工作的任务目标、工作流程、工作界面以及工作组的组织结构和协同工作模式，并探讨了利用德方飞行机会开展联合空间应用合作实验的设想，为后续项目和计划做出了规划。

二 中国在航天育种国际交流中的收获和贡献

1994 年，俄罗斯科学家 Mashinsky 在"和平号"空间站上开展了超矮小麦栽培实验。培养装置为 Svet 植物生长室，实验周期为 157 天，返回时小麦还处于抽穗期，植株高度仅有 13 厘米。这些小麦的种子后代，俄罗斯科学家赠送给了中国的航天育种同行们用于空间生物科学实验材料的交流。

通过中俄国际合作的开展，一方面引进了俄罗斯多种空间搭载的优质种质资源，选育出番茄、小麦等优异新品种，丰富了我国的种质资源库，为我国农业发展、农民增收做出了突出贡献。另一方面通过引进俄罗斯先进的纳米生物技术，并进行联合研发再创新，突破了纳米技术在植物栽培中应用的关键技术方法，研制了纳米肥料，对促进我国农业生产具有重要意义，同时为我国未来空间高等植物栽培提供了技术支持。在引智过程中，通过学习俄罗斯在空间生命科学研究领域的先进经验，极大提高了我国科研人员在空间生命科学和航天育种领域的科研实验水平与开发能力。

通过中俄国际合作的开展，引进了以俄罗斯涅赤塔伊洛·加琳娜院士为核心的俄罗斯科学院生物化学物理研究所和化学物理能源问题研究所的科研团队。涅赤塔伊洛·加琳娜是俄罗斯自然科学院、俄罗斯宇航科学院和国际宇航科学院三院院士。她自2001年起在空间生命科学和航天育种领域与我国合作，组织协调和调动俄罗斯相关领域专家参与合作项目。为表彰她为中俄合作所做出的突出贡献，2012年中国政府授予其"友谊奖"。

中国空间站规划部署了密封舱内的16台科学实验柜、舱外暴露实验平台以及共轨飞行的光学舱，支持在轨实施空间生命科学与生物技术等11个学科方向数百项科研课题。16台科学实验柜将分别安装在核心舱、实验舱Ⅰ和实验舱Ⅱ。

2018年5月，中国载人航天工程办公室与联合国外空司共同发布合作公告，邀请世界各国利用未来的中国空间站开展舱内外搭载实验等合作。双方还共同成立了项目评估选拔委员会及国际评审专家组。2019年5月，委员会经过两轮审议，最终确定了第一批9个项目。来自17个国家的9个项目从42项申请中脱颖而出，成为中国空间站科学实验首批入选项目。

三 航天育种国际交流未来展望

（一）中俄继续深入开展航天育种机理研究

虽然我国的航天育种事业取得了巨大成就，然而目前我国作物航天育种的研究应用总体上还处在初级阶段，在作物空间环境响应或诱变机理、提高突变预见性和选择效率等基础研究方面明显滞后于应用研究。中方应在继续引进俄罗斯优质作物品种的同时与俄方就航天育种作用机理开展合作研究，通过开展空间实验和地基模拟实验，深入探讨空间诱变的分子生物学机理，

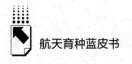

寻找与空间诱变育种有关的主要环境条件，弄清空间诱变重要性状的遗传规律，为作物航天诱变育种应用奠定理论基础。

（二）中俄继续深入开展空间植物培养关键技术研究

俄罗斯在空间植物培养方面具有丰富经验，在将纳米技术应用于植物栽培方面具有多年研究基础。相比之下，我国在空间植物培养研究方面积累薄弱，缺乏一定的系统性和连续性，在将纳米技术应用于植物栽培方面目前还处于初步探索阶段。通过与俄方联合开展应用纳米生物技术的空间植物培养实验以及开发空间植物培养配套设备，可帮助我国建立进行植物空间培养的操作规范和操作流程，为后续我国空间站的高等植物栽培提供硬件支持和技术支撑。

（三）与世界其他国家建立广泛的航天育种科技合作关系

中国航天育种取得的巨大成就，以及种质资源的丰富创新和空间诱变的生动实践，吸引了一些迫切希望改良本国遗传种质的发展中国家的目光，先后通过外交系统或中国航天科技集团有限公司国际合作部进行了广泛的研讨和接洽。本着构建人类命运共同体的宏伟愿景，随着中国"一带一路"倡议的贯彻实施，有理由相信以中国为主导的航天育种国际交流活动会顺利开展，并为第三世界国家带去解决粮食安全和经济贫困问题的良机和钥匙。

四 航天育种国际交流主要活动和项目

中方自2001年起开始与俄罗斯开展航天育种及空间植物培养方面的合作与交流，主要联合开展的项目如表1所示。

表1　中俄联合开展的航天育种及空间植物培养项目

序号	承研单位		项目名称	年份
	中方	俄方		
1	中国科学院遗传与发育生物学研究所	俄罗斯科学院生物化学物理研究所	植物空间诱变遗传研究与开发	2001 ~ 2006

序号	承研单位		项目名称	年份
	中方	俄方		
2	航天神舟生物科技集团有限公司	俄罗斯科学院生物化学物理研究所	抗寒高番茄红素番茄及抗寒高油向日葵新品种引进	2011
3			耐寒紫花苜蓿等高蛋白饲草新品种引进	2012
4			耐寒高营养成分的俄罗斯黑麦新品种引进	2013
5			俄罗斯纳米技术在植物栽培中的应用	2014
6			俄罗斯空间站栽培的小麦品种引进	2015
7			抗寒高番茄红素番茄新品种示范推广	2015
8			抗寒高番茄红素番茄和俄罗斯黑麦新品种示范推广	2016
9		俄罗斯科学院生物化学物理研究所和俄罗斯科学院化学物理能源问题研究所	引进俄罗斯用于农作物生长的纳米生产技术	2016
10			俄罗斯空间站种植的小麦的引进、育种及示范推广	2017
11			引进俄罗斯纳米生产设备,学习促进植物生长的纳米粒子新技术	2017
12			俄罗斯纳米技术应用于农作物增产的示范推广	2018
13			俄罗斯抗寒抗逆优质马铃薯新品种示范推广	2019
14			引进适用空间高等植物栽培的俄罗斯纳米新技术	2019

2013 年,"神舟八号"中德科学实验任务一览见表2。

表2 "神舟八号"中德科学实验任务一览

序号	所属国家	实验名称	承研单位
1	中国	植物细胞微重力效应的转录组学研究	中国科学院上海植物生理生态研究所
2		植物细胞骨架作用的分子生物学基础研究	中国科学院上海植物生理生态研究所
3		水稻响应微重力变化的蛋白质组研究	中国科学院上海植物生理生态研究所
4		空间生物大分子组装与应用研究	中国科学院生物物理研究所
5		空间辐射与微重力协同生物学效应研究	大连海事大学
6		微生物在空间的生长与代谢研究	中国科学院微生物研究所
7		动物的空间行为和发育研究	中国科学院水生生物研究所
8		藻类在空间封闭系统的代谢生物学研究	中国科学院水生生物研究所
9		高等植物在空间的代谢生物学研究	中国科学院植物研究所
10		高等植物在空间的发育遗传学研究	中国科学院遗传与发育生物学研究所

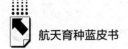

续表

序号	所属国家	实验名称	承研单位
11	中德	空间简单密闭生态系统探索研究	中国科学院水生生物研究所
			埃尔朗根大学
12		纤细裸藻对微重力的分子适应性研究	埃尔朗根大学
13		人类神经胶质瘤细胞在微重力情况下的分化研究	霍恩海姆大学
14	德国	微重力对人类甲状腺癌细胞的影响	柏林夏瑞蒂医学院
15		单细胞或巨噬细胞(遗传免疫)微重力激活影响和功能	马格德堡大学
16		微重力情况下植物基因和蛋白质表达研究	图宾根大学
17		拟南芥微重力调制基因网络分析	弗莱堡大学

参考文献

［1］〔俄〕H. 普里霍季科撰, 孙梅子译《航天领域中俄相互合作关系及发展》, 《黑河学院学报》2011 年第 6 期, 第 19~20 页。

［2］鹿金颖等:《俄罗斯"和平"号空间站搭载的番茄随机扩增多态性 DNA 分析》,《航天医学与医学工程》2005 年第 1 期, 第 72~74 页。

［3］李康:《太空小麦家族添新丁——"航麦 6 号"》,《农村百事通》2013 年第 14 期, 第 13 页。

［4］Zhao Hui et al., "Pepper Plants Response to Metal Nanoparticles and Chitosan in Nutrient Media," *Australian Journal of Crop Science* 3 (2019): 433 – 443.

［5］袁俊霞等:《模拟失重下铁源对辣椒叶片结构及叶绿素荧光参数的影响》,《航天医学与医学工程》2018 年第 4 期, 第 425~430 页。

［6］Zhao Xiaoqiang et al., "Influence of Seed Coating with Copper, Iron and Zinc Nanoparticles on Growth and Yield of Tomato," *IET Nanobiotechnology* 8 (2021): 674 – 679.

［7］Chen Yu et al., "Tomato Response to Metal Nanoparticles Introduction into the Nutrient Medium," *IET Nanobiotechnology* 5 (2020): 382 – 388.

［8］Yuan Junxia et al., "New Insights into the Cellular Responses to Iron Nanoparticles in Capsicum Annuum," *Scientific Reports* 8 (2018): 3228. DOI: 10. 1038/s41598 – 017 – 18055 – w.

［9］刘录祥等：《作物航天育种研究现状与展望》，《中国农业科学导报》2007 年第
2 期，第 26～30 页。

［10］《神舟八号上的生物"百宝箱"——中德合作通用生物培养箱揭秘》，《太空
探索》2012 年第 1 期，第 14～15 页。

评 价 篇
Evaluation Section

B.11
中国航天育种发展评价指标体系研究

李晶炤*

摘 要： 任何一门学科的研究和发展、任何一项技术的推广和应用，都离不开对它的科学分析和评价。中国航天育种经过 34 年的发展，在全国有大量科研院所和高校企业的积极参与和产业布局，但至今仍没有一个科学可行的评价方法和标准，以量化和评估航天育种发展的规模、水平、影响和贡献，尤其需要系统解析构成可持续发展的动力和影响其快速发展的诸多限制性因素。建构科学的航天育种发展评价指标体系，涉及研究调查对象的经济数据的微观结构和地方产业链条的宏观布局，给予各指标合理平衡的权重分配，为今后在实践中的应用和检验奠定基础。设立评价系统，可以在时间维度上根据量化指标的变化对航天育种发展进行数据化分析，减少政策制定的盲目性，增加决策的科学性，更好地促进航天育种技术及相关行业的良性发展。

---
* 李晶炤，神舟绿鹏农业科技有限公司，航天育种产业创新联盟，博士，技术协作部部长，主要专业从事分子遗传学和空间诱变遗传育种。

关键词： 量化指标　权重分布　航天育种发展评价指标体系

一　构建航天育种发展评价指标体系的理论依据

指标体系是对客观现实系统领域内各个元素的提炼和总结。无论是自然环境还是人类社会的生产生活活动，都存在着内在的联系和相互之间的逻辑关系与因果效应，这是构建客观系统理论模型的基础。构建一种量化和评价客观现实系统的指标体系基于科学理论，要通过学说、方法和实践的有机结合卓有成效地科学体现研究对象之间内在的联系。

中国航天育种发展问题，涉及从科学技术到航天资源，乃至经济社会等方面的内容。各个领域和各个层面的环节因素都覆盖了诸多的因子和变量，因此它是一个内在关系相互影响牵制的现实体系，也是一个理论设计相互密集交织的关联系统，具有自身的逻辑内涵。

（一）科学技术是第一生产力理论

当代社会发展进程中，科学技术起到越来越重要的作用。在社会经营价值创造过程中，科技所创造出的价值与潜力，含量越来越重，是如今生产力的出发点、发力处和决定性力量。全球的科学技术发展史展现出了借科学技术之力，地球人口数量突破了长期以来的自然屏障。科技研究和应用的巨大能力和潜力，显著提升了人类社会利用自然界资源的能力。而航天育种是将地表上的生产生活活动拓展到外层空间领域，空间诱变的产生与地表传统育种活动相结合，形成了生产力发展水平上的巨大跨越，突破了生物遗传种质资源传统创新的方法。因此在设计航天育种发展评价指标体系过程中，需要充分思考科技进步这一积极因素及其所创造的社会经济价值，以及发展科学技术的投入产出，包括资源成本等指标，借此来评估科学技术在产业形成和发展过程中的水平和可持续发展潜能。

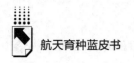

（二）产业经济学与产业集群理论

产业经济学是以产业为研究逻辑起点，主要研究科技进步、劳动力等要素资源流动、空间发展与经济绩效以及产业的动态变动规律的学科，对于国家、区域、行业、集群的经济持续发展均有重要意义。产业经济学的理论研究架构包括产业结构理论和产业组织理论，覆盖了组织、结构、产业关联、布局、发展和相关政策多个方面。作为动态科学研究理论，结合比重大小和成长速度，产业发展理论体现出了产业的生命周期，从萌发、成长和拓展到凋亡，相应地划分为形成期、成长期、成熟期与衰退期，针对各个时期的不同特点和起因，需要分析和形成每一阶段的相应对策。针对处于形成期、成长期的航天育种产业所构建的评价指标将成为激励和推动产业发展的动力因素之一。

产业发展的核心竞争力，体现在产业链条的形成及产业集群的水平上，也体现在与其他产业的竞争关系上。根据主流经济学，产业集群自发形成并带来外部经济发展。而社会经济学则显示，各个企业单位的互相联系和密切衔接营造出无形的无法完全用经济进行衡量的诚信累积，从而带来彼此之间交往费用和交易成本的降低。从社会传播学的层面上，企业集群极大地激发了专业知识的共享和新生思维的迸发，特别是对于脱离书本的知识经验层面的分享互动更能够催生出新思想和新途径。由此依据产业集群理论，集群程度和水平对产业核心竞争力、产业规模和产业效益都有着显著的影响。

随着社会现代物流体系的建立和高速运转，产品销售网络从原先的产地周边扩大到了更远的区域和销售终端。但就产业加工链条而言，与工业品不同，大规模农产品的采摘、保鲜、存储和加工等均受到时效性的影响和制约，这就限制了远距离运输的成本控制、损失控制、品质控制发挥效用的空间。产品的销售网络和深加工产业与产地的距离有着密切的关联，这就要求产业相关集群的紧密程度只有达到一定水平才会促使当地产业升级和具有规模效益产出。否则，处于低水平的松散布局的农业种植业和农产品加工业，起不到促进产业升级转型的作用，无法发挥产业集聚效应。

二 构建航天育种发展评价指标体系的原则与方法

航天育种发展评价指标体系的构建，需要遵循指标体系总体结构的科学性、指标体系的系统性和可行性、指标体系的层次性和统一性等原则。

（一）指标体系总体结构的科学性

指标体系结构是否科学，直接关系到统计评价的数据质量和所得结论的正确性及适用程度。在设计时，主要以现代统计理论为基础，使用量化原则对各个层级的指标进行分解和量化，既体现出航天育种的自身特点，又符合经济发展社会学研究方法的精髓。

（二）指标体系的系统性和可行性

任何高度复杂系统，均由诸多子系统构成，子系统之间、子系统与整个系统间相互支撑、协调配合。尽力全面覆盖到航天育种实施过程中的每一环节、航天育种上下游的不同层次的从业对象等，正确反映出指标体系构建的完整程度和体系中要素的代表性水平。不简单追求系统性和完整性，要从实际出发兼顾可行性和可操作性。选择有限指标，采用可行方法，突出主题，令数据的收集、处理和评价具有较强的实用性和可行性。

（三）指标体系的层次性和统一性

对指标体系的设计需要考虑到环节和层次的不同，航天育种涉及乡村经济农业中的产业化经营，其中各项指标的名称、内涵和计算口径需要与其他统计部门现有的各级指标相一致。微观层次上的农业产业化经营活动也是立体的，一个或多个科研机构或企业相联系完成种质资源的创制、新品种的选育和推广销售及农产品的深加工。随着大数据时代的来临，所有经营活动、

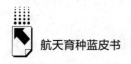
经济数据都将以电子化、数据化的形式呈现，如能直接调用或量化计算，便于未来与之接轨，形成标准和规范。

此外，评价方法需要综合考虑评价的目的、任务、角度和尺度等因素。为使评价客观、全面、系统、深入，需要统一结构，进行全面量化的逐层评价，既使体系内的各研究对象相互具有可比性，又能从整体评价水平中发现和突出关键因素的贡献程度和影响作用水平。

基于上述思路，航天育种产业创新联盟将邀请行业专家和学者进行解析和指导，听取他们对航天育种行业进行的科学分析，借助其理论和实践经验，探索运用农业经济学和市场统计学的相关理论以及系统工程、指标评价技术等数理分析方法，结合现行农业行业管理经验和我国农业农村市场实践，逐步研究构建起一套覆盖面广、层次多级、重点突出的航天育种发展评价指标体系。在此基础上，收集采纳多方面的反馈意见，进一步归纳总结出最核心的能对产业发展进行有效引导和监管的评价指标，实现对生产经营单位的微观解析、对整个产业链条的宏观评价，以期为国家农业生产的种源保障和粮食安全做出贡献，为航天育种产业政策的出台奠定基础。

三　航天育种发展评价指标的选取

在实际评估考察的操作实践中，对指标的选取主要考虑以下因素。

（一）评价指标数据的可获得性

即使是定义明确、设计准确的指标，倘若数据在实践操作中无法准确地收集，也不可能对研究对象进行正确精准的研究。那么在数据品类和数量设计、发展评价指标分解择取的过程中，应以现实条件和可供研究样本的规模以及指标研究目的来衡量。在广泛了解现有数据的基础上，实现指标预选。可能的话，可以选取官方调查数据，如发布出版的年鉴统计数据。另外是行业数据，随着大数据的兴起和越来越专业、越来越细化的市场调查机构，有可能通过一些专业数据公司、网站和咨询公司等渠道获得专业调查数据。此外，有条件的可以申请专门的课题或项目，组成课题组或项目团队，对一定区域内的调研对象进行统计数据的访问和调查，脚踏实地地收集相关数据，去粗取精，获得能全面反映航天育种发展的数据。

（二）评价指标数据的可靠性

数据来源的真实性、数据的准确程度，直接影响到研究的科学性及其结论的价值和科学意义，最终会影响政策措施制定的水准和效果。因此，数据的权威性，也代表了可靠程度。但以往对航天育种的判断和评价缺少具有历史追溯价值的权威统计数据，只能借助问卷调查等方式重新展开。而且由于一些研发、生产、人力投入产出的经济财务数据的保密性，获得数据的真实性水平会有一定的降低。因此，在理想情况下需要通过第三方获得可资佐证的证据，来相互印证，以提高数据的可靠性水平。所形成的结论也构筑在真实和坚实的基础上，有利于对航天育种形成正确和科学的评价。

（三）投入产出成本计算

发展评价指标的数据获得，不仅需要考虑所投入的人力、物力、财力，还需要考虑时间的成本和时效性。在一般性的研究中，我们不可能像政府机构一样以雄厚的财力和强大的动员能力及执行力，来获得基础性统计数据。在前期，可能只有通过典型研究对象，按照一定规模以一定比例进行分布式取样，以较低的经济成本、人力成本和时间成本来获得指标数据。在逐渐完善指标选取的体系和方法后，再根据实际情况逐步扩大调查对象的规模和数量，设定标准调查流程完成评价指标的选定。

四 指标分级与赋予权重

通过对航天育种产业链条进行分解和组合，调查测算评价航天育种的发展水平。对其中不同领域业内的经营主体力争从规模与效率、结构与体系、质量与贡献等维度来进行衡量和评价。规模与效率是反映产业发展的基础性指标，从产业自身规模及其增减变化和盈利效益水平来显示产业发展现状。产值、效率利润增速可以反映产业发展的扩展速度。结构与体系反映出各个产业链之间衔接和互动的影响及关联性，其产值效益之间的比重和对比体现出全产业发展模式的特点和要素特征，呈现出产业布局和资源配置之间的关系。质量与贡献不仅是产业自身的发展质量和水平，还需要从产业对国家、区域经济社会发展的贡献和航天整体品牌作用等视角来衡量产业发展的作用和影响。

航天育种发展评价指标体系的构建要简洁易懂，数据获取要简单便捷、指标要体现航天育种的特征和典型性。在设计过程中，需要将难以量化的评价指标分解或转化成为可以量化的数据。同时，从不同角度选择指标令同一评价指标体系内各指标具有相互的独立性，不加重某一方面的评价权重。增加效益等比值型指标，减少总量等规模型指标，借以消除总量或规模的差异性影响。同时注重可比性，通过对比数据的差异性，了解航天育种发展的区域性和阶段性特征。航天育种讲求稳定可持续发展，在发展进程中呈现一定的动态性，评价指标应当能够反映其真实发展趋势。每一级一级指标设置若干可操作性强的二级指标，二者在评价中的地位将由权重来进行分配。针对不同的调查对象，因其所处的产业链环节不同，不一定能够满足全部二级指标，各个三级指标的权重会出现动态的变化。四级指标的遴选，也要能很好地代表和说明三级指标。

为了更好地对各个指标进行科学分析，应将相关收集到的不同量化区间的数据进行统计学意义上的标准化处理。各个指标具有不同的含义和量纲，指标意义各不相同，数值范围存在天壤之别，先天欠缺相互之间比较分析的基础。利用数理统计中的标准化处理，就可以降低或抹除各个量值在量纲上的差异，提升各指标的可比性，从而增加分析比较的科学性。

在实践中经不断检验加以改进后，线性加权求和数学模型成为综合评估的重要模型之一，未来或可应用于航天育种综合评价指数的构建中。

五　航天育种发展评价指标体系的构成

基于上述原则和考量，面向不同的研究对象，指标体系由四级评价指标组成，二级指标包括五个子评价单元和一个综合评价单元，各自包含各自的评价指标，评价指标按照不同的权重分配进行计算。航天育种发展评价指标体系由科技水平、科技研发、品种结构、产业规模、产业效益和综合评价六类二级指标组成，同时可以分解形成三级指标和四级指标，具体指标构成情况如表1所示。

表1　航天育种发展评价指标体系

一级指标	二级指标	三级指标	四级指标	单位
航天育种	科技水平	育种技术	航天育种种质	%
			核心技术拥有数量	%
			育种技术系统化程度	%
		先进水平	育种技术国际水平	%
			航天育种品牌	个
			品牌知名度	%
		科技成果	技术专利数量	个
			技术专利增长	%
			科技成果应用	个
	科技研发	科研投入	研发投入总额	万元
			研发投入增长率	%
			研发投入占比	%
		科研队伍	研发人员数量	人
			研发人员增长	%
			高级人才占比	%
		科技装备	科技装备数量	台
			科技装备水平	%
			装备配套程度	%
		基地建设	育种基地规模	亩
			基地科研能力	%
			基地综合水平	%

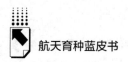

续表

一级指标	二级指标	三级指标	四级指标	单位
航天育种	品种结构	粮食作物	水稻种子化程度	%
			小麦种子化程度	%
			大豆种子化程度	%
			玉米种子化程度	%
			其他品种子化程度	%
		瓜果蔬菜	蔬菜种子化程度	%
			瓜类种子化程度	%
			水果种子化程度	%
		花卉林木	花卉种子化程度	%
			林木种子化程度	%
			牧草种子化程度	%
		其他品种	中药材种子化程度	%
			水产种子化程度	%
			其他植物种子化程度	%
	产业规模	种植面积	育种产业化种植面积	亩
			种植面积增长	%
			占农产品总种植面积比重	%
		种植投入	育种产业化种植投入	万元
			种植投入增长	万元
			占农产品种植投入比重	%
		种植产量	育种产业化种植总产量	%
			育种产业化种植总产量占农产品总产量比重	%
			育种产业化种植平均亩产	公斤
	产业效益	科研收益	科研收入	万元
			收入增长率	%
			科研收入产出比	%
		育种收益	育种投入	%
			育种收入	%
			育种投入产出比	%
		种植收益	种植投入	万元
			种植收入	万元
			种植投入产出比	%
	综合评价	综合收益	年度航天育种总投入	万元
			年度航天育种总收入	万元
			年度航天育种投入产出比	%
		经济贡献	对区域农业产出贡献率	%
			对区域经济发展贡献率	%

未来进一步深入探索、构建和完善航天育种发展评价指标及其体系，有助于做出及时正确的评价，深刻剖析产业发展中的积极促进因素和消极阻碍因素，有利于准确科学地发现和掌握航天育种产业动态发展过程中存在和亟待解决的问题，从而推动形成和制定更加科学合理且具有前瞻性的政策和战略，促进其可持续发展。

参考文献

[1] 阎耀军：《城市可持续发展评价指标体系的理论依据和基本框架》，《天津行政学院学报》2002 年第 2 期，第 57~61 页。

[2] 阎耀军：《城市人口、资源、环境、经济、社会协调发展综合评价指标体系研究》，《南方论丛》2003 年第 2 期，第 21~26 页。

[3] 麻昌港、蒙英华：《产业集群核心竞争力评价的理论依据及指标体系的设计》，《生态经济》2009 年第 9 期，第 123~126、140 页。

[4] 罗清玉：《道路运输行业评价监控指标体系研究》，硕士学位论文，长安大学，2004。

[5] 曾永泉：《转型期中国社会风险预警指标体系研究》，博士学位论文，华中师范大学，2011。

[6] 胡攀、张凤琦：《从国内外文化发展指数看中国文化发展指数体系的构建》，《中华文化论坛》2014 年第 7 期，第 5~9 页。

[7] 崔凤、张一：《沿海地区海洋发展综合评价指标体系构建意义及其定位》，《湘潭大学学报》（哲学社会科学版）2015 年第 5 期，第 128~132 页。

[8] 王顺：《中国城市人才环境综合评价研究》，硕士学位论文，中国农业大学，2005。

[9] 杜昊：《我国区域"两化"融合实证研究》，硕士学位论文，南京大学，2013。

[10] 张瑞志：《供给侧结构性改革背景下制造业全要素生产率的影响因素研究——以广东省为例》，硕士学位论文，广东省社会科学院，2020。

[11] 杜昊：《"两化"融合测度指标体系构建的理论研究》，《现代情报》2015 年第 2 期，第 18~22 页。

[12] 赵枫：《软件和信息服务业竞争力评价指标体系研究——基于中国服务外包基地的评价》，博士学位论文，东北财经大学，2010。

[13] 张颂心：《浙江省低碳农业经济评价指标体系构建及评价》，《农学学报》

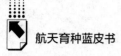
2018 年第 6 期，第 86~91 页。

［14］宋捷、欧阳建安、吴扬帆：《建立科学考核指标体系 推动园区发展方式转变——基于长沙高新区建设国家创新型科技园区的实践与思考》，《中国高新区》2010 年第 11 期，第 118~122 页。

附　　录
Appendix

B.12
航天育种大事年表

1987 年 8 月 5 日　通过第 9 颗返回式卫星，首次搭载水稻、辣椒等植物种子，成功进行航天搭载空间诱变实验。

1988 年　国家高技术研究发展计划开设专门课题"空间条件下植物突变类型研究"，探讨空间环境诱导突变的可能及应用前景。

1991 年　航空航天工业部刘纪原副部长提出以航天育种、卫星减灾系统、空间技术和空间应用为主要工作内容的航天效益工程。

1994 年　中国航天工业总公司委派下属单位组成调研组对全国参与开展航天育种试验的单位进行了实地调查，形成了农业和生物领域专家所给予肯定的评审意见。

1996 年　第一次全国航天育种技术交流研讨会在北京召开。与会院士专家联名向中央建议将航天育种工程列入国家"九五"计划，并建议发射一颗完全用于农业育种的返回式卫星。会议向国务院发出"关于创建航天育种工程的建议"，相继得到时任总理李鹏和副总理朱镕基的重视和批复。

同年，农业部正式将"作物空间诱变育种"列入"九五"部级重点课题。中国航天工业总公司设立了航天育种研究中心开展和协调与航天育种领域相关的工作。

1998 年 第二次全国航天育种技术交流研究会在广州举行，会议制定了《农作物空间诱变育种规范》，初步形成了航天育种实验标准。

2002 年 科技部"十五"863 计划首次将农作物航天育种技术正式立项，为航天育种技术的发展奠定了基础，使得我国航天育种技术实现了跨越式发展。在航天育种领域取得的一系列开创性的研究成果，受到世界著名的《自然》和《科学》杂志的专题报道，并在美国休斯敦举办的第三次世界空间大会参展，吸引了世界科学家的关注。

同年，第三次全国航天育种技术交流研讨会在宁波举行。会议期间，展示了航天育种优良品种示范材料。

2005 年 福建省农业科学院水稻研究所谢华安院士通过航天育种技术育成了超级再生稻"Ⅱ优航 1 号"等 3 个航天超级稻。

2006 年 9 月 9 日 15 时 在国务院及多个部委的联合支持下，历经 10 年的努力，我国第一颗，也是世界上迄今为止唯一一颗专门用于航天育种的卫星"种子星"——"实践八号"成功发射，标志着航天育种从零星搭载到探索性试验，再到研究和技术应用的质的飞跃。搭载 208.8 公斤种子，在轨运行 15 天，圆满完成飞行任务。在 15～26℃ 的条件下，搭载了 9 大类 152 个品种（植物 133 种、微生物 16 种、动物 3 种），共 2020 份材料，用于空间环境下的诱变飞行试验。

2007 年 科技部"十一五"863 计划继续对航天搭载空间诱变研发进行支持，进一步突出了航天诱变技术创新与突破性品种的培育目标。

2008 年 依托国家航天育种工程的"空间环境农业应用关键技术研究与示范课题"被列入国家"十一五"科技支撑计划，在较大范围内组织全国优势力量，全面开展农作物航天育种。

同年，"中国空间育种与粮食安全"高层论坛在深圳举行，提出航天育种是解决国家粮食需求问题的一种重要的育种方式。

2010 年 戚发轫、谢华安、吴明珠等 6 位院士向国务院建议促进航天育种产业化发展，受到时任国务院副总理李克强的批复。10 年间，华南农业大学通过航天诱变直接育成 12 个优质高产多抗的水稻新品种，15 次通过国家和省级品种审定，在华南累计推广 1000 多万亩。

2011 年　"航天育种"被国务院列入《"十二五"国家战略性新兴产业发展规划》，国家发改委发出《关于推进航天工程育种技术及产业发展有关问题的通知》。

2012 年　科技部"十二五"863 计划对航天育种技术进行立项，国家加强利用航天诱变育种技术培育水稻、小麦等作物新品种。

2014 年　中国和俄罗斯开展航天工程育种双边科技合作项目，深入推进航天育种技术领域内的国际合作。

2015 年　空间诱变育种被列为"十三五"国家重点研发计划，"七大农作物育种"试点专项立项。

2016 年　"973"计划、"863"计划相继开展"空间诱变机理研究和育种技术研究"重大专项课题。

2018 年 12 月　由 14 家发起人单位成立的航天育种产业创新联盟在北京召开第一次联盟大会和航天育种 2018 论坛。联盟汇聚航天育种科技创新资源，构建起航天育种科学研究、品种选育、产品研发、成果推广的共享平台，形成航天育种领域科技创新服务的示范辐射中心。

2020 年 5 月　发射的新一代载人飞船试验船搭载了 70 个生物载荷类科学实验项目近千件（份）样本，穿越范艾伦辐射带接受的空间总辐射剂量等空间环境与以往的返回式卫星、神舟飞船和天宫空间实验室的空间诱变环境显著不同。

2020 年 11 月　以"航天育种助力未来农业发展与生态环境建设"为主题的航天育种 2020 论坛在广州举行。与会专家学者肯定了航天育种在国家农业生产、种业翻身仗和种源创新中的作用，对在未来中国空间站上进一步开展航天育种科学研究和实验寄予厚望。

同年 11 月，"嫦娥五号"月球探测器搭载国内科研单位的实验材料飞向月球。月球轨道的辐射水平和 38 万公里飞行距离成为深空空间诱变实验

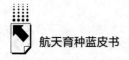
和航天育种研究的独特资源。

2021 年 9 月 神舟十二号载人飞船返回舱搭载了近 50 家科研机构和高校企业的 250 余类实验材料在轨飞行 92 天后成功返回。在中国空间站关键技术验证阶段历次飞行任务中，均安排了航天育种实验项目。

B.13
航天育种技术交流研讨会的作用和影响

在我国航天育种技术发展过程中，几次重要的全国性的航天育种技术交流研讨会的成功召开，对航天育种工程的启动、航天育种技术的推广和航天育种成果的宣传有着重要的作用和影响。每次航天育种技术交流研讨会的举行，都面临着不同的形势和任务，也在不同程度上对相关问题的解决有着重要的推动作用。

一　第一次全国航天育种技术交流研讨会
（1996年1月，北京）

20世纪末，面对中国每年达1000亿公斤的粮食缺口，以及"八五"期间每年因自然灾害造成的1300亿元以上的经济损失，航空航天工业部刘纪原副部长在1991年首先提出航天技术为国民经济建设服务的航天效益工程。1994～1995年，中国航天工业总公司710所和中国科学院遗传研究所组成调研组赴全国各地对参与航天育种试验的育种单位的后期选育情况进行了为期3个月的实地调查。之后聘请了来自农业、生物和航天领域的专家进行了近10个月的评审和研讨，对航天育种的技术成果和应用前景形成了一致的积极意见。1996年1月，向国家计委提交了《关于实施国家航天效益工程的请示》，航天育种、卫星减灾系统、空间技术和空间应用成为航天效益工程的重要内容。

在此背景下，1996年1月16日，第一次全国航天育种技术交流研讨会在北京召开，由中国航天工业总公司、中国科学院和农业部联合主办，中国航天工业总公司总经理刘纪原主持会议。会议决定，向中央提出"关于创

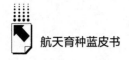

建航天育种工程的建议"。与此同时，与会的王淦昌院士、著名经济学家马宾、庄巧生院士、梁思礼院士、王希季院士、庄逢甘院士、卢良恕院士、方智远院士也联名向中央建议将航天育种工程列入国家"九五"计划，并发射一颗专门用于农业育种的返回式卫星。这次会议对推动和发展中国航天育种工程进入国家计划/规划具有重要作用和意义，它也是之后发射的"实践八号"育种卫星的立项开始。

同年，院士专家的建议相继获得了时任国务院总理李鹏和副总理朱镕基的批示。为落实中央领导关于开展航天育种工程的批示，同年2月中国航天工业总公司设立了航天育种研究中心开展和协调相关领域的工作。

二　第二次全国航天育种技术交流研讨会
（1998年2月，广州）

"863"航天领域的专家委员会主持了于广州举行的第二次全国航天育种技术交流研讨会。此次会议制定了《农作物空间诱变育种规范》，为航天育种实验各个阶段，从搭载实验设计、样本材料选择到返回地面后的种植观察、数据记录、试验总结等全部流程建立了标准。

三　第三次全国航天育种技术交流研讨会
（2002年5月，宁波）

2002年起，"航天育种"课题被正式列入国家"十五"863计划和国家科技支撑计划，获得了科技部和农业部的广泛支持，全国的航天育种成果层出不穷，从事航天育种的技术人员大量涌现。在此背景下，第三次全国航天育种技术交流研讨会在浙江宁波举行，中国高科技产业化研究会和宁波市政府主办。在交流会的现场，筹备半年的航天育种优良品种的种植展示取得了良好效果。

四　第四次全国航天育种技术交流研讨会
（2005年10月，福州）

第四次全国航天育种技术交流研讨会即"全国航天育种高层论坛暨首届中国高科技产业化研究会现代农业与航天育种工作会议"，2005年10月9日在福州召开。原航天工业部部长刘纪原、科技部原副部长韩德乾、农业部原副部长洪绂曾、中国农业科学院原党组书记沈桂芳、中国工程院董玉琛院士、吴明珠院士、中国科学院谢华安院士等与会。与会者在福建省农业科学院水稻研究所试验田参观了通过航天育种技术育成的超级再生稻"Ⅱ优航1号"等3个航天超级稻的示范田。

五　"中国空间育种与粮食安全"高层论坛
（2008年11月，深圳）

由中国高科技产业化研究会和中国航天科技集团有限公司主办的"中国空间育种与粮食安全高层论坛"在深圳举行，原航天工业部部长刘纪原、科技部原副部长韩德乾、农业部原副部长洪绂曾、中国农业科学院原党组书记沈桂芳、中国工程院吴明珠院士等领导莅临会议。深圳市农科集团有限公司是国内第一家进行空间育种技术研发、成果转化并实现产业化的单位，因其在太空农业产业方面所做的努力，被选作论坛的承办单位。100多位从事空间育种、粮食安全研究的专家学者和企业界代表出席了本次论坛。

六　全国植物航天育种学术研讨会
（2010年11月，广州）

2010年11月，全国植物航天育种学术研讨会在广州华南农业大学举行，探讨中国植物航天育种的学术前沿情况及其发展趋势。华南农业大学党

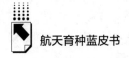

委书记李大胜，广东省科技厅副厅长邱东强，华南农业大学副校长、国家植物航天育种工程技术研究中心主任陈志强，广西农业科学院副院长邓国富与众多专家、学者出席。

广东是中国国内最早开展植物航天育种的省份之一，华南农业大学是国内最早开展植物航天育种的高等院校之一。2001～2010年，其科研队伍通过航天诱变直接育成12个优质高产多抗的水稻新品种，15次通过国家和省级品种审定，新品种在华南稻区累计推广1000多万亩。

七 航天工程育种论坛
（2011年9月，北京）

2011年航天工程育种论坛由农业部种子管理局、国家发展改革委高技术司、科技部农村科技司、中国载人航天工程办公室和中国航天科技集团有限公司主办。国家发改委高技术司司长綦成元、中国载人航天工程办公室副主任王兆耀、科技部农村科技司副司长郭志伟、工业和信息化部军民结合推进司司长曹志恒、农业部种植业管理司副司长马淑萍、中国农业科学院副院长唐华俊、国务院扶贫办国际合作和社会扶贫司副司长刘书文出席本届论坛。

论坛主席由中国航天科技集团有限公司副总经理雷凡培担任，专家委员会主任由中国科学院院士、中国工程院院士、总理农业顾问石元春担任。中国科学院院士、中国工程院院士闵桂荣，中国工程院院士戚发轫，中国科学院院士叶培建，中国科学院院士顾逸东参加了论坛。

在国家发改委下发了《关于推进航天工程育种技术及产业发展有关问题的通知》的背景下，国家发改委高技术司司长綦成元在会上强调：航天育种是生物育种方向之一；航天工程育种是空间技术重要应用领域，发展航天工程育种势在必行。他表示在《"十二五"国家战略性新兴产业发展规划》中，生物育种作为我国培育和发展的战略性新型产业之一已被纳入规划，以生物育种为代表的农业问题已经上升至国家战略的层面，而航天育种是生物育种的重要发展方向。

八　全国植物航天诱变育种学术研讨会
（2015年10月，广州）

2015 年 10 月，由国家植物航天育种工程技术研究中心和航天神舟生物科技集团有限公司联合主办的全国植物航天诱变育种学术研讨会在广州市召开。此次会议的主题是"植物航天育种——机遇与挑战"。来自 15 个省份的 120 多位专家学者、科技人员和种企代表参加了研讨会。

国家航天育种工程首席科学家刘录祥研究员、国家植物航天育种工程技术研究中心副主任张志胜教授、福建省农业科学院水稻研究所副所长黄庭旭研究员、美国孟山都公司吴坤生博士等 9 位专家就航天诱变育种技术研究与展望分别做了专题报告。国家植物航天育种工程技术研究中心主任陈志强教授的总结发言进一步明确了航天育种技术的研发路径和未来前景。

B.14
航天育种产业创新联盟

一 航天育种产业创新联盟概况

航天育种产业创新联盟（以下简称"联盟"）由中国航天科技集团有限公司、中国农业大学、中国科学院上海植物生理生态研究所、中国农业科学院兰州畜牧与兽药研究所、中国热带农业科学院、北京中医药大学、北京市农林科学院、黑龙江省农业科学院园艺分院、国家植物航天育种工程技术研究中心、林木育种国家工程实验室、中粮营养健康研究院、北京大北农科技集团股份有限公司、中国遥感应用智慧产业创新联盟和神舟绿鹏农业科技有限公司等单位，于2018年7月19日发起，由全国农业、林草业、中草药、生物医药等领域从事航天育种研究和成果推广应用的科研院所、企业及其他机构自愿组成的非营利性社会组织。截至2020年底，联盟成员共计68家。

宗旨：以助力国家未来农业发展和生态环境建设为使命，贯彻执行国家相关科技和产业发展规划及方针、政策，研究谋划并提出航天育种发展战略建议，开展航天育种交流与合作，提升航天育种科技创新能力，推动航天育种技术成果转化及其产业化进程。

目标：汇聚我国航天育种科技创新资源，以知识产权为纽带，以技术成果推广应用为导向，以发展航天育种技术与产业为主线，搭建航天育种科学研究、品种选育、产品研发、成果推广的共享平台，建立以成果转化为核心的产学研用协同创新机制和利益共享机制，促进成果转化应用，使航天育种产业创新联盟成为我国航天育种领域科技创新服务的共享平台和示范辐射中心。

主要业务范围：搭建航天育种合作平台，促进联盟成员间合作交流。创办航天育种研发机构，与相关单位联合设立实验室和研发基地，共享创新资源。组织开展技术成果转化及产业化推广应用，加快航天育种成果应用和产业发展进程。倡导和推动制定航天育种技术规范和行业、国家标准，推动航天育种产品认证、质量检测等体系的建立和完善。为联盟成员争取和提供空间搭载机会，组织搭载材料进行空间诱变实验，为育种科研机构提供经空间诱变的育种试验材料。提供信息和咨询服务，组织凝练重大科研项目和技术成果转化及产业化项目。服务联盟成员，维护联盟及其成员合法权益。承担政府或其他机构委托的项目以及交办的事务。组织开展行业公益事业以及符合联盟宗旨的其他相关工作。

二 联盟开展的工作

（一）构建战略合作关系和航天育种示范基地授牌

联盟成立后的 3 年中，经过实地调研和考察，联盟先后与山东省龙口市、安徽省黄山市、江苏省东海县、辽宁省黑山县、内蒙古自治区敖汉旗人民政府、中国航材集团、中国航天建筑设计研究院、国家植物航天育种工程技术研究中心、花卉产业技术创新战略联盟、中国热带农业科学院、中国农业科学院兰州畜牧与兽药研究所、黑龙江省农业科学院园艺分院、内蒙古自治区生物技术研究院、云南省太空生物科技发展促进会、宁夏农投集团、甘肃省供销总社、甘肃省供销集团、黄山市供销集团、新疆阿勒泰民族团结进步航天产业园、香港科技协进会、何鸿燊航天科技人才培训基金会等签署合作框架协议，建立战略合作关系，在多个领域开展不同形式的航天育种合作。

根据理事会通过的航天育种示范基地授牌标准和程序，联盟在 2020 年向 7 家具备条件、达到标准、通过考核的联盟成员单位分别颁授了"航天育种核心示范基地""航天育种产业创新示范基地""航天育种试验推广基地"。

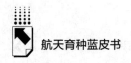

1. 被授予"航天育种核心示范基地"的单位

神舟绿鹏农业科技有限公司隶属中国航天科技集团有限公司，是专业从事航天育种技术研发、新品种培育和产业示范推广的现代农业科技企业。公司建有系统、完善的科学研究中心、育种实验基地和现代农业设施。专业技术团队和专家顾问群体具有较强的科研能力、技术水平和行业影响力。

2. 被授予"航天育种产业创新示范基地"的单位

（1）国家植物航天育种工程技术研究中心

该中心由科技部立项建设，定位于植物航天生物育种技术研发创新基地、植物航天生物育种共性技术和专用技术辐射中心等，为我国植物航天生物育种发展提供公益性、高水平、全链条的科技及智力支撑。

（2）中国热带农业科学院

该院是隶属于农业农村部的国家级科研机构，主导天然橡胶、木薯、香蕉等3个国家产业技术体系建设，推动了重要热带作物的产量提高、品质提升和效益增加。

（3）中国农业科学院兰州畜牧与兽药研究所

该研究所是一所涵盖畜牧、兽医药、草业等学科研究的综合性农业科研机构。主要从事草食动物育种繁殖、兽用药物、中兽医、牧草育种等应用基础研究和应用研究。近年来培育牧草新品种7个，航天育种技术获得充分利用。研究所核心试验基地是大洼山试验站。

（4）黑龙江省农业科学院园艺分院

该院是目前东北地区规模最大、涵盖学科最多、综合性较强的科研单位。从1987年开始，开展蔬菜航天诱变育种研究工作，主持或参加国家和黑龙江省蔬菜航天诱变育种项目10余项，获得番茄、辣椒、甜椒系列新品种。

3. 被授予"航天育种试验推广基地"的单位

（1）龙口市茂源果蔬专业合作社

该合作社基地面积1000余亩，初期以生态种植、养殖业为主，以打造生态循环农业为目标，建立起名、优、新、奇、特示范基地。2016年引种航天育种品种取得成功。

（2）新疆喀纳斯航天数字产业集团有限公司

该公司是在中国航天发展新时代的背景下，积极响应落实国家新政策，受到原总装备部副部长、中国航天基金会原理事长张建启中将的大力支持而成立的一家商业航天高科技企业，以"喀纳斯民族团结进步航天产业园"为基础，同步开展航天育种品种种植与加工、航天科普教育和文化旅游等航天产业服务。

（二）组织实施航天搭载试验项目

我国航天育种事业长期得到中国载人航天工程及载人航天工程办公室的大力支持。自载人航天工程立项实施以来，航天育种的搭载主要来自神舟飞船和天宫实验室，载人航天工程办公室在组织实施飞行试验任务时为航天育种试验提供一定的载荷，对航天育种事业发展给予了有效支持。航天育种的众多研究成果，新品种、新种质和新材料的创制，恰恰是载人航天工程应用领域的延伸和应用成果与价值的体现。

2020年5月，我国载人航天工程长征五号B运载火箭首飞发射新型试验飞船，在载人航天工程办公室的组织领导下，受办公室的委托，联盟克服诸多困难，承担并圆满完成试验飞船搭载实验项目的征集、遴选、评审、报批、地面预处理、配合装舱、开舱交付等工作。近千件（份）搭载实验材料返回地面后，全部移交搭载单位陆续开展相关科学研究和实验，有的已经发现并获得明显的突变株。

2020年11月，在国家国防科工局的支持下，联盟克服多种困难，采用定向征集的方式为联盟成员单位提供了探月工程"嫦娥五号"月球探测器的航天育种搭载载荷资源。经过联盟组织实施的严格评审和地面试验，国家植物航天育种工程技术研究中心、国家花卉工程技术研究中心、中国农业科学院兰州畜牧与兽药研究所、北京市农林科学院、大连海事大学和国际竹藤中心等单位的航天育种科学研究实验材料成功搭载"嫦娥五号"在距地球38万公里之外的月球轨道上完成了空间诱变实验。返回后的水稻、苜蓿、

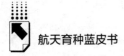

燕麦、拟南芥等各类林木和花卉种子共30余种试验材料由国家航天局移交给联盟及其搭载单位代表，探月与航天工程中心就此举行了航天重大工程助推科技自立自强研讨会，受到了新闻媒体和社会各界的广泛关注，为航天育种的宣传和科普起到了良好的社会效果和影响。

联盟对搭载管理规范进行的有益探索和高效管控保证了上述航天育种空间诱变实验项目的成功实施，也有助于提升对搭载资源利用和搭载实验项目征集遴选的科学性、规范性以及公开透明。联盟发挥了专家资源丰富的优势，使得试验飞船和"嫦娥五号"的搭载在社会上和行业内受到广泛好评，为2021年空间站建设过程中开展航天育种搭载科学试验项目积累了宝贵经验，为更好地推动航天育种事业的发展、更好地服务于联盟成员单位奠定了坚实基础。

三 学术交流活动

（一）第一次联盟大会

2018年12月2日召开的航天育种产业创新联盟第一次联盟大会，是航天育种产业界落实习近平新时代中国特色社会主义思想和响应习近平总书记"我国十三亿多张嘴要吃饭，不吃饭就不能生存，悠悠万事、吃饭为大"[1]"中国人的饭碗要牢牢端在自己手里，而且里面应该主要装中国粮"[2]等重要指示的重大举措，也将推动我国航天育种事业进入新时代更快更好地发展。

航天育种产业创新联盟第一次联盟大会由中国航天科技集团有限公司等14个联盟发起单位组织召开。梁小虹书记作联盟工作报告。回顾总结了航天育种事业三十年的主要成绩和经验，提出并论述了航天育种事业发展的基本定位和指导原则，阐述了成立联盟的必要性与意义，介绍了联盟的性质、宗旨和任务，提出了联盟成立后的主要任务和重点工作。

大会审议通过联盟章程，并选举联盟第一届理事会，中国高科技产业化研究会党委书记梁小虹当选联盟第一届理事会理事长，中国高科技产业化研究会常务理事赵辉当选联盟第一届理事会秘书长。大会宣布成立联盟专家委员会，原中国航天工业总公司总经理、国家航天局首任局长刘纪原担任专家委员会主任。

（二）航天育种2018论坛

2018 年 12 月 2 日，航天育种 2018 论坛在北京成功举行。论坛由中国高科技产业化研究会、航天育种产业创新联盟主办，中国高科技产业化研究会现代农业与航天育种工作委员会、国家植物航天育种工程技术研究中心承办。

本届论坛以"航天育种助力国家未来农业发展和生态环境建设"为主题，围绕航天育种理论及空间诱变机理、关键技术、种质创新、品种选育及航天育种技术体系创新发展等相关领域的研究进展和技术成果开展交流研讨。

（三）航天育种2019论坛

航天育种 2019 论坛于 2019 年 11 月 26 日在广州市黄埔区召开。中国高科技产业化研究会专家委员会主任、航天育种产业创新联盟专家委员会主任、国际宇航科学院副主席、原中国航天工业总公司总经理、国家航天局首任局长刘纪原，原总装备部副部长胡世祥，航天英雄、中国载人航天工程副总设计师、中国首飞航天员杨利伟，中国工程院院士、神舟飞船总设计师戚发轫，中国工程院战略导弹与运载火箭系列总设计师龙乐豪，俄罗斯科学院院士涅赤塔伊洛·加琳娜莅临本次论坛，与联盟成员单位代表近 200 位航天育种专家学者就航天育种领域的科研成果和技术进步及政策趋势进行分析分享。

在论坛上，来自中国农业科学院、北京林业大学、河南省农业科学院、黑龙江省农业科学院、北京兴东方集团、国家植物航天育种工程技术研究中心、华南农业大学、俄罗斯科学院的院士专家发表了学术报告。此外，还举

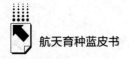
行了植物类载荷空间诱变实验项目启动征集航天搭载及其空间诱变实验区域战略合作签约仪式。

（四）草业航天育种学术研讨会

2020 年 8 月，为加快草品种培养在草产业高质量发展和生态环境建设中的核心作用，发挥航天育种在国家农业发展和生态环境建设中的助力作用，中国高科技产业化研究会现代农业与航天育种工作委员会和航天育种产业创新联盟主办了草业航天育种学术研讨会，中国农业科学院兰州畜牧与兽药研究所承办。专题学术报告中，中国工程院院士、兰州大学教授南志标发表讲话，联盟秘书长赵辉做了题为《植物类载荷空间搭载的地面试验》的报告，来自牧草领域的 6 位专家分别做了报告。研讨会上，经过"神舟三号"飞船搭载、16 年选育出的"中天 1 号"紫花苜蓿以其优质丰产的特性备受关注。

（五）航天育种2020论坛

航天育种 2020 论坛于 2020 年 11 月 9 日~10 日在广州市黄埔区举行，论坛以"航天育种助力未来农业发展与生态环境建设"为主题，由中国高科技产业化研究会现代农业与航天育种工作委员会、航天育种产业创新联盟、国家植物航天育种工程技术研究中心、国家花卉工程技术研究中心、国家蔬菜工程技术研究中心和林木育种国家工程实验室共同主办，由神舟绿鹏农业科技有限公司承办。

论坛主席由中国高科技产业化研究会专家委员会主任、航天育种产业创新联盟专家委员会主任、国际宇航科学院副主席、原中国航天工业总公司总经理、国家航天局首任局长刘纪原担任，邀请了中国工程院戚发轫院士、罗锡文院士，云南省原副省长丁绍祥、陈杰，航天育种产业创新联盟理事长梁小虹，国务院发展研究中心研究员徐小青，中国载人航天工程办公室综合局局长王东炬，中国航天基金会副理事长齐国生，中智科学技术评价研究中心理事长李闽榕等嘉宾。联盟成员单位代表和其他相关单位参会人员约

200 人。

中国工程院院士罗锡文和国务院发展研究中心研究员、农村经济研究部原部长徐小青分别做了主旨报告。来自各个领域的专家则发表了三个方面的学术报告：对已有航天育种实践工作的总结；对现有传统育种研究成果的总结，并提出借助空间诱变技术手段开展本领域内的种质资源创新工作；对以航天育种为主题开展的科普活动的介绍。

在此次论坛上，国家植物航天育种工程技术研究中心主任陈志强教授明确总结了航天育种所具有的三个独特优势：快速培育出优质、高产、抗病优良新品种，创建罕见的具有突破性的优异新种质，提供原创、安全、自主知识产权的基因源。陈教授的学术演讲专业、准确、系统，进一步肯定和突出了航天育种在国家农业生产、种业翻身仗、种源创新中的作用和地位。

参考文献

[1]《习近平关于社会主义经济建设论述摘编》，中央文献出版社，2017，第170 页。

[2] 习近平：《论把握新发展阶段、贯彻新发展理念、构建新发展格局》，中央文献出版社，2021，第 142 页。

B.15
航天育种新品种目录[*]

表1　省审、国审航天育种育成品种

序号	年份	编号	品种名称	类别	级别	单位
1	2001	川审玉88号	川单23	玉米	四川省	四川农大玉米研究所
2	2001	粤审稻200108	华航1号	水稻	广东省	华南农业大学农学系
3	2002	豫审麦2002005	太空5号	小麦	河南省	河南省农业科学院小麦研究所
4	2003	国审稻2003032	华航1号	水稻	国家	华南农业大学农学院
5	2003	国审玉2003056	川单23	玉米	国家	四川农业大学玉米研究所
6	2003	闽审稻2003002	特优航1号	水稻	福建省	福建省农业科学院稻麦研究所
7	2003	豫审麦2003005	太空6号（郑麦002）	小麦	河南省	河南省农业科学院小麦研究所
8	2004	闽审稻2004003	Ⅱ优航1号	水稻	福建省	福建省农业科学院稻麦研究所
9	2004	浙审稻2004015	特优航1号	水稻	浙江省	温州市种子公司、温州市种子管理站
10	2005	川审玉2005003	川单30	玉米	四川省	四川农业大学玉米研究所
11	2005	国审稻2005007	特优航1号	水稻	国家	福建省农业科学院稻麦研究所
12	2005	国审稻2005023	Ⅱ优航1号	水稻	国家	福建省农业科学院稻麦研究所
13	2005	国审麦2005003	郑麦366	小麦	国家	河南省农业科学院小麦研究所
14	2005	黑审麦2005002	龙辐麦15	小麦	黑龙江省	黑龙江省农业科学院作物育种研究所辐射与生物技术研究室
15	2005	辽审麦〔2005〕30号	航麦96号	小麦	辽宁省	朝阳市农业高新技术研究所

---

* 包括省审、国审品种,重要的技术成果等。

序号	年份	编号	品种名称	类别	级别	单位
16	2005	鲁农审字〔2005〕023 号	W8225	棉花	山东省	山东省棉花科技系统工程开发部、山东中棉棉业公司和中国农业科学院生物技术研究所
17	2005	闽审稻2005004	II优航 148	水稻	福建省	福建省农业科学院稻麦研究所
18	2005	闽审稻2005005	II优 936	水稻	福建省	福建省农业科学院水稻研究所
19	2005	豫审麦2005006	郑麦 366	小麦	河南省	河南省农业科学院小麦研究所
20	2005	粤审稻2005004	粤航 1 号	水稻	广东省	广东省农业科学院水稻研究所
21	2005	粤审稻2005027	龙优 673	水稻	广东省	广东农作物杂种优势开发利用中心
22	2005	粤审稻2005028	培杂航七	水稻	广东省	华南农业大学农学院
23	2005	浙种引(2005)第 001 号	II优航 1 号	水稻	浙江省	福建省农业科学院水稻研究所
24	2006	川审玉2006008	川单 418	玉米	四川省	四川农业大学玉米研究所、四川川单种业有限责任公司
25	2006	鄂审玉2006010	航天 2 号	玉米	湖北省	石家庄航天农业科技有限公司
26	2006	赣审稻2006014	II优 270	水稻	江西省	北京金色农华种业科技有限公司
27	2006	桂审稻2006024 号	特优航 3 号	水稻	广西壮族自治区	福建省农业科学院水稻研究所
28	2006	国审麦2006011	富麦 2008(区试代号:豫同 M023)	小麦	国家	河南省科学院同位素研究所
29	2006	闽审稻2006017	II优航 2 号	水稻	福建省	福建省农业科学院水稻研究所
30	2006	闽审稻2006021	宜优 673	水稻	福建省	福建省农业科学院水稻研究所
31	2006	闽审稻2006G01	II优 623	水稻	福建省	福建省农业科学院水稻研究所
32	2006	闽审稻2006G04(三明)	京福 1 优 673	水稻	福建省	福建省农业科学院水稻研究所

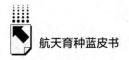

序号	年份	编号	品种名称	类别	级别	单位
33	2006	认定粤审稻 2005027 号	龙优 673	水稻	广西壮族自治区	广东农作物杂种优势开发利用中心
34	2006	皖品审 06010497	Ⅱ优航 2 号	水稻	安徽省	福建省农业科学院水稻研究所(中东种业)
35	2006	湘审稻 2006043	两优航 2 号	水稻	湖南省	中种集团福建农嘉种业股份有限公司
36	2006	豫审麦 2006013	富麦 2008	小麦	河南省	河南省科学院同位素研究所
37	2006	粤审稻 2006014	金航丝苗	水稻	广东省	华南农业大学植物航天育种研究中心
38	2006	粤审稻 2006043	华航丝苗	水稻	广东省	华南农业大学植物航天育种研究中心
39	2006	浙审稻 2006017	航天 36(原名:R2036)	水稻	浙江省	浙江省农业科学院作核所、杭州余杭区种子技术推广站
40	2007	川审玉 2007001	川单 428	玉米	四川省	四川农业大学玉米研究所
41	2007	川审玉 2007003	荣玉 33	玉米	四川省	四川农业大学玉米研究所
42	2007	鄂审稻 2007025	谷优航 1 号	水稻	湖北省	福建省农业科学院水稻研究所
43	2007	国审稻 2007002	龙优 673	水稻	国家	广东农作物杂种优势开发利用中心
44	2007	国审稻 2007019	Ⅱ优 623	水稻	国家	福建省农业科学院水稻研究所
45	2007	国审稻 2007020	Ⅱ优航 2 号	水稻	国家	福建省农业科学院水稻研究所
46	2007	国审麦 2007026	航麦 96 号	小麦	国家	辽宁省朝阳市农业高新技术研究所、中国农业科学院作物科学研究所
47	2007	国审玉 2007020	川单 418	玉米	国家	四川农业大学玉米研究所
48	2007	黑审麦 2007002	龙辐麦 17	小麦	黑龙江省	黑龙江省农业科学院作物育种研究所、中国农业科学院作物科学研究所
49	2007	闽审稻 2007026	特优航 2 号	水稻	福建省	福建省农业科学院水稻研究所

续表

序号	年份	编号	品种名称	类别	级别	单位
50	2007	渝审稻2007005	花香7号	水稻	重庆市	四川省农业科学院生物技术核技术研究所
51	2008	滇特(红河)审稻2008008号	两优航2号	水稻	云南省	福建省农业科学院水稻研究所
52	2008	闽审稻2008010	内优航148	水稻	福建省	福建省农业科学院水稻研究所
53	2008	闽审稻2008011	Ⅱ优673	水稻	福建省	中种集团福建农嘉种业股份有限公司、福建省农业科学院水稻研究所
54	2008	闽审稻2008024	两优航2号	水稻	福建省	福建省农业科学院水稻研究所
55	2008	黔引稻2008012号	Ⅱ优航2号	水稻	贵州省	福建省农业科学院水稻研究所
56	2008	粤审稻2008020	特优航1号	水稻	广东省	福建省农业科学院水稻研究所
57	2008	粤审稻2008026	培杂航香	水稻	广东省	华南农业大学植物航天育种研究中心
58	2008	浙审稻2008008	航香18（原名：航天18）	水稻	浙江省	浙江省农业科学院作物与核技术利用研究所、杭州市良种引进公司
59	2008	浙种引(2008)第003号	Ⅱ优航148	水稻	浙江省	金华三才种业公司
60	2009	川审玉2009005	川单189	玉米	四川省	四川农业大学玉米研究所、中国农业科学院作物科学研究所玉米研究中心、四川川单种业有限责任公司
61	2009	川审玉2009006	荣玉168	玉米	四川省	四川农业大学玉米研究所、四川川单种业有限责任公司
62	2009	川审玉2009007	荣玉188	玉米	四川省	四川农业大学玉米研究所、四川川单种业有限责任公司
63	2009	滇特(普洱)审稻2009024号	Ⅱ优623	水稻	云南省	福建省农业科学院水稻研究所
64	2009	滇特(文山)审稻2009004号	两优航2号	水稻	云南省	福建省农业科学院水稻研究所

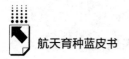
序号	年份	编号	品种名称	类别	级别	单位
65	2009	赣审稻 2009010	丰源优航 98	水稻	江西省	江西省农业科学院水稻研究所
66	2009	国审稻 2009018	宜优 673	水稻	国家	福建省农业科学院水稻研究所
67	2009	国审稻 2009037	谷优航 148	水稻	国家	福建省农业科学院水稻研究所
68	2009	国审豆 2009002	克山 1 号	大豆	国家	黑龙江省农业科学院克山分院
69	2009	津审麦 2009001	航麦 2 号	小麦	天津市	石家庄大农航天育种研究中心
70	2009	晋审谷 2009002	晋谷 47 号	谷子	山西省	山西省恒穗航天育种研究中心
71	2009	闽审稻 2009008	川优 673	水稻	福建省	中种集团福建农嘉种业股份有限公司、福建省农业科学院水稻研究所
72	2009	陕审棉 2009003 号	航丰 1 号	棉花	陕西省	陕西中科航天农业发展股份有限公司、中国科学院遗传与发育生物学研究所
73	2009	粤审稻 2009025	航香糯	水稻	广东省	广东省农业科学院水稻研究所
74	2009	粤审稻 2009041	宜优 673	水稻	广东省	福建省农业科学院水稻研究所
75	2010	川审玉 2010015	生科甜 2 号	玉米	四川省	四川省农业科学院生物技术核技术研究所
76	2010	滇审稻 2010005 号	宜优 673	水稻	云南省	福建省农业科学院水稻研究所（黄庭旭、谢华安、游晴如、王乌齐、郑家团）
77	2010	桂审稻 2010004 号	毅优航 1 号	水稻	广西壮族自治区	广西兆和种业有限公司
78	2010	国审稻 2010017	川优 673	水稻	国家	中种集团福建农嘉种业股份有限公司、福建省农业科学院水稻研究所
79	2010	国审豆 2010001	合农 61 号	大豆	国家	黑龙江省农业科学院佳木斯分院

续表

序号	年份	编号	品种名称	类别	级别	单位
80	2010	鲁农审 2010053	烟葫 4 号	西葫芦	山东省	山东省烟台市农业科学研究院
81	2010	鲁农审 2010073 号	烟农 836	小麦	山东省	山东省烟台市农业科学研究院
82	2010	闽审稻 2010006	天优 673	水稻	福建省	中种集团福建农嘉种业股份有限公司、福建省农业科学院水稻研究所
83	2010	陕审玉 2010005	陕单 22	玉米	陕西省	西北农林科技大学农学院、中国农业科学院作物科学研究所航天育种中心
84	2010	粤审稻 2010022	华航 31 号	水稻	广东省	华南农业大学植物航天育种研究中心
85	2010	粤审稻 2010033	天优航七	水稻	广东省	华南农业大学植物航天育种研究中心、广东省农业科学院水稻研究所
86	2010	粤审玉 2010016	广甜 7 号	玉米	广东省	广州市农业科学研究院
87	2011	川审稻 2011004	花香优 1618	水稻	四川省	四川省农业科学院生物技术核技术研究所
88	2011	川审稻 2011011	花香 7 号	水稻	四川省	四川省农业科学院生物技术核技术研究所
89	2011	国审麦 2011016	鲁原 502	小麦	国家	山东省农业科学院原子能农业应用研究所、中国农业科学院作物科学研究所
90	2011	国审玉 2011020	川单 189	玉米	国家	四川农业大学玉米研究所
91	2011	鲁农审 2011032 号	烟农 999	小麦	山东省	山东省烟台市农业科学研究院
92	2011	琼审稻 2011017	培杂 191	水稻	海南省	国家植物航天育种工程技术研究中心
93	2011	渝审稻 2011002	花香优 4016	水稻	重庆市	四川省农业科学院生物技术核技术研究所
94	2011	渝引玉 2011004	川单 428	玉米	重庆市	四川农业大学玉米研究所
95	2011	粤审稻 2011041	华优 213	水稻	广东省	国家植物航天育种工程技术研究中心
96	2011	粤审稻 2011046	天优 173	水稻	广东省	国家植物航天育种工程技术研究中心

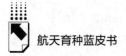

序号	年份	编号	品种名称	类别	级别	单位
97	2012	川审稻2012003	花香优1号	水稻	四川省	四川省农业科学院生物技术核技术研究所
98	2012	川审稻2012006	泸优908	水稻	四川省	四川省农业科学院生物技术核技术研究所
99	2012	滇审稻2012020	花香7号	水稻	云南省	四川省农业科学院生物技术核技术研究所
100	2012	甘审麦2012005	兰航选01	小麦	甘肃省	甘肃省农业科学院小麦研究所、天水神舟绿鹏农业科技有限公司
101	2012	国审稻2012009	天优2075	水稻	国家	福建省农业科学院水稻研究所、广东省农业科学院水稻研究所
102	2012	国审麦2012013	沈太2号	小麦	国家	周晓东
103	2012	国审油2012002	华航901	油菜	国家	华中农业大学
104	2012	津审玉2011008	航玉糯8号（原名:航甜糯8号）	玉米	天津市	石家庄神舟大农航天育种研究中心
105	2012	京审麦2012002	航麦901	小麦	北京市	中国农业科学院作物科学研究所
106	2012	辽审稻〔2012〕259号	桥科951	水稻	辽宁省	辽宁省盐碱地利用研究所
107	2012	闽审稻2012002	川优2189	水稻	福建省	福建省连江县青芝农业科技研究中心、福建省农业科学院水稻研究所
108	2012	陕审麦2012001	陕农33	小麦	陕西省	西北农林科技大学、中国农业科学院作物科学研究所
109	2012	新审稻2012年06号	新稻39号	水稻	新疆	新疆农业科学院核技术生物技术研究所、新疆农业科学院温宿水稻试验站、新疆金丰源种业有限公司
110	2013	川审稻2013009	蓉优908	水稻	四川省	四川省农业科学院生物技术核技术研究所等
111	2013	川审玉2013010	中单901	玉米	四川省	中国农业科学院作物科学研究所、四川农业大学玉米研究所

序号	年份	编号	品种名称	类别	级别	单位
112	2013	滇审稻2013003	花优230	水稻	云南省	四川省农业科学院生物技术核技术研究所
113	2013	滇审稻2013009	花优926	水稻	云南省	四川省农业科学院生物技术核技术研究所
114	2013	国审豆2013001	金源55号	大豆	国家	黑龙江省农业科学院黑河分院
115	2013	国审麦2013019	烟农836	小麦	国家	山东省烟台市农业科学研究院
116	2013	黑审豆2013013	合农65	大豆	黑龙江省	黑龙江省农业科学院佳木斯分院、黑龙江省合丰种业有限责任公司
117	2013	辽审稻2013008	连粳1号	水稻	辽宁省	大连市特种粮研究所
118	2013	辽审豆2013013	中黄73	大豆	辽宁省	中国农业科学院作物科学研究所
119	2013	闽审稻2013004	两优667	水稻	福建省	福建省农业科学院水稻研究所
120	2013	陕审麦2013005号	航麦6号	小麦	陕西省	陕西中科航天农业发展股份有限公司、神舟天辰科技实业有限公司
121	2013	皖棉2013009	绿亿航天1号	棉花	安徽省	安徽绿亿种业有限公司
122	2013	粤审稻2013028	华航32号	水稻	广东省	国家植物航天育种工程技术研究中心
123	2013	粤审稻2013049	博优2318	水稻	广东省	国家植物航天育种工程技术研究中心
124	2013	粤审油2013002	航花3号	花生	广东省	广东省农业科学院作物研究所
125	2013	粤审玉2013001	航玉糯8号	玉米	广东省	石家庄大农航天育种研究中心
126	2014	滇审稻2014003	花香优1618	水稻	云南省	四川省农业科学院生物技术核技术研究所
127	2014	甘审豆2014002	小康大豆1号	大豆	甘肃省	山丹县金粒种植有限责任公司

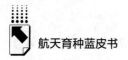
续表

序号	年份	编号	品种名称	类别	级别	单位
128	2014	赣审稻 2014020	五优航 1573	水稻	江西省	江西省超级水稻研究发展中心、江西汇丰源种业有限公司、广东省农业科学院水稻研究所
129	2014	赣审稻 2014025	五优航 666	水稻	江西省	江西金信种业有限公司、江西省超级水稻研究发展中心、广东省农业科学院水稻研究所
130	2014	国审稻 2014040	桥科 951	水稻	国家	辽宁省盐碱地利用研究所
131	2014	国审棉 2014009	绿亿航天 1 号	棉花	国家	安徽绿亿种业有限公司
132	2014	津审棉 2013002	冀航 8 号	棉花	天津市	河北省农林科学院棉花研究所
133	2014	辽审稻 2014011	盐粳 927	水稻	辽宁省	辽宁省盐碱地利用研究所
134	2014	闽审稻 2014010	广优 673	水稻	福建省	中种集团福建农嘉种业股份有限公司、福建省农业科学院水稻研究所、三明市农业科学研究院
135	2014	闽审稻 2014014	聚两优 673	水稻	福建省	中种集团福建农嘉种业股份有限公司、福建省农业科学院水稻研究所、广东省农业科学院水稻研究所
136	2014	黔审玉 2014009 号	航玉糯 8 号	玉米	贵州省	石家庄大农航天育种研究中心
137	2014	陕审麦 2014012 号	长航 1 号	小麦	陕西省	长武县农技中心良种试验基地
138	2014	豫审麦 2014002	郑麦 3596	小麦	河南省	河南省农业科学院小麦研究所
139	2014	豫审麦 2014013	郑麦 314	小麦	河南省	河南省农业科学院小麦研究所
140	2014	粤审稻 2014002	华航 33 号	水稻	广东省	国家植物航天育种工程技术研究中心
141	2014	粤审稻 2014028	金航油占	水稻	广东省	国家植物航天育种工程技术研究中心

序号	年份	编号	品种名称	类别	级别	单位
142	2014	粤审稻 2014044	宁优 1179	水稻	广东省	华南农业大学植物航天育种研究中心
143	2014	粤审稻 2014048	Y 两优 191	水稻	广东省	国家植物航天育种工程技术研究中心
144	2015	川审稻 2015014	川谷优 908	水稻	四川省	四川省农业科学院生物技术核技术研究所
145	2015	滇审稻 2015013	花优 528	水稻	云南省	四川省农业科学院生物技术核技术研究所
146	2015	甘审豆 2015007	小康大豆 2 号	大豆	甘肃省	山丹县金粒种植有限责任公司
147	2015	赣审稻 2015002	徽两优航 1573	水稻	江西省	江西省超级水稻研究发展中心、安徽省农业科学院水稻研究所、南昌华天种业有限公司
148	2015	赣审稻 2015016	吉优航 1573	水稻	江西省	江西省农业科学院水稻研究所、江西省超级水稻研究发展中心、广东省农业科学院水稻研究所
149	2015	赣审稻 2015037	安优航 1573	水稻	江西省	江西省超级水稻研究发展中心、广东省农业科学院水稻研究所、江西天稻粮安种业有限公司
150	2015	国审玉 2015026	荣玉 1210	玉米	国家	四川农业大学玉米研究所
151	2015	闽审稻 2015005	广优 772	水稻	福建省	福建省农业科学院水稻研究所
152	2015	闽审稻 2015010	赣优 673	水稻	福建省	福建省农业科学院水稻研究所、江西省农业科学院水稻研究所
153	2015	闽审稻 2015011	广 8 优 673	水稻	福建省	中国种子集团有限公司、福建省农业科学院水稻研究所、广东省农业科学院水稻研究所、中种集团福建农嘉种业股份有限公司
154	2015	渝审玉 2015002	荣玉 1210	玉米	重庆市	四川农业大学玉米研究所

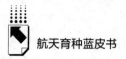

序号	年份	编号	品种名称	类别	级别	单位
155	2015	粤审稻2015004	华航36号	水稻	广东省	四川农业大学玉米研究所
156	2015	粤审稻2015014	五优1179	水稻	广东省	华南农业大学植物航天育种研究中心
157	2015	粤审稻2015016	Y两优1173	水稻	广东省	华南农业大学植物航天育种研究中心
158	2015	粤审稻2015044	天优1179	水稻	广东省	国家植物航天育种工程技术研究中心
159	2015	粤审稻2015059	顺两优1179	水稻	广东省	国家植物航天育种工程技术研究中心
160	2015	浙审豆2015001	浙鲜9号	大豆	浙江省	浙江省农业科学院作物与核技术利用研究所国家大豆改良分中心
161	2016	滇审稻2016006	云粳43号	水稻	云南省	云南省农业科学院粮作所
162	2016	赣审稻2016028	泰优航1573	水稻	江西省	江西省农业科学院水稻研究所、江西省超级水稻研究发展中心、广东省农业科学院水稻研究所
163	2016	国审麦2016012	烟农999	小麦	国家	山东省烟台市农业科学研究院
164	2016	国审麦2016029	航麦247	小麦	国家	中国农业科学院作物科学研究所
165	2016	鲁审玉20160023	鲁单2016	玉米	山东省	山东省农业科学院玉米研究所
166	2016	闽审稻2016001	泰优202	水稻	福建省	福建省农业科学院水稻研究所、广东省农业科学院水稻研究所
167	2016	闽审稻2016005	元优202	水稻	福建省	福建旺穗种业有限公司、福建省农业科学院水稻研究所、三明市农业科学研究院
168	2016	闽审稻2016009	华两优673	水稻	福建省	中种集团福建农嘉种业股份有限公司、福建省农业科学院水稻研究所
169	2016	黔审稻2016008	花香优1618	水稻	四川省	四川省农业科学院生物技术核技术研究所
170	2016	皖棉2016003	航棉12	棉花	安徽省	安徽绿亿种业有限公司

续表

序号	年份	编号	品种名称	类别	级别	单位
171	2016	新审稻 2016 年 11 号	新稻 49 号	水稻	新疆维吾尔自治区	新疆农业科学院温宿水稻试验站、新疆金丰源种业有限公司、新疆农业科学院核技术生物技术研究所
172	2016	粤审稻 2016003	华航 38 号	水稻	广东省	国家植物航天育种工程技术研究中心
173	2016	粤审稻 20160036	华航 48 号	水稻	广东省	广东华农大种业有限公司
174	2016	粤审稻 20160037	大丰糯	水稻	广东省	广东省农业科学院水稻研究所
175	2016	粤审稻 2016005	五优 1173	水稻	广东省	国家植物航天育种工程技术研究中心
176	2016	粤审稻 2016027	C 两优 1231	水稻	广东省	国家植物航天育种工程技术研究中心
177	2016	粤审稻 2016028	C 两优 191	水稻	广东省	国家植物航天育种工程技术研究中心
178	2016	粤审稻 2016038	恒丰优 1179	水稻	广东省	国家植物航天育种工程技术研究中心
179	2016	粤审稻 2016053	丰田优 1179	水稻	广东省	国家植物航天育种工程技术研究中心
180	2017	川审稻 20170007	锦花优 908	水稻	四川省	四川省农业科学院生物技术核技术研究所
181	2017	川审玉 20170008	金荣 1 号	玉米	四川省	四川农业大学
182	2017	甘审麦 20170004	银春 10 号	小麦	甘肃省	白银市农业科学研究所
183	2017	甘审麦 20170013	兰航选 122	小麦	甘肃省	甘肃省农业科学院小麦研究所、天水神舟绿鹏农业科技有限公司
184	2017	赣审稻 20170047	航新糯	水稻	江西省	南昌市农作物良种引育中心、广东省农业科学院水稻研究所
185	2017	国审稻 20170014	花优 357	水稻	国家	四川省农业科学院生物技术核技术研究所
186	2017	国审棉 20170004	航棉 12	棉花	国家	安徽绿亿种业有限公司
187	2017	黑审豆 2017018	合农 73	大豆	黑龙江省	黑龙江省农业科学院黑河分院

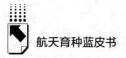

续表

序号	年份	编号	品种名称	类别	级别	单位
188	2017	辽审稻2017021	盐粳1402	水稻	辽宁省	辽宁省盐碱地利用研究所
189	2017	闽审稻20170020	野香优航148	水稻	福建省	福建兴禾种业科技有限公司、福建省农业科学院水稻研究所、广西绿海种业有限公司、福建禾丰种业股份有限公司
190	2017	闽审稻20170021	民优667	水稻	福建省	福建省农业科学院福州国家水稻改良分中心、福建省农业科学院水稻研究所
191	2017	粤审稻20170009	华航52号	水稻	广东省	国家植物航天育种工程技术研究中心
192	2017	粤审稻20170027	荣优1179	水稻	广东省	国家植物航天育种工程技术研究中心
193	2017	粤审稻20170032	乐两优1173	水稻	广东省	国家植物航天育种工程技术研究中心
194	2017	粤审稻20170041	育两优1173	水稻	广东省	广东华农大种业有限公司、华南农业大学农学院、国家植物航天育种工程技术研究中心
195	2017	粤审稻20170053	江航丝苗	水稻	广东省	江门市农业科学研究所
196	2017	粤审稻20170054	华航53号	水稻	广东省	国家植物航天育种工程技术研究中心
197	2018	滇审稻2018011号	花优683	水稻	云南省	福建省农业科学院水稻研究所、四川省农业科学院生物技术核技术研究所、福建农林大学
198	2018	甘审玉20180010	航玉35	玉米	甘肃省	天水神舟绿鹏农业科技有限公司
199	2018	赣审稻20180043	新泰优航0799	水稻	江西省	江西天稻粮安种业有限公司、江西省超级水稻研究发展中心、广东省农业科学院水稻研究所、宜春市袁州区海洲种业有限公司
200	2018	赣审稻20180054	软华优1179	水稻	江西省	国家植物航天育种工程技术研究中心、华南农业大学农学院、广东华农大种业有限公司

续表

序号	年份	编号	品种名称	类别	级别	单位
201	2018	国审麦 20180017	豫丰 11	小麦	国家	河南省豫丰种业有限公司、河南省科学院同位素研究所、河南省核农学重点实验室
202	2018	国审麦 20180069	航麦 2566	小麦	国家	中国农业科学院作物科学研究所
203	2018	津审豆 20180002	中黄 73	大豆	天津市	中国农业科学院作物科学研究所
204	2018	京审麦 20180003	航麦 501	小麦	北京市	中国农业科学院作物科学研究所
205	2018	闽审稻 20180013	内 6 优 673	水稻	福建省	福建省农业科学院水稻研究所、内江杂交水稻科技开发中心
206	2018	闽审稻 20180016	泰优 2165	水稻	福建省	福建省农业科学院水稻研究所、广东省农业科学院水稻研究所
207	2018	闽审稻 20180020	闽红两优 3 号	水稻	福建省	福建省农业科学院水稻研究所、中种集团福建农嘉种业股份有限公司
208	2018	闽审稻 20180024	紫两优 3 号	水稻	福建省	福建省农业科学院水稻研究所、中种集团福建农嘉种业股份有限公司
209	2018	青审麦 2018001	青麦 9 号（原名：航选 121）	小麦	青海省	湟中县种子经营管理站、青海大学农林科学院（青海省农林科学院）作物所
210	2018	陕审麦 2018014 号	航麦 287	小麦	陕西省	中国农业科学院作物科学研究所
211	2018	豫审麦 20180031	郑品麦 24 号	小麦	河南省	河南金苑种业股份有限公司
212	2018	粤审稻 20180002	华航 51 号	水稻	广东省	国家植物航天育种工程技术研究中心
213	2018	粤审稻 20180004	粤航新占	水稻	广东省	广东省农业科学院水稻研究所
214	2018	粤审稻 20180007	华航 56 号	水稻	广东省	国家植物航天育种工程技术研究中心

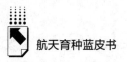

序号	年份	编号	品种名称	类别	级别	单位
215	2018	粤审稻 20180037	华航 58 号	水稻	广东省	国家植物航天育种工程技术研究中心
216	2018	粤审稻 20180043	华航 57 号	水稻	广东省	国家植物航天育种工程技术研究中心
217	2018	粤审稻 20180045	胜优华航 36	水稻	广东省	广东省良种引进服务公司
218	2018	粤审稻 20180049	深两优 1173	水稻	广东省	国家植物航天育种工程技术研究中心
219	2019	甘审玉 20190007	航玉 30	玉米	甘肃省	天水神舟绿鹏农业科技有限公司
220	2019	桂审稻 2019168 号	广 8 优 673	水稻	广西壮族自治区	广西兆和种业有限公司
221	2019	国审稻 20190157	深两优 1978	水稻	国家	国家植物航天育种工程技术研究中心
222	2019	国审稻 20196044	C 两优 673	水稻	国家	北京金色农华种业科技股份有限公司
223	2019	黑审稻 20190029	建航 1715	水稻	黑龙江省	黑龙江省建三江农垦吉地原种业有限公司、黑龙江省建三江九穗谷种业科技发展有限公司
224	2019	辽审玉 20190199	泰航 1 号	玉米	辽宁省	辽宁溢泰椿种业有限公司
225	2019	鲁审玉 20196069	鲁单 258	玉米	山东省	山东省农业科学院玉米研究所
226	2019	鲁审玉 20196070	鲁单 256	玉米	山东省	山东省农业科学院玉米研究所
227	2019	粤审稻 20190017	华航 61 号	水稻	广东省	国家植物航天育种工程技术研究中心
228	2019	粤审稻 20190018	华航 59 号	水稻	广东省	国家植物航天育种工程技术研究中心
229	2019	粤审稻 20190019	华航 62 号	水稻	广东省	国家植物航天育种工程技术研究中心
230	2019	粤审稻 20190049	深两优 1378	水稻	广东省	国家植物航天育种工程技术研究中心
231	2019	粤审稻 20190050	深两优 1578	水稻	广东省	国家植物航天育种工程技术研究中心
232	2020	川审玉 20202014	航单 618	玉米	四川省	四川科瑞种业有限公司

序号	年份	编号	品种名称	类别	级别	单位
233	2020	国审豆 20200031	中黄 73	大豆	国家	中国农业科学院作物科学研究所
234	2020	国审玉 20200469	靖玉 2 号	玉米	国家	曲靖市农业科学院
235	2020	陕审玉 2020034 号	陕航 3 号	玉米	陕西省	陕西中科航天农业发展股份有限公司、神舟绿鹏农业科技有限公司
236	2020	粤审稻 20200083	深两优 1978	水稻	广东省	国家植物航天育种工程技术研究中心
237	2020	粤审稻 20200088	航 5 优 1978	水稻	广东省	国家植物航天育种工程技术研究中心
238	2021	赣审稻 20210018	荃优航 1573	水稻	江西省	江西省超级水稻研究发展中心、安徽荃银高科种业股份有限公司
239	2021	赣审稻 20210048	航两优 1378	水稻	江西省	江西兴安种业有限公司、国家植物航天育种工程技术研究中心
240	2021	京审麦 20210003	航麦 3290	小麦	北京市	中国农业科学院作物科学研究所
241	2021	辽审稻 20210013	连粳 3 号	水稻	辽宁省	大连市特种粮研究所
242	2021	辽审稻 20210014	连粳 4 号	水稻	辽宁省	大连市特种粮研究所
243	2021	皖审麦 20210019	阜航麦 1 号	小麦	安徽省	阜阳市农业科学院

资料来源：农业农村部种业管理司。

表 2　获奖和科技成果

年份	名称	受奖情况	受奖单位	授奖单位
2002	航天水稻"Ⅱ优航 1 号"	国家科学技术进步一等奖	福建省农业科学院稻麦研究所	科技部
2002	航天小麦"太空 5 号"	国家"十五"新品种后补助二等奖	河南省农业科学院小麦研究所	科技部、农业部
2002	航天白莲 1、2、3 号新品种选育	江西省科技进步二等奖	江西省广昌县白莲科学研究所	江西省科学技术厅
2002	广昌太空莲推广	江西省农科教突出贡献二等奖	江西省广昌县白莲科学研究所	江西省委农村工作部

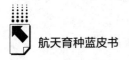

续表

年份	名称	受奖情况	受奖单位	授奖单位
2002	空间环境诱变育种技术研究	国家高校科学技术二等奖	黑龙江省农业科学院园艺分院	教育部
2002	利用空间诱变育种技术培育茄果类新品种	黑龙江省政府科技进步三等奖	黑龙江省农业科学院园艺分院	黑龙江省科学技术厅
2004	江西省地方标准《广昌白莲种苗》(DB/T429－2004)	江西省标准化科技成果三等奖	江西省广昌县白莲科学研究所	江西省质量技术监督局
2004	航天水稻"华航1号"	广东省农业技术推广奖一等奖	华南农业大学	广东省农业农村厅
2004	航天番茄"宇番1号"	黑龙江省农业科学技术奖一等奖	黑龙江省农业科学院园艺分院	黑龙江省农业委员会
2005	航天辣椒"宇椒1号"	黑龙江省农业科学技术奖一等奖	黑龙江省农业科学院园艺分院	黑龙江省农业委员会
		黑龙江省政府科技进步二等奖	黑龙江省农业科学院园艺分院	黑龙江省科学技术厅
2005	航天育种太空莲观赏莲花新品种选育	第六届中国花卉博览会科技成果三等奖	江西省广昌县白莲科学研究所	第六届中国花卉博览会
2008	水稻空间诱变育种技术研究与新品种选育	广东省科技奖一等奖	华南农业大学、广东省农业科学院植物保护研究所、广东省农业厅种子总站	广东省科学技术厅
2008	国家标准《广昌白莲》(GB/T20356－2006)	抚州市科技进步一等奖	江西省广昌县白莲科学研究所	抚州市科委
2008	大青杨航天育种	黑龙江省科技进步三等奖	黑龙江省朗乡林业局	黑龙江省科学技术厅
2009	航天水稻"金航丝苗"和"华航丝苗"	广东省农业技术推广奖一等奖	华南农业大学	广东省农业农村厅
2009	水产生物航天搭载与诱变育种研究	福建省科技进步二等奖	福建省水产研究所	福建省科学技术厅
2010		国家海洋局海洋创新成果二等奖		国家海洋局
2010	"太空6号"等航天诱变系列小麦新品种选育及其产业化	河南省科技进步二等奖	河南省农业科学院小麦研究所	河南省科学技术厅

年份	名称	受奖情况	受奖单位	授奖单位
2010	优质超级稻品种"培杂泰丰"	广东省农业技术推广奖一等奖	华南农业大学	广东省农业农村厅
2010	"宜优673"	福建省首届优质粥米暨再生稻米金奖	福建省农业科学院水稻研究所	福建省地产优质粥米暨再生稻稻米品质现场鉴评会
2011	玉米自交系"SCML203"和"SCML202"	四川省科技进步二等奖	四川农业大学玉米研究所	四川省科学技术厅
2011	模拟太空环境的观赏鱼离子轰击诱变技术	厦门市科技进步三等奖	福建省水产研究所	厦门市科委
2011	航天育种技术创新杂交水稻有益种质及其应用	福建省科学进步一等奖	福建省农业科学院水稻研究所	福建省科学技术厅
2013	"航蝴1号""航蝴2号"	第八届中国花卉博览会金奖、银奖以及深圳高交会优秀产品奖 第十三、十四届中国国际高新技术成果交易会优秀产品奖	深圳市农科植物克隆种苗有限公司	第八届中国花卉博览会、深圳高交会、第十三、十四届中国国际高新技术成果交易会
2013		深圳市科技进步（技术开发类）二等奖		深圳市科技创新委员会
2015	太空蝴蝶兰新品种选育及产业化生产	广东省科学技术奖励三等奖	深圳市农科植物克隆种苗有限公司	广东省科学技术厅
2016		深圳市自主创新科技类奖励项目三等奖		深圳市国资委
2014	优质香型超级稻宜优673选育与应用	福建省科学进步一等奖	福建省农业科学院水稻研究所	福建省科学技术厅
2014	优质三系杂交稻品种"软华优1179"	首届广东省水稻产业大会十大优质稻米第一名	华南农业大学	广东省水稻产业大会

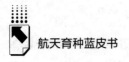

续表

年份	名称	受奖情况	受奖单位	授奖单位
2014	航天辣椒"宇椒2号"	黑龙江省农业科学技术奖一等奖	黑龙江省农业科学院园艺分院	黑龙江省农业委员会
2015	航天辣椒"宇椒7号"	哈尔滨市政府科技进步二等奖	黑龙江省农业科学院园艺分院	哈尔滨市科委
2016	优质超级稻品种"华航31号"	广东省农业技术推广奖一等奖	华南农业大学	广东省农业技术推广奖一等奖
2016	水稻生物育种技术体系创新与新品种创制应用	广东省科技奖一等奖	华南农业大学	广东省科学技术厅
2016	水稻航天生物育种关键技术与新品种选育研究	科技成果	华南农业大学、福建省农业科学院水稻研究所、四川省农业科学院生物技术核技术研究所、广西壮族自治区农业科学院、吉林省农业科学院、中国水稻研究所、广东省农业科学院植物保护研究所、广州华南农业大学科技实业发展有限公司	科技部
2016	优质高产抗逆水稻新品种"华航31号"推广应用	全国农牧渔业丰收奖二等奖	华南农业大学	农业农村部
	国标优质一级品种"华航48号"	优质稻食味品质鉴评中获第3名	华南农业大学	广东丝苗米产业联盟
2017	优质强筋小麦新品种"郑麦3596"等的选育及产业化	河南省科技进步二等奖	河南省农业科学院小麦研究所	河南省科学技术厅
2018	鲜食玉米辐射诱变育种体系的创建与应用	四川省科技进步三等奖	四川省农业科学院生物技术核技术研究所	四川省科学技术厅
2018	"莲爽"莲子汁	第十六届中国国际农产品交易会金奖	致纯食品股份有限公司	第十六届中国国际农产品交易会

年份	名称	受奖情况	受奖单位	授奖单位
2018	"莲爽"莲子汁	第十四届江西生态鄱阳湖绿色农产品(上海)展销会金奖	致纯食品股份有限公司	第十四届江西生态鄱阳湖绿色农产品(上海)展销会
2020	一种水稻空间诱变后代的育种方法	第六届广东专利优秀奖	华南农业大学	广东省人民政府

B.16
农业林业植物航天育种新品种保护名录

表1 航天育种新品种权名录

序号	申请号	作物	品种名称	申请日/授权日	申请人/品种权人
1	20183553.1	水稻	航新糯	2018－11－01	广东省农业科学院水稻研究所
2	20183470.1	水稻	航恢1508	2018－10－29	华南农业大学
3	20183471.0	水稻	航恢1378	2018－10－29	华南农业大学
4	20183472.9	水稻	航恢2018	2018－10－29	华南农业大学
5	20183473.8	水稻	航恢1978	2018－10－29	华南农业大学
6	20183474.7	水稻	华航51号	2018－10－29	华南农业大学
7	20183475.6	水稻	华航52号	2018－10－29	华南农业大学
8	20183476.5	水稻	航93S	2018－10－29	华南农业大学
9	20183162.4	水稻	粤航新占	2018－09－25	广东省农业科学院水稻研究所
10	20183043.9	水稻	航57S	2018－09－14	华南农业大学
11	20183044.8	水稻	华航48号	2018－09－14	华南农业大学
12	20183045.7	水稻	航10S	2018－09－14	华南农业大学
13	20182422.2	普通小麦	航麦287	2018－07－20	中国农业科学院作物科学研究所
14	20181246.8	普通小麦	兰航选122	2018－04－19	甘肃省农业科学院小麦研究所
15	20180859.8	食用萝卜	启航51	2018－03－13	北京大一种苗有限公司
16	20171751.6	水稻	泰优航1573	2017－07－10	江西省超级水稻研究发展中心
17	20170799.2	普通小麦	航黑麦1号	2017－04－10	烟台云增九天航天育种产品有限公司
18	20170800.9	花生	航花墨香	2017－04－10	威海发增航天育种科技开发有限公司
19	20170801.8	大豆	航豆1号	2017－04－10	烟台星辰航天育种科技有限公司
20	20170802.7	花生	航花红冠	2017－04－10	青岛太月航天育种技术开发有限公司

390

续表

序号	申请号	作物	品种名称	申请日/授权日	申请人/品种权人
21	20170803.6	花生	航育花1号	2017－04－10	蓬莱天星航天育种技术有限公司
22	20161680.3	普通小麦	航麦501	2016－09－27	中国农业科学院作物科学研究所
23	20161681.2	普通小麦	航麦3247	2016－09－27	中国农业科学院作物科学研究所
24	20161682.1	普通小麦	航麦3290	2016－09－27	中国农业科学院作物科学研究所
25	20161173.7	水稻	华航36号	2016－07－07	华南农业大学
26	20161174.6	水稻	华航37号	2016－07－07	华南农业大学
27	20161175.5	水稻	航恢1198	2016－07－07	华南农业大学
28	20160115	水稻	福恢2075	2016－01－22	福建省农业科学院水稻研究所
29	20100320.7	水稻	内优航148	2016－07－01	福建省农业科学院水稻研究所
30	20160989.3	水稻	跃恢航1698	2016－06－12	江西省超级水稻研究发展中心
31	20151689.5	普通小麦	航2566	2015－12－02	中国农业科学院作物科学研究所
32	20151620.7	芝麻	冀航芝3号	2015－11－26	河北省农林科学院粮油作物研究所
33	20151437	水稻	福恢202	2015－10－28	福建省农业科学院水稻研究所
34	20151380.7	玉米	航星118	2015－10－12	河南省天中种子有限责任公司
35	20151194.3	普通小麦	长航1号	2015－08－27	长武渭北旱塬小麦试验基地
36	20150577.2	普通小麦	航麦247	2015－05－12	中国农业科学院作物科学研究所
37	20150310.4	玉米	亚航670	2015－03－06	广西亚航农业科技有限公司
38	20141728.9	水稻	深两优华航31	2014－12－29	四川泰隆农业科技有限公司
39	20140807.5	水稻	福恢667	2014－07－31	福建省农业科学院水稻研究所
40	20141163.1	水稻	广优673	2014－10－28	福建省农业科学院水稻研究所
41	20140719.2	普通小麦	远航168	2014－07－01	刘丽丽
42	20140338.3	水稻	川航恢908	2014－03－17	四川省农业科学院生物技术核技术研究所
43	20130453.3	棉属	绿亿航天1号	2013－05－22	安徽绿亿种业有限公司
44	20130450.6	水稻	亚航恢8号	2013－05－20	广西亚航农业科技有限公司
45	20130296.4	水稻	金航油占	2013－04－06	华南农业大学
46	20130297.3	水稻	航恢1173	2013－04－06	华南农业大学
47	20130298.2	水稻	航恢1179	2013－04－06	华南农业大学
48	20120891.4	花生	航花2号	2012－10－09	广东省农业科学院作物研究所
49	20120892.3	花生	航花3号	2012－10－09	广东省农业科学院作物研究所
50	20120626.6	普通小麦	远航1号	2012－08－01	陈文超

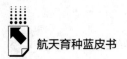

续表

序号	申请号	作物	品种名称	申请日/授权日	申请人/品种权人
51	20120626.6	普通小麦	远航1号	2012－08－01	陈文超 河南远航种业有限公司
52	20120517.8	普通小麦	航麦287	2012－06－15	中国农业科学院作物科学研究所
53	20120449.1	普通小麦	航麦901	2012－05－24	中国农业科学院作物科学研究所
54	20120206.4	水稻	航恢191	2012－03－01	华南农业大学
55	20120177.9	水稻	华航31号	2012－02－22	华南农业大学
56	20120178.8	水稻	航恢173	2012－02－22	华南农业大学
57	20120179.7	水稻	航恢179	2012－02－22	华南农业大学
58	20100493.8	大豆	科航豆1号	2010－06－24	中国科学院遗传与发育生物学研究所
59	20100423.3	普通番茄	航F5261	2010－06－01	华南农业大学
60	20100322.5	水稻	谷优航1号	2010－04－30	福建省农业科学院水稻研究所
61	20100321.6	水稻	谷优航148	2010－04－30	福建省农业科学院水稻研究所
62	20100320.7	水稻	内优航148	2010－04－30	福建省农业科学院水稻研究所
63	20100319	水稻	福恢148	2010－04－30	福建省农业科学院水稻研究所
64	20090968.7	玉米	航玉糯8号	2009－12－31	张宝树
65	20090691.1	水稻	天优673	2016－07－01	福建省农业科学院水稻研究所
66	20090692	水稻	川优673	2009－11－13	福建省农业科学院水稻研究所
67	20090297.9	水稻	航2号	2009－05－15	福建省农业科学院水稻研究所
68	20090298.8	水稻	福恢623	2009－05－15	福建省农业科学院水稻研究所
69	20090004.3	普通番茄	合航1号	2009－01－09	北京合信基业科技发展有限公司
70	20080396.4	水稻	福恢673	2008－07－29	福建省农业科学院水稻研究所
71	20080502.9	花生	航花1号	2008－10－08	广东省农业科学院作物研究所
72	20070122.3	水稻	Ⅱ优270	2007－03－05	福建省农业科学院水稻研究所
73	20070366.8	普通小麦	航麦1号	2007－07－21	石家庄大农航天育种研究中心
74	20040226.9	水稻	航恢7号	2007－07－01	华南农业大学
75	20040227.7	水稻	华航丝苗	2007－07－01	华南农业大学
76	20060765.0	水稻	两优航2号	2006－12－18	福建省农业科学院水稻研究所
77	20060766.9	水稻	Ⅱ优航2号	2006－12－18	福建省农业科学院水稻研究所
78	20060426	水稻	宜优673	2006－07－25	福建省农业科学院水稻研究所
79	20060384.1	水稻	博优航6号	2006－07－05	广西南宁三益新品农业有限公司

序号	申请号	作物	品种名称	申请日/授权日	申请人/品种权人
80	20050639.0	水稻	航恢 8 号	2005 – 11 – 04	华南农业大学
81	20050640.4	水稻	航恢 88	2005 – 11 – 04	华南农业大学
82	20050294.8	水稻	II 优 936	2005 – 05 – 23	福建省农业科学院水稻研究所
83	20050291.3	水稻	II 优航 148	2005 – 05 – 23	福建省农业科学院稻麦研究所
84	20040501.2	普通番茄	航遗 2 号	2004 – 11 – 18	中国科学院遗传与发育生物学研究所
85	20040318.4	普通番茄	航遗 2 号	2004 – 07 – 27	中国科学院遗传与发育生物学研究所
86	20040225.0	水稻	华航 1 号	2004 – 05 – 11	华南农业大学
87	20040226.9	水稻	航恢 7 号	2004 – 05 – 11	华南农业大学
88	20040227.7	水稻	华航丝苗	2004 – 05 – 11	华南农业大学
89	20040041.X	玉米	航天 1 号	2004 – 01 – 17	石家庄航天农业科技有限公司
90	20040042.8	玉米	航天 2 号	2004 – 01 – 17	石家庄航天农业科技有限公司
91	20040043.6	玉米	航天 3 号	2004 – 01 – 17	石家庄航天农业科技有限公司
92	20030520.4	水稻	航 98	2003 – 12 – 19	江西省农业科学院水稻研究所
93	20030428.3	水稻	特优航 1 号	2003 – 11 – 11	福建省农业科学院稻麦研究所
94	20030222.1	水稻	II 优航 1 号	2003 – 07 – 03	福建省农业科学院稻麦研究所
95	20030206.X	水稻	航 1 号	2003 – 06 – 16	福建省农业科学院稻麦研究所
96	20020235.9	黄瓜	航遗 1 号	2002 – 12 – 04	中国科学院遗传与发育生物学研究所
97	20184699.4	矮牵牛（碧冬茄）	苏蓓卡星空紫	2018 – 12 – 27	坂田种苗株式会社
98	20181306.5	谷子	太空黄 4 号	2018 – 04 – 24	山西恒穗航天育种研究中心
99	20181307.4	谷子	太空黄杂 5 号	2018 – 04 – 24	山西恒穗航天育种研究中心
100	20140168.8	草莓	太空草莓 2008	2014 – 02 – 17	北京郁金香生物技术有限责任公司
101	20140159.9	谷子	太空白露黄	2014 – 01 – 28	山西恒穗航天育种科研中心
102	20130818.3	普通小麦	太空 2008	2013 – 09 – 17	苏海
103	20130818.3	普通小麦	太空 2008	2013 – 09 – 17	苏海
104	20130389.2	菊属	寄之空	2013 – 05 – 13	昆明虹之华园艺有限公司
105	20100582.0	大麦属	空诱啤麦 2 号	2010 – 07 – 30	上海市农业科学院
106	20100554.4	大麦属	空诱啤麦 1 号	2010 – 07 – 20	上海市农业科学院

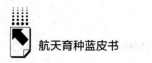

序号	申请号	作物	品种名称	申请日/授权日	申请人/品种权人
107	20060474.0	普通小麦	太空6号	2006 – 08 – 30	河南省农业科学院小麦研究所
108	20050165.8	兰属	太空兰花 – T	2005 – 03 – 11	中国科学院遗传与发育生物学研究所
109	20030063.6	普通小麦	太空5号	2003 – 03 – 17	河南省农业科学院
110	20040431.8	辣椒	宇椒2号	2004	黑龙江省农业科学院
111	20040443.1	辣椒	宇椒3号	2004	黑龙江省农业科学院
112	20040444.X	辣椒	宇椒4号	2004	黑龙江省农业科学院
113	20090024.9	辣椒	宇椒5号	2009	黑龙江省农业科学院
114	20090025.8	辣椒	宇椒6号	2009	黑龙江省农业科学院
115	20184247.1	辣椒	宇椒10号	2018	黑龙江省农业科学院
116	20184246.2	番茄	宇番3号	2018	黑龙江省农业科学院

B.17
授权的发明专利和行业标准名录

一 授权的发明专利

表1 授权的发明专利

名称	类别	专利号	专利权人	发明人	授权公告日
航天搭载型水产生物太空育种舱	实用新型	ZL200820145775.8	福建省水产研究所	林光纪、郭明忠、李庐峰、林燕、黄培民、杨火盛、蔡玉婷、吴伟力、郭杰松	2009-07-29
一种水产生物离子轰击诱变机	实用新型	ZL200920137027.X	福建省水产研究所	郭明忠、钟建兴、杨火盛、郑养福、黄培民、林燕、温凭	2010-01-20
一种水产生物航天诱变模拟设备	实用新型	ZL201020287187.5	福建省水产研究所	郭明忠、杨火盛、郑乐云、黄培民、林燕	2011-03-16
一种水产生物航天培养液	发明专利	ZL200910308275.0	福建省水产研究所	郭明忠、林光纪、林燕、黄培民、杨火盛、蔡玉婷	2011-09-21
一种鳕鱼受精卵保活装置	实用新型	ZL201120184332.1	福建省水产研究所	郭明忠、郑乐云、杨火盛、黄培民、郑养福、林燕	2012-01-04
一种提高航天搭载种子诱变效率的方法	发明专利	ZL200810112857.7	中国农业大学	张蕴薇、韩建国、任卫波、杨富裕、冯鹏、李健	2012-03-28
太空螺旋藻育种方法	发明专利	ZL200910181145.5	深圳市农科集团有限公司、中国科学院遗传与发育生物学研究所、深圳市绿得宝保健食品有限公司	卢运明、王维部、侯学瑛、刘敏、张小青、何穗华、姜静仪、张占路、夏青枝、何世强、郑林友、潘毅	2012-09-05

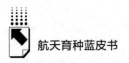

名称	类别	专利号	专利权人	发明人	授权公告日
一种水产生物航天运载方法	发明专利	ZL200910308269.5	福建省水产研究所	郭明忠、林光纪、黄培民、杨火盛、林燕、蔡玉婷	2013 - 01 - 09
一种鳎鱼受精卵保活方法	发明专利	ZL201110146181.5	福建省水产研究所	郭明忠、郑乐云、杨火盛、黄培民、郑养福、林燕	2013 - 01 - 09
一种水稻空间诱变后代的种植及收获方法	发明专利	ZL201310230125.9	华南农业大学	陈志强、郭涛、王慧、罗文龙、张建国、刘永柱	2014 - 7 - 30
一种利用 DNA 熔解温度分析水稻 $Pita$ 基因的功能标记	发明专利	ZL201310238711.8	华南农业大学	郭涛、罗文龙、陈志强、王慧、黄翠红、肖武名、刘永柱、张建国	2015 - 09 - 30
一种利用 DNA 熔解温度分析水稻 Wx 基因的功能标记 $Wx - a/b$ 及其使用方法和应用	发明专利	ZL201310238714.1	华南农业大学	郭涛、罗文龙、陈志强、王慧、周丹华、刘永柱、张建国	2015 - 09 - 30
一种水稻空间诱变后代的育种方法	发明专利	ZL201310230116.X	华南农业大学	陈志强、王慧、郭涛、刘永柱、张建国、肖武名	2016 - 1 - 10
一种利用 DNA 熔解温度分析水稻稻瘟病抗性基因的功能标记	发明专利	ZL201310238656.2	华南农业大学	郭涛、罗文龙、陈志强、王慧、黄翠红、肖武名、刘永柱、张建国	2016 - 3 - 9
一种批量提取水稻胚乳 DNA 的方法	发明专利	ZL201310238655.8	华南农业大学	郭涛、罗文龙、陈志强、王慧、陈海英、刘永柱、张建国	2016 - 03 - 30
一种基于高分辨率熔解曲线的多 SNP 鉴定方法	发明专利	ZL201410349635.2	华南农业大学	郭涛、罗文龙、王加峰、黄翠红、周丹华、陈志强、王慧	2016 - 8 - 17
应用 iTRAQ 技术研究水稻响应稻瘟病菌侵染蛋白质组变化的方法	发明专利	ZL201510228255.8	华南农业大学	王加峰、黄明、刘浩、董双玉、陈志强、王慧	2016 - 10 - 05

名称	类别	专利号	专利权人	发明人	授权公告日
一种航天诱变多叶型紫花苜蓿选育方法	发明专利	ZL201510066468.5	中国农业科学院兰州畜牧与兽药研究所	杨红善、常根柱、周学辉、柴小琴、包文生	2017 – 09 – 19
鉴别水稻千粒重基因 TGW6 野生型和突变体的分子标记	发明专利	ZL201510449502.7	华南农业大学	王加峰、郭涛、罗文龙、周丹华、陈志强、王慧	2018 – 06 – 29
一种研究水稻与病原物互作模式的方法	发明专利	ZL201510228221.9	华南农业大学	王加峰、杨瑰丽、孙大元、黄翠红、陈志强、王慧	2018 – 10 – 19
一种水稻千粒重基因 tgw6 突变体及其制备方法与应用	发明专利	ZL201510450316.5	华南农业大学	王加峰、黄翠红、郭涛、罗文龙、陈志强、王慧	2018 – 10 – 30
稻瘟病抗性相关基因 OsCOL9 的应用	发明专利	ZL201610029274.2	华南农业大学	王加峰、刘浩、董双玉、陈志强、王慧	2019 – 07 – 09

二　行业标准名录

表 2　行业标准名录

年份	名称	制订单位	级别
1998	《农作物空间诱变育种规范》	第二次全国航天育种技术交流研讨会	
2004	《广昌白莲种苗》（DB/T429 – 2004）	江西省广昌县白莲科学研究所	江西省地方标准
	《广昌白莲(太空莲)种苗繁育技术规程》	江西省广昌县白莲科学研究所	
	《绿色食品　广昌白莲生产技术规程》	江西省广昌县白莲科学研究所	
2008	《广昌白莲》（GB/T20356 – 2006）	江西省广昌县白莲科学研究所	国家标准
	《蝴蝶兰标准化生产管理规程》	深圳市农科植物克隆种苗有限公司	

B.18
国家级、省级航天育种搭载项目目录

表1 返回式卫星和飞船等空间飞行器搭载清单

国土普查卫星 JB-1/03(F2)	发射时间 1987-08-05—回收时间 1987-08-10	
中国科学院遗传研究所 黑龙江省农业科学院园艺研究所	甜椒、番茄、黄瓜、茄子、谷子、萝卜、大麦、甘草、西瓜、瓠子、西湖芦	无源
中国科学院植物研究所	绿豆、豌豆、大麦、黄瓜、人参、向日葵、石刁柏、东方罂粟、鸡冠花、三色堇、油松、白皮松、丝瓜	无源
中国科学院微生物研究所	蜡状芽孢杆菌、诺卡氏菌、钦氏削、黄杆菌、大肠埃希氏菌、桔青霉菌	无源
中国科学院遗传研究所	枯草芽孢杆菌、多粘芽孢杆菌、需氧芽孢杆菌	无源
中国科学院生物物理研究所	卤虫卵、TLD剂量计、塑料径迹探测器、核乳胶	无源
中国科学院高能物理研究所	核粒子探测器	无源
中国科学院上海植物生理研究所	小麦、玉米、高粱、青豆、黑豆、红皮胡萝卜、烟草、籼稻、粳稻、绿花菜、西瓜、烟草愈伤组织、胡萝卜愈伤组织、茶花愈伤组织、地中海诺卡氏菌、黑曲霉	无源
中国科学院上海昆虫研究所	果蝇	无源
法国 MATRA 公司	受控生态生命保障系统、微重力测量装置	无源
摄影定位卫星 JB-1A/01(F1)	发射时间 1987-09-09—回收时间 1987-09-17	
中国科学院植物研究所	绿豆、鸡冠花、黄瓜、石刁柏、豌豆、万寿菊、金盏菊	无源
中国科学院微生物研究所	蜡状芽孢杆菌、诺卡氏菌、钦氏菌、黄杆菌、大肠埃希氏菌、桔青霉菌	无源
中国科学院生物物理研究所	卤虫卵、TLD剂量计、塑料径迹探测器、核乳胶	无源
解放军农牧大学军事兽医研究所	米曲霉、黄曲霉、康氏木霉、黑曲霉	无源
摄影定位卫星 JB-1A/01(F2)	发射时间 1988-08-05—回收时间 1988-08-13	
中国科学院植物研究所	番茄、大豆、石刁柏、黄瓜	无源
中国农业科学院蔬菜花卉研究所	番茄	无源
中国农业大学	棉花	无源

摄影定位卫星 JB－1A/01（F2）	发射时间 1988－08－05—回收时间 1988－08－13	
中国科学院动物研究所	家蚕卵、赤拟谷盗、蝉、基因工程细胞、人癌细胞	无源
航天医学工程研究所 中国农业科学院蚕业研究所	家蚕卵	无源
中国科学院微生物研究所	蜡状芽孢杆菌、诺卡氏函、钦氏菌、黄杆菌、大肠埃希氏菌、桔青霉菌	无源
中国科学院遗传研究所	绿菜花	无源
中国科学院高能物理研究所	核粒子探测器、生物叠	无源
航天医学工程研究所	氟化锂剂量计、玻璃剂量计	无源
中国科学院上海植物生理研究所	小麦、烟草愈伤组织、胡萝卜愈伤组织、芹菜愈伤组织	无源
中国科学院昆明植物研究所	紫苏、野香草、露水草、三分三	无源
中国科学院水生生物研究所	中华植生藻、血球藻、栅藻、微囊藻、鞭枝藻、鱼腥藻、林氏念珠藻、地木耳、管链藻、螺旋藻、发菜、葡萄藻	无源
江西省宜丰县农业科学研究所	水稻	无源
广西农业大学	水稻	无源
德国 INTQSPACE 公司	COSIMA－1 空间蛋白质结晶装置	无源
摄影定位卫星 JB－1A/01（F3）	发射时间 1990－10－05—回收时间 1990－10－13	
中国科学院遗传研究所 黑龙江省农业科学院园艺研究所	甜椒、茄子	无源
中国科学院植物研究所	石刁柏幼苗、红花、大豆、番茄、黄瓜、螺旋藻	无源
中国农业大学	棉花	无源
中国科学院动物研究所	家蚕卵、基因工程细胞、杂交瘤细胞、人癌细胞	无源
航天医学工程研究所 中国农业科学院蚕业研究所	家蚕卵	无源
中国科学院微生物研究所	苏云金芽孢杆菌、环状芽孢杆菌、短芽孢杆菌、蜡状芽孢杆菌、铜绿假单孢菌、普通变形菌、珊瑚红球菌、星状诺卡氏菌、弗兰克氏根瘤菌、肇庆曲霉、灵芝、猴头	无源
中国科学院遗传研究所	庆大霉素产生菌	无源
中国科学院高能物理研究所	核粒子探测器、生物叠	无源
航天医学工程研究所	生物搭载舱系统（内装小白鼠、家蚕卵、果蝇）	无源

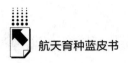

续表

摄影定位卫星 JB - 1A/01（F3）	发射时间 1990 - 10 - 05——回收时间 1990 - 10 - 13	
中国科学院上海植物生理研究所	小麦、赤霉菌	无源
中国科学院上海昆虫研究所	白纹伊蚊卵、蠹虫（成虫和幼虫）	无源
解放军农牧大学	高粱蔗	无源
解放军农牧大学军事兽医研究所	貂细小病毒、猪口蹄疫病毒、鸡法氏囊病毒、禽巴氏杆菌	无源
中国科学院昆明植物研究所	紫苏、野香草、吉龙草、露水草、三分三、香茶菜	无源
山东省莱阳农学院	花生	无源
中国农业科学院烟草研究所	烟草	无源
中国科学院水生生物研究所	石莼、泰国鱼腥藻、中华植生藻、紫球藻、螺旋藻、鞭枝藻、栅藻、稻田鱼腥藻	无源
中国科学院水生生物研究所	小球藻、草履虫、巨环旋轮虫、条斑紫菜、坛紫菜、管链藻、海带雄配子、海带雌配子	无源
江西农业大学农学院	烟草	无源
广西农业大学	水稻	无源
中国农业科学院作物育种栽培研究所	冬小麦	无源
国土普查卫星 JB - 1B/01（FI）	发射时间 1992 - 08 - 09——回收时间 1992 - 08 - 25	
中国科学院遗传研究所	莫能菌素生产菌	无源
中国科学院生物物理研究所	溶菌酶、蛇毒酸性磷脂酶 A2、斑头雁 Hb、蛇毒出血毒素、天花粉蛋白、伴刀豆球蛋白、胰岛素突变体、抗菌多肽、苦瓜子蛋白、慈姑抑制剂复合物	无源
中国科学院上海技术物理研究所	蛋白质结晶装置	无源
中国科学院水生生物研究所	小球藻、轮虫、螺旋藻、紫球藻、盐藻、鱼	无源
摄影定位卫星 JB - 1A/02（F1）	发射时间 1992 - 10 - 06——回收时间 1992 - 10 - 13	
中国科学院遗传研究所 黑龙江省农业科学院园艺研究所	甜椒、番茄	无源
中国科学院植物研究所	油菜、红花、石刁柏、石刁柏幼苗、黄瓜、黄瓜幼苗、紫花苜蓿、无芒雀麦	无源
中国科学技术协会 国家教委中国宇航学会	番茄种子	无源
中国科学院动物研究所	家蚕卵	无源

续表

摄影定位卫星 JB - 1A/02（F1）	发射时间 1992 - 10 - 06—回收时间 1992 - 10 - 13	
中国科学院动物研究所	基因工程细胞、杂交瘤细胞、人癌细胞	有源
中国科学院微生物研究所	乳酸杆菌、链霉菌、地衣芽孢杆菌、短芽孢杆菌、枯草芽孢杆菌、珊瑚红球菌、弗兰克氏根瘤放线菌	无源
中国科学院高能物理研究所	生物叠	无源
航天医学工程研究所	辐射剂量计包	无源
中国科学院上海植物生理研究所	小麦、梭状芽孢杆菌、头状轮生链霉菌、地中海诺卡氏菌、三角酵母多倍体 TVF1、大肠杆菌、基因工程菌	无源
中国科学院上海昆虫研究所	白纹伊蚊卵、蚕卵	无源
黑龙江省农业科学院作物育种研究所	春小麦	无源
山东省莱阳农学院	西芹、绿菜花、北沙参	无源
河南省农业科学院小麦研究所	小麦	无源
湖南省娄底地区农业农机学校	水稻	无源
江西省农业科学院水稻研究所	水稻	无源
江西省抚州地区农业科学研究所	水稻	无源
江西省农业科学院旱作物研究所	小麦	无源
浙江省农业科学院作物研究所	水稻	无源
摄影定位卫星 JB - 1A/02（F2）	发射时间 1993 - 10 - 08—未回收	
中国科学院植物研究所	黄瓜、棉花、黄瓜幼苗、石刁柏幼苗	无源
中国农业科学院原子能利用研究所	大豆、小麦	无源
中国科学院动物研究所	家蚕卵、桑籽	无源
中国科学院动物研究所	基因工程细胞、杂交瘤细胞、人癌细胞	有源
中国科学院高能物理研究所	核乳胶能谱叠、生物叠、核粒子探测器	无源
航天医学工程研究所	小型生物舱	有源
中国科学院上海植物生理研究所	小麦、大豆	无源
中国科学院上海昆虫研究所	白纹伊蚊卵、蚕卵	无源
河南省农业科学院小麦研究所	小麦	无源
武汉大学生命科学学院遗传研究所	水稻	无源
湖南省岳阳县农业科学研究所	水稻、辣椒	无源
江西省抚州地区农业科学研究所	西瓜、水稻	无源

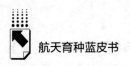
续表

国土普查卫星 JB－1B/01（F2）	发射时间 1994－07－03—回收时间 1994－07－18	
中国科学院遗传研究所 黑龙江省农业科学院园艺研究所	甜椒、番茄、菜豆	无源
中国科学院植物研究所	黄瓜、泡胀的绿豆、泡胀的红花、发芽的石刁柏、发芽的小麦、发芽的玉米	无源
中国农业科学院原子能利用研究所	大豆、红小豆、小麦	无源
中国科学院动物研究所	杂交瘤细胞、巨噬细胞	有源
中国科学院微生物研究所	尼扣霉素生产菌、圈卷产色链霉菌、妥布拉霉素生产菌、巨大芽孢杆菌、JZ－23－4 酵母菌、2DF－48 酵母菌、γ－淀粉酶生产菌、空间电泳防霉液	有源
中国科学院遗传研究所	绿豆、红小豆、豇豆、菜豆、番茄	无源
中国科学院生物物理研究所	蛇毒酸性磷脂酶 A2、血红蛋白、青霉素酰化酶、蛇毒出血毒素、蝎毒蛋白、天花粉蛋白、胰岛素等 10 种蛋白质	有源
中国科学院高能物理研究所	核乳胶探测器、核粒子、探测器、生物叠	无源
航天医学工程研究所	小型生物舱、辐射剂量仪	有源
中国科学院上海植物生理研究所	小麦、大麦、拟南芥菜、大豆	无源
中国科学院上海植物生理研究所	头孢菌素酰化酶基因工程菌、D－氨基酸氧化酶菌株三角酵母	有源
中国科学院上海昆虫研究所	白纹伊蚊卵、天蚕蛹	无源
中国科学院上海技术物理研究所	蛋白质结晶装置（原装置的改进型）、空间细胞生物反应器	有源
黑龙江省农业科学院绥化农业科学研究所	水稻	无源
黑龙江省农业科学院作物育种研究所宝清试验站	大豆	无源
东北林业大学	露地栽培菊、毛百合	无源
中国农业科学院甜菜研究所	甜菜	无源
黑龙江大学生物研究所	甜菜、绿菜花	无源
新疆维吾尔自治区奎屯农七师农业科学研究所	小麦、棉花	无源
五院五一〇研究所	微生物空间培养箱、DW 型空间微重力频谱测量系统	有源
兰州大学	红豆草、苜蓿、沙打旺、枸杞子、番茄、小麦	无源

续表

国土普查卫星 JB－1B/01（F2）	发射时间 1994－07－03—回收时间 1994－07－18	
四川农业大学玉米研究中心	玉米	无源
四川省凉山昭觉农业科学研究所	苦荞	无源
云南省师范大学	水稻、油菜、烟草	无源
山西省农业科学院经济作物研究所	谷子、向日葵、小麦、芝麻、蓖麻	无源
河北省农业科学院蔬菜花卉研究所	番茄、黄瓜、韭菜	无源
山东省农业科学院原子能农业应用研究所	小麦	无源
河南省农业科学院小麦研究所	小麦	无源
河南省农业科学院烟草研究所	烟草	无源
安徽省农业科学院作物研究所	白菜型油菜新品种（系）	无源
中国科技大学生命科学学院	西瓜、烟草	无源
武汉大学生命科学学院遗传研究所	水稻	无源
湖北农学院（现长江大学农学院）	红麻	无源
湖南省岳阳县农业科学研究所	水稻	无源
江西省抚州地区农业科学研究所	水稻	无源
江西省南昌市双菜科学研究所	番茄、辣椒、茄子	无源
江西省广昌县白莲科学研究所	白莲	无源
浙江省农业科学院作物研究所	水稻	无源
浙江省丽水地区农业科学研究所	水稻	无源
浙江省平湖市西瓜豆类研究所	西瓜	无源
国土普查卫星 JB－1B/01（F3）	发射时间 1996－10－20—回收时间 1996－11－04	
中国科学院遗传研究所 黑龙江省农业科学院园艺研究所	尖椒、甜椒、番茄、茄子、菜豆、小丽菊、一串红	无源
中国科学院植物研究所	吸胀的石刁柏	有源
中国科学院遗传研究所 中国空间技术研究院	黄瓜、玉米、花生、白菜、白萝卜、棉花、仙客来、仙客来（紫大花）、百合、鸢尾（黄色）、一品红、万寿菊、三色堇、云南红花、山葡萄、河南海棠、美国石竹（白）、美国石竹（紫）、美国石竹（粉、带边）、麦秆菊、金盏菊、风铃草、醉蝶、黄色波斯菊、金鸡菊、硫华菊、孔雀草、紫菀花、楼斗菜、松果菊、蕨叶蓍、黄花楼斗菜、八月菊、小丽菊、蜀葵、黄菖蒲、飞燕草、黑心菊、矮牵牛	无源

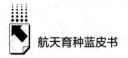

续表

国土普查卫星 JB−1B/01(F3)	发射时间 1996−10−20—回收时间 1996−11−04	
北京市大兴县政府 中国空间技术研究院	西瓜、甜瓜	无源
中国农业科学院原子能利用研究所	黑豆、大麦、小麦、玉米、向日葵、高粱	无源
中国农业科学院作物育种栽培研究所	小麦、玉米、水稻	无源
中国农业科学院品种资源研究所	小麦	无源
中国农业科学院蔬菜花卉研究所	番茄、辣椒	无源
中国农业科学院畜牧研究所	紫花苜蓿、沙打旺、红三叶、白三叶、多花黑麦草、多年生黑麦草	无源
中国农业大学植物科学技术学院	水稻	无源
中国科学院微生物研究所	圈状链霉菌、自生固氮细菌、光合细菌	有源
中国科学院微生物研究所中国农业科学院原子能利用研究所	平菇、金针菇	有源
中国科学院遗传研究所	大豆、油菜、番茄、绿豆、红小豆、豇豆、菜豆、小麦、大麦、高粱、草莓、康乃馨、兰花、杜仲、嗜热脂肪芽孢杆菌、糖化霉产生菌、烟草	无源
中国科学院遗传研究所	大肠杆菌、枯草芽孢杆菌	有源
中国科学院高能物理研究所	核乳胶探测器、核粒子、探测群、生物叠	无源
航天医学工程研究所	辐射剂量仪、小型生物舱	有源
中国科学院上海植物生理研究所	圆红萝卜萌发种子、头孢菌素酰化酶基因工程菌、链霉素抗性质粒、大肠杆菌、变青链霉菌	有源
中国科学院上海昆虫研究所	果蝇、白纹伊蚊卵	有源
中国科学院上海昆虫研究所 浙江农业大学	天蚕卵	有源
中国科学院上海生理研究所	乌龟	有源
中国科学院上海脑研究所	怀孕 Sprague−Dawley 大鼠的脑细胞	有源
中国科学院上海技术物理研究所	空间通用生物培养箱	有源
中国科学院上海技术物理研究所 中国科学院上海硅酸盐研究所	空间晶体生长观察装置	有源
黑龙江省农业科学院作物育种研究所	小麦	无源
黑龙江省农业科学院水稻二所	水稻	无源

续表

国土普查卫星 JB - 1B/01(F3)	发射时间 1996 - 10 - 20——回收时间 1996 - 11 - 04	
黑龙江省五常市种子公司	水稻	无源
黑龙江省农垦科学院作物研究所	大豆	无源
东北农业大学	大豆	无源
东北林业大学	毛百合、刺五加、鸢尾	无源
哈尔滨工业大学	百合	无源
中国农业科学院甜菜研究所	甜菜	无源
黑龙江省农业科学院经济作物研究所	亚麻	无源
黑龙江中医学院	黄芩	无源
吉林省农业科学院水稻研究所	水稻	无源
吉林省通化市农业科学院	水稻	无源
吉林省吉林市农业科学院水稻研究所	水稻	无源
吉林省四平市农业科学院玉米研究所	玉米	无源
吉林省农业科学院玉米研究所	玉米	无源
吉林省农作物新品种引育中心	玉米	无源
吉林省长春市农业科学院	高油玉米自交系春123	无源
吉林省农业科学院大豆研究所	大豆	无源
吉林省蔬菜花卉研究所	白菜	无源
中国农业科学院特产研究所	人参	无源
辽宁省朝阳市农业高新技术研究所	春小麦	无源
辽宁省微生物研究所、中国科学院空间科学与应用研究中心	香菇、平菇、金针菇、木耳、榆耳、羊肚菌、灰树花、灵芝、冬虫夏草、桑树花、饲料酵母菌	无源
新疆农业科学院经济作物研究所	棉花、甜菜	无源
新疆吐鲁番地区农业科学研究所	长绒棉、陆地棉	无源
新疆生产建设兵团农一师农业科学研究所	长绒棉、陆地棉	无源
新疆农业科学院园艺研究所	哈密瓜	无源
山东省农业科学院原子能农业应用研究所	小麦、棉花	无源

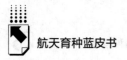
续表

国土普查卫星 JB – 1B/01（F3）	发射时间 1996 – 10 – 20—回收时间 1996 – 11 – 04	
山东省莱州市农业科学院玉米研究所	玉米、白菜	无源
山东省烟台市农业科学研究院山东省烟台市农业学校	大葱、黄瓜、茄子	无源
山水省烟台市农业科学研究院	甘薯、矢车菊、矮牵牛、猴面花、瓜叶菊、紫罗兰、三色堇	无源
河南省农业科学院小麦研究所	小麦	无源
中国农业科学院棉花研究所	棉花	无源
河南驻马店制药厂浙江省新昌制药股份有限公司	螺旋霉素菌株	无源
安徽省农业科学院作物研究所	油菜	无源
中国科技大学生命科学学院	茯苓、杜仲、贝母、石斛、人参、烟草、油菜、绿豆、蚕豆、西瓜	无源
江苏省第四制药厂	洁霉素菌株	无源
中国农业科学院油料研究所	油菜、芝麻、大豆	无源
湖北华中农业大学	香菇、黑木耳、苏云氏金杆菌	无源
中国科学院水生生物研究所	暹罗鱼腥藻、螺 – 藻系统、Poterioochromonas + chlorella、collodictyon + Microcystis、Synechococ-cus、Carteria、Oscillato-ria	有源
湖南省娄底地区农业农机学校	水稻	无源
国家杂交水稻工程技术研究中心、湖南省经济技术开发研究中心、中国科学院大地构造研究所	水稻	无源
江西省抚州地区农业科学研究所	水稻	无源
江西省广昌县白莲科学研究所	白莲	无源
江西制药有限公司	庆大霉素、小诺霉素、棒酸产生菌	无源
浙江省农业科学院作物研究所	水稻	无源
浙江省农业科学院原子能研究所	水稻	无源
中国水稻研究所	水稻	无源
浙江省杭州中美制药有限公司	环孢素菌株	无源
电子部第五十二研究所	星载磁光盘数据记录仪	有源
福建省农业科学院	水稻	无源

续表

国土普查卫星 JB－1B/01（F3）	发射时间 1996－10－20—回收时间 1996－11－04	
福建省农业科学院土壤肥料研究所、福建省农业科学院红律研究中心	紫云英	无源
福建省农业科学院红萍研究中心	红萍孢子果	无源
广西农业大学	水稻	无源
中国热带农业科学院园艺研究所	黄瓜、甜瓜、番茄	无源
中国热带农业科学院橡胶研究所	桉树、木荷	无源
中国热带农业科学院农牧研究所	柱花草、银合欢	无源
广东省农业科学院水稻研究所	水稻	无源
华南农业大学	水稻、丝瓜、番茄、黄瓜	无源
广东省广州市园林科学研究所	四川小蕙、海南小蕙、企剑墨兰、四季墨兰、四季大青墨兰、荷包花、穗冠	无源
"神舟二号"飞船	发射时间 2001－01－10—回收时间 2001－01－16	
中国科学院遗传与发育生物学研究所	三叶草、紫花苜蓿、新疆紫草、碱篷草、盐生芦苇、棉石远321、黄瓜、西瓜、种北瓜、南瓜、丝瓜、冬瓜、甜瓜、胡萝卜、大葱、大蒜、豇豆、红番茄1、天鹰椒、甜椒、大豆	
中国农业科学院	农作物种子	
北京市农林科学院	大麦、玉米、大白菜、黄瓜、番茄、甜椒、甜瓜、西瓜、草莓、葡萄、壁峰蚕	
中国空间技术研究院501所	酵母菌、红曲菌、捷霉素菌、紫杉醇生产菌、青霉素菌、水合酶	
航天二院（中国航天科工集团第二研究院）	香椿树种	
江西省抚州农业科学院	水稻、羽衣甘蓝、凤仙花、山胡椒、南城淮山35条	
南京农业专科学校	花卉、青菜种子	
大兴航天育种基地	小麦、玉米、谷子、莜麦、水稻、油菜、土豆、番茄、青椒、黄瓜、洋葱、韭菜、茄子、甜瓜、白萝卜、烟草、仙客来、肥力高菌种	
上海农工商集团	棉花、板蓝根、水稻	
攀枝花天祥公司	石榴、杧果、青豇、卡柄芥香芋、冬菜、甘－1	
江苏苏州木楼镇	南瓜、萝卜、甘蓝、辣椒	
河南中牟县	甜椒	

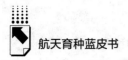

续表

"神舟二号"飞船	发射时间 2001 – 01 – 10—回收时间 2001 – 01 – 16
河南香椿研究中心(河南省农业科学院农副产品加工研究中心)	香椿树种
云南航天局	花卉种子、烟草、胡萝卜、辣椒、西红柿、水稻、橘红灯台报春、紫花雪山报春、鸢尾、三七、甜玉米、中糯、黑糯
"神舟三号"飞船	发射时间 2002 – 03 – 25—回收时间 2002 – 04 – 01
中国科学院遗传与发育生物学研究所	各国耐旱草籽
中国运载火箭技术研究院	烟草
航天二院(中国航天科工集团第二研究院)	香椿
中国空间技术研究院 501 所	紫杉醇真菌
中国医学科学院药用植物研究所	中草药
北京市农林科学院	农作物、蔬菜
甘肃省航天育种工程技术研究中心	紫花苜蓿
广西农业大学	核基板 + 稻粒
上海农工商总公司现代农业研究中心	棉花、板蓝根、水稻等
北京大兴航天育种基地	蔬菜、花卉
攀枝花生态农业有限公司	水稻、玉米、小麦、油菜、马铃薯、中草药、蔬菜、红曲真菌
河南中牟种子开发中心	甜椒
河南香椿研究中心(河南省农业科学院农副产品加工所研究中心)	香椿
西安恒通集团(陕西恒通果汁集团股份有限公司)	彩棉、拐枣、泰乐菌素菌株、林可霉菌株
"神舟四号"飞船	发射时间 2002 – 12 – 30—回收时间 2003 – 01 – 05
中国科学院遗传与发育生物学研究所	花草、粮食、中草药、烟、旱生牧草、生物农药、酒曲
中国医学科学院药用植物研究所	中药材种子
中国农业科学院兰州畜牧与兽药研究所	菌种
中国食品发酵工业研究院有限公司	链酶菌 22 小管

续表

"神舟四号"飞船	发射时间 2002 – 12 – 30—回收时间 2003 – 01 – 05
中国空间技术研究院三产总公司	试管苗、种子 10 管
山东省农业科学院原子能农业应用研究所	中草药、花卉种子 2 包
哈尔滨工业大学	水稻
重庆市中药研究院	冬虫夏草菌种、冬虫夏草蝙蛾
神舟生物科技有限责任公司空间生物实验室	菌种 5 管
北京东方红航天生物技术股份有限公司	菌种 2 管
中国高科技产业化研究会	种子
江西省广昌县白莲科学研究所	白莲
北京大兴航天育种基地	种子
北京北方红豆杉科技有限责任公司	紫杉醇干种 2 种、红豆杉试管苗
阳光苗木有限公司	杨树组培试管苗
北京颖维超商贸有限公司	种子 5 小包
攀枝花农业公司	中草药、农作物、蔬菜 2 包
四川公司	蔬菜等 1 包
北京飞鹰农业公司	试管苗 2 管
同德兽药公司（深州同德兽药有限公司）	菌种
中青联	种子 51 袋
第 18 颗返回式卫星、尖兵四号 CZ – 2D	发射时间 2003 – 11 – 03—回收时间 2003 – 11 – 21
中国农业科学院畜牧研究所	紫花苜蓿
福建省农业科学院水稻研究所	水稻
第 20 颗返回式卫星、尖兵四号 CZ – 2D	发射时间 2004 – 09 – 27—回收时间 2004 – 10 – 13
福建省农业科学院水稻研究所	水稻
江西省广昌县白莲科学研究所	白莲
中国科学院遗传与发育生物学研究所	植物种子、花卉种子、试管苗、绿豆
中国科学院昆明植物研究所	种子

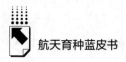
续表

第20颗返回式卫星、尖兵四号 CZ-2D	发射时间 2004-09-27—回收时间 2004-10-13	
中国科学院成都生物研究所	种子	
中国农业科学院土肥研究所	菌种	
中国医学科学院药用植物研究所	菌种	
山西省农业科学院玉米研究所	玉米	
江西省农业科学院	种子	
重庆中药研究院	菌种	
郑州市蔬菜研究所	白菜、黄瓜、辣椒、萝卜	
广州农业科学研究所	茄子、番茄、辣椒	
北京航空航天大学生物系	菌种	
哈尔滨工业大学	种子	
云南农业大学	菌种	
贵州大学	种子	
中日友好医院	菌种	
山东省菏泽市科技协会	大豆	
重庆江津种子公司	水稻、谷子	
吉林省驻京办事处	种子	
东方红宇航生物公司	种子、菌种	
天水绿鹏农业科技有限公司	花卉种子	
内蒙古巴盟富达种苗种植有限公司	种子	
江西省种子公司	种子	
海南百瑞祥农业有限公司	番木瓜、西番莲	
北京飞鹰农业公司	种子、葡萄试管苗	
山西省稷县农业局	枣枝条	
陕西杨陵科技节水有限公司	种子	
武汉汉龙种群公司	丝瓜、瓠瓜	
石家庄航天农业有限公司	玉米	
山西蚕桑中心	枝条	
北京航天绿源公司	大豆、坛紫菜	
北京植物研究所	各种花卉种子	

第 20 颗返回式卫星、尖兵四号 CZ - 2D	发射时间 2004 - 09 - 27—回收时间 2004 - 10 - 13	
绿萌	6 小袋	
山东三行集团(山东三星集团有限公司)	苹果枝条	
广西钦州	种子	
"尖兵二号"返回式 21 号卫星	发射时间 2005 - 08 - 03—回收时间 2008 - 08 - 30	
中国空间技术研究院生物实验室	菌种	
中国空间技术研究院 510 所	种子	
中国空间技术研究院 518 所	种子	
东方红宇航技术有限公司	红豆、烟子	
北京市园林科学研究院	花卉种子	
山西省农业科学院作物研究所	玉米	
广东省佛山市农业科学院	种子	
江西省农业科学院	种子	
福建省厦门水产研究所	鱼卵细胞	
长春彩色君子兰培育推广中心	君子兰	
长春日惠食用菌研究所	食用菌菌种	
邯郸蔬菜研究所	种子	
天水绿鹏农业科技有限公司	种子	
石家庄航天农业科技有限公司	玉米、甘蓝	
河北武邑县富研瓜菜种苗中心	甜瓜	
北京生科世纪生物技术有限公司	菌种、粉(核苷酸)	
海南文昌创利农业开发有限公司	西瓜籽	
北京飞鹰农业公司	种子	
湖南酒厂(制药厂)	酒曲	
"实践八号"育种卫星	发射时间 2006 - 09 - 09—回收时间 2006 - 09 - 24	
中国科学院遗传与发育生物学研究所	种子、玉米	
中国医学科学院药用植物研究所	板蓝根等多个中药品种	
中国空间技术研究院神舟实业公司生物实验室	Q10 菌种	

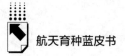

续表

"实践八号"育种卫星	发射时间 2006 - 09 - 09—回收时间 2006 - 09 - 24	
福建省厦门水产研究所	水产生物	
浙江农林大学	覆盆子	
青海省西宁市农业科学院	种子	
绍兴市农业科学院	水稻	
天水绿鹏农业科技有限公司	种子、酒曲	
河南武县绿化怀药保健品公司	牛膝、地黄、山药、菊花试管苗	
北京森工高科技有限公司	树种	
湖南靖州县科技信息研究所	杨梅	
盘锦市芦苇研究所	种子	
北方大陆生物工程公司	超力康保健品	
新疆昌农种业公司	西瓜、甜瓜籽	
天津农科	种子	
北京飞鹰农业公司	试管苗、种子	
辽宁彰武县	豆、小米、花生	
江苏泰兴市	白果	
福建省农业科学院水稻研究所	水稻	
黑龙江省农业科学院草业研究所	紫花苜蓿	
中国农业科学院草原研究所	紫花苜蓿	
"神舟八号"飞船	发射时间 2011 - 11 - 01—回收时间 2011 - 11 - 17	
中国农业科学院兰州畜牧与兽药研究所、草原研究所	紫花苜蓿、燕麦、猫尾草、红三叶	
航天神舟生物科技集团有限公司	藿香、葫芦巴、党参、紫苏、荆芥、牛膝、番茄试管苗	
"天宫一号"目标飞行器	发射时间 2011 - 9 - 29	
中国农业科学院兰州畜牧与兽药研究所	紫花苜蓿、燕麦	
"神舟九号"飞船	发射时间 2012 - 06 - 16—回收时间 2012 - 06 - 29	
中国科学院植物研究所	植物愈伤组织、种子	
中国农业科学院	枯草芽孢杆菌	
中国农业大学	甜高粱	
中国空间学会	菌种	
江西省农业科学院	芦笋、小麦	

续表

"神舟九号"飞船	发射时间 2012－06－16—回收时间 2012－06－29	
福建省厦门水产研究所	河豚毒素菌株	
国家粮食研究院（国家粮食和物资储备局科学研究院）	菌种、种子	
航天神舟生物科技集团有限公司	菌种	
天辰医药实验室	果蝇	
天辰公司	试管苗、种子	
西安国家航天产业基地航天育种产业园	农作物、蔬菜、花卉种子	
燕京啤酒集团	大麦、酵母菌	
中国纸业湖南茂林公司	种子、组培苗	
陕西中科航天农业发展股份有限公司	玉米、小麦、酒曲	
深圳市农科集团有限公司	种子、试管苗	
山西沁州航天育种研究所	谷子	
浙江铜墙铁壁原生态农业科技开发有限公司	水稻、蔬菜种子	
贵州九工坊酒业股份有限公司	酒曲	
甘肃滨河食品工业（集团）有限责任公司	酒曲（再次搭载）	
湖南景鹏控股集团有限公司	菌种（扣囊拟内孢霉、白地霉、康氏木霉）	
武威金苹果有限责任公司	西瓜、南瓜种子	
航天投资公司	水稻	
张掖基地	玉米	
湖南红豆杉苗圃	红豆杉	
"神舟十号"飞船	发射时间 2013－06－11—回收时间 2013－06－26	
中国科学院植物研究所	构树、构树种子、愈伤组织（4管）	
中国农业科学院兰州畜牧与兽药研究所	紫花苜蓿、黄花矾松、沙拐枣	
中国热带农业科学院	甘蔗种子、试管苗（3瓶）、菌种（3管）	
江西省农业科学院	芦笋、水稻、甜瓜种子	
福建省水产研究所	野雅椿种子、三眼恐龙虾干卵菌种（2管）	
大连工业大学	菌种	

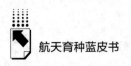

续表

"神舟十号"飞船	发射时间 2013 – 06 – 11—回收时间 2013 – 06 – 26	
河北工业大学	牡丹、番茄、玉米、辣椒种子	
华南农业大学	林木、水稻、玉米种子	
中国人民解放军总医院(301 医院)	细胞(90 小管)	
神舟绿鹏农业科技有限公司	西瓜、黄瓜、番茄种子、芦竹等、试管苗(5 瓶)	
天辰实业有限公司航天育种研究室	水稻、玉米、花卉、花生、丹参、俄罗斯苜蓿种子\试管苗(6 瓶)	
航天神舟生物科技集团有限公司	铁皮石斛、人参	
北京市顺义区燕京啤酒有限公司	酵母干粉(1 管)、微生物菌种(2 管)	
辽宁彰武航天育种公司	人参、西洋参、杨树、松树、玉米、大豆种子	
内蒙古自治区托克托县	绿豆、苜蓿等牧草种子	
河南北方花卉公司	树种子	
陕西中科航天农业发展股份有限公司	石榴、小麦种子、酒曲、试管苗(4 瓶)	
天水神舟绿鹏农业科技有限公司	蔬菜、玉米、小麦、牧草种子	
张掖神舟绿鹏农业科技有限公司	玉米种子	
青海农业公司	牧草、玫瑰、蔬菜种子	
福建莆田新美农业公司	蔬菜种子	
深圳市农科集团有限公司	蔬菜花卉种子、兰花花蕾(2 管)、试管苗(4 瓶)	
云南普洱市	咖啡、茶树种子	
海南航天育种研发中心	油菜、甜瓜、南瓜、萝卜种子	
"嫦娥五号"T1 载人返回飞行试验器	发射时间 2014 – 10 – 24—回收时间 2014 – 11 – 01	
中国空间技术研究院空间生物实验室	拟南芥、水稻、丹参、黄芪、柴胡、薰衣草、迷迭香、洋甘菊、板蓝根、紫锥菊、草原松果菊、淡紫松果菊、红秋葵、黄秋葵、荆芥、党参、印度葫芦巴、临河葫芦巴、紫苏、藿香、牛膝、薰衣草、蓝草莓、柠檬薄荷、大豆、意大利番茄、俄罗斯黑麦、苜蓿王、俄苜蓿、苜蓿、俄罗斯葡萄、辣椒,茄子、铁皮石斛、金线莲、葡萄、草莓试管苗、螺丝椒、甜椒、圆茄、牛角椒	
"实践十号"返回式卫星	发射时间 2016 – 04 – 06—回收时间 2016 – 04 – 18	
中国农业科学院兰州畜牧与兽药研究所	苜蓿、红三叶、燕麦	
江西省广昌县白莲科学研究所	白莲	
中国科学院动物研究所	小鼠胚胎	

续表

"实践十号"返回式卫星	发射时间 2016－04－06—回收时间 2016－04－18	
华南农业大学	水稻、花卉	
福建农林大学	芥蓝、茶树、水仙花	
河北工业大学	金莲花、黄瓜、白菜、水稻、非洲菊、百合、唐菖蒲、海边木槿、棉花	
中国热带科学院热带生物技术研究所	橡胶试管苗、甘蔗、芦笋	
中国热带科学院南亚热带作物研究所	茄子	
中国热带科学院品质研究所	黄秋葵、西瓜	
深圳市农科集团有限公司	微藻试管、蝴蝶兰组培苗、大豆、黑麦草、堰麦草、垂穗披碱草、辣木、黄秋葵	
湛江市农垦局	甘蔗、麻、剑麻、蓝剑麻	
滨州泰裕麦业公司	小麦	
东营明润公司	野生大豆、大豆、苦马豆、小叶野决明、柳树	
宁夏回族自治区中卫市中宁县枸杞局	枸杞	
江西省农业科学院	小西瓜、甜瓜、水稻、辣椒、丝瓜、芦笋	
上海交通大学	番茄	
福建省水产研究院	紫菜果子、泥鳅受精卵	
中国农业科学院兰州畜牧与兽药研究所	紫花苜蓿、红三叶、燕麦、淫羊藿	
河北省张家口市林业科学院	燕麦、海棠、葡萄	
山东省济源市农业科学院	冬凌草	
内蒙古自治区科星公司	冷冻精子	
北京火星红农业科技有限公司	大豆、水稻、谷子、亚麻籽、荞麦、蔬菜3种、紫花苜蓿、能源植物、红小豆、玉米、芝麻、红高粱	
山东省菏泽润龙公司	牡丹	
陕西中科航天农业发展股份有限公司	酒曲、窖泥、玉米、小麦	
福建天辰公司	牛樟芝真菌、野鸭椿、夏枯草、甘蔗、仙草、辣木、南美油藤、明日叶、黑老虎、九层塔、咖啡黄葵	
水生植物创新中心	莲子、睡莲、水芹、慈姑、茭白、薏苡	
航天育种研究所	组培苗、农作物、拟南芥、微生物菌种、砧木苗	

续表

"实践十号"返回式卫星	发射时间 2016 – 04 – 06—回收时间 2016 – 04 – 18	
空间微生物研究室	采样板、真菌试验盒、基因试管	
生物医药研究室	芯片采样器	
航天神舟生物科技集团有限公司	菌种	
北京东方红航天生物技术股份有限公司	红曲菌种、酿酒酵母、灵芝菌种	
神舟绿鹏农业科技有限公司	浆果组培苗、农作物种子、经济作物	
张掖神舟绿鹏农业科技有限公司	玉米、蔬菜	
天水神舟绿鹏农业科技有限公司	玉米、小麦、蔬菜、其他	
海南研发中心	黄灯笼辣椒、野生茄子、诺丽、辣木	
"天宫二号"空间实验室	发射时间 2016 – 09 – 15—回收时间 2019 – 07 – 19	
江西省广昌县白莲科学研究所	白莲	
"神舟十一号"飞船	发射时间 2016 – 10 – 17—回收时间 2016 – 11 – 23	
中国农业科学院兰州畜牧与兽药研究所	苜蓿、燕麦、中间偃麦草、冰草、紫花苜蓿试管苗	
新一代载人飞船试验船柔性返回舱	发射时间 2020 – 05 – 05—未返回	
华东理工大学	枯草芽孢杆菌、地衣芽孢杆菌、科萨科尼亚野生稻菌菌种试管	
航天中心医院	模块化自主细胞培养装置、枯草杆菌二联活菌肠溶胶囊、复方嗜酸乳杆菌片、地衣芽孢杆菌活菌胶囊	
中国农业科学院麻类研究所	亚麻、大麻、黄麻	
神舟绿鹏农业科技有限公司	冰菜、苜蓿、番茄、小麦、大豆	
新一代载人飞船试验船	发射时间 2020 – 05 – 05—回收时间 2020 – 05 – 08	
华东理工大学	枯草芽孢杆菌、地衣芽孢杆菌、科萨科尼亚野生稻菌菌种试管	
贵州金沙窖酒酒业公司	酿酒作物种子、酒曲、高粱、小麦种子、大曲	
笑傲天宫生物科技公司	燕麦、大麦、青稞、小麦、红花、筠姜、胡芹菜、菌种、螺旋藻菌种、	
新疆国威农业科技研究院	旱稻、玉麦、红藜麦、高粱、玉豆、金莲花、蔬菜	
云南省热带作物研究所	辣木	
云南省农业科学院花卉所中国航天育种高原特色物种中心	兰花、玫瑰、玉叶金花、白纸扇、西番莲、球花石斛、薰衣草、一串红、睡莲、菰、霞红灯台报春、滇丁香、非洲菊、杜鹃、勺叶茅膏菜、草莓	

新一代载人飞船试验船	发射时间 2020 – 05 – 05—回收时间 2020 – 05 – 08	
宁夏大学	苹果、欧李、辣椒、番茄、茄子、西瓜品系、西瓜砧木品系、马铃薯品系微型薯、牛枝子、沙芦草、湖南稷子、苜蓿、燕麦、饲用高粱	
宁夏农林科学院枸杞工程技术研究所	枸杞	
宁夏农林科学院农业生物技术研究院	马铃薯块茎、玉米、小麦、沙米、沙冬青、金莲花	
宁夏农林科学院农作物研究所	水稻、小麦、玉米	
宁夏农林科学院动物科学研究所	苜蓿	
宁夏农林科学院固原分院	谷子、糜子、荞麦、胡麻、饲草燕麦	
宁夏绿博种子有限公司	玉米	
宁夏中青农业科技公司	西瓜、番茄、茄子	
宁夏巨丰种苗有限公司	番茄	
青岛崂石茶叶有限公司	崂山茶	
青岛水稻研究发展中心	海水稻	
广元市谦诚种植合作社、四川景思源生态农业公司	水稻	
航天科工集团公司	魔芋	
国家植物航天育种工程技术研究中心	水稻、甜玉米、菌种	
中国热带农业科学院	甘蔗、番木瓜、火龙果、辣椒、空心菜、油莎豆	
中国农业科学院兰州畜牧与兽药研究所	紫云英、甘肃红豆草、红豆草品系、扁蓿豆、沙地雀麦、白三叶、黑麦草、紫花苜蓿、长穗偃麦草、苜蓿、猫尾草、野生野大麦、陇中黄花补血草、燕麦、盐角草、海波草地早熟禾	
中粮营养健康研究院	黑曲霉、米根霉、枯草芽孢杆菌、鼠李糖乳杆菌、植物乳杆菌、谷氨酸棒杆菌、丁酸梭菌、酿酒酵母、侧短芽孢杆菌、克劳氏芽孢杆菌	
中国科学院大连化学物理研究所	黑曲霉干燥孢子、嗜热毁丝霉干燥孢子、乳酸克鲁维酵母干燥孢子、耐辐射奇异球菌干燥细胞	
大连海事大学	水稻、拟南芥、线虫	
北京林业大学	石榴、栾树、榉树、枸杞、枫香、杉木	

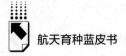
续表

新一代载人飞船试验船	发射时间 2020 – 05 – 05——回收时间 2020 – 05 – 08	
北京市农林科学院草业与环境研究发展中心	苔草、画眉草、委陵菜	
北京北林先进生态环保技术研究院有限公司	降香黄檀、交趾黄檀、枫香、凤凰木、蓝花楹、多花红千层、木荷、腊肠树、祁连圆柏、马尾松、油松、白皮松、梅花、蜡梅	
神舟绿鹏农业科技有限公司	油菜、冰菜、苜蓿、番茄、小麦、大豆、金银花、柴胡、白芷、荆芥、当归、蛋白桑、黄芪	
东北农业大学	番茄	
黑龙江省农业科学院	辣椒、番茄、生菜、西瓜	
内蒙古自治区生物技术研究院	甜菜、蒙古甘草、新疆红秆甘草、蒙古黄芪、膜荚黄芪、丹参、柠条、车前、马齿苋	
内蒙古农牧业科学院作物育种与栽培研究所	西葫芦、藜麦、谷子	
兴安盟农牧业科学研究所	水稻	
呼伦贝尔市农科所	大豆	
呼伦贝尔华垦种业公司	油菜	
通辽市农业科学院	蓖麻、荞麦、谷子、糜子、高粱、红干椒	
赤峰市农牧科学研究院	荞麦、紫花苜蓿	
赤峰宇丰科技种业公司	高粱	
赤峰和润农业高新科技产业开发有限公司	蔬菜	
国奥北方投资发展有限公司	水稻禾秆、谷子、水稻	
九穗谷种业科公司	水稻、菌种冻干粉	
大连市现代农业技术发展服务中心	黄瓜	
河北工业大学	金莲花	
天津市武清区农业农村委员会	番茄、水果萝卜、青菜	
天津航天邮局	农作物种	
河南国家林业和草原局泡桐研究开发中心	泡桐	
河南新乡平原示范区鑫农牧专业合作社	水稻	
南阳市农业科学院	甜瓜、棉花	
空天探索信息科技研究院	藏药、植物种子、西藏野生突厥玫瑰	

续表

新一代载人飞船试验船	发射时间 2020 – 05 – 05—回收时间 2020 – 05 – 08	
陕西中科航天农业发展股份有限公司	小麦、高粱、枸杞、酒曲、窖泥	
陕西省略阳县林木种苗工作站	杜仲	
安徽奥林园艺有限责任公司	猕猴桃	
吉首大学杜仲综合利用国家地方联合工程实验室	杜仲	
贵州农业科学院生物技术研究所	苦荞	
贵州大学农学院	水稻、荞麦	
贵州省农业科学院旱粮研究所	谷子、高粱	
贵州省农业科学院亚热带作物研究所	薏苡	
福建省三明市农业科学院	辣椒	
浙江省宁波市农业科学院	水稻	
上海美生农业科技集团有限公司	工业大麻	
火星红农业科技(北京)有限公司	大豆、油菜、水稻、红心猕猴桃、油莎豆、铁棍山药、苜蓿、燕麦、黑麦	
北京市贝多公司	大豆	
完美人生(北京)健康管理有限公司	水稻、茄子、菜豆、黄瓜、西瓜、甜瓜、文冠果树籽	
北京市东城区科技馆及 9 所中小学校	旱金莲、蝶豆花、秋葵、薄荷、西府海棠、大葱、芫荽、香菜、甘蓝型油菜、番茄、辣椒、一串红、孔雀草、野生石竹、板蓝根、菊花种子、三七景天、八宝景天、反曲景天、德国景天	
香文化研究会	芳香植物	
国际竹藤中心	水仙、牡丹、兰花、杨树、毛竹	
中国高科技产业化研究会	胭脂稻、山药、辣椒、番茄、芹菜、花菜、平南萝卜、香菜、油莎豆、大豆、芝麻、花生、白莲	
"嫦娥五号"月球探测器	发射时间 2020 – 11 – 24—回收时间 2020 – 12 – 17	
国家植物航天育种工程技术研究中心	水稻	
国家花卉工程技术研究中心	大花杓兰、兰花京紫、紫点杓兰、兜兰	
中国农业科学院兰州畜牧与兽药研究所	苜蓿、燕麦	

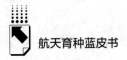

续表

"嫦娥五号"月球探测器	发射时间 2020 – 11 – 24—回收时间 2020 – 12 – 17	
中国农业大学	苜蓿	
北京市农林科学院	葡萄座腔菌、解淀粉芽孢杆菌、香菇、白灵菇、丝球小奥德蘑食用菌	
大连海事大学	拟南芥、水稻	
国际竹藤中心	腾格里蒙古韭、细叶百合、黄芩、山韭、伊敏河地榆、千叶蓍	
中国空间技术研究院空间生物实验室	拟南芥、水稻、丹参、黄芪、柴胡、薰衣草、迷迭香、洋甘菊、板蓝根、紫锥菊、草原松果菊、淡紫松果菊、红秋葵、黄秋葵、荆芥、党参、印度葫芦巴、临河葫芦巴、紫苏、藿香、牛膝、薰衣草、蓝草莓、柠檬薄荷、大豆、意大利番茄、俄罗斯黑麦、苜蓿王、俄苜蓿、苜蓿、俄罗斯葡萄、辣椒、茄子、铁皮石斛、金线莲、葡萄、草莓试管苗、螺丝椒、甜椒、圆茄、牛角椒	
"神舟十二号"飞船	发射时间 2021 – 6 – 17—回收时间 2021 – 9 – 17	
中国农业大学	小麦、黄瓜、苜蓿	
华中农业大学	悬铃木	
南京农业大学	盆栽菊	
甘肃农业大学	草地早熟禾、鹰嘴紫云英	
吉首大学	杜仲	
北京科技大学	高粱	
大连海事大学	水稻、拟南芥	
江苏省中国科学院植物研究所	狗牙根、结缕草、假俭草、芒	
中国科学院昆明植物所	羊肚菌、裂褶菌	
中国农业科学院兰州畜牧与兽药研究所	苜蓿、红三叶、燕麦、猫尾草、偃麦草	
中国热带农业科学院热带生物技术研究所	西瓜、甜瓜	
国际竹藤中心	毛竹、细叶百合、山韭	
国家植物航天育种工程技术研究中心(华南农业大学)	水稻	
林木育种国家工程实验室(北京林业大学)	元宝枫、紫丁香、连翘、多花芍药、白三叶、红三叶、紫羊茅、高羊茅、黑麦草、结缕草、早熟禾、匍匐剪股颖、狗牙根、梅花、兰花	

续表

"神舟十二号"飞船	发射时间 2021－6－17—回收时间 2021－9－17	
国家蔬菜工程技术研究中心(北京市农林科学院)	甜瓜、茄子、韭菜、羽衣甘蓝、辣椒	
黑龙江省农业科学院	水稻、生菜、番茄、辣椒、黄瓜、油豆角、西瓜	
福建省农业科学院	水稻	
山东省滨州国家农业科技园区	水稻、玉米、棉花	
湖南杂交水稻研究中心	水稻	
广州市林业和园林科学研究院	长春花、矮牵牛、角堇、野牡丹	
海南华创槟榔研究院	槟榔	
云南省农业科学院	土豆、向日葵、罗勒、降香黄檀、滇丁香、草莓、兰花、薰衣草、蕨、万寿菊、鼓槌、蜂腰、长苏、秋海棠、泸定百合、大丽花、丹参、天麻、云当归、草果、灯盏花、滇黄精、紫皮石斛	
云南锦科花卉工程研究中心有限公司	月季	
西藏农牧学院	藏波罗花、光核桃、滇丁香、林芝报春、西藏黄牡丹	
北京市农林科学院	谷子、大豆、绿豆、子洲黄芪、谷子、生菜、侧柏、沙地柏、刺柏、圆柏草、偃麦草、马蔺、披针叶苔草、月季、香菇、白京科、黄伞、奥德蘑、杂交香菇、葡萄溃疡病菌、解淀粉芽孢杆菌、高山芽孢杆菌、木霉	
北京市植物园	兰花	
中国关心下一代委员会	白三叶、木本香薷、百日草、鸡冠花、波斯菊、小丽花、射干、知母、板蓝根、红花、黄芩	
中农发种业集团股份有限公司	水稻、小麦、玉米、大豆	
中粮集团营养健康研究院	米根霉、芽孢杆菌、盐单胞菌、解脂耶氏酵母	
航天神舟生物科技集团有限公司	荞麦、藜麦、马铃薯、太子参、紫红曲霉菌、巴士醋杆菌、赤灵芝菌、蝙蝠蛾被毛孢菌	
神舟绿鹏农业科技有限公司	番茄、辣椒、甜瓜、西瓜、南瓜、韭菜	
北京林大林业科技股份有限公司	刺山村、兰花、菊花、朱顶红	
北京丛木林业规划设计有限公司	葡萄、粉花山扁豆、红花国槐、黄檀、黄槐、花棋木、油松、白皮松、银叶合欢、黄檗、牡丹、杓兰	
北京笑傲天宫生物科技有限公司	乳杆菌、嗜热链球菌、丁酸梭菌、双歧杆菌、冠突散囊菌	
大有农业(北京)有限公司	阮草	

421

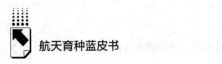

续表

"神舟十二号"飞船	发射时间 2021 - 6 - 17—回收时间 2021 - 9 - 17	
山西恒宗黄芪生物科技集团有限公司	黄芪	
五洲丰农业科技有限公司	海藻发酵菌、生防菌	
湖南省博世康中医药有限公司	黄精	
祁东县农业发展有限公司	黄花菜	
广元博创农业科技有限责任公司	猕猴桃	
云南中茶茶业有限公司	黑曲霉、塔宾曲霉、芽孢乳杆菌、琉球曲霉、食腺嘌呤芽生葡萄孢酵母菌	
云南皇氏来思尔乳业有限公司	乳杆菌、嗜热链球菌、双歧杆菌	
昆明晨农集团有限公司	黄瓜、白菜	
昆明虹之华园艺有限公司	向日葵、百日草、波斯菊	
瑞丽市岭瑞农业开发有限公司	石斛	
陕西中科航天农业发展股份有限公司	小麦、高粱	
宁夏航天产业投资管理有限公司	水稻、小麦、玉米、大豆、马铃薯、谷子、花生、芝麻、花椒、茶叶、咖啡、辣椒、油菜、芦笋、苏笋、萝卜、白菜、甘蓝、葱、草莓、蓝莓、苹果、桔子、猕猴桃、黄枫、黑麦草、牡丹、玫瑰、杜鹃、天人菊、矢车菊、万寿菊、黄品菊、百日草、大丽花、翠菊、孔雀草、大牵牛、矮牵牛、石竹、勿忘我、蜀葵、艾草、当归、羌活、金银花、铁皮石斛、灵芝	
同心县金垚育种科技有限公司	葡萄	
新疆喀纳斯航天数字产业集团有限公司	小麦、小茴香、蜜瓜、沙棘、甘草、红花	

B.19
为航天育种三十年做出
重要贡献人士的介绍

　　2018 年 12 月，为褒扬和感谢三十余年来，众多科学家、育种专家、企业家为我国航天育种事业做出的重要贡献，激发和引导后来者在航天育种事业发展中做出更多努力，取得更大成绩，中国高科技产业化研究会和航天育种产业创新联盟开展"向为航天育种三十年做出重要贡献人士致敬"活动，向在航天育种机理研究、品种选育、产业化推广和组织领导方面获得重要成果和成绩、取得明显社会经济效益、受到社会广泛关注和认可的代表人物致敬，并通过媒体向社会公众广为宣传。"向为航天育种三十年做出重要贡献人士致敬"活动的 10 位被致敬人是：刘纪原、谢华安、吴明珠、蒋兴村、唐伯昶、刘录祥、陈志强、邓立平、刘敏、雷振生。

　　1. 刘纪原

　　敢为人先，引领潮流。刘纪原是航天育种事业最早的倡导者和发起人之一，是事业的积极推动者，是团队的领导者，是攻坚克难的带头人。他长期组织、推动航天育种事业发展，和我们一起走过航天育种事业发展的三十年历程。

　　刘纪原是中国第一代航天人，为中国航天事业的发展做出突出贡献。他曾任航天工业部副部长，是原中国航天工业总公司总经理，国家航天局第一任局长，至今担任国际宇航科学院（IAA）副主席。他先后被授予欧亚科学院院士、国际宇航科学院院士等称号，2011 年 10 月，获得国际宇航科学院授予的，被称为"宇航科学诺贝尔奖"的世界航天界最高奖项——冯·卡门奖，以表彰其在这个领域的杰出成就。这是中国航天专家首次获此殊荣。2017 年 12 月，他获得第十二届航空航天月桂奖——"终身奉献奖"。

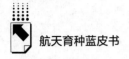

刘纪原在担任中国航天工业总公司总经理、国家航天局局长时，根据国家战略需求，适时提出实施"航天效益工程"，动员组织航天军工技术"军转民"，服务于国民经济建设和社会发展。针对国家面临的"三农"问题，刘部长和一批科学家一起，倡导和启动航天育种技术研究，育种卫星立项、育种机理研究、品种选育、成果应用推广、国际合作，无不倾注着老部长的满腔热忱。实验室、田间地头、农产品市场，科研院所、育种基地、攻关现场，到处都有他留下的足迹；调研、考察、研讨、指导，事业发展的每一个进程，都凝结着他的心血。航天育种业的发展，离不开他和像他一样殚精竭虑的老领导、老专家。

2. 谢华安

谢华安，中国科学院院士，福建省农业科学院研究员。他致力于中国杂交水稻的研究与推广，做出突出贡献，并在国际上保持领先地位。他研究创立了四项关键技术应用于育种实践，培育出中国稻作史上种植面积最大的水稻良种"汕优63"。自1986年起，"汕优63"连续16年位居全国杂交水稻播种面积首位，累计推广近10亿亩，增产粮食700亿公斤，被誉为"东方神稻"。

1996年，谢华安将浩瀚苍穹开辟为新的育种基地，开始进行航天育种技术研究。他主持的航天水稻研究走在世界的前列。2002年，"太空稻Ⅱ""优航1号"亩产创中国航天育种水稻问世以来的最高纪录，同时还创下世界再生稻最高产纪录。获国家科学技术进步一等奖。

他培育的5个超级稻品种已推广8000多万亩，研制的再生稻品种与栽培技术7次刷新再生季单产世界纪录。

谢华安常说，父辈给他起名"华安"，就是希望中华民族长治久安。"粮食安则中华安"，大爱的胸襟、无私的境界，数十载坚守在希望的田野上，他以一颗赤子之心，书写出精彩的科技报国人生路！

3. 吴明珠

吴明珠是第一批奔赴新疆，献身中国边疆园艺事业的女科学家，曾被誉为"戈壁滩上的明珠"，她与杂交水稻之父袁隆平是同窗好友。她在戈壁潜修五十载，被当地人亲切地称为"阿依木汗"。从风华少女到"甜瓜女神"，成为新疆的第一位中国工程院女院士，她是吴明珠，中国工程院院士，新疆农业科学院哈密瓜研究中心研究员，她主要从事西甜瓜的育种研究，从 20 世纪 50 年代末即开始开展西甜瓜的育种和相关栽培技术研究，90 年代起开始研究航天育种技术，主持选育省级认定甜瓜西瓜品种达 30 个。研究成果获得国家科技进步三等奖，在国际上有较大影响。

追寻理想的快乐，总是伴随着荆棘羁绊和风沙磨砺。即便是现在，去戈壁荒漠生活，都需要莫大勇气。可在六十多年前，大学毕业 25 岁的吴明珠，本可进入中共中央农村工作部工作，却义无反顾奔赴边疆，这一去，就是一辈子。

育瓜五十载，吴明珠创造了一个又一个奇迹，挽救了一批濒临绝迹的资源，并从中选育出红心脆、香梨黄等甜瓜品种。其中红心脆曾在香港畅销三十年不衰。

"我只是沧海一粟"，吴明珠从没有认为自己有什么特殊，"在新疆，像我一样工作者有千千万万，这一生，我就是一直没有背叛自己的理想"。行到水穷处，坐看云起时。愿所有人在面对逆境之时，都能拥有如吴明珠院士一般的豁达与坦然，消除人生所有的冬色！

耕耘一生，播撒甜蜜。瓜就是她的孩子，创新是她哺育孩子的乳汁。与中国航天，更是有不能割舍的情怀！"阿依木汗（吴明珠的维语名字）亚克西（好）！"

4. 蒋兴村

蒋兴村，中国科学院遗传与发育生物学研究所研究员，首位"863"计划航天育种首席专家，1986 年，参加"863"计划航天领域空间生命科学研究，是"863"计划航天领域空间科学及应用专家组顾问。他是最早提出开展航天育种和空间生命科学研究的科学家之一，组织了 1987 年我国返回式卫星首次搭载作物种子和生物材料进行的空间诱变实验，是我国航天育种事业的先行者之一，有着"中国航天育种第一人"的美誉。他二十多年专注于生物遗传学和空间诱变育种研究，提出了农作物空间诱变育种的新理论、

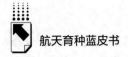
新方法。他与有关单位合作选育出 19 个农作物新品种和 50 多个新品系，在微生物空间诱变育种和空间制药研究方面也取得令人瞩目的成果。

他在国内外发表论文 137 篇，参加编写著作 7 本，获得中国科学院和省部级科技成果奖 8 个。"七五"期间被国防科工委、中国科学院评为先进工作者；"八五"期间被评为国家科委、国防科工委先进工作者；"九五"期间被评为"863"计划航天领域空间科学及应用专家组先进工作者。

蒋老德高望重，是我国航天育种的先行者，培养了一大批后来人。为航天育种事业的起步和发展做出重要贡献。

5. 唐伯昶

唐伯昶，中国空间技术研究院研究员，曾任卫星型号总指挥兼总设计师。他长期从事返回式航天器（返回式卫星、载人飞船）研制工作，是我国返回式卫星技术专家。他参加了我国从 1974 年第 1 颗返回式卫星到 2016 年"实践十号"返回式卫星共 25 颗返回式卫星的研制，曾担任包括"实践八号"育种卫星在内的多颗返回式卫星的总设计师，为提高空间搭载技术水平和开展空间诱变实验提供了有力的基础性技术支持。为我国的卫星事业和国防现代化建设做出了突出的贡献。

唐伯昶同志曾获得我国新型返回式卫星国家科技进步一等奖，"神舟一号"飞船国防科技一等奖，以及全国国防科技工业系统劳动模范、全国劳动模范等荣誉称号。48 年潜心科研，25 颗返回式卫星，这些被历史铭记的数字，也是构成唐伯昶生命的元素。

6. 刘录祥

刘录祥，中国农业科学院作物科学研究所副所长、研究员，国家农作物航天诱变技术改良中心主任，国家航天育种工程首席科学家，"实践八号"育种卫星地面育种技术总负责人，全国农业科研杰出人才。刘录祥是国际原子能机构 RCA 核科技计划指导委员会成员，亚太植物突变研究协作网发起人，中国原子能农作物学会副理事长，"十三五"国家重点研发计划"七大农作物育种"专项总体专家组成员。他长期从事作物诱变新因素的开发与生物育种研究，建立了作物航天诱变、核辐射诱变及离体诱变细胞育种技术体系和地面模拟航天诱变新途径。他育成国审小麦"航麦 96"、"航麦 247"、"航麦 2566"和"鲁原 502"等作物新品种 20 余个，获得省部级以上科技奖励 6 项，发表学术论文 150 余篇。2014 年被联合国粮食及农业组织和国际原子能机构授予植物突变育种成就奖。

他是出色的航天育种工程科学家。他在科学的世界里探索更多的奇迹、更多的可能，默默传递知识的薪火，将学问化成大地上丰收的风景。

7. 陈志强

陈志强，国家植物航天育种工程技术研究中心主任，华南农业大学原副校长，华南农业大学农学院作物育种系教授。陈志强长期从事水稻遗传育种应用和基础研究。"九五"以来，他主持承担了"863"计划项目、国家重大科技产业工程项目、国家农业成果转化资金项目、农业部和广东省的重大和重点攻关项目。他带领其研究团队开展航天育种技术研究，育成了一批优质高产水稻新品种并迅速推广到南方稻区多个省份，为国家的粮食安全、粮食结构调整，以及农业的增产增收做出重要贡献，获得多项科技奖以及被国家、部省授予多项荣誉称号。

陈志强先后 6 次搭载几十份水稻种子材料进行空间诱变实验，提出水稻空间诱变育种"多代混合连续选择与定向跟踪筛选技术"，将空间诱变育种新技术、新方法与传统育种技术以及现代生物技术相结合，搭建高效的育种平台，成功选育出优质和高产性状相结合的理想新品种（组合）。以该技术体系为核心的"水稻空间诱变育种技术研究与新品种选育""水稻生物育种技术体系创新与新品种创制应用"先后获广东省科技奖一等奖。陈志强通过空间诱变育种直接育成的优质稻新品种"华航 1 号"，2001 年通过广东省品种审定，2003 年通过国家品种审定。这是我国第一个利用航天育种技术育成并通过国家品种审定的水稻新品种。该品种除了迅速在广东省大面积生产应用外，还辐射推广到南方稻区的广西、海南、江西、福建等省份。种植推广面积累计 500 多万亩。

陈志强教授带领研究团队，利用航天育种技术培育作物新品种，共获得国家发明专利 22 项，育成 36 个优质高产抗病水稻新品种，并在广东、广

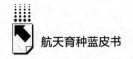

西、江西等南方稻区大面积推广种植，取得了巨大的社会和经济效益。

8. 邓立平

邓立平，黑龙江省农业科学院园艺分院研究员，是我国最早从事空间搭载和航天育种的专家群体中的一员。她是我国第一个通过审定的航天育种育成品种"宇番1号"番茄、"宇椒1号"甜椒的技术负责人和主要育种人，为我国蔬菜航天育种开辟了重要途径。她是一位真正的耕耘者。

出生于北京的邓立平，大学毕业后，响应祖国建设"北大荒"的召唤，义无反顾地踏上了寒风凛冽、辽阔肥沃的黑土地。在与同学分别时，她在合影上写下誓言："把青春献给北大荒。"

她来到哈尔滨园艺试验站，这里除了200亩待开发的黑土地，其他一无所有。汗水灌黑土，心血洒科研。她把近五十年的岁月年华奉献在这里，呕心沥血，以培育适于寒地栽培的优良蔬菜新品种为己任。如今，"北大荒"已成为14亿国人的"北大仓"，其中凝聚着多少她辛勤耕耘的汗水。

在1987年的首次空间搭载试验中，邓立平率领的课题组成为全国唯一的蔬菜作物搭载试验单位。面对崭新的领域，毫无经验可循，邓立平发挥其刻苦钻研的精神，风雨无阻地在试验地里观察、筛选，先后选育出宇椒系列、宇番系列9个品种，推广范围覆盖黑龙江省内外。其中"宇番1号"番茄是中国第一个通过航天诱变育种方法培育的番茄新品种，得到了党和国家多位领导的高度肯定。难能可贵的是，这个品种至今还在大面积推广种植。

9. 刘敏

刘敏，中国空间技术研究院航天育种首席科学家，中国科学院遗传与发育生物学研究所研究员。她是空间诱变和航天育种机理研究的佼佼者。她曾在俄罗斯科学院遗传研究所做访问学者，较早了解和参与了苏联"和平号"空间站的空间诱变实验，因为工作业绩突出，她获得了俄罗斯航天局颁发的荣誉勋章。1995年，开始从事空间生命科学和航天育种技术研究工作，曾担任"863"计划航天项目专题"模拟微重力对植物生长发育的影响"课题负责人，主持完成"863"计划项目"空间植物遗传机理及演示研究"、科技部中俄国际合作项目"空间站搭载的植物种子的遗传育种研究"等重大研究项目。她主持领导了在神舟飞船上搭载试管苗，首次实现高等植物空间开花结果，在国际上引起广泛关注。她带领的团队在航天育种机理研究领域有所建树，成果颇丰。

1997 年，她与中国空间技术研究院一起，在北京建立了我国第一个航天育种试验基地，该基地受到国务院领导的高度称赞。她利用航天育种技术培育的花卉、园艺作物新品种多次获奖。她主持选育航天育种作物新品种 13 个，获得国内第一个航天育种技术专利。

10. 雷振生

雷振生，河南省农业科学院小麦研究所所长、研究员，入选 2016 年度河南省"中原学者"。

河南是农业大省，而他是这片土地上的首席小麦专家。20 世纪 80 年代初，刚参加工作的雷振生发现，作为小麦主产区的河南，小麦平均亩产不足 200 公斤，很多农民靠吃红薯过日子。"一定要搞出高产优质的小麦品种，让农民多打粮、打好粮。"雷振生从此一头扎进小麦地里。为了调查记载小麦性状，他不顾酷暑严寒，长期坚守在麦田；为了选出优良品种，他和团队配置上千个组合；为了做好小麦植保服务工作，他每年要跑遍全省小麦主产区。航天育种技术为他的研究试验插上了翅膀。岁月将雷振生带近花甲之年，也在他的人生中积淀下 23 个高产优质小麦新品种。

他主持和参加育成"豫麦 13"（国审）、"太空 5 号"、"太空 6 号"等 15 个小麦新品种，获省部级以上科技进步奖 7 项，其中"豫麦 13"荣获国家科技进步一等奖。

有志者事竟成。他在中国人口最多的省份，育成的航天育种小麦品种种植推广面也是最多的。三十年来，他让神奇的种子在中原闪亮。

Abstract

Coinciding with the important historical moment of China's entry into the space station era, it is not difficult to find that space breeding is involved in every manned space flight mission. Chinese agriculturalists, geneticists and aerospace workers have worked together in this field for 34 years, and space breeding has played an important role in China's agricultural production and food security, with remarkable achievements.

At the same time, China proposed to strengthen the construction of agricultural germplasm resources, win the turnround of China's seed industry and implement the rural revitalization strategy, which reflects the urgency and importance of the urgently needed solution of the "bottleneck" problem of seed resources for China's food security and even national security and social development. On this occasion, it is of special significance to review and sort out the development and application of space breeding, a space technology with Chinese characteristics, in the field of agricultural seed industry in China.

China is a mature country in the development and utilization of space mutation breeding technology, and the space breeding industry is about to enter a new period of development. In the past 30 years, a lot of breakthrough achievements and remarkable achievements have been made in the application of space mutagenesis in breeding in China. Chinese researchers have made a breakthrough in the research of space breeding theory and mechanism, and summarized and proposed mutation hypothesis and theory involving cytogenetics, molecular genetics, genomics and epigenetics. Worker to construct the mutant screening and breeding technology, developed a multi-generational mixed continuous selection and orientation tracking filtering technique, space environment simulation and efficient high-throughput screening technology, the space mutation genotype composition of automation technology, plant engineering technology in the whole stages of space mutation breeding with molecular precision breeding and traditional breeding technology with the combination of space breeding system. On the basis of tens of thousands of new germplasm materials and new breeding lines created through space breeding, hundreds of new varieties of agriculture, forestry, animal husbandry and fishery have been cultivated to meet the major national needs, fit for the development of local industries and help farmers get rid of poverty, contributing to China's national economy and people's livelihood and economic construction.

The report is a summary of the development of space breeding in China in the past 34 years. Senior experts engaged in the front-line work of space breeding in the industry made a comprehensive review of the mechanism of space breeding, genetic research, technical equipment, regional development, breeding varieties, foreign trends and international cooperation, etc. Based on the vivid application and statistical data of space breeding in staple crops, vegetable herbages, trees and flowers, model animals and many other examples, the book expounds and explains the innovation of space mutagenesis germplasm resources carried by space, which helps readers to have a comprehensive and objective understanding of the function and understanding of space breeding. Some of the professional data and experimental results related to the basic research of space breeding in the book are published publicly for the first time, which can enlightening and help professional technicians to understand and master the scientific knowledge and research methods of space breeding. Report on China's present situation of space breeding situation and development trend are analyzed and prospect, the existing problems in the development of the industry for many years and carried on the analysis to the opportunity of showing at the same time, especially in our country will food security and rural revitalization to maintain building in winning the turnaround of seed industry and rural on the basis of agricultural modernization, highlight the importance of germplasm innovation and independent intellectual property rights protection, The value and function of space breeding are confirmed.

Although some new varieties of staple grain crops have made breakthroughs

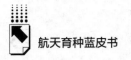

through space breeding and improved the ability and level of self-sufficiency in grain, soybean and high-quality vegetable seeds, which are needed for a long time in China and related to the national economy and people's livelihood, are still controlled by people and need to be imported in large quantities. All these urgently need to form a breakthrough in autonomous provenance. With the attention paid to space breeding, the demand for obtaining mutant resources by space mutagenesis is increasing day by day. However, the carrying resources of space breeding are scarce resources, which can not meet the needs of domestic breeding units for a long time. There are some contradictions which are in urgent need of centralized management and overall arrangement.

The report pointed out that the peaceful use of space technology for the benefit of all mankind, space breeding is an important technological force. In the face of the global climate warming, extreme weather appear frequently, unbalanced growth in world food production and population growth, using the experience of China's space breeding to help meet the world's big challenges and alleviate the world food crisis, development and promotion of space breeding of international technical exchanges and cooperation between the help to the establishment of China's international image.

In order to evaluatethe development level of space breeding in China scientifically and accurately, the report puts forward the preliminary conception and prototype of development evaluation index system, which will be improved according to the actual situation in the future investigation and statistics process. On the basis of quantitative data, the development of space breeding is actively guided and effectively regulated through policy measures to promote its orderly, healthy, stable and sustainable rapid development.

Keywords: Space Breeding; Space Mutagenesis; Spaceborne; Space Radiation Breeding; Space Biology

Contents

I General Report

Abstract: Space breeding is a practical activity that human beings start to put earth lives into space and create genetic improvement on different cultivars or varieties, which results in integration of space environmental information into the target lives and steers the evolution of earth life that never happened in the life history. The review generalizes the developmental history, current status and future trends of space breeding, especially emphasis is placed on the history of space breeding in China, detailed coverage includes space loading, identification of trait improvement, cultivation of new cultivar or variety and industrial development of space breeding, system summary focuses on the advances and achievement of theoretical study and practical breeding events, and finally brief state is given on the future developmental trends of spacing breeding. Take it together, Chinese space breeders are undertaking a great career that benefits Chinese citizens and our country, brings well beings to human beings on earth and steers the evolutionary pathway of earth lives.

Keywords: Space Breeding; Space Mutagenesis; Space Radiation Breeding

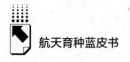
II Application of Technology

B.2 Achievements of Project of Shijian −8 Breeding Satellite   ／037

Abstract: "Shijian −8" is the first recoverable satellite for breeding purpose, which was launched in September 2006. It carried 9 categories and 2020 sets of biomaterials. After recovery, the breeding process was initiated immediately. A series of achievements have been made in the areas of space mutagenesis mechanism, development of new mutant germplasm and breeding of new mutant varieties. According to incomplete statistics, by 2020, methods for screening of space induced mutants have been established, elite mutants have been developed in crops such as wheat, rice, corn, and more than 50 new mutant varieties have been bred and planted by farmers. Over 160 peer-reviewed papers have been published in journals, more than 100 master's and doctoral students have been trained. The progenies induced by spaceflight from "Shijian −8" will continue to play important roles in the study of space mutagen mechanism and development of new mutant varieties in crops.

Keywords: "Shijian −8"; Recoverable Satellite for Breeding; Space Mutagenesis; Crop Mutation Breeding

B.3 Development of Space Breeding Technology and Equipment

／049

Abstract: China's space breeding technology and equipment is gradually developed, some of the most basic and simplest methods of carrying have been used today, and still play an important role today. For example, for plant seed materials, in addition to some packaging and packaging material design and material are updated according to local conditions, the basic technology and process has been gradually standardized. However, space cultivation devices involving plant active materials, microbial strains and animals are difficult to finalize, and need to be constantly adjusted in design and development according to different flight missions to meet the requirements of different in-orbit conditions, time and weight loads. In the past 30 years, China has developed a number of experimental equipment and technology modules for space animal and plant culture, and accumulated relatively rich experience, which lays a foundation for the research and development of space biological experimental equipment in the future. Space at the same time, in order to study the various types of radiation mode and induced factors, such as dosage, microgravity level of scientific research workers have developed a batch of vehicle matching with testing instrument, used to quantify the mutagenic factors on the role and impact of carrying materials play an important role in the actual research, is space breeding and an indispensable link in space biology research.

Keywords: Space Breeding Technology; Carry Technology; Experimental Facility for Space Mutagenesis

B . 4 Study of Space Breeding and Seed Genetic Engineering / 058

Abstract: With the development of genetic engineering technology of modern molecular biology, especially the breakthrough and rapid development of genome sequencing technology, breeders' understanding of genetic principle of agricultural breeding has reached unprecedented depth, thus greatly improving the level of modern agricultural breeding technology. The application of these technologies has also enriched the research means of space breeding, and enabled researchers to have a more thorough understanding of the principle of space mutation breeding, and to analyze and summarize the commonness and uniqueness, so as to make better use of space breeding technology. In the process of research and application, model organisms were used to carry out space mutagenesis breeding of plants, animals and microorganisms, various genetic models and breeding techn-

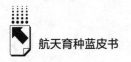

ology systems were constructed, and high-energy heavy ion radiation devices were built for ground simulation. Combined with genetic engineering technology, the new genes created by mutagenesis can be identified quickly and accurately, giving full play to the utilization value of space breeding germplasm resources. The mutation library produced by space breeding provides new materials for the study of genetic engineering technology. They complement each other and form force and thrust for the popularization and industrialization of space breeding technology.

Keywords: Space Breeding Technology; Genetic Engineering Technology; Mutant Library Construction

Ⅲ Regional Application Development Report

B.5 Regional Development Report on Space Breeding　　/ 109

Abstract: Space breeding has been developed in many provinces (cities) and autonomous regions in China and achieved considerable results. The state-level research institutes and universities in Beijing have unique geographical advantages and are the first to develop space breeding units. In terms of distribution, aerospace breeding research and industrial application of a certain crop and category are very prominent in many provinces, such as rice in Fujian and Guangdong, wheat in Henan and Shandong, vegetables in Gansu and Heilongjiang, corn in Sichuan, millet in Shanxi and white lotus in Jiangxi. Space breeding has developed comp-rehensively in some regions. For example, in Guangdong Province, no matter rice, vegetables, flowers, trees or microorganisms, space breeding has received considerable attention and has been widely promoted and applied. Some provinces, such as Yunnan and Hainan, have also carried out spaceborne breeding projects and scientific research breeding for a long time. In recent years, space breeding in some regions, such as Guizhou Province and Inner Mongolia Autonomous Region, has been favored by local academy of Agricultural Sciences, agricultural science institutes and breeding enterprises, and has carried out research and development projects of space breeding, creating conditions for large-scale breeding of space breeding varieties in the future.

Keywords: Application of Space Breeding Technology; Regional Economic Development; Varieties Releasing

Ⅳ Expert Report

Abstract: In the early 90 s, our country has carried out space mutagenesis science experiment, and verify the space radiation environment of the genetic mutation effect of plant seeds, quantified by molecular markers such as molecular biology technology the mutation frequency of plant genome level, also by phenotypic observation estimates the mutation frequency of different similar agronomic traits. The 21st century, our country launched completely specifically for agriculture "at" in the field of satellite, deployed 7 space environment detection laboratory equipment, to the study of space mutation mechanism for use experimental data to support the space mutagenesis scientific hypothesis, for subsequent offer a scientific basis for the science of space breeding experiment design. The development of molecular genetics and genomics has promoted the relevant technological progress, and enabled us to have a deeper understanding of the mechanism and mechanism of space mutation in space breeding. Gene mutation has been extended from genomics to epigenetics and other more extensive research fields. Through the study of mutagenesis mutation mechanism, the application of space breeding technology is promoted and strengthened, which can accurately capture mutation, quickly identify and screen in the offspring population, reduce blindness in the breeding process, increase accuracy and improve breeding efficiency.

Keywords: Molecular Mechanisms of Space Mutagenesis; Genetic Mutations; Molecular Genetics; Genomics; Epigenetics

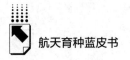

B.7　Report on Application of Space Breeding in Different Crops

Abstract：Food security plays an important role in China's agricultural production and national security, so space breeding has played an important role in the breeding of rice, wheat and corn, the three major staple crops in China. Among the more than 200 national and provincial main grain crop varieties, space rice accounts for more than half of the total. Luyuan 502, the second main wheat variety in China, is a new wheat variety produced by selecting parents from the preferred material of the space mutant line. In maize breeding in China, the germplasm resources created by space breeding have developed various maize inbred lines and new varieties, which have become the main varieties of the country or province. In vegetables and cash crops, space breeding has also created a large number of germplasm resources and economic benefits. The space forage has filled the blank of high quality and high yield forage in China. In some plant species that do not involve food safety, such as forest, grass and flowers, there is a greater demand for space breeding, and there have been a large number of new varieties in flowers. Based on the differences in genome research and breeding level among different crops, spatial mutagenesis can be fully used to obtain beneficial mutants in plant categories with insufficient research depth and low breeding level, such as the creation of Chinese herbal medicine germplasm resources.

Keywords：Space Breeding; Staple Crops; Vegetable Garden Crop; Grass; Chinese Herbal Medicine

B.8　Safety Analysis of Space Breeding Products　　　　　/ 310

Abstract：Space breeding is a kind of physical radiation breeding. The change of mutants is the result of their own gene mutation, and does not involve the introduction of exogenous or endogenous genes. The changes induced by space environment factors on spaceflight are exactly the same as the mutations in plant nature and are not the product of artificial genetic engineering technology. The radiation dose of space radiation is very low, and it is not passed on to the next generation of materials, let alone radioactive. Physical radiation breeding has a history of nearly 100 years in the world, and there are more than 3000 commercially released varieties. Practice has proved that there is no case of food safety or environmental ecological harm. Space breeding has a history of 34 years in China. More than 200 main grain crop varieties, including rice, wheat, corn and soybean, have only passed provincial and national examination. The planting area and consumption level are very considerable, and there has never been any food safety problem. Astronauts on the International Space Station have harvested fresh vegetables that can be eaten directly, further proving the safety of space-bred food. Similar experiments on space plant culture will be carried out after the completion of China's space station. Gradually promoting and improving the scientific literacy of the public and popularizing the scientific knowledge can help to eliminate the misunderstanding and misreading of the safety of space breeding products, and to clear up the sources and eliminate the influence of rumors and grounders.

Keywords: Safety of Space Breeding; Food Safety; Plant Evolution; Genetic Mutations

V International Section

Abstract: Referencing on the space breeding advances overseas is an essential way to evaluate the status of our space breeding internationally. The review summarizes the advance on space breeding worldwide. It introduces the progress on researches of space breeding both in USA and Russia who have processed the technique of space shuttle and in Germany, Canada, Australia, Brazil who can obtain the loading capacity of space shuttles. Overall, international space breeding is only a small branch of space biology, which presents a general picture that effects

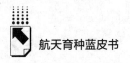

of space on biology are intensively studied and practice on space breeding are relatively less undertaken.

Keywords: International Space Breeding; Foreign Research Results; International Space Station

B.10 Study on International Exchange and Cooperation in Space
Breeding Technology   / 331

Abstract: After 34 years of development, great achievements have been made in the researchand application of space breeding technology in China. In this process, China has carried out fruitful academic exchanges and scientific and technological cooperation with Russia, the main space power in the world, and also carried out relevant international cooperation with other developed countries, the United States, France and Germany, and achieved certain results. In the face of the severe situation of global warming, frequent abnormal weather conditions and the mismatch between world grain increase and population growth, to fully build a community with a shared future, promoting China's space breeding technology and learning from China's space breeding experience are conducive to playing the responsibility of a big country and improving its international image. With the completion of China's space station, the international peaceful use of space technology will reach a new level, and space breeding will become an important part of space life science, creating conditions for human beings to conduct deep space exploration, establish extraterrestrial bases and land on Mars in the future.

Keywords: China-Russia Science and Technology Cooperation; China-Germany Science and Technology Cooperation; China-French Science and Technology Cooperation; International Exchange in Space Breeding

Ⅵ Evaluation Section

Abstract: The research and development of any subject and the popularization and application of any technology are inseparable from its scientific analysis and evaluation. After 34 years of development, China's space breeding has a large number of scientific research institutes and universities and enterprises actively participate in the industrial layout. However, there is no scientific and feasible evaluation method and standard to quantify and evaluate the scale, level, impact and contribution of space breeding development. In particular, it is necessary to systematically analyze the driving forces that constitute sustainable development and the many restrictive factors that affect its rapid development. To construct a scientific evaluation index system for space breeding development, which involves the micro-structure of economic data and macro-layout of local industrial chain of the research object, and give reasonable and balanced weight distribution to each index, laying a foundation for future application and inspection in practice. The establishment of evaluation system can carry out data analysis on the development of space breeding based on the changes of quantitative indexes in the time dimension, reduce the blindness of policy making, increase the scientificity of decision-making, and better promote the benign development of space breeding technology and related industries.

Keywords: Quantitative Indicators; the Weight Distribution; Evaluation Index System of Space Breeding Development

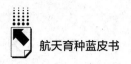
Ⅶ Appendix

社会科学文献出版社

皮 书

智库成果出版与传播平台

❖ 皮书定义 ❖

皮书是对中国与世界发展状况和热点问题进行年度监测，以专业的角度、专家的视野和实证研究方法，针对某一领域或区域现状与发展态势展开分析和预测，具备前沿性、原创性、实证性、连续性、时效性等特点的公开出版物，由一系列权威研究报告组成。

❖ 皮书作者 ❖

皮书系列报告作者以国内外一流研究机构、知名高校等重点智库的研究人员为主，多为相关领域一流专家学者，他们的观点代表了当下学界对中国与世界的现实和未来最高水平的解读与分析。截至2022年底，皮书研创机构逾千家，报告作者累计超过10万人。

❖ 皮书荣誉 ❖

皮书作为中国社会科学院基础理论研究与应用对策研究融合发展的代表性成果，不仅是哲学社会科学工作者服务中国特色社会主义现代化建设的重要成果，更是助力中国特色新型智库建设、构建中国特色哲学社会科学"三大体系"的重要平台。皮书系列先后被列入"十二五""十三五""十四五"时期国家重点出版物出版专项规划项目；2013~2023年，重点皮书列入中国社会科学院国家哲学社会科学创新工程项目。

皮书网

（网址：www.pishu.cn）

发布皮书研创资讯，传播皮书精彩内容
引领皮书出版潮流，打造皮书服务平台

栏目设置

◆ **关于皮书**

何谓皮书、皮书分类、皮书大事记、
皮书荣誉、皮书出版第一人、皮书编辑部

◆ **最新资讯**

通知公告、新闻动态、媒体聚焦、
网站专题、视频直播、下载专区

◆ **皮书研创**

皮书规范、皮书选题、皮书出版、
皮书研究、研创团队

◆ **皮书评奖评价**

指标体系、皮书评价、皮书评奖

◆ **皮书研究院理事会**

理事会章程、理事单位、个人理事、高级
研究员、理事会秘书处、入会指南

所获荣誉

◆ 2008 年、2011 年、2014 年，皮书网均
在全国新闻出版业网站荣誉评选中获得
"最具商业价值网站"称号；
◆ 2012 年，获得"出版业网站百强"称号。

网库合一

2014 年，皮书网与皮书数据库端口合
一，实现资源共享，搭建智库成果融合创
新平台。

皮书网

"皮书说"
微信公众号

皮书微博

权威报告·连续出版·独家资源

皮书数据库
ANNUAL REPORT(YEARBOOK)
DATABASE

分析解读当下中国发展变迁的高端智库平台

所获荣誉

- 2020年，入选全国新闻出版深度融合发展创新案例
- 2019年，入选国家新闻出版署数字出版精品遴选推荐计划
- 2016年，入选"十三五"国家重点电子出版物出版规划骨干工程
- 2013年，荣获"中国出版政府奖·网络出版物奖"提名奖
- 连续多年荣获中国数字出版博览会"数字出版·优秀品牌"奖

皮书数据库

"社科数托邦"
微信公众号

成为用户

　　登录网址www.pishu.com.cn访问皮书数据库网站或下载皮书数据库APP，通过手机号码验证或邮箱验证即可成为皮书数据库用户。

用户福利

- 已注册用户购书后可免费获赠100元皮书数据库充值卡。刮开充值卡涂层获取充值密码，登录并进入"会员中心"—"在线充值"—"充值卡充值"，充值成功即可购买和查看数据库内容。
- 用户福利最终解释权归社会科学文献出版社所有。

数据库服务热线：400-008-6695
数据库服务QQ：2475522410
数据库服务邮箱：database@ssap.cn
图书销售热线：010-59367070/7028
图书服务QQ：1265056568
图书服务邮箱：duzhe@ssap.cn

社会科学文献出版社 皮书系列
SOCIAL SCIENCES ACADEMIC PRESS (CHINA)

卡号：489246775588
密码：

S 基本子库
UB DATABASE

中国社会发展数据库（下设 12 个专题子库）

紧扣人口、政治、外交、法律、教育、医疗卫生、资源环境等 12 个社会发展领域的前沿和热点，全面整合专业著作、智库报告、学术资讯、调研数据等类型资源，帮助用户追踪中国社会发展动态、研究社会发展战略与政策、了解社会热点问题、分析社会发展趋势。

中国经济发展数据库（下设 12 专题子库）

内容涵盖宏观经济、产业经济、工业经济、农业经济、财政金融、房地产经济、城市经济、商业贸易等 12 个重点经济领域，为把握经济运行态势、洞察经济发展规律、研判经济发展趋势、进行经济调控决策提供参考和依据。

中国行业发展数据库（下设 17 个专题子库）

以中国国民经济行业分类为依据，覆盖金融业、旅游业、交通运输业、能源矿产业、制造业等 100 多个行业，跟踪分析国民经济相关行业市场运行状况和政策导向，汇集行业发展前沿资讯，为投资、从业及各种经济决策提供理论支撑和实践指导。

中国区域发展数据库（下设 4 个专题子库）

对中国特定区域内的经济、社会、文化等领域现状与发展情况进行深度分析和预测，涉及省级行政区、城市群、城市、农村等不同维度，研究层级至县及县以下行政区，为学者研究地方经济社会宏观态势、经验模式、发展案例提供支撑，为地方政府决策提供参考。

中国文化传媒数据库（下设 18 个专题子库）

内容覆盖文化产业、新闻传播、电影娱乐、文学艺术、群众文化、图书情报等 18 个重点研究领域，聚焦文化传媒领域发展前沿、热点话题、行业实践，服务用户的教学科研、文化投资、企业规划等需要。

世界经济与国际关系数据库（下设 6 个专题子库）

整合世界经济、国际政治、世界文化与科技、全球性问题、国际组织与国际法、区域研究 6 大领域研究成果，对世界经济形势、国际形势进行连续性深度分析，对年度热点问题进行专题解读，为研判全球发展趋势提供事实和数据支持。

法律声明